传世名著典藏丛书
中华传统经典解读

诠解 忍学

【元】吴 亮 许名奎 原著
胡 磊 译注

天津出版传媒集团
天津古籍出版社

图书在版编目（CIP）数据

忍学诠解 /（元）吴亮，（元）许名奎原著；胡磊译注．— 天津：天津古籍出版社，2017.12

（传世名著典藏丛书 / 邵鹏军主编）

ISBN 978-7-5528-0588-8

Ⅰ．①忍… Ⅱ．①吴… ②许… ③胡… Ⅲ．①个人－修养－注释 Ⅳ．① B825

中国版本图书馆 CIP 数据核字 (2017）第 292908 号

责任编辑：门　辉

装帧设计：格林文化

出　版：天津古籍出版社有限公司（西康路 35 号天津出版大厦）

印　制：三河市三佳印刷装订有限公司

开　本：170mm × 230mm　1/16

印　张：25.75

字　数：412 千

版　次：2018 年 1 月第 1 版

印　次：2018 年 1 月第 1 次印刷

定　价：56. 00 元

印刷、装订质量问题，出版社负责调换货。联系电话：（022）23332482

序　言

上下五千年悠久而漫长的历史，积淀了中华民族独具魅力且博大精深的文化。中华文化是中华民族无数古圣先贤、风流人物、仁人志士对自然、人生、社会的思索、探求与总结，而且一路下来，薪火相传，因时损益。它不仅是中华民族智慧的凝结，更是我们道德规范、价值取向、行为准则的集中再现。千百年来，中华文化已经融入每一位中华儿女的血液，铸成了我们民族的品格，书写了辉煌灿烂的历史。中华文化与西方世界的文明并峙鼎立，成为人类文明的一个不可或缺的组成部分。凡此，我们称之曰“国学”，其目的在于与非中华文化相区分。中华民族之所以历经磨难而不衰，其重要一点是它有着源于由国学而产生的民族向心力和人文精神的根骨。可以说，中华民族之所以是中华民族，主要原因之一乃是其有异于其他民族的传统文化！

概而言之，国学包括经史子集、十家九流。它以先秦经典及诸子之学为根基，涵盖两汉经学、魏晋玄学、隋唐佛学、宋明理学和同时期的汉赋、六朝骈文、唐宋诗词、元曲与明清小说并历代史学等一套特有而完整的文化、学术体系。观其构成，足见国学之广博与深厚。可以这么说，国学是华夏文明之根，中华儿女之魂。

从大的方面来讲，一个没有自己文化的国家，可能会成为一个大国甚至富国，但绝对不会成为一个强国；也许它会强盛一时，但绝不能永远屹立于世界强国之林！而一个国家若想健康持续地发展，则必然有其凝聚民众的国民精神，且这种国民精神也必然是在自身漫长的历史发展中由本国人民创造形成的。中华民族的伟大复兴，中华巨龙的跃起腾飞，离不开国学的滋养。从小处而言，继承与发扬国学对每一个中华儿女来说同样举足轻重，迫在眉睫。国学之用，在于“无用”之“大用”。一个人的成功很大程度上取决于他的思维方式，而一个人思维能力的成熟程度亦绝非先天注定，它是在一定的文化氛围中形成的。国学作为涵盖经、史、子、集的庞大知识思想体系，恰好能为我们提供一种氛围、一个平台。潜心于国学的学习，人们就会发现其中蕴含的无法穷尽的智慧，并从中领略到恒久的治世之道与管理之智，也可以体悟到超脱的人生哲学与立身之术。在现今社会，崇尚国学，学习国学，更是提高个人道德水准和建构正确价值观念的重要途径。

近年来，国学热正在我们身边悄然兴起，令人欣慰。更可喜的是，很多家长开始对孩子进行国学启蒙教育，希望孩子奠定扎实的国学根基，以此帮助他们树立正确的道德观和价值观。欣喜之余，我们同时也对中国现今的文化断层现象充满了担忧。从“国学热”这个词汇本身也能看出，正是因为一定时期国学教育的缺失，才会有国学热潮的再现。我们注意到，现今的青少年对好莱坞大片趋之若鹜时却不知道屈原、司马迁为何许人；新世纪的大学生能考出令人咋舌的托福高分，但却看不懂简单的文言文。这些现象一再折射出一个信号：当今社会人群的国学知识十分匮乏。在西方大搞强势文化和学术壁垒的同时，国人偏离自己的民族文化越来越远。弘扬经典国学教育，重拾中华传统文化，这样的需求已迫在眉睫。

本套“传世名著典藏”丛书的问世，也正是为弘扬国学传统文化而添砖加瓦并略尽绵薄之力。本人作为一名大学教师，从事中国文化史籍的教学与研究工作多年，对国学文化及国学教育亦可谓体悟深刻。为了完成此丛书，我们从搜集整理到评点注译，历时数载，花费了很多的心血。这套丛书集传统文化于一体，涵盖了读者应知必知的国学经典。更重要的是，丛书尽量把晦涩的传统文化知识予以通俗化、现实化的演绎，并以大量精彩案例解析深刻的文化内核，力图使国学的现实意义更易彰显，使读者阅读起来能轻松愉悦、饶有趣味。虽然整套书尚存瑕疵，但仍可以负责任地说，我们是怀着对祖国传统文化的深厚感情和治学者应有的严谨态度来完成该丛书的。希望读者能感受到我们的良苦用心。

王琪

2017年7月

前 言

“忍一时风平浪静，退一步海阔天空。”有所忍才能有所成，有所不为才能有所为，内圣才能外王，守柔才能刚强，慈悲才能超度。隐忍谦让自古以来就是中华民族的一大美德，儒家的内圣、道家的守柔、佛家的慈悲，这些都无一不体现了一个“忍”字。

周成王告诫君陈说：“必有忍，其乃有济；有容，德乃大。”孔子有“小不忍则乱大谋”“君子无所争”的警语流传于世；孟子有“养吾浩然之气”的言论警示后人；老子留给我们“上善若水，水善利万物而不争”“天道不争而善胜，不言而善应”“大直若屈，大巧若拙，大辩若讷”的名言警句；佛家有“六度万行，忍为第一”的信条；谚语中也说“凡事得忍且忍，饶人不是痴汉，痴汉不会饶人”。这些都是中国忍文化的表现。

然而，此处所说的“忍”并不是指无原则的退缩、让步和放弃，而是一种为人处世的行动策略。《说文解字》中释“忍”为“能也”。能，是一种属于熊类的像鹿一样的野兽，它的皮毛之下有强壮坚硬的筋骨。而“忍”字的结构从刃从心，心上有刃，意味着内心坚毅而决绝，能够忍人所不能忍。此处的“忍”是一种能力，一种修养，一种韬略。它是胸怀大志之人识大体、顾大局的忍辱负重、韬光养晦；它是聪慧明智之人的大智若愚、大辩若讷，它是才华横溢之人的不事张扬、超脱恬淡；它更是古今中外成大事者取得成功的必备品质。

纵观历史，凡功成名就、流芳百世的人物，莫不看重并实践着“忍”。重耳流亡在外，忍受了无数的屈辱和苦难，最终成为一代霸主；勾践在夫差手下忍受了常人所不能忍受的屈辱，卧薪尝胆，最终打败夫差，成就霸业；原宪生活贫苦，蓬屋漏雨，门窗不全，但他仍能端坐鼓琴；胡宿的“不忍心在极细微的事上欺骗君主，以免玷污我的气节”成为流传千古的箴言；晋人陶渊明不愿为了五斗米的俸禄而向无德无识的人卑躬屈膝，表现出高尚的气节；西汉人疏广、疏受在功成名就之时，毅然向皇帝提交辞呈，请求回老家安度晚年，他们的行为成为一时美谈；孙膑装疯蒙蔽庞涓，韩信忍受胯下之辱，荆轲舍生取义，张良圯下拾履……这些事例都很好地诠释了“君子之所以取远者，则必有所持。所就者大，则必有所忍”这句古语的精髓和主旨所在，也正是“忍耐”这两个字成就了这些英雄人物辉煌的人生。

如今，“忍”仍然无时无刻不存在于我们的身边。生活中我们常见到当事人因不能克制自己，而引发争吵、打架，甚至流血冲突的情况。有时仅仅是因为你踩了我的脚，一句话说得不恰当，就引起冲突。在乘地铁时争抢座位，在公交车上挨了一下挤，都可能成为引爆一场口舌大战或拳脚演练的导火索。如果你能忍一忍，并学会控制自己的情绪，以后即使碰到大的问题，自然也能忍受，也自然能忍到最好的时机再把问题解决。

当然，我们要把能忍之人与人们平常所说的“窝囊废”区分开来，千万不要去做后者。人也要有一身正气，碰到你公正有理之事时，要先据理力争，以正压邪，更不能丧失一个人的人格、国格。也就是说，忍也要看忍的对象、范围和忍的程度。大事忍，小事也忍，无理时忍，有理时也忍，这就真是一个“没用货”了。

忍是一种心法，一种涵养，一种美德，是大智、大勇、大福，是修身、立命、成事、生财的桥梁。它是强者的胸襟，是智者的风度。唯忍才能积蓄力量，反败为胜；唯忍才能修身养性，完善自我；唯忍才能顾全大局，促进发展；唯忍才能与人为善，化解矛盾。因此，若想有所为，必须能“忍”。“大忍者，大智也”，忍耐是有智慧、有能力的表现。学习并掌握忍耐的真谛，是我们完善自我、成就伟大事业的现实需要。

一位哲人曾经说过：“接受阴影，才会有阳光明媚与灿烂；拒绝阴影，只会是阴天，不会有阳光。”朋友，事物的美丽不是信手拈来的，不是一蹴而就的，不是一帆风顺的。它必须在痛苦的泪水中孕育，在忍耐的土壤里生根，在等待的岁月中发芽，在坚守的季节里开花。它必须忍受无数次量变的痛苦，才能升华到质变的美丽。

元成宗大德十年丙午(1306)，杭州人吴亮搜集以往历代名人有关“忍”

的言论以及历史上隐忍谦让、忠厚宽恕的人物、事例，汇编而成《忍经》一书，共计156条。而4年后，元武宗至大三年庚戌(1310)，一个名叫许名奎的人与吴亮不谋而合，著成了《劝忍百箴》四卷，共计100条，成为忍学集大成者。其内容涉及多个方面，包括忠孝仁义、喜怒好恶、名誉权势等，既有关于忍的理论、方法、功用、要诀，又有关于忍的故事、实践、历史，从而形成了一个以“忍”为核心的理论及实践的完整体系，而且书中故事繁多，大大增强了该书的可读性和趣味性，同时又能让人从中获得智慧，更好地为人处世、和谐共存。

本书吸取了以往各版本中的长处，并将《忍经》与《劝忍百箴》二者合一，在吴亮和许名奎原著的基础上加入了详尽的译文，更重要的是在《忍经》的译文后结合现实生活给予精练评析，采各家之所长，力求通俗易懂，能够为今人有所借鉴。本书是对“忍学”的全面诠释，书中的技巧和智慧均从生活中提炼，再运用到生活中去。本书在《忍经》与《劝忍百箴》后加入了经典的事例，从浩繁的典故中精选许多富含哲理与智慧的小故事，加以独到梳理，从而增强了本书的实用性、操作性和可读性，使读者能从更深更广的角度体味“忍”的内涵，容易接受又能活学活用。愿它成为你成功路上的一种参照，成为你一生享用不尽的财富。

如果你正面临学业的巨大压力，正遭受情感的煎熬，正被命运之神轻视，如果你忍受不了别人的刺激，快要如火山一样爆发……那么，请走进“忍学”的智慧殿堂吧，在这里你可以沉静心思、远离浮躁，通过明辨是非、审时度势、权衡利弊，学会正确做事，使自己的人生少些懊悔、多些快乐！我们相信，本书一定能让你掌握“忍”的原则，从书中可以借鉴和吸取宝贵的经验教训，克服思想方法上的局限性，走向事业高峰。

目　　录

劝忍百箴　许名奎 原著

忍
经
吴亮 原著

原 序

忍乃胸中博闳之器局，为仁者事也，唯宽恕二字能行之。颜子云："犯而不校。"《书》云："有容德乃大。"皆忍之谓也。韩信忍于胯下，卒受登坛之拜；张良忍于取履，终有封侯之荣。忍之为义，大矣。唯其能忍则有涵养定力，触来无竞，事过而化，一以宽恕行之。当官以暴怒为戒，居家以谦和自持。暴慢不萌其心，是非不形于人。好善忘势，方便存心，行之纯熟，可日践于无过之地，去圣贤又何远哉！苟或不然，任喜怒，分爱憎，捃拾人非，动峻乱色。干以非意者，未必能以理遣；遇于仓卒者，未必不入气胜。不失之褊浅，则失之躁急，自处不暇，何暇治事？将恐众怨丛生，咎莫大焉！其视吕蒙正之不问姓名，张公艺九世同居，宁不愧耶？愚因暇类集经史语句，名曰《忍经》。凡我同志一寓目间，有能由宽恕而充此忍，由忍而至于仁，岂小补哉！

大德十年丙午闰月朔古杭蟾心吴亮序

楔　子

【原文】

《易·损卦》云："君子以惩忿窒欲。"

《书》周公戒周王曰："小人怨汝詈汝，则皇自敬德。"又曰："不啻不敢含怒。"又曰："宽绰其心。"

成王告君陈曰："必有忍，其乃有济；有容，德乃大。"

《左传·宣公十五年》："谚曰：'高下在心，川泽纳污，山薮藏疾，瑾瑜匿瑕，国君含垢，天之道也。'"

《昭公元年》："鲁以相忍为国也。"

《哀公二十七年》："知伯入南里门，谓赵孟入之。对曰：'主在此。'知伯曰：'恶而无勇，何以为子？'对曰：'以能忍。耻庶无害赵宗乎？'"

楚庄王伐郑，郑伯肉袒牵羊以迎。庄王曰："其君能下人，必能信用其民矣。"

《左传》："一惭不忍，而终身惭乎？"

《论语》："孔子曰：'小不忍，则乱大谋。'"

又曰："一朝之忿，忘其身以及其亲，非惑欤？"

又曰："君子无所争。"

又曰："君子矜而不争。"

曾子犯而不校。

戒子路曰："齿刚则折，舌柔则存。柔必胜刚，弱必胜强。好斗必伤，好勇必亡。百行之本，忍之为上。"

《老子》曰："知其雄，守其雌；知其白，守其黑。"

又曰："大直若屈，大智若拙，大辩若讷。"

又曰："上善若水，水善利万物而不争。"

又曰："天道不争而善胜，不言而善应。"

荀子曰："伤人之言，深于矛戟。"

蔺相如曰："两虎共斗，势不俱生。"

晋王玠尝云："人有不及，可以情恕。"

又曰："非意相干，可以理遣，终身无喜愠之色。"

【译文】

《易经·损卦》说:“有德行的人用受打击所引起的警戒来抑制愤怒和欲望。”

《尚书》记载周公告诫周成王说:“坏人怨恨你,责骂你,那么你自己应该修养你的德行。”又说:“不仅仅是不敢动怒。”又道:“还要放宽你自己的心胸。”

周成王告诫君陈说:“必须有忍耐之心,这样才能办成事情;有宽容之心,道德才能高尚。”

《左传·宣公十五年》记载:“民谚说:‘所谓高低之分,在于心中,河流和沼泽容纳着污泥,群山和草丛隐藏着祸患,质地美好的玉石藏匿着瑕疵,国家君主有些缺点,这是大自然的规律。’”

《左传·昭公元年》记载:“鲁国人是靠相互忍让来治理国家的。”

《左传·哀公二十七年》记载:“知伯进入南里门,叫赵孟也进来。赵孟对他说:‘君主在这里。’知伯说:‘你没有勇敢的精神,凭什么被尊称为子呢?’赵孟回答道:‘凭我能够忍耐。你的耻笑对我赵孟有什么损害呢?’”

楚庄王攻打郑国,郑伯裸露胸脯,牵着羊来迎接楚军。楚庄王说:“郑国的君主能够甘居人下,忍受侮辱,必定能取得人民的信任。”

《左传》记载:“一次羞辱都不愿忍受,难道要一辈子羞愧吗?”

《论语》记载:“孔夫子说:‘小事不能忍让,就会损害到大事。’”

《论语》还记载孔夫子的话说:“因为一时的愤怒而忘记自己以及亲人,这岂不是太糊涂了吗?”

《论语》还记载孔夫子的话说:“君子没有什么可跟别人相争的。”

《论语》还记载孔夫子的话说:“君子为人处世矜持谨慎,不跟别人相争。”

《论语》记载曾子被别人欺侮了,也不跟人计较。

孔夫子告诫子路,说:“牙齿因为刚硬,所以容易折断;舌头因为柔软,所以容易保存。柔软必定胜过刚硬,弱小的事物必定胜过强大的事物。爱好争斗必定受到损伤,一味逞强必定导致灭亡。做各种事情的根本态度,忍让是最好的。”

《老子》说:“知道它是雄性的,就可以用雌性的来对付它;知道它是白色的,就可以用黑色的来对付它。”

《老子》又说:“世界上最直的东西看起来就像是弯曲的,最聪明的人看起来好像很笨拙,最善辩论的人看起来好像很木讷。”

《老子》又说:“至高无上的美好品德就像水一样,而像水一样善良就有利于万物而不会发生争斗。”

《老子》又说:“符合自然规律的事物不与别的事物相争,却容易战胜对方;不

说话，却善于应对对方。”

荀子说：“伤害别人的话语，其伤害程度比用矛戟刺入身体所造成的伤害更大。”

蔺相如说：“两只老虎争斗，必定不能都保全性命。”

晋代的王玠曾经说过：“别人有达不到要求的地方，可以从情谊上原谅他。”

王玠又说：“不要意气用事，冒犯别人，可以通过讲道理来责备他，一生都不要有欢喜或忧郁不安的神色。”

【评析】

古人早已认识到一味地生别人的气与别人相争所带来的害处，因此，古之君子都是那些能够忍受别人的责骂，宽容他人，严格要求自己的人。他们不仅能够做到宽容别人，更可贵的是，他们懂得通过别人对自己的责骂发现自己的不足，进而改正自己身上的缺点，不断完善自我。

“若以恕己之心恕人，是谓大公；以责人之心责己，是谓大勇。”从人际交往的角度来看，严厉指责对方只能恶化彼此之间的关系，看不到自己身上存在的缺点，从而导致自己一意孤行，最终铸下大错。

“水至清则无鱼，人至察则无徒。”我们应该懂得物极必反的道理，什么事情都应该有个度，超过这个限度就会走向事情的反面。我们对待每一件事、每一个人都应该采取认真的态度，但是如果太过认真了，就会成为苛求，这样会使我们陷入细枝末节的计较中，从而失去了对事情实际效果的基本评判。只有我们心胸开阔，能够包容一切，才能避免走向苛求，赢得他人的认可和尊重。

在治理国家的问题上，国君要有忍耐之心，与民休养生息，使老百姓能够安然度日，不能对臣民太严厉，如果采用严刑峻法来治理国家，苛捐杂税繁多，就会使百姓不堪忍受，最终导致百姓流离失所、生灵涂炭，这个国家也会走向灭亡。

通常，能够忍受侮辱的人，才能成就一番伟业。因为他们能够甘居人下，发现自己的失误，有志气，有远见，关心别人，诚信为人，所以会采取正确的行动策略来完善自己，最终获得成功。

人生在世，每个人都应该培养自己的度量，这样才能使自己不因小事而与人争执，拥有容人的雅量，将自己的时间、精力都用于更加有意义的事情上，为了实现自己的理想和抱负而努力。如果只因一时的愤怒没有忍住，最终导致家破人亡的悲惨结局，那就太不值得了。

柔软的东西很随意，能够进行各种变化，从而有效地保护自己。为人处世也是这样，仅仅靠率直、刚毅的性格是很难在这个社会上生存下去的。现实生活中有些人就是因为自己直来直去，说话、办事不善于顾及对方的想法和颜面而引起别人的反感，他们在为人处世方面是失败的。如果能够更委婉一些、更含蓄一些，那么，自己的社交范围将更大，处事将更通达。

“木秀于林，风必摧之”，懂得这个道理的话，就应该善于隐藏自己的才能和技艺，不要过于招摇和炫耀。否则，自己身上所具有的这些光环往往会招致别人的嫉妒，甚至愤怒、憎恨，最终给自己带来不必要的麻烦。

日常生活中，如果别人冒犯了自己，不要发怒，也无须跟别人理论，只要静下心来，心平气和地给对方摆事实、讲道理，动之以情，晓之以理，就能妥善地化解双方的冲突。这种方法还可以让对方感觉到你的宽宏大量，明白事理。

一　细过掩匿

【原文】

曹参为国相，舍后园近吏舍。日夜饮呼，吏患之，引参游园，幸国相召，按之。乃反，独帐坐饮，亦歌呼相应。见人细过，则掩匿盖覆。

【译文】

曹参担任宰相时，他家后园与一些官吏的官邸距离很近。官吏们日夜饮酒高呼，所以很担心曹参会恼怒，于是带着曹参去后园游玩，以试探曹参的态度。恰好此时朝廷有事召见宰相，所以没有试探成。曹参从朝廷归来后，独自坐在帐中饮酒、唱歌，与后园的官吏们遥相呼应。曹参看见别人有小的过错，就为他掩饰。

【评析】

曹参身为宰相，却有容人的雅量。后园的官吏们日夜饮酒高呼，影响了他的正常生活，但是他并没有怪罪于别人，反而自己也坐在帐中饮酒、唱歌，以此来掩饰别人的过错。

宽容不仅需要“海量”，更是一种修养促成的智慧，事实上只有那些胸襟开阔的人才会自然而然地运用宽容；反之，大发雷霆或是批评责罚倒是人们心中认为理所当然的事，可是这样做的结果未必会让当事人真正反省，也不会取得很大的成效。因为人通常都会有逆反心理，即使自己做错了，在别人的指责下也会为了维护自尊心而硬着脖子说没错。

我们从小就在不断地接受与人为善的教育，并对外部世界抱有美好的幻想和想象。但是，我们经常会高估现实世界的情形，遇到令人失望的情况便常常陷入悲观绝望的状态，失去了斗志和前进的动力，或是开始苛责令自己感到不满的一切。这是值得我们警惕的事情。

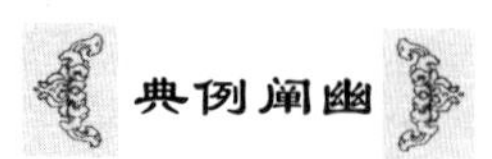

稀世珍宝不翼而飞

清代学者金樱在《格言联璧》中这样写道:“度量如海涵春育,应接如流水行云。”意思是说君子应该大度,要不拘小节,才能使彼此和睦相处,维持双方之间的良好关系。在中国历史上,拥有曹参那种容人之量的人物比比皆是。

南朝梁代人羊侃,字祖忻,是泰山梁文人。起初任北朝魏国的泰山太守。因为他祖父羊规曾是宋高祖的祭酒从事,所以他有回归南朝的志向。于是就回南朝了。回归途中,在涟口摆起宴席。有个宾客张孺才,喝醉了,在船上失了火,烧掉七十多艘船,所烧金银财物无可计数。羊侃听到消息后根本不记在心上,酒还是要大家继续喝。张孺才既羞愧又害怕,就逃走了。羊侃派人去安慰他,并把他带回来了,羊侃还是像以前一样对待他,到南朝后,羊侃任了梁武帝的军司马。

南朝梁代的张率,字士简,12岁就能写好文章。天监时期官为司徒。但他爱好喝酒,不理家务事,力求淡忘一切。他在新安做官时,派遣手下人运3000担米回家。等米运到家里,就耗去一大半了。张率询问缘故,手下人回答说:“米被老鼠鸟雀吃了。”张率笑着说:“好厉害啊,老鼠鸟雀!”竟然再也不追问这件事。

唐代柳公权,在唐文宗时期为翰林学士。他家的东西经常给佣人们偷走。曾经收藏了一小筐银杯,筐外的包装还是老样子,里面的银杯却没了。而佣人们都说不知道,柳公权笑道:“银杯都成仙飞走了。”再也没有追问这件事。

唐代裴行俭,字守约,高宗时做吏部尚书。家中有皇上赐的好马和很珍贵的马鞍,手下人私自将马骑了出去,马摔了一跤,跌坏了马鞍,那人害怕就逃走了。行俭把他招了回来,没有责罚他。行俭曾经率兵平定都支李遮匐,获得的珍宝不可计量。有一次请客,将珍宝给客人观看。有个玛瑙盘,直径约二尺,非常漂亮。手下军士跑来跌了一跤,盘子弄碎了,那人惊惶失措,叩头至于出血。裴行俭笑着说:“你不是故意的。”脸上无可惜的表情。

二 醉饱之过，不过吐呕

【原文】

丙吉为相，驭史频罪，西曹罪之。吉曰："以醉饱之过斥人，欲令安归乎？不过吐呕丞相车茵。"西曹第忍之。

【译文】

丙吉担任宰相的时候，他的车夫经常喝醉酒，于是西曹就要惩罚车夫。丙吉说："仅仅因为喝醉酒就要斥责人，你想让人怎样待下去呢？只不过是喝醉后呕吐，弄脏了丞相车子里的坐垫而已。"西曹忍住不再说了。

【评析】

丙吉身为宰相，具有容人的雅量。他不因车夫醉酒弄脏自己车子里的坐垫而生气。而且，当西曹要惩罚车夫的时候，他还为车夫开脱罪责，劝阻西曹。

"海纳百川，有容乃大"，大海之所以广博浩瀚，是因为接纳了百川的缘故。同样，一个人唯有学会宽容，容纳他人的优点和缺点，才会变得心胸开阔，才能成为那位"大肚能容容天下难容之事"的笑口常开的弥勒佛。

正如圣严法师所说的："慈悲没有敌人，智慧没有烦恼。"真正的宽容来自博大的胸襟，来自爱人知己的智慧。虽然我们可能做不到丙吉那样伟大，但是至少在日常生活里，当别人以恶劣的态度相向时，我们能忍一时之气，以宽容去对待他，以理智来处理问题。

宽容的道理是包含着人生的大道至理，没有宽容的生活就像在刀锋上行走。记住雨果的话："世界上最宽阔的是海洋，比海洋更宽阔的是天空，比天空更宽阔的是人的胸怀。"

大肚能容容天下难容之事

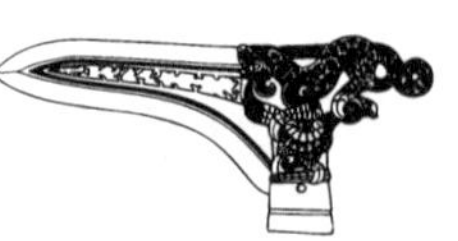

传说古代印度长寿王仁民爱物、慈悲为怀，其国境内风调雨顺、财富民丰，却也因此引来邻国贪王的觊觎而出兵侵夺。获悉敌军压境的长寿王，不愿为保卫一己的王权而殃及无辜的百姓，决定舍弃王位，与儿子长生相偕遁隐山林。贪王因而不费吹灰之力即坐拥长寿王的国土，但他还是不肯放过长寿王，出重金悬赏捉拿长寿王父子。长寿王为了义助远来依投的梵志，自愿舍身，让梵志获得赏金，便主动投降，被贪王在长寿王国都通衢上焚烧。

临死前，长寿王看到儿子伪装成樵夫，混杂在人群中双眼冒着怒火，满怀仇恨地盯着贪王。长寿王便大声说："希望我的儿子能以仁为戒，以德报怨，不要为我报仇。"虽然听到了父亲的遗言，但父亲惨死、国土沦丧的深仇大恨，还是令年轻的王子一心只想报仇。于是他利用在大臣家当仆役的机会，设法获得贪王的赏识，进而成为贪王的贴身侍卫。

在一次伴从贪王出猎的途中，长生刻意让贪王脱离随扈，并迷失在山林间。筋疲力尽的贪王为求一枕好眠，将随身的佩剑卸下，交由长生保管。待贪王熟睡之际，长生把握这千载难逢的机会，拔剑而出以偿夙愿；下手之前，长生忽忆父命，父王临终之言软化了他以牙还牙的固执，他不由得将剑缓缓抽回，理智驱使他按剑不动！巧合的是，贪王突然从噩梦中惊醒，不安地说道："我梦见长寿王儿子要杀我，怎么办？""大王莫惊惶！有贱民在此护卫您。"长生佯言安慰贪王，于是贪王复安然入睡。如是者三，长生决心尊奉父亲告诫原谅贪王，便自动向贪王表明他的真实身份，并请求贪王："快将我杀了，以免我报仇的恶念又死灰复燃！"

震惊的贪王被长寿王父子以德报怨的仁行深深感动，当下幡然悔悟，自愧如豺狼，于是将国土归还长生，两国并义结为兄弟之邦。

贪王自己也开始像长寿王一样善待人民，不再像从前那样残暴了。

三　圯上取履

【原文】

张良亡匿，尝从容游下邳。圯上有一老父，衣褐。至良所，直坠其履圯上。顾谓良曰：“孺子，下取履。”良愕然，强忍，下取履，因跪进。父以足受之，曰：“孺子可教矣。”

【译文】

张良因为犯法而逃亡期间，曾经从容不迫地在邳下游玩。桥上有一位穿着布衣的老人，老人走到张良面前，故意将鞋扔到桥下。然后看着张良说：“小伙子，下去把鞋捡起来。”张良惊愕不已，强忍着怒气，走到桥下，把鞋捡上来，跪着递给老人。老人伸出脚来让张良替他穿上了鞋，并对张良说：“小伙子，你值得培养啊！”

【评析】

张良到桥下给老人拾鞋，并跪着给老人把鞋穿上，可谓是受到了欺侮。但是，张良对这次的欺侮忍了下来，后来成为了刘邦的军师。

通常情况下，懂得耻辱的人能够发现自己的失误，所以会采取正确的策略及行动来改正，从而为自己日后的成功奠定坚实的基础。所以遭受耻辱并不可怕，重要的是我们该以怎样的态度来应对。在遭受耻辱之后，毫无羞耻感可言，那么，这是拒绝忍受耻辱的表现，是不会有大作为的；如果遭受了耻辱，能够意识到羞耻并采取忍耐的态度，然后对自己的行为加以检讨和改正，那么，这是正确的选择，终会走向成功。

当一个人太过自负，不懂得谦虚忍让，就很容易失去人心。而现代人通常都会或多或少的有些傲慢，甚至都会把那些谦虚忍让的人当傻瓜，这就使得自己盲目自大，骄横无礼。所以，对于一个想在复杂的社会里如鱼得水的人来说，一定要学会忍耐，如此才能游刃有余。

忍住才气，韬光养晦

晋武帝时，有一个叫王湛的人。在许多人眼里，王湛是个愚笨的人，他平时不言不语，从不表现自己，别人有对不起他的地方他从不计较。因此很多人都轻视他，就连他的侄子王济也看不起他。一起吃饭的时候，桌上明明有许多好菜，王济也不让叔叔先吃，自己把好吃的都吃光了，甚至连蔬菜都不给王湛留下。但是王湛并不因此而生气。

有一次，王济偶然去王湛住处玩，看到他的床头有一本《周易》，这是一本从远古时代就流传下来的书，十分难懂。王济想，叔叔这么傻，怎么可能读得懂《周易》呢？就问："叔叔，你把这本书放在床头干什么呢？"王湛回答说："身体不好的时候，坐在床头随便看看。"

王济怀疑叔叔读《周易》不过是做做样子而已，便有意请王湛说说书中的一些意思想借此取笑他。谁知道王湛分析书中深奥的道理，深入浅出，非常中肯，讲得精炼而有趣味，王济一下子就听得入了迷。于是他留在王湛身边，接连好几天都不愿回去。听王湛讲了几天的《周易》，王济才意识到自己的学识和叔叔相比，差距实在是太大了。他惭愧地叹息说："我家里有这样一位博学的人，可我 30 年还不知道，这是我的一个大过错啊！"几天后，他要回家了，王湛又很客气地把他送到大门口。

王济骑来的是一匹性子很烈的马，很难驯服，他就问王湛："叔叔喜欢骑马吗？"王湛说："还算喜欢。"于是就骑上这匹烈马，姿态容貌悠闲轻巧，速度快慢自如，连最善骑马的人也无法比过他。王湛又告诉侄子："你这匹马虽然跑得快，但受不得累，干不得重活。最近我看到督邮有一匹马，是一匹能吃苦的好马，只是现在还小。"王济就将那匹马买来，精心地喂养，等它与自己骑的马一样大了，就与原来的那匹烈马比试。王湛又说："这匹马只有在崎岖的山路上才能知道它的能力，在平地上走显不出优势来。"于是，王济就让两匹马在有土堆的场地上比赛。跑着跑着，王济的马果然摔倒了，而督邮的马还像平常一样，跑得又快又稳。

经过这些事情，王济从内心深处佩服叔叔的学识和才能。他回家以后，就对父亲说："我有这样一位好叔叔，比我强多了，可我以前一点儿也不知道，还经常轻视他，太不应该了。"

晋武帝平时也认为王湛是个呆子。有一天,他见到王济,就又像往常一样开他的玩笑,说:“你屋里傻叔叔死了没有?”

要是在过去,王济会无话可答,可这一次,王济大声回答说:“我叔叔根本不傻!”接着,他就把王湛的才能学识一五一十讲出来,晋武帝也相信了。后来,王湛还当了汝南内史。

像王湛这样,平时只管发展和提高自己,而不去追求表现和虚荣,是一种深层次的人生智慧,是金子总会发光的。王湛善于忍耐,不追求虚名,才获得他人真正的敬佩与赏识。

四 出胯下

【原文】

韩信好带长剑,市中有一少年辱之,曰:“君带长剑,能杀人乎?若能杀人,可杀我也;若不能杀人,从我胯下过。”韩信遂屈身,从胯下过。汉高祖任为大将军,信召市中少年,语之曰:“汝昔年欺我,今日可欺我乎?”少年乞命,信免其罪,与一校官也。

【译文】

韩信从小就爱好佩戴长剑,有一次他身佩长剑逛集市,一位少年侮辱他说:“你身佩长剑,但是你敢杀人吗?如果你敢杀人,可以把我杀了;如果不敢杀人,那么就从我的胯下钻过去。”韩信于是弯曲身体,从这位少年的两腿之间钻了过去。后来,汉高祖刘邦将韩信封为大将军,韩信把当年那位侮辱他的少年召到身边,对他说:“你当年欺侮过我,如今还敢欺侮我吗?”那位少年向韩信乞求饶命,韩信原谅了他的罪过,并封了一个小官给他。

【评析】

韩信曾经被市井小人讥笑和侮辱,从别人的胯下钻了过去。这种奇耻大辱岂是常人所能容忍?但是,韩信忍耐了这个耻辱。事实上,他胸中是怀有王侯将相的气量啊!若干年后,韩信找到刘邦,最后当上了大将军;而如果韩信当初杀死那个小混混,杀人偿命,韩信也不会当上大将军,更不会帮助刘邦攻打项羽,统一天下。

本来此时位高权重的韩信可以狠狠地惩治一下当年讥笑和侮辱自己的那个

人，但他却没有这样做，而是原谅了那个人的过错，还给那个人封了一个小官。

在社会生活中，遭受欺侮是难以避免的事情，因此，我们要以坦然的心态来面对所遭受的欺侮。生活的艰辛和挑战超出了我们的想象，并非所有的人都能在顺境中成长。因为世界本有它自己的一套独特的运行规律，弱肉强食是自然界的一项法则。在这种情况下，力量弱小的一方就要学会忍耐，这样才能逐步发展壮大。

我们在做人处世时学会韬光养晦，也是很有益处的，至少不会招人猜忌，为自己惹来不必要的麻烦。特别是在所处环境局势不利的时候，韬光养晦更加有助于我们保存实力。

蔺相如不凡的宰相气量

战国时候，有七个大国，它们是秦、齐、楚、燕、韩、赵、魏，历史上称为“战国七雄”。这七国当中，又数秦国最强大。秦国常常欺侮赵国。有一次，赵王派一个大臣的手下人蔺相如到秦国去交涉。蔺相如见了秦王，凭着机智和勇敢，给赵国争得了不少面子。秦王见赵国有这样的人才，就不敢再小看赵国了。赵王看蔺相如这么能干。就封他为“上卿”(相当于后来的宰相)。

赵王这么看重蔺相如，可气坏了赵国的大将军廉颇。他想：我为赵国拼命打仗，功劳难道不如蔺相如吗？蔺相如光凭一张嘴，有什么了不起的本领，地位倒比我还高！他越想越不服气，怒气冲冲地说：“我要是碰着蔺相如，要当面给他点儿难堪，看他能把我怎么样！”

廉颇的这些话传到了蔺相如耳朵里。蔺相如立刻吩咐他手下的人，叫他们以后碰着廉颇手下的人，千万要让着点儿，不要和他们争吵。他自己坐车出门，只要听说廉颇打前面来了，就叫马车夫把车子赶到小巷子里，等廉颇过去了再走。

廉颇手下的人，看见上卿这么让着自己的主人，更加得意忘形了，见了蔺相如手下的人，就嘲笑他们。蔺相如手下的人受不了这个气，就跟蔺相如说：“您的地位比廉将军高，他骂您，您反而躲着他，让着他，他越发不把您放在眼里啦！这么下去，我们可受不了。”

蔺相如心平气和地问他们："廉将军跟秦王相比，哪一个厉害呢？"大伙儿说："那当然是秦王厉害。"蔺相如说："对呀！我见了秦王都不怕，难道还怕廉将军吗？要知道，秦国现在不敢来打赵国，就是因为国内文官武将一条心。我们两人好比是两只老虎，两只老虎要是打起架来，不免有一只要受伤，甚至死掉，这就给秦国造成了进攻赵国的好机会。你们想想，国家的事儿要紧，还是私人的面子要紧？"

蔺相如手下的人听了这一番话，非常感动，以后看见廉颇手下的人，都小心谨慎，总是让着他们。

蔺相如的这番话，后来传到了廉颇的耳朵里。廉颇惭愧极了。他脱掉一只袖子，露着肩膀，背了一根荆条，直奔蔺相如家。蔺相如连忙出来迎接廉颇。廉颇对着蔺相如跪了下来，双手捧着荆条，请蔺相如鞭打自己。蔺相如把荆条扔在地上，急忙用双手扶起廉颇，给他穿好衣服，拉着他的手请他坐下。

蔺相如和廉颇从此成了很要好的朋友。这两个人一文一武，同心协力为国家办事，秦国因此更不敢欺侮赵国了。

五 尿寒灰

【原文】

韩安国为梁内史，坐法在狱中，被狱吏田甲辱之。安国曰："寒灰亦有燃否？"田甲曰："寒灰倘燃，我即尿其上。"于后，安国得释放，任凉州刺史，田甲惊走。安国曰："若走，九族诛之；若不走，赦其罪。"田甲遂见安国，安国曰："寒灰今日燃，汝何不尿其上？"田甲惶惧，安国赦其罪，又与田甲亭尉之官。

【译文】

韩安国担任梁国内史时，因犯法而入狱，被看守监狱的官吏田甲侮辱。韩安国问田甲说："已经冷却了的灰还能重新燃烧起来吗？"田甲说："已经冷却了的灰如果还能重新燃烧起来，那么我就在它上面尿尿，把它浇灭。"后来，韩安国得以释放出狱，出任凉州刺史，田甲吓得逃走了。于是，韩安国放出话来，说："如果田甲逃走了，那么就诛杀他家九族；如果他没有逃走，那么就赦免他的罪过。"田甲于是来拜见韩安国。韩安国问他:“已经冷却了的灰如今又复燃了,你为什么不在它上面尿尿,把它浇灭呢?”田甲非常害怕,韩安国赦免了他的罪过,并且给了他一个亭尉的小官职。

【评析】

韩安国曾经被一个小小的狱卒所侮辱,说他是不可复燃的死灰。由此可见,他受到了怎样的耻辱。但是,韩安国最终被释放出狱,并且担任凉州刺史一职。他的度量之大之所以为人所钦佩,在于他在担任凉州刺史后,不仅没有追问当初那个侮辱过他的狱卒的罪,反而还给了那个狱卒一个亭尉的官职。

其实,历史上不乏忍辱负重之人,周文王忍受了被纣王囚于商并逼食亲儿之肉的屈辱,越王勾践忍受吴王夫差的种种凌辱甚至是舐屎之辱,史学家司马迁受到宫刑奇耻大辱……后来,这些人不但没死,反而活着作出卓越的功绩。不知是谁说过,最伟大的人可以为真理而屈辱的活着。在现实生活中,一般人都有可能遭受冷嘲热讽、污言秽语,甚至是奇耻大辱的欺侮和侵犯。这时,如果我们一蹶不振或者以牙还牙,就会沦为别人的牺牲品。

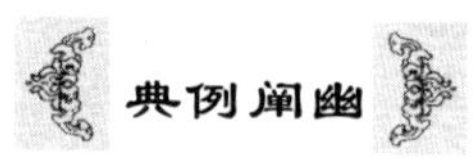

善忍者方能成大器

战国时期,赵国将军李牧一直在代郡雁门屯兵把守,以抵御北方匈奴的侵袭骚扰。李牧根据当地的情况,以利国利民的原则设置官吏,把下边收上来的租税一律交到了府署,作为军费使用。每天还要杀牛犒劳士兵,他一边训练士兵骑马射箭,一边布置好烽火报警,经常派人去侦察敌兵的情况。他总是强调让部队小心防备,说:“如果匈奴兵来侵袭我们,大家不要乱来,赶快回来保护营寨,谁要是敢出击抓捕、俘虏匈奴人的,就斩首示众。”

这样,每当匈奴兵入侵的时候,雁门守兵都不作什么抵抗,只是迅速赶回来保卫自己的营寨。几年下来,虽然匈奴没有占到丝毫便宜,但守关将士都认为李牧过于懦弱。就是赵国上下,也一致认为李牧胆小如鼠,不堪大用。赵王召回李牧,换将上马,一年之中,匈奴每次侵扰,守将都率兵冲出反击,结果次次失败,匈奴掠走了许多牲畜、粮食,边境一带不能够再种田放牧,人民流离失所,赵国损失很大。赵王不得不重新起用李牧。李牧推说自己有病,闭门不出,赵王就强制让他重新出任雁

门关的守将。

李牧对赵王说："您如果真心想用我为边将，那就得允许我用我过去的政策和老办法，我才能不辱使命。"赵王只好答应他。李牧这才去上任。到雁门之后，他依然优抚将士，仍然像以前一样约束他们。士兵每天都接收受赏赐，却不同匈奴交兵，个个觉得有愧，纷纷表示愿意与匈奴决一死战。李牧这才决定乘将士士气正旺找机会同匈奴交战。经过精心备战，李牧让边民漫山遍野地放牧牲畜，匈奴兵一见有物可抢，有机可乘，都跃马持枪而来。李牧则指挥部队佯败而走，故意留下大量牲畜和千余人，让匈奴捕获。匈奴首领听到大获全胜的消息，便想乘胜追击，彻底击败李牧，大批人马压境而来，李牧则设置了许多奇阵，包抄了匈奴兵，一口气斩杀了十几万人，匈奴单于狼狈而逃。这一战之后十几年间，匈奴再也不敢侵犯赵国的边境，边民也过上了安定的生活。

六 诬金

【原文】

直不疑为郎同舍，有告归者，误持同舍郎金去，金主意不疑。不疑谢，为之买金，偿之。后告归者至，而归亡金，郎大惭。以此称为长者。

【译文】

直不疑与别人同住在一个宿舍中，其中有一位舍友回家，误将同宿舍另一位舍友的金子拿走了，因此金子的主人便怀疑是直不疑所为。直不疑向金子的主人认错道歉，并为他买了金子还给他。后来，回家的那个舍友回来了，把误拿的金子还给了失主，那个丢失金子的人感到非常惭愧。直不疑因此被别人称赞为忠厚的人。

【评析】

盗金之事本非直不疑所为，但他却在受到失主的污蔑诽谤后，向失主道了歉并且买了金子归还失主。直不疑的这种气度如今有几个人能够达到？当失主怀疑是他偷走金子的时候，其实他完全可以想办法澄清事实，为自己洗刷罪名，但他没有这样做，而是忍耐了这种诽谤，主动认错道歉。更可贵的是，他还自己买了金子来归还失主。难怪最后金子失而复得的时候，他被别人称赞为“长者”呢！每个人都在追求公平和公正，然而，现实生活带给人们的却是种种不同的境遇，充满了艰辛和挑战。当这种情况发生时，抱怨、愤慨、攻击等等都是徒劳无益的，他们只能加重自己内心的焦虑和烦躁；而暂时忍受当前的不公平，心平气和地寻找化解难题的方法，找到走出困境的通道，才可以帮助我们获得“山重水复疑无路，柳暗花明又一村”的境界。

一个人口出恶言，搬弄是非，其人其行，往往让人难以信服；喜欢造谣诽谤他人的人往往也不得善果，因此面对别人的诽谤，我们只要问心无愧，就没有什么可遗憾的。走自己的路，让别人去说吧，因为总有一天真相会大白于天下。

身正不怕影子歪

汉代公孙弘小时候家里很贫穷，过着清苦的日子。所谓穷则思变，他发奋学习，苦读诗书，十年寒窗苦，终于飞黄腾达，做了丞相。虽然他居于庙堂之上，手握重权，但是在生活上依然保持小时候俭朴的优良作风。吃饭只有一个荤菜，睡觉也是普通人家用的棉被。他的仆人们也感叹：“我家大人才是真正的清廉啊！”

这些话很快就传进了朝廷，文武百官为之感动不已，但是大臣汲黯却不这样想。他向汉武帝参了一本，对皇上说：“公孙弘现在位列三公，不像当年生活百无聊赖，他有相当可观的俸禄，可是为什么还盖普通的棉被，吃简单的饭菜呢？”

皇上笑着说：“现在朝中上下不都称颂他廉洁俭朴吗？公孙弘是不忘旧时之苦，也不忘旧时之德！”汲黯摇摇头，继续说道：“依微臣所见，公孙弘这样做实质上是使诈以沽名钓誉，目的是为了骗取俭朴清廉的美名。”

汉武帝想想，觉得有几分道理。有一次，上早朝的时候，他得了个机会便问公孙弘：“汲黯说你沽名钓誉，你的俭朴是故意做样子给大家看的，他说的是否属实？”

公孙弘听后觉得非常委屈，刚想上前辩解一番，但是转念一想，汉武帝现在可能偏听偏信，先入为主地认为他不是真正的“俭朴”。如果现在自己着急解释，文武百官也会觉得他确实是“沽名钓誉”。再想一想，这个指责也不是关乎性命的，充其

量会伤害自己的名誉。清者自清,只要自己坚持自己的作风,以后别人自然会明白的。这样想着,公孙弘把刚才的一股怨气吞下去,决定不作任何辩解,承认自己沽名钓誉。

他回答道:“汲黯说得没错。满朝大臣中,他与我交往颇深,来往甚密,交情也很好,他对我家中的生活最为熟悉,也最了解我的为人。他对皇上您说的,正是一针见血,切中了我的要害。”汉武帝满以为他要为自己辩护,听到这番话颇感意外,问道:“哦? 是这样吗?”

“我位列三公而只盖棉被,生活水准和小吏一样,确实是假装清廉以沽名钓誉。”公孙弘回答道,“汲黯忠心耿耿,为人正直,如果不是他,陛下也就不会知道这件事,也不会听到对我的这种批评了!”

汉武帝听了公孙弘的这一番话,反倒觉得他为人诚实、谦让,更没有想到他还会对批评自己的对手大加赞扬,真是“宰相肚里能撑船”。从此,对他就更加尊重了。其他同僚和大臣见公孙弘对自己的心理供认不讳,如此诚实,都觉得这种人哪里会沽名钓誉呢?

七 诬裤

【原文】

陈重同舍郎有告归宁者,误持邻舍郎裤去。主疑重所取,重不自申说,市裤以还。

【译文】

与陈重同宿舍的一个人回家,误拿了隔壁宿舍人的一条裤子。裤子的主人怀疑是陈重拿走了,陈重也不为自己申辩,就买了一条裤子还给他。

【评析】

陈重被怀疑偷盗别人的裤子。面对别人的怀疑和诬陷,他没有抱怨,没有争辩,更没有与对方大打出手,而是自己去买了一条裤子,还给了失主。被别人诬陷为盗贼,自尊心受到了极大的伤害,但陈重仍然能够忍下这口气。虽然最终陈重受到了损失,但却避免了发生大的纠纷,妥善解决了与失主之间的矛盾。

心胸豁达的人会对别人更宽容，而心胸狭窄的人则会蝇营狗苟斤斤计较，这两种人哪一种更受欢迎，不言而喻。我们当然不会希望自己的人际关系糟糕到别人都排挤和疏远自己，那么就需要我们尽量让自己的心胸宽阔起来，对于一些小事不要太计较。

在化解工作、生活中的各种难题的时候，不但需要做事的技巧，更需要我们具备一种宽厚的心态。对无关紧要的较量让一步，采取“大事化小”的策略，是每个人都应该培养的一种意识。其实我们平常遇到的一些麻烦往往都是可以妥善避免的，但是双方都因受自尊心、好胜心的驱使，为了追求一时的胜负而浪费了大量的时间和精力，最终得不偿失。如果我们主动采取退让的态度和行动来化解尴尬，那么相信对方也会主动撤身，一场更大的误会便会避免。

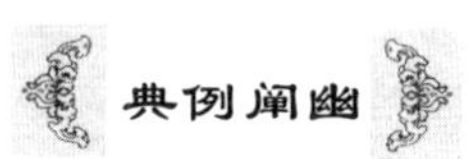

遇事不惊，君子坦荡荡

陈平投降汉朝以后，汉王刘邦任命他为都尉，对他百般亲近信任。这时周勃、灌婴等嫉贤妒能之人就无中生有地诋毁陈平说：“陈平虽然长相姣美，像戴着帽子的玉石一般，但他肚子里没什么奇谋异策。我们听说陈平在老家时，和他的嫂子私通；在魏国做事不能容身，才逃出来归顺了楚王；归顺楚王后因不合心意，就又逃出来投降汉王。现在大王器重他，让他做了高官，派他监督各部将领，可我们听说陈平接受将领们的贿赂，多的就得到好待遇，少的待遇就差。总之，陈平是个反复无常的乱臣，希望大王不要轻信他，应该对他的言行进行认真审查。”

汉王于是招来陈平责问：“先生侍奉魏王未能投合，就离开魏国来投奔楚国，现在又跟随我做事，讲信用的人怎么能这样三心二意呢？”

陈平说：“我追随魏王，魏王不能采纳我的主张，我因此离开他。而楚王不能信任别人，他所任用的不是项氏本家就是他老婆的兄弟，即使是奇谋之士他也不能重用，我为此才离开他。我听说汉王重用人才，因此前来归降大王。我孤身一人前来，形单影只，不接受钱财便无法生活。如果我的计谋确有值得采纳的，希望大王加以采纳；如果没有什么值得采纳的，我收受的金钱还在，可以封存起来送交官府，我也请求辞职回家。”

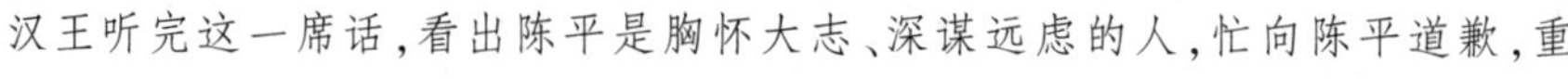

汉王听完这一席话，看出陈平是胸怀大志、深谋远虑的人，忙向陈平道歉，重

重地赏赐他，任命他为护军中尉，所有将帅都受他监督。之后，将领们再也不敢对他指手画脚了。

别人的责难和诽谤对一般人而言是一种伤害，而对于有大智慧的人而言却恰恰是能证明自己的一次机会。陈平正是抓住了这次机会而使汉王真正认识到自己的能力，并且为以后的成功奠定了坚实的基础。

八 羹污朝衣

【原文】

刘宽仁恕，虽仓卒未尝疾言剧色。夫人欲试之，趁朝装毕，使婢捧肉羹翻污朝衣。宽神色不变，徐问婢曰："羹烂汝手耶？"

【译文】

刘宽仁慈宽厚，即使在仓促之中也不曾疾言厉色。他的妻子想试试他，在他刚穿好上朝的衣服的时候，派奴婢送来一碗肉汤给他，并且故意泼洒在刘宽的身上，弄脏朝衣。刘宽神色不变，慢条斯理地问奴婢说："汤烫坏你的手了吗？"

【评析】

刘宽在穿好朝服准备上朝的紧要关头，一位奴婢不小心将汤泼在他的身上，这一定会耽误上朝的时间。但是刘宽却并没有为这突如其来的"小插曲"而大发雷霆，并没有因为朝服被弄脏而怪罪于奴婢，而是神情自若，反而关心奴婢的手是不是被肉汤烫坏了。刘宽仁慈宽厚的品格，由此可见一斑。

"仁者，爱人"，这是儒家学说的核心思想。我们在日常的工作、学习和生活中，以"仁"的精神对待他人，这样或许会使自己的利益受到一定的损失，在心理上会感到有些不舒服，但是当我们忍受种种不悦，身体力行实践

"仁"的文化时,最终将会发现,"仁"使我们进入了一种和谐发展的人生境界。

在日常生活和工作中,难免会有些摩擦、误解乃至纠葛、恩怨,如果对此念念不忘、斤斤计较,那就好像让"仇恨袋"压在自己身上,或者堵在自己路上一样,使得生活举步维艰。倒不如宽容一点,忍耐一些,退让一步,路才更容易走。

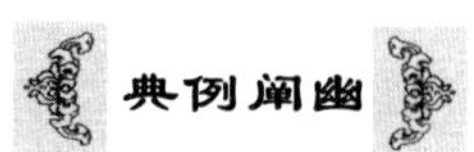

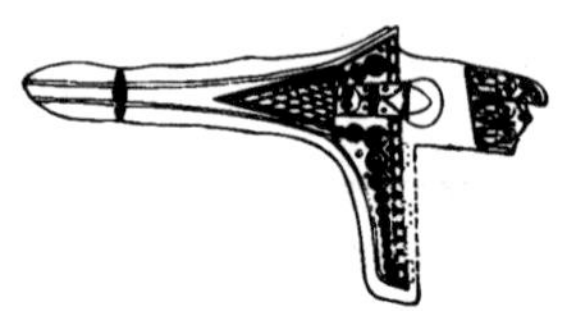

仁义治国得民心

"仁"其实是爱心的培养和表达,采取宽厚的态度来对待他人,而不是横眉冷对。建立和谐友善的人际关系,培养出色的做事技巧,需要我们增加自己的亲和力,培养自己"和为贵"的心态。即使与不友善的人打交道,我们也需要忍耐,以微笑示人,以宽容待人。只有这样,才有可能打开尴尬的局面,推动事情的顺利发展。有这么一则故事便说明了以上观点。

有一年冬天,卫灵公下令调集民工在宫中挖一个大池塘。天气严寒,百姓劳作非常辛苦,但却敢怒不敢言。

大臣宛春知道了这件事后,便劝卫灵公:"天气如此寒冷,还要兴办工程,恐怕会损害老百姓。""我不觉得天很冷呀。"卫灵公不以为然地说。

宛春说:"国君您穿着狐皮裘,坐着熊皮席,屋里又有火炉,当然不会觉得冷了。而现在老百姓的衣服捉襟见肘,破旧不堪,鞋子坏了都来不及修补。您是不觉得冷,而百姓却感到冷得很!"

卫灵公称赞地点点头道:"你说得很好,我马上下令停工。"他立即下令停止了修池工程。宛春告退后,侍从们都在一旁劝说道:"国君您下令要民工挖池,如果百姓知道是因为宛春劝谏大王,而下令停止工程,这样做会使百姓感激宛春,而怨恨您的。这恐怕对国君您不利吧!"

卫灵公对此不以为然,淡然一笑,说:"你们过虑了,怎么会这样呢?宛春不过是鲁国的一个平民而已,而我任用了他,老百姓对他的了解还很少。现在我要让老百姓通过这件事了解他。而且宛春有善行就如同我有善行一样,宛春的善行不就是我的善行吗?"

九 认马

【原文】

卓茂，性宽仁恭，爱乡里故旧，虽行与茂不同，而皆爱慕欣欣焉。尝出，有人认其

【译文】

卓茂这个人，性情仁慈宽厚，恭敬有礼，对家乡人很友好，所以乡亲们即使与卓茂不是一个行业，也都跟他相处得非常友好融洽。有一次卓茂出门，有个人指认卓茂所骑的马是他的。卓茂心中明明知道是那个人弄错了，但还是将自己的马给了那个人。后来，这个人从另外的地方找到了自己丢失的马，于是将卓茂的马送还给了他，并表示道歉。卓茂就是这样不愿与人争执。

【评析】

也许那个认领卓茂所骑之马的人并不是故意的，而是当时真的弄错了，但是不管到底是怎么回事，卓茂都没有与那个人发生争执，而是将自己的马给了那个人。卓茂宽宏的气度确实令人钦佩。

人生最大的感慨莫过于对得失的感悟，特别是失去自己往日所珍爱的东西时，更会产生那种曾经沧海难为水的深切体会。其实，得到或失去只是整个世界发展变化的一部分，就如同每个人都会像从出生走向死亡、天下没有不散的筵席一样，这些都是人类社会的自然规律。忍耐失去的不悦，才能以积极乐观的心态迎接明天的新生活。

在有些时候过于计较，得失心太重，反而会舍本逐末。当失误摆在面前，而且很快地找到教训后，就应该迅速将这件事沉淀下来了，过多的计较会使自己陷入对过往的沮丧情绪里，这种情绪会遏止我们的自信，甚至影响判断。因此，承受吃亏也是一种自信的表现。再往深层次说，吃亏其实也包含了豁达和宽容，而且还要加上理智和自我克制。面对吃亏的豁达，是一种以个人能力为基础的自信，但这种自信并非人人都有。

典例阐幽

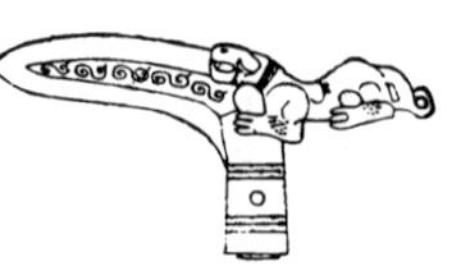

不要计较一时的得失

战国时期有一位老人，名叫塞翁。他养了许多马，一天马群中忽然有一匹走失了。邻居们听到这事，都来安慰他不必太着急，年龄大了，多注意身体。塞翁见有人劝慰，笑笑说："丢了一匹马损失不大，没准还会带来福气。"

邻居听了塞翁的话，心里觉得好笑。马丢了，明明是件坏事，他却认为也许是好事，显然是自我安慰而已。可是过了没几天，丢失的马不仅自动回家，还带回一匹骏马。

邻居听说马自己回来了，非常佩服塞翁的预见，向塞翁道贺说："还是您老有远见，马不仅没有丢，还带回一匹好马，真是福气呀。"

塞翁听了邻人的祝贺，反倒一点高兴的样子都没有，忧虑地说："白白得了一匹好马，不一定是什么福气，也许会惹出什么麻烦来。"

邻居们以为他故作姿态，纯属老年人的狡猾。心里明明高兴，有意不说出来。

塞翁有个独生子，非常喜欢骑马。他发现带回来的那匹马顾盼生姿，身长蹄大，嘶鸣嘹亮，剽悍神骏，一看就知道是匹好马。他每天都骑马出游，心中洋洋得意。

一天，他高兴得有些过火，打马飞奔，一个趔趄，从马背上跌下来，摔断了腿。邻居听说，纷纷来慰问。

塞翁说："没什么，腿摔断了却保住性命，或许是福气呢。"邻居们觉得他又在胡言乱语。他们想不出，摔断腿会带来什么福气。

不久，匈奴兵大举入侵，青年人被应征入伍，塞翁的儿子因为摔断了腿，不能去当兵。入伍的青年都战死了，唯有塞翁的儿子保全了性命。

这个故事在世代相传的过程中，渐渐地浓缩成了一句成语："塞翁失马，焉知非福。"它说明人世间的好事与坏事都不是绝对的，在一定的条件下，坏事可以引出好的结果，好事也可能会引出坏的结果。

清代洪江有一位著名的书法家郑煊，他是郑板桥的远亲。他早年也随着家乡经商的队伍来到洪江经商，他来到这里，不禁感叹在五溪蛮地竟还有这么一座繁华的商城。他一时兴起，把家迁来洪江定居。有一次郑煊做木材生意，货运到外地，货价狂跌，即使卖掉，也是血本无归。郑煊以为自己的末日到了，很沮丧。郑板桥得

知便送给郑煊一幅勉词："吃亏是福。"郑煊带着这幅勉词回洪江，没想到在回来的路上，木材的价格突然昂起，郑煊意外发了财。回家后郑煊静静地思考着郑板桥给他的题词，并从中体会出人生哲理，于是将郑板桥的题词作为家训，刻在墙壁上以示后人。由于郑板桥的名声在外，久而久之，郑煊刻在墙壁上的"吃亏是福"，便成了洪江古商城的一道人文景观。

十 鸡肋不足以当尊拳

【原文】

刘伶尝醉，与俗人相忤。其人攘袂奋拳而往，伶曰："鸡肋不足以当尊拳。"其人笑而止。

【译文】

一次，刘伶喝醉了酒，和一个粗俗的人发生了冲突。那人挽起衣袖，紧握拳头向刘伶冲过来，刘伶说："我这副鸡肋一样瘦弱的身子实在抵挡不住老兄的拳头。"那人听后不禁大笑，收起了拳头。

【评析】

醉酒的刘伶在与别人发生冲突的时候，没有与人大打出手，而是采用自嘲的话语，妥善地平息了一场争斗。虽然刘伶说自己是一副鸡肋一样瘦弱的身子，好像有损于自己的人格尊严，但是能以此话阻止一场即将发生的争斗，难道不值得吗？

正常情况下，我们必须要有足够的勇气，才能开拓新局面，进入一种新境界。但是有的时候，勇气越大，反而越不利于事情的发展。这个时候，更加需要的是一种叫做"智谋"的东西。勇气只有在与智谋联系在一起，共同发挥各自的作用时，才会产生巨大的价值。因为"有勇无谋"的人只能鲁莽行事，把事情搞砸，从而与最初的意愿大相径庭。所以，一定要克制自己的冲动，忍耐自己的"勇"，运用智谋取胜，达到目的。

如今的时代是一个凡事讲究智慧的时代。即使你有一些能耐也不要逞强。一个人恃勇行事，无意中就会高估了自己，从而轻视对手，这样就将自己置于不利之地了。只有给自己留有余地，才能进退自如。

典例阐幽

逞匹夫之勇，必遭败仗

公元前 203 年十月，韩信攻取齐国历下，并一举占领了齐都临淄。

齐王田广慌忙逃到楚国，向楚王项羽求救："霸王，您是各国盟主，现在敝国情况万分危急，您总不能见死不救吧！"

楚王根本就看不起韩信："你别把韩信吹得那样邪乎，那位钻裤裆将军竟把你吓成了这般样子，真是活见鬼。"不过他还是委派了大将龙且率两万兵卒前往与齐国联合抵抗韩信。楚将龙且也是有勇无谋的人，用兵往往只求狠冲猛打，而不讲究计谋韬略。

十一月，齐楚联军与韩信的汉军在潍水两岸濒水对阵。好战惯斗的龙且几次要向汉军发起猛攻，都被齐王田广劝阻住了。

齐王苦口婆心地劝说龙且："将军，我们真的是再经不起大的失败了，没有必胜的把握，过河去与汉军拼，我们实在是拼不起啊！"

一谋士对龙且说："汉兵远道而来，勇于拼战，势不可挡。齐楚两国的军队是在本地应战，士兵士气不太高，如果我们不与汉兵交战，坚守城池，同时派人到所有被汉兵占领的城市去发动齐人，让他们知道齐王还健在，要他们起来反抗汉兵。齐人反对汉兵，汉军的粮食很快就会告急，那时汉军就不战自垮了。"可是，龙且固执地认为韩信没有什么了不起，很容易对付，他很想同韩信交战，取得胜利，好向楚王报功领赏，所以，他听不进谋士的话，决定同韩信交战。

这天，韩信突然指挥大军渡河进击龙且军。可是，部队渡过一半时，汉军便有秩序地向回撤军了。

"龙将军，汉军不战自败，而且退得并不慌乱，可能其中有诈。"田广对龙且说。

"哈哈，我早就知道韩信这人是个胆小鬼，齐王啊，您可不要一朝被蛇咬，十年怕井绳呀！"龙且以为是韩信害怕跟自己作战，更加确信韩信是胆小鬼了，根本听不进齐王田广的意见，一意孤行地指挥部队"乘胜追击"了。

当龙且的将士渡河近一半时，潍水上游发起了洪水，激流滚滚，倾泻而下，一下子把龙且的部队冲散了。汹涌而至的水流使得楚军大乱，而对岸的汉军也趁机回身反击。在急流之中疲于奔命的龙且兵卒成了汉军的活靶子。而被阻在潍水东岸的楚兵更是溃不成军，四散逃亡。汉军在韩信的指挥下过河乘胜追击，杀死了龙

且。齐王田广也被韩信活捉。

原来,韩信设置了诱敌之计。早在齐楚联军赶到潍水两岸布阵之前,他在夜里让士兵做了一万多个布袋子,里面装满了细沙,堆在潍水上游;这样潍水上游便形成了一个人工堤坝。于是,他再用佯装败退的战略,把敌军引入河中。让士兵突然在上游把沙堤打开,汉军借助洪水之势,轻而易举地打败了齐楚联军。

十一 唾面自干

【原文】

娄师德深沉有度量,其弟除代州刺史,将行,师德曰:"吾辅位宰相,汝复为州牧,荣宠过盛,人所嫉也,将何求以自免?"弟长跪曰:"自今虽有人唾某面,某拭之而已。庶不为兄忧。"师德愀然曰:"此所以为吾忧也。人唾汝面,怒汝也,汝拭之,乃逆其意,所以重其怒。不拭自干,当笑而受之。"

【译文】

娄师德为人处世深沉且有度量,他的弟弟就任代州刺史,即将上任的时候,娄师德对他弟弟说:"我担任宰相辅佐皇上,你又成为一州刺史,咱们从皇上那里得到的恩宠太多了,人们会妒忌咱们的,你计划如何处理此事?"娄师德的弟弟跪在他的面前说:"今后,即使有人朝着我的脸上吐唾沫,我也只是自己擦掉罢了。我肯定不会让兄长您为我担忧。"娄师德严肃地对他的弟弟说:"这正是我所担心的。别人之所以朝你的脸上吐唾沫,是因为恨你,如果你将唾沫擦去,正违反了对方的意愿,这样只会加重他对你的恨意。所以不要去擦它,让它自己干,应当笑着接受它。"

【评析】

娄师德教育他的弟弟,当被别人以唾沫唾面的时候,不但要忍气吞声,忍受这种耻辱,还要让唾沫自己干掉,而不要自己用手将之拭去。他的这番话不免让人感觉有点窝囊,但是,这正体现了娄师德为人处世的宽宏与气度。

"三寸气在千般用,一朝无常万事休。"每个人活在世上都要有一定的气量,包括积极进取的斗志、对万事万物的热情。合理使用我们内心的这种力量,可以帮助我们在学习、工作和生活中增强积极行动的力量,拓展更广阔的发展天地。但是,我们也要注意避免意气用事，否则会带来严重的后果，造成难以挽回的损失。所以，注意忍耐自己心中的怨气、怒气，是我们需要认真培养的个人修养。

中国传统文化注重“和”的精神，表现在为人处世上，就是要求大家能和睦相处，通过沟通来化解误会，而不能把怒气和怨气转化为对他人的打击报复。人生中有太多不如意，但是如果我们善于换一个角度看问题，隐忍自己心中的不满之“气”，就会获得一种全新的世界观，我们的工作、交际、生活等各方面的局面都会有很大改观。

能屈能伸是做人处世的宝典，当然也要屈得有理有据才可以，如果无论什么情况都一味地选择“屈”，那不仅不能适应社会，反而还会被社会的变化所舍弃掉。所以，无论是“伸”还是“屈”，都应该根据事实情况来选择。

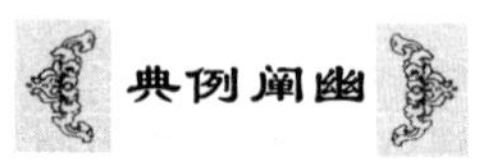

难忍能忍的白隐禅师

日本的白隐禅师是一位生活纯净的修行者，因此受到乡里居民的称颂，都认为他是个可敬的圣者。

有一对夫妇，在他的住处附近开了一家食品店，家里有一个漂亮的女儿。不意间，夫妇俩发现女儿的肚子无缘无故的大了起来。

这种见不得人的事，使得她的父母震怒异常！好端端的黄花闺女，竟做出不可告人的事。在父母的逼问下，她起初不肯招认那个人是谁，但经过一再苦逼之后，她终于吞吞吐吐说出“白隐”两字。

她的父母怒不可遏地去找白隐理论，但这位大师不置可否，只若无其事地答道：“就是这样吗？”

孩子生下来后，就被送给白隐。此时，他的名誉虽已扫地，但他并不以为然，只是非常细心地照顾孩子——他向邻居乞求婴儿所需的奶水和其他用品，虽不免横遭白眼，或是冷嘲热讽，他总是处之泰然，仿佛他是受托抚养别人的孩子一般。

事隔一年后，这位没有结婚的妈妈，终于不忍心再欺瞒下去。她老老实实地向父母吐露真情，孩子的生父是在鱼市工作的一名青年。

她父母立即将她带到白隐那里，向他道歉，请他原谅，并将孩子带回。

白隐仍然是淡然如水，他没有表情，也没有乘机教训他们；他只是在交回孩子的时候，轻声说道："就是这样吗？"仿佛不曾发生过什么事；即使有，也只像微风吹过耳畔，霎时即逝。

白隐超乎"忍辱"的德行，赢得了更多、更久的称颂。

想想我们遇到的挫折或耻辱，比之白隐，又算得了什么？白隐泰然自若，淡然处世的情怀，真不愧为一代禅师！

"就是这样吗？"那么慈悲，那么轻柔．那是恒久的忍耐化为无形的坚毅，那是凡事包容化成无上的悲悯。

"就是这样吗？"无数的干戈，都化成了片片玉帛。

"就是这样吗？"短短的一句话里，蕴含了无限的慈悲与智慧。

所以，注意忍耐自己心中的怨气、怒气，是我们需要认真培养的个人修养。

十二　五世同居

【原文】

张全翁言，潞州有一农夫，五世同居。太宗讨并州，过其舍，召其长，讯之曰："若何道而至此？"对曰："臣无他，唯能忍尔。"太宗以为然。

【译文】

张全翁说，潞州有一个农民，他家五代人住在一起。唐太宗讨伐并州，路过他家时，召见他家的长辈，问道："你有什么办法能使五代人和睦地住在一起呢？"那个农民回答说："我没有其他什么办法，只不过是能互相忍让罢了。"唐太宗认为他说得很对。

【评析】

治家的正道，始于夫妇之道。夫妇之道就是丈夫仁义，妻子顺从。唯有如此，上可以承担对祖先的祭祀，下可以孝敬父母。夫义而妻顺，家道才可以兴旺发达。一家五代人生活在一起，这引起了唐太宗的兴趣，于是亲自登门造访。唐太宗也许怎么也不会想到，维系这一家五代人关系，使他们能够和睦地生活在一起的，竟是一个"忍"字。这里面其实就包括了夫妻之间、兄弟姐妹之间，以及父母与子女之间的互相忍让。

父母和子女之间的关系是孩子最早接触的人际关系,父母的形象对子女的思维方式和人格的形成都会产生持续而深远的影响。父亲的爱是权威的爱,母亲的爱是慈祥的爱。父亲适度保持自己严厉的形象,有利于孩子个性的和谐;母亲给孩子以慈祥的关爱,能使孩子感受到家庭的温暖,有利于孩子健康成长。

由于血缘因素,家庭关系成为一种较为特殊的社会关系。因此,很多时候我们在与家人相处时忽略了技巧和必要的逻辑。"己所不欲,勿施于人",将心比心,懂得了这样的道理,我们才会将我们的"避风港湾"装点得更为美丽,才会拥有一个更为温馨、和谐的生活氛围。

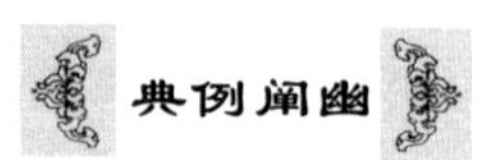

夫妻同心,其利断金

家,是所有人的避风港湾。整天在外打拼,需要面对形形色色的人,形形色色的事,难免会让人感到倦怠、委屈。当那颗紧绷着的心回到家里的时候,才能得到真正的休息与放松。因此,所有的家庭成员,特别是夫妻之间,应该做到相互体谅、相互尊重。所谓夫妻,就应该不离不弃,执子之手,与子偕老。

桓少君是东汉渤海鲍宣之妻。鲍宣曾在桓少君父亲那儿修学,桓父见鲍宣家清寒贫苦,依然勤学不止,觉得将来决非等闲之辈,便将少君嫁给了他。成婚时,桓家为少君准备了丰盛的嫁妆。鲍宣一见,觉得不是滋味,便对少君说:"你生在富裕之家,平时衣食住行都很讲究,而我家贫穷,门第也低贱,实在是不敢当啊!"少君说:"我父因见你品行高尚,故将我许配给你,而今既为夫妇,我当然很乐于尊重你的心意。"鲍宣听了很高兴。

少君便将带来的仆从与服饰全部送回娘家,换上了粗衣短裙,与鲍宣共同推着小车来到了鲍家。少君刚拜见过婆婆,便提起水瓮外出打水去了。后来一直恭恭敬敬地侍奉长辈,与丈夫同心同德,乡邻见了都赞不绝口。鲍宣后来官至司隶校尉,他的儿子也为鲁郡太守。一次孙子鲍昱问少君:"太夫人还记得当年推小车的事吗?"少君答道:"先婆母在世时曾说过:'存不忘亡,安不忘危。'我哪里敢忘记呢?"桓少君放弃父母为她安排好的优裕条件,心甘情愿地与丈夫共同艰苦创业,功成名就后又不忘教育后代居安思危,这样的人为人处世,实在是相当明智而又不容易啊!

十三 九世同居

【原文】

张公艺九世同居，唐高宗临幸其家。问本末，书“忍”字以对。天子流涕，遂赐缣帛。

【译文】

张公艺一家九代人共同居住在一起，唐高宗亲自来到了他家。唐高宗问张公艺他家九代人能共同生活在一起的原因，张公艺只是写了个“忍”字来回答唐高宗的问话。唐高宗被这个回答感动得流下了眼泪，于是赏赐给张公艺家绫罗绸缎。

【评析】

唐高宗所造访的这户人家比唐太宗所造访的那户人家还要庞大，因为这户人家是九代人共同生活在一起。但是，不管是五代人还是九代人，他们能世世代代生活在一起，建立起一个这么庞大的家庭，其原因始终是一个字——忍。

夫妻之间相互信任，兄弟姐妹之间互相承担起各自应尽的责任，父母和子女之间相互关心和尊重，这样，即使再庞大的家庭也能以和谐的纽带联结在一起。

要使家庭关系和谐，也应学习必要的处世方法。相敬如宾，不一定适合所有的家庭。矛盾就像绳结，要随时去解，不要让问题堆积成待发的火山。如此看来，随时吵吵架，并不都是坏事，不过要注意“方式”和把握好自己的情绪罢了。

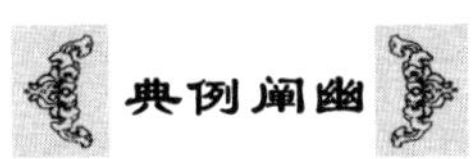

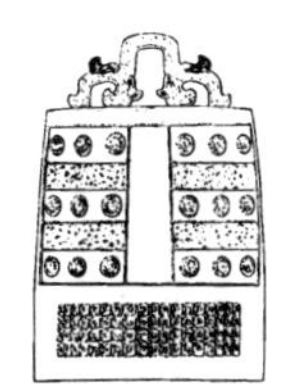

争名逐利，不念手足

兄弟姐妹之间也要相互包容谅解，这样才能气息相通，就如同树枝相连。哥哥姐姐要对弟弟妹妹肩负责任，弟弟妹妹也要对哥哥姐姐态度恭谨。一家之中，兄弟姐妹之间互敬互爱，关系融洽，才能最大限度地发挥潜能，收到最大的整体效应。

东汉人许武，有两个弟弟许宴和许普，他仗着长兄为父、说一不二的优势，提出分家，把肥田、大宅、壮奴、美婢，一律归在自己名下。两个弟弟分到的东西，就可想而知了。众人皆愤愤不平，鄙视许武贪婪的同时，也都赞赏两个弟弟的容让精神。舆论使然，许武的两个弟弟被政府推举为孝廉。这时，许武出来为自己辩解，说："我当初分家，是为了给两个弟弟创造争取孝廉的条件，如今心愿已遂，我决定把原来多分的家财产业，全部分给两个弟弟，以明世人。"

无论从哪个角度讲，许武的前后行为都是欺诈性的。仗势欺弟，把肥田大宅据为己有，用心之不良，行为之放肆，到了毫无顾忌的地步。此其一。看到两个弟弟的政治声誉悄然而起，他又谎称自己前面的不义是刻意所为，是为了两个弟弟好。此其二。这样的人，已失信在先，倘再说什么，都大可怀疑。

十四 置怨结欢

【原文】

李泌、窦参器李吉甫之才，厚遇之。陆贽疑有党，出为明州刺史。贽之贬忠州，宰相欲害之，起吉甫为忠州刺史，使甘心焉。既至，置怨与结欢，人器重其量。

【译文】

李泌、窦参都看重李吉甫的才能，所以都厚待他。陆贽怀疑他们结帮拉派，将李吉甫调出了京城，出任明州刺史。后来陆贽被贬到忠州，宰相想加害于他，便任命李吉甫为忠州刺史，以使他能有机会报复陆贽。可李吉甫到了忠州，便将往日的怨恨统统抛弃，与陆贽结为好友。人们都认为李吉甫很有度量。

【评析】

李吉甫当年只因受到了陆贽的怀疑，便被调出京城，到地方上为官，从而失去了很多在朝廷做事的好机会。在常人看来，李吉甫应该会因此事而记恨陆贽一辈子。时来运转，李吉甫终于有机会报复陆贽当年调自己出京的仇恨了，但是出乎所有人意料的是，李吉甫不但没有向陆贽报复，反而与陆贽结为好友。常人怎能有李

吉甫这样大的度量啊!

从古至今,人们都是为了各种利益而进行争斗,从而引发了各种仇恨。仇恨不但会使各方频繁发生冲突,各自的利益没有安全保障,而且还会引发更大的利益损失,真可谓是得不偿失。人与人之间在各个方面都存在着很大差异,承认差异的存在,并且通过协商沟通来化解矛盾,而不是彼此仇恨,才能使我们心胸坦荡地生活在这个世界上,过上怡然自得的生活。

“渡尽劫波兄弟在,相逢一笑泯恩仇。”人们在这个世界上存在各种恩怨,无论是对方故意与我们为敌,还是由于相互之间的误会而造成尴尬的局面,我们都要善于以宽广的视野重新界定彼此之间的关系。因为随着时间的更替、环境的变化,原来的“仇恨”已经失去了存在的条件,我们不能被它所束缚,而要善于化解仇恨,从而开启一种全新的人生局面。

在商业世界中流传着这样一句话:多个朋友多条路,多个仇人多堵墙。经商赚钱是一个广交朋友、扩大财路的过程。利润的获得是通过认同、合作实现的,如果我们处处与人为敌,那么业务关系就很难开展,产品也就很难打开销路了。

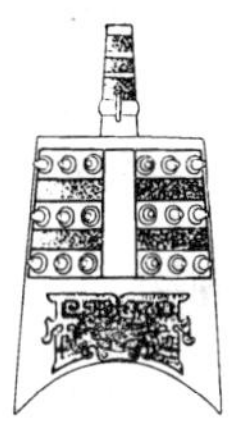

王安石大度成人之美

有句俗话叫做“宰相肚里能撑船”。此话的由来是这样的:相传,宋朝宰相王安石中年丧妻,后娶名门才女姣娘为妾。婚后,王安石忙于国事,常不回家。而姣娘正值妙龄,难耐寂寞,便与家中一仆人偷情。事情很快传到王安石的耳朵里。一天,他假称外出办事,悄悄藏在家中,让轿夫抬着空轿子出了门。深夜,他蹑手蹑脚地溜到居室的窗外,听到俩人正调情。很生气,但他并没有惊动屋里的人,而是拿起一根竹竿朝树上的老鸹窝捅了几下,老鸹惊叫着飞了。屋里偷情的仆人闻声忙从后窗逃走。

转眼到了中秋,王安石想借饮酒赏月之时婉言相劝姣娘,便趁着酒兴说:"饮空酒无趣。我吟诗一首你来答如何?""是。"姣娘答。王安石吟道:

"日出东来还转东,乌鸦不叫竹竿捅,鲜花搂着棉蚕睡,撇下干姜门外听。"

姣娘一听就脸红了。"扑通"跪在丈夫面前答到:

"日出东来转正南,你说这话整一年。大人莫见小人怪,宰相肚里能撑船。"

王安石见她诚心认错,心也就软了。他想:自己已经花甲,而姣娘正值花季,不能全怪她,与其责怪他们不如成全他们。中秋节后,王安石赠白银千两,让仆人与姣娘成了亲。事情传开后,人们对王安石的宽宏大量赞不绝口,"宰相肚里能撑船"成了千古美谈。

十五 鞍坏不加罪

【原文】

裴行俭尝赐马及珍鞍,令吏私驰马。马蹶鞍坏,惧而逃。行俭招还,云:"不加罪。"

【译文】

裴行俭曾经得到皇帝赏赐的良马一匹以及珍贵的马鞍,他手下的一个小官偷偷骑了他的马。马跌倒了,马鞍被毁坏了,小官惧怕不已,所以逃跑了。后来,裴行俭派人将他找回来,并说:"不惩罚你。"

【评析】

胸怀大志的人通常不会计较一些小节,做大事的人通常也不会追究一些琐碎的事情。由于自己手下小官的失误,裴行俭失去了皇上赏赐的良马和宝鞍。但是,裴行俭是顾大局、做大事的人,不会为了这些鸡毛蒜皮的小节之事而斤斤计较。因此,当那个犯了错误的小官因惧怕而逃走后,裴行俭派人将他找了回来,并没有怪罪他。

"成大事者不拘小节。"越王勾践,卧薪尝胆,苦身焦思,忍辱负重,终灭强吴,北观兵中国,以尊周室,号称霸王。这千古佳话,无人不知,无人不晓。要想成就大事就不要在小事情上斤斤计较,从勾践身上我们可以看到成大事者不拘小节的

那种大丈夫的气概，从裴行俭身上我们也可以看到顾大局者不拘小节的那种容人雅量。

我们在做人处世时，如果一味地强调细枝末节，以偏概全，只盯住别人的缺点和问题不放，那么人际关系就会不和谐，处理事情也抓不住重点。特别是当我们身处要职的时候，尤其要注意不能一味纠缠在小的过错上，须知用人要用其所长，所以一定要宽容些。

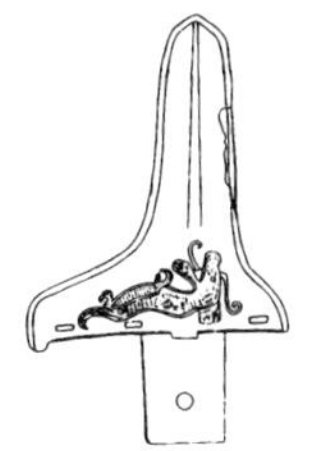

成大事者不拘小节

齐襄公是个无道的昏君。当时的齐国，有两位高瞻远瞩、经天纬地的人才：一个是管仲，一个是鲍叔牙。他们两人商议说："国君如果再这样昏庸下去的话，必然会丧失政权。齐国的各位公子中值得辅佐的，只有公子纠和公子小白。我们各侍奉一人，先得志的一个就招揽另一个。"

他们说的公子纠是齐襄公的长子，是鲁国女子所生；公子小白是次子，是莒国女子所生。于是，鲍叔牙跟随公子小白到了莒国，管仲跟随公子纠到了鲁国。

齐襄公的昏庸终于引起了群臣的愤怒，发动兵变，杀了齐襄公，立公孙无知为国君。随后，公孙无知也被刺杀了。众大臣派人去鲁国迎公子纠为君，公子纠就带着管仲，在鲁军的护送下向齐国进发。却说公子小白在莒国听说齐国国乱无君，就与鲍叔牙计议，向莒国借得兵车百乘，也回齐国争做国君。

这样，兄弟二人之间发生了一场恶战。战斗中，管仲亲手射了公子小白一箭，使他受了伤。但最终还是公子小白杀死了公子纠，做了齐国国君，这就是齐桓公。

鲍叔牙是齐桓公的功臣，很受桓公信任和敬重，桓公任命他做了军队统帅。他没有忘记管仲，找机会向桓公推荐管仲。起初，桓公不肯任用管仲，因为他曾经与自己为敌，还差点儿要了自己的命。鲍叔牙向他解释：管仲和我当初是各为其主，并没有错；要想干大事，就必须心胸开阔。

于是，桓公不计前仇，接受了鲍叔牙的建议，任命管仲为宰相，最终成就了一代霸业。

十六 万事之中，“忍”字为上

【原文】

唐光禄卿王守和，未尝与人有争。尝于案几间大书忍字，至于帏幌之属，以绣画为之。明皇知其姓字非时，引对曰：“卿名守和，已知不争。好书忍字，尤见用心。”奏曰：“臣闻坚而必断，刚则必折，万事之中，忍字为上。”帝曰：“善。”赐帛以旌之。

【译文】

唐代光禄卿王守和，从来都没有与别人发生过争执。他曾在桌子上写下了一个很大的“忍”字，在帏帐之类的地方也都绣上了“忍”字。唐明皇觉得王守和这个名字含有诽谤当时政治的意味，于是将王守和叫到身边来，问到：“你的名字叫做王守和，足以看出你不喜欢争斗了。现在又爱写‘忍’字，别人更能看出你的用心了。”王守和回答说：“我听说坚硬的东西容易被折断，万事之中，忍让是最好的。”唐明皇称赞道：“好。”于是赏赐他锦帛以示表彰。

【评析】

从“王守和”这个名字就能看出来，它表示喜欢和平，不喜欢争斗。人如其名，王守和这个人确实是一个不愿与人争斗，宁静淡泊之人。他将“忍”字作为自己的座右铭，刻在桌子上，绣在帏帐上，时刻警醒自己。

其实，积极主动地追求自己所向往的生活，渴望实现自己的人生目标，这是人生的主题。在现代市场经济的环境下，竞争似乎已经成为一种常态，人们视之为很正常的事，每个人都在各自的行业中进行着各种各样的争夺。但是，在激烈的追逐和争斗背后，许多人似乎也丧失了自我反思的机会以及平静的心态。在貌似有理想和发展目标的人生道路上，其实有些人已经迷失了自我。因此，在匆忙的旅途中，我们何不暂时忍耐争斗，停下来给自己片刻的休息，以矫正自己的人生航向呢？

我们在生活中总免不了要碰上一些不愉快的事情，如果一味地争吵，往往不但不能辨出个是非黑白来，反而会平添烦恼，甚至会气大伤身影响健康。最常见的

就是那些在公共汽车上,因为拥挤而引起的摩擦和口角,不仅让当事人心情恶劣,同时也影响周围人的情绪。其实只要彼此都礼貌一些,容忍一些,退让一些,事情就不会变得那么让人烦恼了。

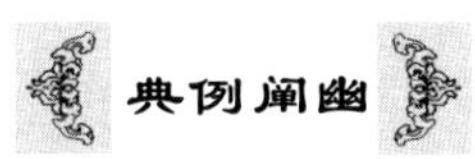

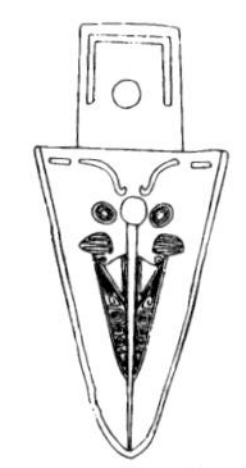

陈树屏巧解纠纷

清朝末年,有一名知县叫陈树屏。他机智灵活,才思敏捷,尤其擅长为别人调解纠纷。他所言不多,却字字切中要害。只要他出面,不论什么事情,只消一会儿工夫,保证大事化小,小事化了,所以人们都夸赞他的口才和机敏。

这一年的春天,阳光明媚,水光潋滟。陈树屏不由诗兴大发,兴致勃勃地邀请了一帮文人朋友到黄鹤楼上游玩。当时的湖北督抚张之洞和抚军大人谭继询是他的上司,两个人也乘兴而来。大家相互寒暄后,一边欣赏着黄鹤楼下的美妙春光,一边把酒谈笑。清风拂面而来,裹挟着花的芬芳;远处的长江风景秀丽,在阳光的照射下,闪烁着粼粼的波光,江面上帆来帆去。大家兴致高涨,宴席气氛非常融洽。

忽然,有个客人问:“你们看这江水浩浩荡荡,气势宏大,却不知这江面有多宽?”

大家都讨论起来。有的引经据典,有的猜测估计,还有的等着倾听别人的回答。张之洞和谭继询两个人是死对头,表面上合得来,心里却谁也不服谁。两个人很快就因为这件事情针锋相对起来了。

谭继询清清嗓子,说:“我曾经在一本书上看到过有关长江的记载,我记得是五里三分。”

张之洞听后,故意说:“不对,我记得很清楚,怎么会是五里三分呢?书上明明写的是七里三分。你说的那么窄,江水怎么会有这样大的气势呢?”

谭继询见对方和自己不仅意见相左,而且明摆着说自己引用有误,一时觉得面子下不来,就梗着脖子和对方争执起来,两个人闹得脸红脖子粗。

陈树屏眼看着这场争执就要破坏宴会的气氛,心里看不起他们的这种行为。他知道两个人是互相拆台,借题发挥。为了不扫来客的兴致,他灵机一动,谦虚地说:“水涨时,江面就宽到七里三分,落潮时就降到五里三分。二位大人一个说的是涨潮时分,一个是指落潮而言,可见你们说的都有道理。这是没有什么好怀疑的!”

陈树屏放下手，端起自己的酒杯，高举着说："这个问题暂时不用再说了。今日难得大家赏脸，也难得这么好的天气，来来来，为了今天的好景致我们喝一杯。"

众人听完这不偏不倚的圆场话，都会心地笑了。张之洞和谭继询都知自己是一派胡言，只是和对方较劲。两个人一看东道主给自己台阶，赶紧顺势而下，举起酒杯。一场争辩就这样不了了之。

十七　盘碎，色不少吝

【原文】

裴行俭初平都支遮匐，获瓌宝，不赀。番酋将士观焉。行俭因宴，遍出示坐者。有玛瑙盘二尺，文彩粲然。军吏趋跌，盘碎，惶惧，叩头流血。行俭笑曰："尔非故也。"色不少吝。

【译文】

裴行俭当初平定都支遮匐时，从敌人那里缴获的玉石宝物不计其数。少数民族的将领和士兵都前去观赏。裴行俭设宴，并在宴会上将这些宝物都出示给他们观赏。其中有一件玛瑙盘，二尺长，花纹和色彩绚丽灿烂，非常漂亮。有个士兵捧着它不小心跌倒，盘子被摔破了。这个士兵非常害怕，跪在地上连连磕头，头都流血了。裴行俭笑着说："你并不是故意的呀！"脸上并没有流露出一丝吝惜玛瑙盘的表情。

【评析】

裴行俭的容人的雅量真是令人钦佩。珍贵的玛瑙盘被自己的部下摔到地上摔碎了，如果是别人遇到这样的情况，肯定会大发雷霆，因为那个玛瑙盘非常珍贵。但是，裴行俭却能够泰然处之，还安慰那位部下。这样，不仅没有让那位部下感到内疚，而且还挽救了宴会的气氛，否则，整个宴会的欢快气氛肯定要被这件事情破坏了。由此，更能看出裴行俭其人通达的处世方式。

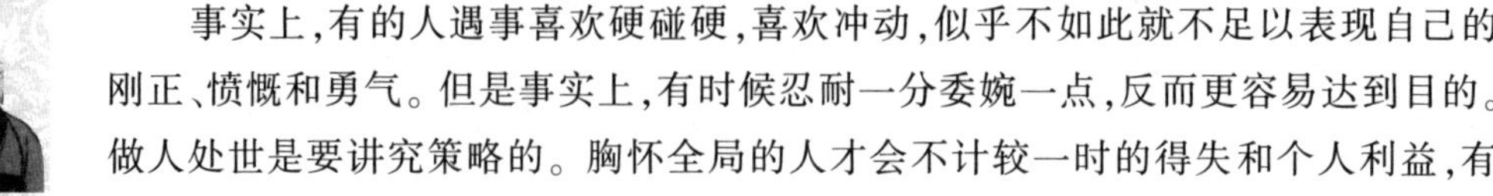

事实上，有的人遇事喜欢硬碰硬，喜欢冲动，似乎不如此就不足以表现自己的刚正、愤慨和勇气。但是事实上，有时候忍耐一分委婉一点，反而更容易达到目的。做人处世是要讲究策略的。胸怀全局的人才会不计较一时的得失和个人利益，有时还会为此做出牺牲。正因为如此,最终获益的是国家和社会,而个人自然也会得到益处。这种策略不仅是为人处世之道,也是治世之道。

德行在隐忍中得以光大

相传古时某宰相请一个理发师理发。理发师给宰相修面,修到一半时,也许是过分紧张,不小心把宰相眉毛刮掉了。哎呀!不得了了,他暗暗叫苦。顿时惊恐万分,深知宰相必然会怪罪下来,那可吃罪不起呀!

理发师是个常在江湖上走的人,深知人之一般心理:盛赞之下无怒气消。他情急智生,猛然醒悟!连忙停下剃刀,故意两眼直愣愣地看着宰相的肚皮,仿佛要把五脏六腑看个透。

宰相见他这模样,感到莫名其妙。迷惑不解地问道:“你不修面,却光看我的肚皮,这是为什么呢?”

理发师忙解释说:“人们常说,宰相肚里能撑船,我看大人的肚皮并不大,怎能撑船呢?”宰相一听理发师这么说,哈哈大笑:“那是说宰相的气量最大,对一些小事情,都能容忍,从不计较的。”

理发师听到这话,“扑通”一声跪在地上,声泪俱下地说:“小的该死,方才修面时不小心,将相爷的眉毛刮掉了!相爷气量大,请千万恕罪。”

宰相一听啼笑皆非:眉毛给刮掉了叫我今后怎么见人呢?不禁勃然大怒,正要发作,但又冷静一想:自己刚讲过宰相气量最大,怎能为这小事,给他治罪呢?

于是,宰相便豁达温和地说:“无妨,且去把笔拿来,把眉毛画上就是了。”

不能忍受被冒犯的人,发怒起来不顾别人;不能压抑自己的人,愤怒起来连自己也顾不上。这种容易发怒的情形,结果不是害了别人,就是害了自己,不如忍耐着,慢慢观察形势。名誉在屈辱中才得以彰显,德行在隐忍中得以光大。

十八 不忍按

【原文】

许围师为相州刺史，以宽治部。有受贿者，围师不忍按，其人自愧，后修饬，更为廉士。

【译文】

许围师担任相州刺史的时候，以宽厚仁慈的态度对待自己的部下。有一个官员收受了贿赂，许围师不忍心将他治罪，但是这个官员自己觉得羞愧难当，于是之后就修身养性，成为一个廉洁奉公的官员。

【评析】

当自己的下属受贿，犯了错误的时候，作为上级完全有权力对他进行相应的惩罚。这是上级管理下级的手段之一。许围师没有对自己犯了错误的手下官员进行惩罚，但是，却取得了跟进行惩罚相同的效果。因为他用他的宽宏大量感化了那个犯错的官员，使他真正地从内心深处感到了羞愧，之后便严格要求自己，最终成为一名廉洁奉公的官员。

对待身边的人和事固然需要认真负责的态度，但是凡事过犹不及，如果对别人过于苛求，就会使我们陷入对细枝末节问题的计较中，而对事物的实际效果失去了基本的评判。人都是有缺点的，因而要指出别人的失误之处是很容易的事。但是有一点，我们自己同样也不完美，同样可能遭到别人的指责或嘲笑。因此，以冷静、礼貌的态度对待别人是非常必要的，你也会因此赢得对方的尊重。

典例阐幽

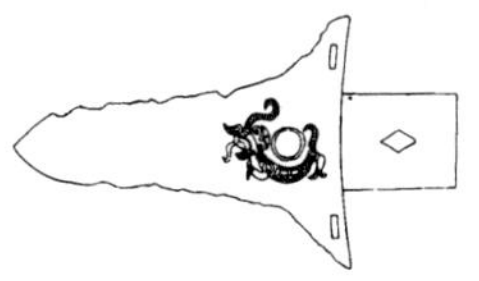

狄青宽宏大量收刘易

有一年，狄青要出守边塞，他的好朋友韩将军向他推荐了一名猛士，这名猛士叫刘易。刘易熟知兵法，善打恶仗，对狄青守卫的那段边境的情况非常熟悉，狄青带他一起到边境去十分必要。然而刘易有个很不好的嗜好，就是特别爱吃苦荬菜，一顿饭吃不到苦荬菜就呼天喊地，骂不绝口，有时甚至动手打人，士兵、将领都有些怕他。

刘易和狄青一起到边塞后，忙于军务，每天早起晚睡，很快，从内地带的苦荬菜就吃完了，而边塞又见不到这种野菜。这天，士兵送来的菜里缺少了苦荬菜，刘易便把盛饭菜的器皿掀翻在地，并在军营中大闹不止，早有士兵报告狄青，狄青听了非常生气。

一般来说，在戍边军队中不能有这样的人，但刘易确实与众不同。狄青考虑，与这种性格刚烈的人发生正面冲突，不仅破坏了自己与韩将军的朋友关系，而且会影响刘易的情绪；如果放任不管，则会动摇其他士兵的军心，影响戍边大业。

于是，狄青出面好言安抚刘易，并立即派人回内地去取苦荬菜。有些将领见这种情况，非常不服气，说狄将军骁勇善战，屡建奇功，那刘易何德何能，却要狄将军放下军务派人去给他弄苦荬菜吃。特别气盛的将领还要去与刘易比一比武艺，杀一杀刘易的威风。狄将军急忙劝阻众将说："刘易原来不是我的部下，如果你们与他计较，争强斗胜，传出去势必会给敌人以可乘之机。我们现在要加强团结，不争一时之短长。"

这些话传到刘易的耳中，刘易非常感动。狄将军派人专程去弄苦荬菜，刘易觉得得到了别人的同情和理解；狄将军劝阻将领勿争强斗胜，刘易觉得是真正顾全大局，宽宏大量。在这种情况下，自己不该再给非常忙碌的狄将军添麻烦。

过了几天，刘易懊悔地去找狄青，说："狄将军，您治军严整，我在韩将军手下时就有耳闻。这次我因这么点小事就大闹，您不仅不责怪我，还原谅了我，我一定会报答您。"从此，刘易再也没为苦荬菜闹过事，并且逢人便夸狄将军的宽阔胸怀。

其实，这正是狄青为人处世的智慧之处。他如果与刘易斤斤计较，在刘易大闹军营时处治他，不仅难以收到预期的效果，还会影响自己负责的边防事业。他现在这样做，不仅收服了刘易，而且收服了其他将领、士兵。看一看狄青的处世方法，无论是谁，都会为他的宽容气度所折服。

十九 逊以自免

【原文】

唐娄师德，深沉有度量，人有忤己，逊以自免，不见容色。尝与李昭德偕行，师德素丰硕，不能剧步，昭德迟之，恚曰："为田舍子所留。"师德笑曰："吾不田舍，复在何人？"

【译文】

唐代娄师德性情稳重，宽容大度，有人触犯到了他，他就采取退让的态度，进行自我检讨和批评，而不显现出发怒的神色。他曾与李昭德一起出门。因为娄师德向来就身体肥胖，所以走路时走不快，李昭德嫌师德走得太慢，生气地说："我被耕田的汉子给耽搁了。"师德笑着对李昭德说："如果我不做耕田的汉子，那么让谁做呢？"

【评析】

当别人说了不利于自己的话时，有的人会"起而攻之"，以牙还牙，试图为自己争回脸面，挽回名誉，即使与对方大动干戈、伤了和气也在所不惜；有的人却会笑对别人对自己的不恭，稍稍退让一下，主动从自身找不足，进行自我批评、自我嘲笑，从而在笑声中化解一场可能会发生的矛盾。

唐代宰相娄师德就是这种善于自我批评的人。当急性子的李昭德把他说成是"耕田的汉子"的时候，他并没有生气，而是以自嘲的口吻来应对李昭德对自己的不满。一句"如果我不做耕田的汉子，那么让谁做呢"不仅没有引起不必要的纠纷，而且还缓和了当时的气氛，融洽了两人的关系。

在社会生活中，人与人之间常会发生矛盾，即使是血缘至亲也会有摩擦。可是这其中有许多的矛盾是可以避免的，只要我们对别人多一些理解，多一些宽容，自己不能接受的事情也不要强迫别人去接受，别人不肯做的事情也许你自己也同样不愿意做。如果能这么想，那世界上就会多些和谐，少些冲突。

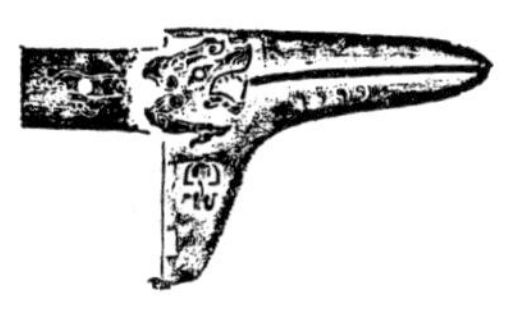

楚庄王绝缨救唐狡

楚庄王一次平定叛乱后大宴群臣，宠姬妃嫔也统统出席助兴。席间丝竹声响，轻歌曼舞，美酒佳肴，觥筹交错，直到黄昏仍未尽兴。楚王乃命点烛夜宴，还特别叫最宠爱的两位美人许姬和曼姬轮流向文臣武将们敬酒。

忽然一阵疾风吹过，宴席上的蜡烛都熄灭了。这时席上一位官员斗胆拉住了许姬的手，拉扯中，许姬撕断衣袖得以挣脱，并且扯下了那人帽子上的缨带。许姬回到楚庄王面前告状，让楚王点亮蜡烛后查看众人的帽缨，以便找出刚才无礼之人。

楚庄王听完许姬的话，却传命先不要点燃蜡烛，而是大声说："寡人今日设宴，诸位务要尽欢而散。现请诸位都去掉帽缨，以便更加尽兴饮酒。"

听楚王这样说，大家都把帽缨取了下来，这才点上蜡烛，君臣尽兴而散。

席散回宫，许姬怪楚庄王不给她出气。楚庄王说："此次君臣饮宴，旨在狂欢尽兴，融洽君臣关系。酒后失德乃人之常性，若要究其责任，加以责罚，岂不大煞风景？"

许姬这才明白楚庄王的用意。这就是历史上有名的"绝缨宴"。

7年后，楚庄王伐郑。健将唐狡自告奋勇，愿率百名壮士，为全军先锋。唐狡拼命杀敌，使大军一天就攻到郑国国都的郊外。楚庄王夸奖统率大军的襄老，襄老说："不是我的功劳，是副将唐狡的战功。"于是，楚庄王决定奖赏唐狡，并要重用他。唐狡说："我就是那位牵人衣袂的罪人。大王能隐臣罪而不诛，臣自当拼死以效微力。哪敢奢望奖赏呢？"

楚王大为感叹，便把许姬赐给了他。

二十 盛德所容

【原文】

狄仁杰未辅政，娄师德荐之。后曰："朕用卿，师德荐也，诚知人矣。"出其奏。仁杰惭，已而叹曰："娄公盛德，我为所容，吾所不逮远矣。"

【译文】

狄仁杰还没有担任宰相的时候，娄师德向武则天推荐了狄仁杰。武则天对狄仁杰说："我启用你，是因为娄师德向我推荐了你，他的确是了解人啊。"然后将娄师德当初的推荐书拿出来给狄仁杰看。狄仁杰看后很惭愧，感叹道："娄师德道德非常高尚，我是被他推荐的，我明白，我和娄师德的差距还远着呢。"

【评析】

娄师德作为宰相，不嫉贤妒能，向武则天推荐了狄仁杰。而狄仁杰在得知自己是被娄师德所推荐的之后，充分认识到了娄师德的宽宏大量，以及自己与娄师德之间存在的差距。这二人，一个不嫉贤妒能，一个有自知之明，同在朝廷共事，为国效力，实为国家的一大幸事。

自古以来，有才华的人很容易遭到同行的嫉恨，美貌的女子也很容易遭嫉妒。而由妒生恨，乃至采取报复措施的情形并不少见。能像娄师德那样善于发现人才，而且能抛开以往狄仁杰对自己的一切不恭，勇敢地推荐狄仁杰，实在是难能可贵。

古人云："木秀于林，风必摧之。"所以，要是谁在哪一方面出人头地，往往会受到别人的攻击、讽刺、指责。由于被嫉妒，你甚至会生活在一种无形的压力之下，时时处处都有障碍。如果嫉妒你的人手中掌握着权力，你甚至会面临祸端。因此，聪明人往往适时掩盖自己的锋芒，以防惹火烧身。

善忍是臣子的大智慧

古代圣贤认为，君子能够根据天理行事，没有私欲私心，他们能广泛地关爱别人；而小人则是注重自己的私欲，将私心掩盖天理，所以他们常嫉妒和伤害别人。性格光明磊落、有博爱之心的人看见别人有才能，会多加赞赏，就好像自己也有这项才能；心胸狭窄、善妒之人看见别人有才能，就会嫉妒和憎恨，并且极力去扰乱别人的德行，这种人比妖魔鬼怪还要恐怖。

赵宋时代的唐介，宋仁宗时任御史，上奏书弹劾平章文彦博，告他在益州做知府时，造了一只非常美观的金灯笼，巴结太监带到宫中，献给张贵妃，而得到了大权，和张贵妃的哥哥张尧佐结成帮派，固守一方。唐介的话说得很爽直，皇上生了气，免去了文彦博的相位，贬任许州知府。以后文彦博又做上了丞相，他首先推荐唐介。告诉皇上说："唐介所说我的事，大多数击中了我的弊病，里面虽有些传说的误会，然而也是他当时对我爱之太切则责之太深。"于是把唐介召回京师到知谏院。那时人们都称赞文彦博是厚道的长者。

当听到有人背后非议你，向上级反映你这样那样的缺点错误时，你能心平气和，想到人家哪些是说得对的，哪些还没有说到，有些失真的事日久自然明，你就是一个能够正确对待自己的人。有些事你虽然猜得出是谁说的，但不存芥蒂，对非议你的品德欠佳的人尤能宽容，对事不对人，你就是一个忠厚的人。人人都能正确对待自己，公道正派地对待别人，那将多么有利于舒畅个人心情、改善人际关系、增强团结、促进事业的发展！

三国时期的蜀国，在诸葛亮去世后任用蒋琬主持朝政。他的属下有个叫杨戏的，性格孤僻，讷于言语。蒋琬与他说话，他也是只应不答。有人看不惯，在蒋琬面前嘀咕说："杨戏这人对您如此怠慢，太不像话了！"蒋琬坦然一笑，说："人嘛，都有各自的脾气秉性。让杨戏当面说赞扬我的话，那可不是他的本性；让他当着众人的面说我的不是，他会觉得我下不来台。所以，他只好不做声了。其实，这正是他为人的可贵之处。"

二十一 含垢匿瑕

【原文】

晋陈骞,沉厚有智谋,少有度量,含垢匿瑕,所在存绩。

【译文】

晋代的陈骞,沉稳厚道,而且很有智谋,年少的时候就很有度量,能容忍别人的过失和缺点,他所工作过的地方都能取得好成绩。

【评析】

陈骞之所以能在自己工作过的地方都取得好成绩, 是因为他为人有度量,能够宽容别人的过失和缺点。但是, 最根本的一点,在于他能做到以德服人。他用自己的宽容和体谅来感化别人,因此能够受到百姓的爱戴,从而取得良好的政绩。

古人把道德修养看做是一个人立身的根本,个人事业发展的基础。纵观历史,所有成功的君王及臣子,除了自身拥有特殊的才能以外,其文治武功则都有赖于他们本人的谦虚、宽容、体谅、信赖等良好的品德。一个领导者如果缺乏必要的德行,就无法赢得下属的尊敬,就不能在关键时刻聚合人心,开创事业发展的新局面。

道德修养是一个人的标签, 人们都喜欢与道德高尚的人交往, 并被对方的人格魅力所折服。所以,为人处世的过程中注意以德服人,可以使我们游刃有余地开展与对方的合作, 从而拓展自己的生存空间。刘备正是实践了“卑让,德之甚”的哲学,通过“三顾茅庐”请诸葛亮出山,弥补了自己人力资源不足的窘境,所以最终获得了三分天下有其一的历史地位。

不计前嫌，以德服人

宋代王旦，字子明，魏州人。真宗时期任中书，寇准做枢密院的官。中书有事的时候，盖上印送至枢密院，中书偶尔把印盖倒了，寇准就把送文书的官员开除。有一回枢密院也把印盖倒了。中书的官就告诉王旦也要开除送文书的人。王旦问官员们："你们说枢密院开除盖倒印的人对吗？"他们说："不对。"王旦说："既然不对，就不应该学他的不对。"后来王旦病了，皇上对王旦说："你现在病了，万一有什么不测，我把天下托付给哪一个来辅助我治理呢？"王旦说："最合适的是寇准。"皇上说："寇准的性格刚直褊狭，再考虑一下其他的人。"王旦道："其他的人我不知道了。"

二十二　未尝见喜怒

【原文】

唐贾耿，自朝归第，接对宾客，终日无倦。家人近习，未尝见其喜怒之色，古之淳德君子，何以加焉？

【译文】

唐朝的贾耿，从朝廷退朝回到官邸后，仍不停地接待宾客，终日都不显疲倦。家人了解他的生活情况，从未见过他有欢喜和愤怒的表情。古代道德纯洁之人，有什么可以比他更好的呢？

【评析】

贾耿为官可谓是兢兢业业，处理事情可谓是认真负责。在朝廷忙完一天的工作后，回到家里仍然要继续接待宾客，处理事情。就算每天很忙，也没见他有丝毫的不快或是其他情绪的流露。官员唯有像他这样，才能称得上是真正的敬业。

勤劳是一种美德，一种责任；也是一个人通往成功之路的唯一途径。我们总是感叹甚至妒忌那些风云人物所取得的非凡成就，却很少能够看到他们成功背后所付出的汗水。那些成功者往往真正懂得勤劳的意义，并付诸行动。当许多人抱怨辛苦，抱怨自己比别人干得多却得到少时，他们在一心一意干着；当许多人大谈享受时，他们一笑置之；当一些人快意于室外活动之时，他们却在闭门不出、挑灯夜战。其实，不管是读书还是工作，要想出点成绩，都应该如此。

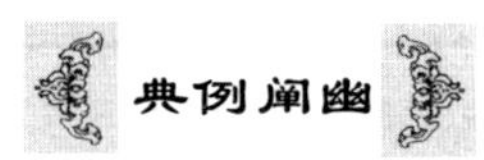

匡衡凿壁借光

西汉时候，有个农民的孩子，叫匡衡。他小时候很想读书，可是因为家里穷，没钱上学。后来，他跟一个亲戚学认字，才有了看书的能力。

匡衡买不起书，只好借书来读。那个时候，书是非常贵重的，有书的人不肯轻易借给别人。匡衡就在农忙的时节，给有钱的人家打短工，不要工钱，只求人家借书给他看。

过了几年，匡衡长大了，成了家里的主要劳动力。他一天到晚在地里干活，只有中午歇晌的时候，才有工夫看一点书，所以一卷书常常要十天半月才能够读完。匡衡很着急，心里想：白天种庄稼，没有时间看书，我可以多利用一些晚上的时间来看书。可是匡衡家里很穷，买不起点灯的油，怎么办呢？

有一天晚上，匡衡躺在床上背白天读过的书。背着背着，突然看到东边的墙壁上透过来一线亮光。他“霍”地站起来，走到墙壁边一看，啊！原来从壁缝里透过来的是邻居的灯光。于是，匡衡想了一个办法：他拿了一把小刀，把墙缝挖大了一些。这样，透过来的光亮也大了，他就凑着透进来的灯光，读起书来。

衡就是这样刻苦地学习，后来成了一个很有学问的人。

二十三　语侵不恨

【原文】

杜衍曰："今之在位者，多是责人小节，是诚不恕也。"衍历知州，提转安抚，未尝坏一官员。其不职者，委之以事，使不暇惰；不谨者，谕以祸福，不必绳之以法也。范仲淹尝与衍论事异同，至以语侵杜衍，衍不为恨。

【译文】

杜衍说："如今的当权者，大多都喜欢斥责别人小小的过失，这实在是不够宽容啊。"杜衍从担任知州，一直到后来被提拔为转安抚，从来都没有责骂过任何一位官员。对于不称职的官员，杜衍就将一些事情托付给他们去处理，从而使他们没有可以偷懒的时间；对于做事不谨慎的官员，杜衍就告诉他们不谨慎会引起的祸害，并不一定要将他们绳之以法。范仲淹曾经与杜衍一起讨论一些事情的是非曲直，以至于范仲淹出口伤害到杜衍，但他并不记恨。

【评析】

杜衍其实自有他的一套为官哲学。他奉行的是宽以待人的处世信条，一直不打骂责罚自己手下任何一位犯了过错的官员，而是动之以情、晓之以理，使那些犯了错误的官员自己认识并改正错误。另外，他的宽以待人还体现在他不记恨别人对自己的不恭。因此，他能够与自己的同事和睦相处。

自古至今，同僚、同事关系都是最让人敏感的人际关系之一。同事之间一旦出现了裂痕，就很难愈合，因此，我们一定要学会处理这层关系。

要想在工作中有融洽的人际关系，我们应该做到哪些呢？一是以大局为重，多补台少拆台；二

是同事、上司交往时，保持适当距离；三是对待分歧，要求大同存小异。在发生矛盾时，要宽容忍让，学会道歉；四是对待升迁、功利，要保持平常心，不要妒忌。

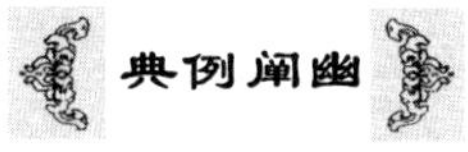

舜不计前嫌尽孝道

舜有了媳妇，又当了尧王爷的女婿，心劲更大了，谷仓里的粮食一天天多起来，圈里的牛羊一天天肥起来，他想爹娘的心思也一天天重起来。一天，他带着新媳妇去看望父亲、继母、弟妹，还带了好些礼物。继母熙氏，眼热他的礼物；弟弟象，眼热他的媳妇。舜回历山去了，他们一家子叽叽咕咕商量了一夜，想把舜害死。

有一天晌午，天热乎乎的，舜正往地里拉粪，象跑来了，他说："哥哥，爹叫你明天回去帮忙修谷仓，你可早点来！"舜说："你回去给爹说，我明天一早就去。"

象走了，舜把这事给娥皇说了一遍。娥皇听了，掐指一算，吃惊地说："呀！说啥你也不能去，去了怕出事。"舜不信，说是得听爹的话，明天说啥也得回去。娥皇说："你一定要去，可小心他们把你烧死了！"舜着急了，说："我已经答应了，那怎么办？爹叫我去，不去不合适！"娥皇知道舜很孝顺，一定会去，就说："我想个办法，你放心去睡吧。"

这天晚上，娥皇一夜没合眼，赶天明做了一身新衣裳，还在新衣裳上画了一些五色花纹，粗看像是一只展开翅膀要飞的鸟儿。她叫舜穿上这件衣裳给老爹去修谷仓。熙氏和象见舜穿着新新的花衣裳，不由暗暗发笑，他们想："眼看就要进鬼门关了，还打扮得这么漂亮。"熙氏和象装模作样地招呼舜，问吃问喝，非常亲热。象扛着梯子，把舜引到谷仓跟前。搭好梯子，舜就爬到谷仓顶上，实实在在干起活来。象趁机搬倒梯子，把谷仓周围预先准备的草都点着了，烟火一蹿几丈高。舜在谷仓上着急了，大声喊叫起来："弟弟，这是干什么？"

熙氏说："这是要送你去上天！"

象在下面一边拨火，一边大笑："哈哈！我叫你到天上去当老天爷的女婿！"谷仓四面大火熊熊，眼看就要把谷仓烧塌了，吓得舜浑身冒汗，他真后悔没有听娥皇的话，眼看大祸临头了。他看见后娘和弟弟象像恶狼一样，不由举起两条胳臂，面向青天喊道："天啊！你快睁眼，救救我啊！"他手一展开，身上穿的那件画着五色花纹的衣裳，马上变成了一只金翅老鹰，冲出大火和烟雾，驮着他大叫一声朝天空飞走了。只吓得熙氏和象软溜溜地坐在地上，一动不动，好半晌说不出一句话来。虽然舜差点丢掉性命，但他对待继母和弟弟，还和以前那样孝顺。

二十四 释盗遗布

【原文】

陈寔，字仲弓，为太丘长。有人伏梁上，寔见，呼其子训之曰："夫不喜之人，未必本恶，习以性成，梁上君子是矣。"偷闻自投地，伏罪。寔曰："观君形状非恶人，应由贫困。"乃遗布二端，令改过之，后更无盗。

【译文】

陈寔，字仲弓，为太丘县令。一天，有个小偷趴在他家房梁上准备行窃，陈寔看见后，把自己的儿子喊过来，教训说："不受欢迎的人，并非本性就不好，而是习惯造成的，房梁上的那一位就是这样的人。"房梁上的小偷听到后，主动跳了下来，跪在地上认罪。陈寔说："从您的相貌上看，不像坏人，您之所以走到这步应该是由贫困造成的。"于是，陈寔送给他两匹布，并且叫他一定要改过自新。此后，这个人再没有行窃。

【评析】

在日常生活中，当一个小孩学习走路的时候，他总会不断地摔跤，而父母总是会鼓励他再来一次。事实上，他自己也会很勇敢地爬起来继续学走路，哪怕紧接着又是一次摔跤。可是当孩子成长为大人，开始步入社会之后，身边的人就会变得严苛起来，往往不会给他再来一次的机会，他自己也会失去重新来过的勇气，结果就是错过一次就无法翻身。

陈寔发现房梁上有小偷的时候，并没有大喊捉贼，而是故意以此来教育自己的儿子，使得小偷羞愧难当，主动认错。但是当他发现这个小偷本来并非坏人，只是由于贫穷才不得不出来偷盗时，不仅没有惩罚小偷，还送给了小偷两匹布。如果他只做到这一步的话，那么他还算不上是一个行为举止妥当的人。他的行为之所以被人认可，最关键的一点是他还教育了那个小偷，让他改过自新，从而挽救了一个处于犯罪边缘的人。

拥有一颗爱心，给予对方帮助是非常必要的，但是施与财物的时候，我们

一定要谨慎行事，因为仅仅施与财物往往不能使对方在个人命运上有根本的转机。这就是所谓的“输血”和“造血”的比喻。尽可能使对方在思想上成熟起来，具备养活自己的技能，将单纯的“输血”变为对方自己“造血”，这才是最根本的问题。

其实我们日常生活中，不懂得“输血”和“造血”的利害关系，随便施与人财物的人还是很多的。把自己的财物施与能干出一番大事业的人，将会出现“钱生钱”的情况，最终，一分钱的投入带来了一百元，甚至更多的产出。把自己的财物施与那些没有雄心壮志，只是苟活于世之徒，则是白白浪费了这些钱财，因为那些人只是用所得财物维持了自己的生命，但没有为社会带来一丝一毫的效益。

臧武仲以理服人巧进谏

臧武仲在鲁国担任司寇，负责国家的经济和狱讼事务。他为人正直，能言善辩，鲁国国王季武子对他颇为器重。

邾国有一个名叫庶其的人背叛了自己的国家，带着一批人马前来投奔鲁国。他顺便把漆和与闾丘两座城邑偷窃过来献给鲁国国王。季武子见庶其归顺了自己，还为自己扩大了疆土，因而礼遇庶其。一时间，这件事情成了鲁国内外茶余饭后的谈资，人们都在议论纷纷。

臧武仲认为国王这样做影响很不好。窃国者也是偷，季武子非但不惩处这些盗贼，反而姑息养奸，把他们奉为座上宾，那人们岂不认为偷窃是天经地义的事情？

不久，盗贼果然就在鲁国大行其道。夜半时分上房揭瓦，破门而入，甚至在光天化日之下，也抢钱掠财，十分猖狂，一时间民怨沸腾。

季武子听说国家现在治安混乱，于是找到臧武仲，质问他：“现在盗贼无法无天，我都有所耳闻。难道你这个负责治安的还不知晓吗？你为什么不管不问？”

臧武仲回答说：“出现这种情况是不可避免的，我心有余而力不足，我没有办法禁止！”季武子厉声说：“我养着大批的军队和官吏，不分昼夜地监探。你反而说盗不能治！那些军队和官吏有什么用！你有什么用！你连个盗贼都治不了，还谈什么才能，你还不如回家算了！”

臧武仲不紧不慢地说："养兵是另一回事。我虽然没有才能，但我知道国家仅凭借山河之险是不会昌盛的，最主要的是要以德治国！"

二十五 愍寒架桥

【原文】

淮南孔旻，隐居笃行，终身不仕，美节甚高。尝有窃其园中竹，旻愍其涉水冰寒，为架一小桥渡之。推此则其爱人可知。

【译文】

淮南的孔旻，隐居在乡下，修身养性，终身都不做官，有非常高尚的气节。曾经有人盗窃了他家园子中的竹子，孔旻考虑到这个偷竹子的人涉水过河非常寒冷，觉得很可怜，就架设了一座小桥让偷竹人从桥上通过。由此就可以看出孔旻对别人的友善及仁爱。

【评析】

为富不仁的人，让我们痛恨。但是孔旻在自己生活比较富足的情况下，也能做到体恤穷苦人的苦难，关心他们的身体健康。当有人偷窃了他家园子中的竹子的时候，他并没有追究那个盗贼的过失，反而想到偷竹人涉水过河的时候肯定非常寒冷，有可能冻坏腿，因此，特意架设了一座小桥。

其实，富有不是罪过，但凭着自己有钱就对人傲慢无礼，让淫欲泛滥就是不懂得自求多福的道理。的确，钱可以带给我们物质享受，让我们生活得更好。然而，钱却并不是我们一生可以依傍的东西。钱可以有了，也可以没了，一夜暴富和一夜倾家荡产的例子不在少数。而真正可以让我们一生依傍的是美好的品性、知识和才干。

二十六 射牛无怪

【原文】

隋吏部尚书牛弘,弟弼好酒而酗,尝醉射弘驾车牛。弘还宅,其妻迎曰:“叔射杀牛。”弘闻无所怪,直答曰:“作脯。”坐定,其妻又曰:“叔忽射杀牛,大是异事。”弘曰:“已知。”颜色自若,读书不辍。

【译文】

隋代吏部尚书牛弘的弟弟牛弼非常喜欢喝酒,经常酗酒。有一次,牛弼在喝醉酒之后,射死了给牛弘拉车的牛。牛弘回到家后,他的妻子迎上前去对他说:“小叔杀死了牛。”牛弘听后,并不表示奇怪,只是说:“那就将死牛的肉做肉脯吃吧!”等到牛弘坐定以后,他的妻子又说:“小叔忽然射死了牛,真不知道到底是怎么回事。”牛弘回答说:“已经知道了。”神色自若,继续读书。

【评析】

牛弘不因弟弟醉酒射杀了自己的牛而动怒,依然保持平静,神色自若,他已经达到“不以物喜,不以己悲”的境界了。对于妻子几次三番的相告,他只是以最简短的语言来做回应,从中也可以看出他的镇定。

在日常生活中,我们的情绪经常会随着外界环境的变化而发生改变,快乐、悲伤、喜悦、忧愁,这些本来都是很自然的现象。但是,如果我们过于情绪化,被外界事物的变化所主宰,就会使自己的生活产生强烈的波动,无法完成正常的学习和工作。

如果我们平时能对“看不顺眼”的事情多一点忍耐,能加以理解,或许会发现我们身边也是有天才存在的。即使不是这样,多一些忍耐和宽容,也是有利于我们的人际关系和事业发展的。

宽容不仅是原谅伤害你的人,同时也解放了你自己,与其因为愤恨而耗尽自己一生的精力,时时记忆着那些伤害你的事情和人,被回忆和仇恨所折磨,还不如宽容他们,把自己的心灵从禁锢中解脱出来。

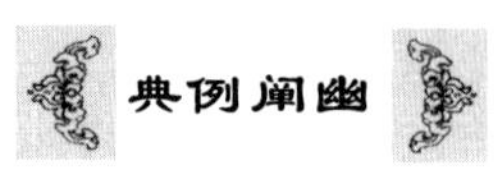

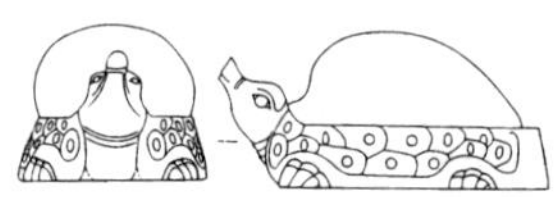

忠言顺耳更利行

有一天,唐太宗李世民满脸怒气,要杀为他养马的人,旁人没有一个敢替养马人说话的。这时,长孙皇后走过来,她看见皇上的脸色不好,知道又有了不愉快的事,于是柔声问道:"皇上在为什么事生气呢?"

李世民告诉她说:"我的那匹最心爱的马好端端的突然死去,一定是养马人不负责任,让马吃了什么东西。你知道这匹马跟着我南征北伐,立下赫赫战功,现在无病而死,叫我怎么不伤心呢?因此,我一定要杀死这个养马人,看谁以后还敢不负责任!"

长孙皇后很不满意李世民的做法,想说几句好话救下养马人,可是握有至高无上权利的皇上正在气头上,恐怕帮不了这个忙了。她突然想起历史上发生过类似的事,不妨讲给皇上听听,也许能让他回心转意。

"陛下,你听说过齐景公杀养马人的故事吗?"长孙皇后的第一句话就把李世民的注意力拉过来了,他饶有兴趣地听着皇后说下去:"齐景公的一匹马死了,要杀养马人。有个叫晏婴的臣子站出来说,养马人有三条罪状。齐景公催着晏婴快说哪三条,晏婴说:'第一条罪,养马人失职,没有养好马而被杀;第二条罪,养马人使国君因马死而杀人,全国的老百姓知道了,必然会埋怨国君把马看得比人还重要,这会损害国君的声誉;第三条罪,诸侯知道了这个消息,必然会看不起齐国,降低齐国的威信。'齐景公一听,说:'杀一个养马人会带来那么多的麻烦事,那不杀就是了。'"

李世民听到这里,知道皇后是在借说故事批评自己,想想也确有道理,于是改变了主意,释放了那个养马人,仍让他为自己养马。

自此以后,养马人更尽心尽职喂马,再没有发生过差错。

二十七 代钱不言

【原文】

陈重，字景公，举孝廉，在郎署。有同郎署负息钱数十万，债主日至，请求无已，重乃密以钱代还。郎后觉知而厚辞谢之。重曰："非我之为，当有同姓名者。"终不言惠。

【译文】

陈重，字景公，被推举为孝廉，在官府中任职。同一个官府中，有个人欠了别人数十万钱的债务，债主每天都来催债，结果那个人还是没有钱来还债，陈重便在暗地里帮那个人把债务还清了。后来那个人知道了陈重帮他还债的事，万分感谢陈重。陈重说："这件事不是我所为，估计是与我同名同姓的人做的吧。"始终不提自己帮人还债的恩惠。

【评析】

俗话说得好："赠人玫瑰，手有余香。"乐于助人作为中华民族的传统美德，已经传承并发扬了数千年。当别人遇到困难的时候，陈重非常慷慨地帮了对方一把，使对方得以摆脱困境。但是，他是在暗中帮助那个人，当对方要感谢他的时候，他却推辞，说并非自己所为。陈重真可谓是一个有道德、有修养的君子。

在现代社会中，像陈重这样的人，就是我们这个社会中的"活雷锋"。乐于助人，而又隐姓埋名，做了好事不图回报。当别人得到自己的帮助走出困境的时候，获益的不仅仅是对方，帮助别人的那个人内心也会感到快乐无比。

二十八 认猪不争

【原文】

曹节,素仁厚。邻人有失猪者,与节猪相似,诣门认之,节不与争。后所失猪自还,邻人大惭,送所认猪,并谢。节笑而受之。

【译文】

曹节,向来都很仁义厚道。邻居家丢失了一头猪,而丢失的猪与曹节家的猪很相似,邻居便到曹节家中认领,曹节没有和他争执。后来,邻居丢失了的猪自己跑回来了,邻居深感惭愧,归还了曹节家的猪并向曹节道歉。曹节笑着接受了。

【评析】

曹节的邻居误把曹节家的猪当成自己家丢失的猪而领走,曹节并没有与邻居争辩。因为他相信,事情终会有水落石出的一天。这只不过是一件小事,如果因此而与邻居闹翻,伤了和气,那就真是得不偿失了。

"小不忍则乱大谋。"我们在细节上千万不要牵扯过多的精力,否则,"一着不慎,满盘皆输"。诸葛亮一生兢兢业业,做出每一项决定都十分谨慎,都要进行周密的考察和计算,因此他很少有失误,更被后人尊奉为智慧的化身。在实际生活中,只要我们在小事上粗中有细,就能规避许多错误,提早获得成功。

要把握大局,就要对细节和小事采取忍让、宽容的态度,只要他们不引起根本的利害冲突,我们就可以睁一只眼闭一只眼。为人处世,要谦恭勤谨,严于律己,宽以待人,处理好与各方的关系,从而在矛盾重重的事务处理过程中稳步推进。采取"大事清楚,小事糊涂"的策略始终是一种智者的风范。

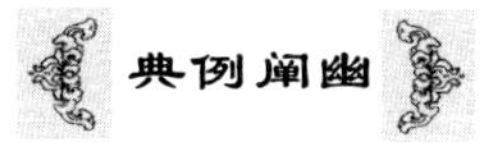

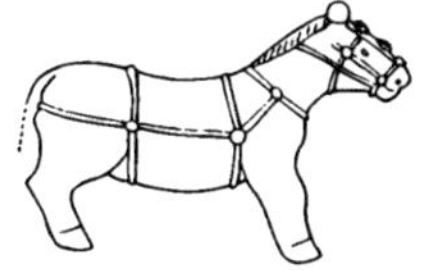

小不忍则乱大谋

东晋的时候，有个人叫温峤，自幼聪明颖慧，有胆有识，博学善文，尤其是以孝顺著称乡里。17岁时，他就开始做官，由于业绩突出，因此官职不断上升。晋明帝即位后，任侍中，朝廷里的机密大事他都能够参与。因为受到明帝重用，所以他也受到权臣王敦的嫉恨，但是王敦仍然让他担任左司马。

温峤心里清楚，王敦用他并不是信任他，而是要将自己置于手下加以控制。于是，温峤就假装顺从，以使王敦高兴。同时，对于王敦的心腹钱凤，温峤也常在人前夸赞他才华横溢，满腹经纶。钱凤听后从心里感到高兴，也与温峤相友好。

这时丹杨尹的职位空缺，温峤主动推荐钱凤，而钱凤亦推举温峤。王敦听从钱凤的建议，请求朝廷任命温峤为丹杨尹，还亲自为温峤饯行。温峤担心钱凤在自己走后从中作梗，在王敦面前说自己的坏话，就在宴席上装作醉酒，用手将钱凤的巾帻击落在地，满脸怒色地大叫："钱凤是什么人，我温峤行酒他敢不喝！"以此先发制人。

王敦以为温峤真的喝醉了，也不责怪，一笑置之。温峤又担心王敦中途变卦，临行时与王敦洒泪告别，还故意装作恋恋不舍的样子，三出三入，然后才上路赴任。等温峤出发后，钱凤就入见王敦劝谏说："温峤与朝廷关系甚密，与庾亮也是深交，此人未必可信。"

王敦笑曰："温峤昨天醉酒得罪了你，是不是你因此而来谗毁他呢？"钱凤的阴谋没有得逞。而温峤得以安全还都，向朝廷汇报了王敦的逆谋，请求朝廷早做准备，以备不测。

二十九　鼓琴不问

【原文】

赵阅道为成都转运使，出行，部内唯携一琴一龟，坐则看龟鼓琴。尝过青城山，遇雪，舍于逆旅，逆旅之人不知其使者也，或慢狎之，公颓然鼓琴不问。

【译文】

赵阅道担任成都转运使的时候，有一次出门巡察，只随身携带了一张琴以及一只乌龟，当他停下来休息的时候，一边看乌龟，一边弹琴。当他路过青城山的时候，正好遇上下雪，于是就住在旅馆中。旅馆中的人不知道赵阅道的身份，有的人就轻慢地侮辱他，但是赵阅道却只顾弹自己的琴，对于那些人的侮辱，他都置之不理。

【评析】

"非淡泊无以明志，非宁静无以致远。"赵阅道显然是深谙这句话的道理。因此，他在出门巡察的时候，随身携带之物只是一张琴和一只乌龟。当旅馆中的人欺侮他的时候，他仍然能保持平静，继续抚琴，而对那些人的话充耳不闻。

人生在世，要有远大的志向，因为它是我们前进的明灯，能够给我们以希望和力量。如今，有些人所追逐的都是荣誉、地位、面子，一旦拥有，则倍感自豪、骄傲和幸福。但是，如果我们被这些欲望所牵引的话，就很难做到保持良好的心境了。在儒家哲学里，修身占据了首要的位置，成为"齐家、治国、平天下"的基础。在这里，就是要倡导建立一种淡泊和宁静的人生态度，从而使我们具备长远的目光，在有限的生命岁月中，可以走得更远。

陶渊明不为五斗米折腰

中国古代有不少因维护人格，保持气节而不食的故事。"陶渊明不为五斗米折

腰”就是其中最具代表性的一例。

东晋后期的大诗人陶渊明，是名人之后，他的曾祖父是赫赫有名的东晋大司马。年轻时的陶渊明本有“大济于苍生”之志，可是，在国家濒临崩溃的动乱年月里，陶渊明的一腔抱负根本无法实现。加之他性格耿直，清明廉正，不愿卑躬屈膝攀附权贵，因而和污浊黑暗的现实社会发生了尖锐的矛盾，产生了格格不入的感觉。

为了生存，陶渊明最初做过州里的小官，可由于看不惯官场上的那一套恶劣作风，不久便辞职回家了。后来，为了生活他还陆续做过一些地位不高的官职，过着时隐时仕的生活。

陶渊明最后一次做官，是义熙元年(405)。那一年，已过“不惑之年”(四十一岁)的陶渊明在朋友的劝说下，再次出任彭泽县令。有一次，县里派督邮来了解情况。有人告诉陶渊明说，那是上面派下来的人，应当穿戴整齐、恭恭敬敬地去迎接。陶渊明听后长长叹了一口气：“我不愿为了小小县令的五斗薪俸，就低声下气去向这些家伙献殷勤。”说完，就辞掉官职，回家去了。陶渊明当彭泽县令，不过八十多天。他这次弃职而去，便永远脱离了官场。

此后，他一面读书为文，一面参加农业劳动。后来由于农田不断受灾，房屋又被火烧，家境越来越恶化。但他始终不愿再为官受禄，甚至连江州刺史送来的米和肉也坚拒不受。朝廷曾征召他任著作郎，也被他拒绝了。

陶渊明是在贫病交加中离开人世的。他原本可以活得舒适些，至少衣食不愁，但那要以付出人格和气节为代价。陶渊明因“不为五斗米折腰”，而获得了心灵的自由，获得了人格的尊严，写出了流传百世的诗文。在为后人留下宝贵文学财富的同时，也留下了弥足珍贵的精神财富。他因“不为五斗米折腰”的高风亮节，成为中国古代有志之士的楷模。

三十　唯得忠恕

【原文】

范纯仁尝曰：“我平生所学，唯得忠恕二字，一生用不尽，以至立朝事君，接待僚友，亲睦宗族，未尝须臾离此也。”又戒子弟曰：“人虽至愚，责人则明；

虽有聪明，恕己则昏。尔曹但常以责人之心责己，恕己之心恕人。不患不到圣贤地位也。”

【译文】

范纯仁曾经说："我一生所学到的，只是'忠''恕'这两个字，这两个字让我一辈子都受用不尽，以至于在朝廷侍奉君主，接待同事以及朋友，跟一个家族的人和睦相处，没有一刻离开过这两个字。"然后，他又告诫自己的儿子以及弟子说："即使是最愚笨的人，当他责怪别人的时候也是非常清醒的；即使是非常聪明的人，宽恕自己过错的时候也是糊涂的。你们应该经常用责怪别人的心态来责怪自己，用宽恕自己的心态来宽恕别人。这样，不愁达不到圣贤的地位。"

【评析】

范纯仁总结出让自己受用一生的两个字是"忠""恕"，并且以此来教育自己的子弟，让他们也学会忠心待人，并且尽量宽恕别人的过错，同时严格要求自己。他的这一席话，非常有道理。

古人把"忠诚"作为人生第一信条，忠诚被视作一种美德而受到人们的褒扬。无论对国家、对企业，还是对爱情、对自己，每个人都应该有一份忠心，因为忠诚之人才会有坚定的信仰，面对各种困难和挑战的时候，才不会左右摇摆。当自己受到外界的诱惑和威胁时，我们要坚守自己的理想和信念。

为人处世一定要谦虚谨慎，不可不识大体。识大体、顾大局的人更容易赢得别人的尊敬，处事能从长远利益考虑，从全局着眼，因而也就会避免因为目光短浅而造成的失误。

用宽容对待伤害

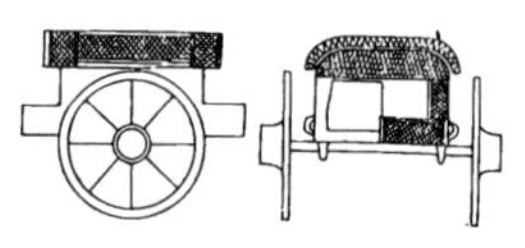

从前，有一位智者曾经说过一段话："原谅曾经伤害过你的人，也要做一个不轻易被伤害的人。"

这位智者曾和一个朋友结伴外出旅行。行走到一个山谷时，智者一不留神滑跌，他的朋友拼尽全力拉住他，不让他葬身谷底。智者得救后，执意要在石头上镌刻下这件事情。

他的朋友问："真的有必要这样做吗？"

智者说:“当然。”于是,他在石头上刻下了:“某年某月某日,在经过某山谷时,朋友某某救我一命。”刻完后,他们继续自己的旅程。

有一天,在海边,两个人因为一件事争吵起来,朋友一怒之下,给了智者一耳光。智者捂着发烧的脸说:“我一定要记下来这件事情!”

他的朋友说:“随你记,我才不怕!”

智者于是找来一根棍子,在退潮后的沙滩上写下了:“某年某月某日,在某某沙滩上,朋友某某打了我一耳光。”

朋友看过之后不解地问他:“你为什么不刻在石头上呢?”

智者笑了,说:“我告诉石头的,都是我唯恐忘记了的事情,我要让石头替我记住;而我告诉沙滩的事情都是我唯恐忘不了的事情,我要让沙滩替我忘了。”

朋友听到这些话后,感到非常惭愧。

三十一 益见忠直

【原文】

王太尉旦荐寇莱公为相,莱公数短太尉于上前,而太尉专称其长。上一日谓太尉曰:“卿虽称其美,彼谈卿恶。”太尉曰:“理固当然。臣在相位久,政事阙失必多。准对陛下无所隐,益见其忠。臣所以重准也。”上由是益贤太尉。

【译文】

宋朝的太尉王旦向皇上推荐寇准,让其担任宰相,寇准屡次在皇上面前说王旦的过失和缺点,但是王旦却在皇上面前总是夸赞寇准的优点。有一天,皇上对王旦说:“你虽然总是夸赞寇准的优点,但是寇准却总是揭发你的过失和缺点。”王旦对皇上说:“这是理所当然的事情。我担任宰相的职务已经有很长时间了,难免会在处理政务上有所失误。寇准在您面前没有什么隐瞒,这更能显示出他的忠诚。这就是我器重寇准的原因。”皇帝因此更加称赞王旦贤明。

【评析】

寇准是一位贤臣,他能在皇上面前无所隐瞒,指出宰相王旦工作中的失误和缺点，完全是对国家负责的表现。对当事人王旦来说，似乎是受到了寇准的欺侮了。但是，王旦也非常贤明。他并没有站在自己的立场上看问题，没有将之视为欺侮，而是认为这正是寇准的忠诚之处，并为此而感到欣慰。

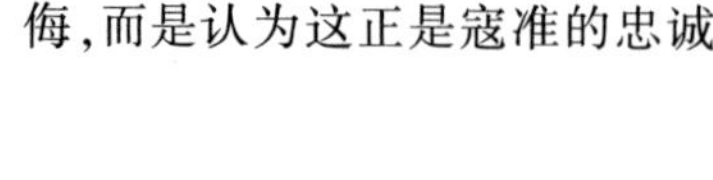

学会隐忍心中的不满

杨炎与卢杞在唐德宗时一度同任宰相。卢杞是一个善于揣摩上意、很有心计、貌似忠厚，除了巧言善变别无所长的小人，而且脸上有大片的蓝色痣斑，相貌奇丑无比。但是与卢杞同为宰相的杨炎，却是个干练之才，受到世人的尊重和推崇，而且还是个仪表堂堂的美髯公。

但是，博学多闻，精通时政，具有卓越政治才能的杨炎，虽然具有宰相之能，性格却过于刚直。因此，卢杞这样的小人，他根本就不放在眼里，从来都不与卢杞往来。

为此，卢杞怀恨在心，千方百计谋划着报复杨炎。

正好节度使梁崇义背叛朝廷，发动叛乱，德宗皇帝命淮西节度使李希烈前去讨伐。杨炎认为李希烈为人反复无常，不同意重用李希烈，于是极力劝谏德宗皇帝放弃这个决定。但是德宗已经下定了决心，对杨炎说："这件事你就不要管了！"可是，刚直的杨炎并不把德宗的话放在眼里，还是一再表示反对用李希烈，这使本来就对他有点不满的德宗更加生气。

不巧的是，诏命下达之后，正好赶上连日阴雨，李希烈进军迟缓，德宗又是个急性子，于是就找卢杞商量。卢杞见这正是扳倒杨炎的绝好时机，便对德宗说："李希烈之所以拖延徘徊，正是因为听说杨炎反对他的缘故，陛下何必为了保全杨炎的面子而影响平定叛军的大事呢？不如暂时免去杨炎宰相的职位，让李希烈放心。等到叛军平定之后，再重新起用杨炎，也没有什么大关系！"

卢杞的这番话看似为朝廷考虑，而且也没有一句伤害杨炎的话，但是德宗又怎能知道卢杞的真实用意呢？德宗果然听信了卢杞的话，免去了杨炎的宰相职务。

就这样，只方不圆的杨炎因为不愿与小人交往而莫名其妙地丢掉了相位。

三十二 酒流满路

【原文】

王文正公母弟，傲不可训。一日过冬至，祠家庙列百壶于堂前，弟皆击破之，家人惧骇。文正忽自外入，见酒流，又满路，不可行，俱无一言，但摄衣步入堂。其后弟忽感悟，复为善。终亦不言。

【译文】

王安石的舅舅，性格桀骜不驯，难以教导。一年过冬至，王家人在自家祠堂前摆了上百壶酒来祭祀祖先，王安石的舅舅却将这些酒壶全部打碎，因而家人都十分害怕。突然王安石从外面进来，见酒流得满地都是，路都没法走了，但是他没说一句话，只是提起衣服走进了堂屋。后来，他舅舅忽然醒悟过来，变好了。王安石也始终不再谈起击壶的事。

【评析】

王安石的舅舅真是一个令人讨厌的人，竟然将用来祭祀祖先的上百壶酒都打碎，的确让人气愤。面对这种顽劣之徒，王安石真应该好好教训教训他，但王安石却没有冲他舅舅大发雷霆，而是让他舅舅自己去悔悟，最终收到了满意的效果。

社会的正常运行需要确立一定的规则和契约，这主要表现为通行的道德和法律约束。在这些心理契约的控制下，人们才能讲求信誉、正义，维持正常的社会运行。很显然，一个作恶多端、不行仁义的人是为人痛恨的，会失去别人基本的理解和信任。因此，我们要注意维护自己的信誉，不做一个顽劣嚣张的人。

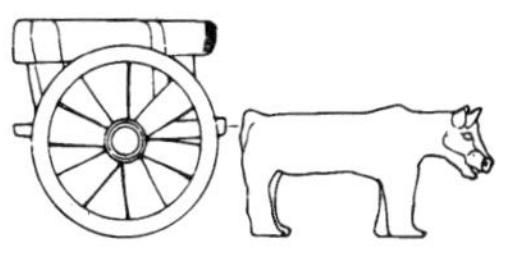

克制是一种美德

有一个妇人对布道家毕利桑戴说：“我虽然脾气不好，常常发火，但是我生气

永远不会超过一分钟。”

毕利桑戴说：“手枪开火也是需要一秒钟而已，但你知道手枪的杀伤力有多大！人生气时，最大的伤害，就是从你口中发出的。所以雅各才说，若有人在言语上不犯罪，他就是一个完全的人了。”

在美国阿拉斯加，有一个年轻人的妻子因难产而去世了，他忙于生活，没有多少时间来照顾孩子，就训练了一只狗。那只狗聪明听话，懂得照顾小孩，会咬着奶瓶给孩子喂奶，还会耐心地看护着小孩爬来爬去，但不让他爬出门口。

有一天，主人出门去了，留下狗和孩子在家里。因为突降大雪，他在别的地方无法即时赶回家，第二天才回来。听到主人的声音，狗就跑出来迎接他，他看见狗的嘴里有血，心中不由一惊。冲进家门一看，到处都是血，床上也是血，孩子不见了。而那只狗还摇头摆尾地向他撒娇。

他以为是这只狗狂性大发，把孩子吃掉了，大怒之下，抓起墙边的斧头砍在狗的脑袋上，当场把狗杀死了。这时候，他忽然听到孩子咿咿呀呀的声音，接着就看到孩子从床底下爬了出来。他抱起孩子，发现孩子虽然身上有血，但是并没有受伤。他不明白是怎么回事，再仔细看看被杀死的狗，狗的一条腿上缺了块肉。他在房后发现了一条被咬死的狼。原来，在他不在家的时候，狼跑进来想吃掉小孩，是狗和狼殊死搏斗救了小主人。

这时，恍然大悟的主人才感到后悔莫及，面对无辜惨死的狗忏悔不已。

如果他能多忍一分钟，不被怒火蒙蔽住眼睛，那就不会发生这样的误会了。

误会常常是我们在日常生活里和别人发生纠纷的一个主要原因，而误会的事，往往是在不了解、缺乏理智，缺少耐心，不能体谅对方、自己感情极为冲动的情况下发生。误会一起，就会只想着对方千错万错，使得误会越陷越深，直到不可收拾。

三十三 不形于言

【原文】

韩魏公器重闳博，无所不容，自在馆阁，已有重望于天下。与同馆王拱辰、御史叶定基，同发解开封府举人，拱辰、定基时有喧争，公安坐幕中阅试卷，如不闻。拱辰愤不助己，诣公室谓公曰：“此中习器度耶？”公和颜谢之。公为陕西招讨，时师鲁与英公不相与，师鲁于公处即论英公事，英公于公处亦论师鲁，皆纳之，不形于言，遂无事。不然不静矣。

【译文】

韩魏公韩琦为人处世沉稳大度，没有什么不能容忍，他在学堂读书的时候，名望就已经传遍天下了。他与同学堂的王拱辰，还有御史叶定基，一同被派到开封府掌管科举考试。王拱辰和叶定基经常发生争吵，而韩琦坐在幕室批阅试卷，好像什么都没听见一样。王拱辰埋怨韩琦不帮助自己，到韩琦的幕室，对韩琦说：“你是在幕室中锻炼气度吧？”韩琦脸色平和地向王拱辰道歉。韩琦在陕西征讨叛军时，颜师鲁与英公李勣不和，颜师鲁在韩琦那里就说李勣的坏话，而李勣在韩琦那里也说颜师鲁的坏话。韩琦听后，从不将这些话说出去，所以颜师鲁和李勣才没有闹起来。否则就不得安宁了。

【评析】

韩琦在王拱辰和叶定基发生争吵的时候，将自己置身事外，所以才能心平气和地在幕室里批阅试卷；在颜师鲁和英公向自己说对方的坏话的时候，也将自己置身事外，所以才能阻止颜师鲁和英公之间的吵闹。在这里，韩琦的“置身事外”起了很大的作用。

我们每天都要和外面的人和事打交道，因此，就存在一个基本态度的问题。外面世界纷繁复杂，但仅仅凭借个人的经历是无法彻底认清这个世界的，同时自己也没有足够的时间和精力把方方面面的事情都处理得井井有条。因此，我们就要尝试超脱外界事物对我们的羁绊，保持一种释然的态度。

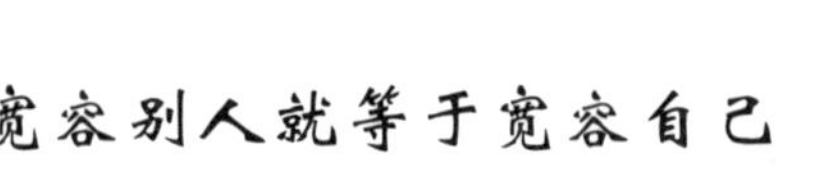

宽容别人就等于宽容自己

这是一个越战归来的士兵的故事。他从旧金山打电话给他的父母,告诉他们:“爸妈,我回来了,可是我有个不情之请。我想带一个朋友同我一起回家。”“当然好啊！”他们回答:“我们会很高兴见到的。”

不过儿子又继续下去:“可是有件事我想先告诉你们,他在越战里受了重伤,少了一条胳臂和一只脚,他现在走投无路,我想请他回来和我们一起生活。”

“儿子,我很遗憾,不过或许我们可以帮他找个安身之处。”父亲又接着说“儿子,你不知道自己在说些什么。像他这样残障的人会对我们的生活造成很大的负担。我们还有自己的生活要过,不能就让他这样破坏了。我建议你先回家然后忘了他,他会找到自己的一片天空的。”

就在此时电话挂上了,他的父母再也没有他的消息了。

几天后,这对父母接到了来自旧金山警局的电话,告诉他们亲爱的儿子已经坠楼身亡了。警方相信这只是单纯的自杀案件。于是他们伤心欲绝地飞往旧金山,并在警方带领之下到太平间去辨认儿子的遗体。那的确是他们的儿子,没错,但令人惊讶的是,他们的儿子居然只有一条胳臂和一条腿。

故事中的父母就和我们大多数人一样。要去喜爱面貌姣好或谈吐风趣的人很容易,但是要喜欢那些造成我们不便和不快的人却太难了。我们总是宁愿和那些不如我们健康、美丽或聪明的人保持距离。

三十四　未尝峻折

【原文】

欧阳永叔在政府时,每有人不中理者,辄峻折之,故人多怨;韩魏公则不然,从容谕之,以不可之理而已,未尝峻折之也。

【译文】

欧阳修在官府当官的时候，每当遇到有人不讲道理的时候，他就会很严厉地惩罚这个不讲道理的人，因此使得很多人都对他的这种做法有意见；韩魏公韩琦却不是这样，他总是从容不迫地教育那个不讲道理的人，告诉那个人为什么不能那样做，从来都没有严厉地惩罚过别人。

【评析】

欧阳修对待不讲道理的人，采取惩罚的方式，其实这同样是一种“不讲道理”的方式；韩琦则不然，他是用“讲道理”的方式来对待不讲道理的人，而不进行严厉的惩罚。最终，还是韩琦的这种做法深得人心，受到老百姓的支持。

由此，我们应该看出“维护事理”的重要性。做任何事情都要遵循基本的原则，这就是我们所说的“事理”。与人相处是我们一生都要学习的一门功课，而做事的道理更需要我们自己去体会。比如，我们要懂得谦让是种美德。在道路狭窄的地方，我们要学会主动停下来，给别人先行一步的机会，从而为自己创造更大的发展空间。

一旦超越了“事理”所约束的范围，我们就有可能玩火自焚，走到不可收拾的地步。周幽王为了博得美人一笑，在烽火台上点火，让千里之外的诸侯快马加鞭赶到城下，结果却什么事情都没有发生，几十万大军劳而无功，白跑一趟。就这样，军士们被戏弄多次之后，便不再相信周幽王了。后来真有敌人杀来的时候，根本没有军队赶来营救。这个可悲的周幽王便成了亡国之君。就是因为他破坏了最基本的做事原则，结果自取灭亡。

用宽容去代替抱怨

宽容是一种资源。我们在宽容别人的同时，也在为自己营造着良好的生存空间和有利的发展氛围。宽容能使敌对的、消极的、紧张的因素变成和谐的、有利的因素，让我们的天地更加广阔，道路更加平坦，前景更加美好。以下两则故事能够更好地诠释宽容的真谛。

相传古代有位老禅师，一日晚在禅院里散步，突见墙角边有一张椅子，他一看便知有位出家人违犯寺规越墙出去溜达了。老禅师也不声张，走到墙边，移开椅子，就地而蹲。少顷，果真有一小和尚翻墙，黑暗中踩着老禅师的背脊跳进了院子。

当他双脚着地时，才发觉刚才踏的不是椅子，而是自己的师傅。小和尚顿时惊慌失措，张口结舌。但出乎小和尚意料的是，师傅并没有厉声责备他，只是以平静的语调说："夜深天凉，快去多穿一件衣服。"

我们可以想象听到老禅师此话后，他的徒弟的心情，在这种宽容的无声的教育中，徒弟不是被他的错误惩罚了，而是被教育了。

清朝康熙年间，曹姓在丰润县城是第一大户，为了垒一堵墙，和隔壁老谷家打了架。谷家说曹家多占了谷家的一尺宅基地，曹家说自古以来就是曹家的。两家互不相让，争持不下，同时告到衙门。县官一看是这两家，知道是刺儿头不好剃，因为两家在京都有做官的。自己一个七品芝麻官，想管无法管，想断不敢断。无奈使了个缓兵之计，说："眼下我公事太忙，过个半月十天的再给你们断吧。"曹谷两家没办法，也只好各自回家听传。

曹谷两家人回京后，急忙给在京为官的曹大人和谷大人分别写了书信，请求各自出面。

曹大人接到书信后心想："我和谷大人一朝为官，又是同乡，为了一尺墙伤了两家的和气也太寒碜了。"因此急忙提笔给家中写了一封书信，信中写道："千里捎书一尺墙，让给他人又何妨？万里长城依然在，如今却无秦始皇。"御史谷大人也给家中写了封应该"礼让"的书信。

两家接到书信后，不但不打架了，而且各自向里退让一尺，留出一条胡同，起名"仁义胡同"，供众人走路。

三十五 非毁反己

【原文】

韩魏公谓："小人不可求远，三家村中亦有一家。当求处之之理。知其为小人，以小人处之，更不可接，如接之，则自小人矣。人有非毁，但当反己是，不是己是，则是在我而罪在彼，乌用计其如何。"

【译文】

韩琦说："小人不一定非要去远处才能找到，三户人家当中就会有一家。应当寻找与小人相处的方法。知道他是小人的话，就用对待小人的方法来与他相处，绝不能与他交往，如果与他交往，那么你自己也成了小人。如果有人诽谤你，只应该推翻自己的理由。不要坚持自己是对的，这样有道理的是我，而没道理的是他。何必去计较什么呢？

【评析】

这个故事涉及一个"交友"的话题。韩琦认为，面对小人的时候，就要用对待小人的方法来与他相处，而不能与这种人交往，否则，自己也会有小人之嫌。

君子交友其实是有一套原则的。两个志同道合、兴趣相投的人在一起，才能体会到那种互相欣赏、互相肯定、互相激励的快乐，同甘共苦，不离不弃。与朋友相处就要自自然然，不远不近。所谓"君子之交淡如水，小人之交甘如饴"。君子是不会以某些外在的因素来断定一个人是否具有交往价值的，而小人的交往则是出于利益上的考虑，是抱着一定的目的去获取别人的友谊的，因此往往不能长久。

俗话说："一个篱笆三个桩，一个好汉三个帮。"一个人生于世，是离不开朋友的，少不了朋友的支持。然而交什么朋友，这就有一个选择了。一个君子，身边必定是些良师益友，而一个小人，则肯定是酒肉朋友围绕身边。要使自己成为一名真正的君子，就要和正直诚信的人交友，和知识渊博的人交友，而不和堕落、自私、巧舌如簧之人交朋友。

君子之交淡如水

柳宗元擅长散文，刘禹锡善于写诗，两人是互相欣赏的好朋友。唐代顺宗永贞年间，二人共同参与王叔文集团的政治改革。后来革新运动失败，柳宗元被贬职到邵州柳宗元被贬为邵州（今湖南省邵阳市）任刺史，赴任时还没走完一半路程，又被贬职到永州（今湖南省永州市）任司马。

到了任上，柳宗元没有居住的地方，只能暂居在龙兴寺，因生活艰苦，到柳州半年

母亲就因病去世。柳宗元写信给同样贬谪朗州(今湖南常德)的刘禹锡,说:“我远离家乡被贬到这个土地荒芜、瘟疫横行的地方,将自己放逐于山林湖泽之间,倍感压抑、穷困、郁闷,只好将全部心思都放在赋诗作文上了。”刘禹锡就时常写信给柳宗元,以自己达观的情绪鼓励、安慰他。十年后,两人又被召回到长安。

元和十年(815),柳宗元又被调职任柳州(今广西柳州市)刺史,刘禹锡则再次被贬谪到播州(今贵州遵义市)。柳宗元知道播州是个荒蛮偏远之地,条件极为艰苦,于是他上书给皇帝(唐宪宗)说:“播州条件恶劣,不是人所能住的地方,而刘禹锡尚有老母亲在世,需要他供养,我实在不忍心让他忍受这样的困顿,这没法向他母亲交代,如果我不代替他去播州,那么刘禹锡母子就再也见不到面了。因而,我恳请陛下批准让我和他交换,我去播州,他去柳州。”

这种患难真情感动了朝中的许多大臣,于是有人站出来为刘禹锡求情。后来皇上虽然没有批准柳宗元的奏请,但最终还是对刘禹锡网开一面,让他改去连州上任。

三十六 辞和气平

【原文】

凡人语及其所不平，则气必动，色必变，辞必厉。唯韩魏公不然，更说到小人忘恩背义欲倾己处，辞和气平，如道寻常事。

【译文】

一般人谈到自己所感到不公平的事情时，肯定会动火气，变脸色，以至言辞也变得激烈。唯独韩琦不是这样，每当说到有小人忘恩负义，准备陷害自己的时候，他总是平心静气的，就像在讲非常平常的事情。

【评析】

遇到忘恩负义的小人，或是恶人故意陷害自己之类的事情时，我们常常忍不住自己胸中的不平之气，为此而闷闷不乐，严重影响到我们自己正常的工作、学习和生活。但是，韩琦遇到这样的事情时，却能做到平心静气地对待，仿佛遭遇这些事情的是别人而不是他自己一样。

当物体处在不平的状态时就会发出声音，这是物体的一般特性。因此，一般人在遇到不平之事时，也会动怒，言辞激烈。但是，通达之人往往目光远大，与世无争，他们就能做到处之泰然。

人人生来都是平等的。父母给了我们健全的身体以及能够自由思考的大脑，让我们得以开创自己美好幸福的人生。但是在成长的过程中，一些人会经受诸如家庭变故、疾病折磨等不公的考验。当发生这种情况的时候，学会忍受不平，勇敢面对现实，并且奋起拼搏，是我们经历风雨见彩虹的明智选择，而不要怨天尤人，自寻烦恼。

忍受不平，坦然处之

吕蒙正，字圣功，是河南洛阳人。他在宋太宗、宋真宗时三次担任宰相，其人襟怀宽广、度量如海。

一天，吕蒙正听到几个儿子在家中私语，就问："我在朝中做宰相，外边是不是有什么议论？"

儿子答道："你的口碑很好，只是有人说你无所作为，职权多被同僚分担。我们心中有些为你不平。父亲，你是当朝宰相，皇上把你提升到这个位置上，看中你的就是才能，为什么你总是让人三分呢？"

吕蒙正笑着说："我确实无能，哪有什么才能呀，皇上提拔我，只是因为我善于用人罢了，我做宰相，人若不尽其才，才是我真正的失职啊！"

吕蒙正做了宰相还没多久，有人揭发蔡州知州张绅贪赃枉法，吕蒙正就把他免了职。朝中有人对太宗说，张绅家里富足，不会把钱看在眼里，这是吕蒙正公报私仇。因为吕蒙正贫寒时，曾向张绅要钱，张绅没给他。太宗于是恢复了张绅的官职。这样的事怎能辨清，吕蒙正对此事什么也没说。后来其他官员在审案时又得到张绅受贿的证据，张绅又被免了职，太宗这才知道冤枉了吕蒙正，就对他说："张绅果然是贪污受贿。"

吕蒙正只说："知道了。"

吕蒙正的同窗好友温仲舒，两人同年中举，在任上温仲舒因犯案被贬多年，吕蒙正当宰相后，怜惜他的才能，就向皇上举荐了他。后来温仲舒为了显示自己，竟常常在皇上面前贬低吕蒙正，甚至在吕蒙正触逆了"龙鳞"之时，他还落井下石，当时人们都非常看不起他。有一次，吕蒙正在夸赞温仲舒的才能时，太宗说："你总是夸奖他，可他却常常把你说得一钱不值啊！"

吕蒙正笑了笑说："陛下把我安置在这个职位上，就是深知我知道怎样欣赏别人的才能，并能让他才当其任。至于别人怎么说我，这哪里是我职权之内所管的事呢？"

太宗听后大笑不止，从此更加敬重他的为人。

三十七 委曲弥缝

【原文】

王沂公曾再莅大名代陈尧咨。既视事，府署毁圮者，既旧而葺之，无所改作；什器之损失者，完补之如数；政有不便，委曲弥缝，悉掩其非。及移守洛师，陈复为代，睹之叹曰："王公宜其为宰相，我之量弗及。"盖陈以昔时之嫌，意谓公必反其做，发其隐者。

【译文】

王曾再到大名府来代替陈尧咨的官职。在他展开自己的工作之后，看见官府中有毁坏、倒塌了的房屋，就进行修葺，并不作任何改动；有损坏了或丢失了的器物，就修补或补充得一件不少。原来的政令有不妥的地方，就尽量弥补错漏，掩盖陈尧咨以前做得不对的地方。及至他转任洛阳太守时，陈尧咨重新回到大名府任职，看到王曾再所做的一切，不无感慨地说："王公适合担任宰相，我的度量远远赶不上他呀！"原来陈尧咨以为过去他们曾经有隔阂，王曾再的做法一定会与他以往的做法相反，并将他的过失公开出来。

【评析】

王曾再拥有宰相的度量，他不计较以往与陈尧咨之间的矛盾，在接替陈尧咨的职务时，他真心实意地完善陈尧咨以往的工作，并且最终用他的真诚感动了陈尧咨。

在现实社会生活中，人与人之间存在着错综复杂的利害关系，因此而展开了激烈而残酷的竞争。正因为这样，人与人之间就少了份真诚、坦率，多了份虚伪、矫情。如果我们能够本着真诚的态度为人处世，那么就很容易获得他人的信任和支持。所以，我们不能因为外界的伪善就主动放弃真诚对待他人的做法，相反，我们更要以真诚来换取人心，赢得成功。

我们做事的时候目光要放得长远，不讲诚信只能得一时之利，而不能得一世之利。当我们有了困难需要别人帮助的时候，别人也是看在我们的人品上才会伸出援手的，而试问谁又会去帮助一个不讲诚信、没有原则的人呢？

典例阐幽

董文炳体恤百姓

元代，董文炳出任县令。正赶上朝廷开始普查百姓的户数，以便按户数征收赋税，而且朝廷还下令，谁要敢隐瞒实际户数，就处以死刑，没收家财。董文炳深知老百姓税负太重，想为老百姓谋利益，因此让老百姓聚居在一起，以减少户数。众官吏反对他这样做，董文炳却说："为百姓犯法而获罪，我心甘情愿。"因此，当地的赋敛大为减少，百姓都很富足。

董文炳的声誉波及四邻八县，他还多次慷慨地为外县的百姓捐私产。《元史·董文炳传》载，当地十分贫穷，再加上干旱，蝗虫肆虐，朝廷又"征敛日暴"，百姓难以生存，董文炳就拿出私粮数千石分给百姓，以使百姓的困境有所宽解。又因为前任县令"军兴乏用，称贷于人"，而贷家索取利息数倍，县府没法还贷，欲将百姓的蚕丝和粮食拿来偿还。这时，董文炳又站出来替百姓说话："百姓实在是太困苦了，我现在位当县令，不忍视百姓再遭搜刮，由我来代偿吧！"于是将自己的"田、庐若干亩，计值与贷家"，同时"复籍县间田以民为业，使耕之"，使得流离失所的百姓逐渐回来安居乐业，数年间便达到"民食以足"。

董文炳关心百姓疾苦，为民做主，为民谋利，用他的话来说："我到死也不会剥削百姓去得利益。"后来有个贪婪的府臣向他索贿不成，便借机对董文炳加以陷害，董文炳当即弃官而去。

董文炳为官期间，不谋私利，不敛钱财，为民请命，体察民情，他并没有像其他世俗的官吏那样，为官一任，富己一人。也许在那些官吏眼中，董文炳是大大的糊涂，但是百姓却不会忘记这样的"糊涂"之人。

三十八 诋短逊谢

【原文】

傅献简公言李公沆秉钧日，有狂生叩马献书，历诋其短。李逊谢曰："俟归家，当得详览。"狂生遂发讪怒，随君马后，肆言曰："居大位不能廉济天下，又不能引退，久妨贤路，宁不愧于心乎？"公但于马上踧踖再三，曰："屡求退，以主上未赐允。"终无忤也。

【译文】

傅献简说，李沆在担任宰相的时候，有一天，一个狂妄的书生拦住李沆的马，向李沆递上了一封信，信中逐条指责李沆的过失和缺点。李沆礼貌而谦虚地对书生说："等我回到家中，一定会仔细阅读你的书信。"狂妄的书生于是很生气，发起怒来，跟随在李沆的马后，放肆地对李沆说道："你占据着宰相的职位，却不能为老百姓的利益服务，但又不引退，长时间地阻拦更加有贤德的人进取的道路，难道你的心里就不觉得惭愧吗？"李沆只是坐在马背上，恭敬而不安地对狂妄书生说："我已经向皇上请求退位多次了，可是皇上一直没有应允。"李沆自始至终没有对那位书生疾言厉色。

【评析】

这则故事固然是在说明李沆拥有宰相的气度，对狂妄书生所表现出来的一系列不恭敬的行为都采取了忍让的态度，没有动怒。但是，故事中狂妄书生指责李沆久居相位而不引退，这一点也应该引起我们的警醒。

事物在发展的过程中，盛与衰是相互转化的，发展到鼎盛阶段，必然会像抛物线一样到达拐点，步入衰退期。能够主动顺应形势发展的需要，急流勇退，不但能使自己获取最大收益，而且也是一种高明的做事方法。功成名就之后就应该急流勇退，这是符合自然规律的。一个人应该抽身引退的时候却不退却，灾难和祸害就会同时到来。

每一个困难都有它正面的意义，从中找到它的正面意义有助于我们渡过难关。我们要了解，困难不是单单为你而产生的，但是困难的旁边就是机遇。如果你能忍耐痛苦，那你就能冷静下来，并从困难中发现对你有利的那个闪光点，这样才能走向成功。

三十九　直为受之

【原文】

吕正献公著，平生未尝较曲直；闻谤，未尝辩也。少时书于座右曰："不善加己，直为受之。"盖其初自惩艾也如此。

【译文】

正献公吕著，平生从来不与人计较是非曲直，听到别人诽谤他的话，他也从来不申辩什么。年少时他就曾写了这样的一幅座右铭："别人做了对自己不好的事，你只管承受下来就是了。"原来他从小就是这样严格警戒和要求自己的。

【评析】

遭到了别人的诽谤，或是别人做了对自己不好的事情，却对此置之不理，不把它放在心上，这是正献公吕著所遵从的处世哲学。正常人恐怕难以理解他这种做法，更别说这样做了。人们总想与对方争个高低，难免会动怒。但是，吕著深知动怒将会带来恶果，因此，他时刻警戒自己，成为一个心胸豁达、气度不凡之人。

动怒容易伤身，对我们的健康极为不利，怒气过盛就会破坏内心平和的心气；而在为人处世方面，动怒会使我们失去理智的判断，从而造成不可挽回的局面。吴三桂不就是"冲冠一怒为红颜"而改写了历史命运吗？这种警示是非常深刻的。

其实，抱怨和争执都无益于从根本上解决问题，而且不能达到预期的目标。轻易动怒，不但会使我们失去风度，损害自己的形象，还会加深双方之间的矛盾，恶化双方之间的关系，堵塞各种解决问题的通道，有百害而无一利。善于忍耐心中的怒气，让理智带领我们走出当前的困境，才能使自己在为人处世方面做到灵活自如。

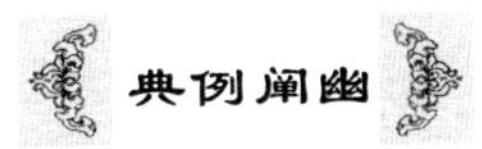

为人处世不能气量狭小

三国时东吴有一个叫张昭的权老重臣，虽然在孙策死时曾委大任于他，但他最终因为自己气量狭小而未能拜相。

有一次孙权大宴群臣，让诸葛恪给大家敬酒。诸葛恪就给大臣们一一斟酒，斟到张昭面前时，张昭已经醉了，就推辞不肯喝。诸葛恪仍劝他再喝一杯，张昭不高兴地说："这哪里是尊敬老人！"孙权故意给诸葛恪出难题，说："看你能不能让张公理屈辞穷把酒饮下，不然这杯酒就你喝了。"

于是，诸葛恪对张昭说："过去师尚父九十岁，还能披坚执锐，领兵作战，不言自己已老。现在，带兵打仗，请您在后，而喝酒吃饭，请您在前，这怎么能说不是敬老呢？"张昭无话可说，只能把酒喝下去，但是从此记恨上了诸葛恪。

有一天，孙权和诸葛恪、张昭等大臣在大殿中议事，忽然一群鸟飞到大殿前，这些鸟的头部都是白色的。孙权不知道这是什么鸟，就问诸葛恪："你知道这鸟叫什么名字吗？"诸葛恪不假思索地回答："这种鸟叫白头翁。"在座的诸位大臣中张昭年纪最大，又是一头白发，他以为诸葛恪是在借机取笑自己，就对孙权说："陛下，诸葛恪在骗人！从来没有听说过叫白头翁的鸟。如果真有白头翁，那是不是应该有白头母呢？"

诸葛恪立刻反驳道："鹦母这种鸟，大家一定都听说过吗？如果依老将军的话，那一定还有鹦父了，请问老将军能打到这种鸟吗？"张昭无言以对。

张昭之所以不能为相，还由于他的自大。张昭虽为东吴重臣，其实他并没有什么雄才大 略和特殊本领，但却看不起人，东吴大才者，一是周瑜，二是鲁肃。而他却不把鲁肃放在眼里，他说："鲁肃虽然有点才华，可是不够谦虚，而且年纪太轻处世经验不足，难堪大用。"不仅气量小不能容人，而且张昭胆量也不够壮，汉献帝建安十三年秋，曹操率数十万大军南下，企图夺取江东，众武将欲战，而以张昭为代表的文官却欲降。幸亏周瑜、鲁肃坚持，才在赤壁之战中战败了曹操。

除了直言忠谏外，而其他方面恐怕张昭没有什么才能，而且他因为气量小，不能够处理好与同僚的关系，也不能以德服人，所以若是任他为相，东吴上下必会君臣离心，四分五裂，所以他到最后也没能拜相。

四十 服公有量

【原文】

王武恭公德用善抚士，状貌雄伟动人，虽里儿巷妇，外至夷狄，皆知其名氏。御史中丞孔道辅等，因事以为言，乃罢枢密，出镇。又贬官，知随州。士皆为之惧，公举止言色如平时，唯不接宾客而已。久之，道辅卒，客有谓公曰："此害公者也。"愀然曰："孔公以职言事，岂害我者！可惜朝廷亡一直臣。"于是，言者终身以为愧，而士大夫服公为有量。

【译文】

武恭公王德用对待官员态度和善，并且其本人身材高大魁梧，即使是居住在偏僻的深巷中的妇女儿童，还有外面的少数民族，都知道王德用这个名字。御史中丞孔道辅等人，由于某一件事向皇上揭发了王德用的过失，于是皇上就罢免了王德用的枢密院官的职务，把他调出了京城，去外地镇守。后来王德用又被贬了官，出任随州知州。士人们都替王德用担心，然而王德用本人的言行举止却一如平常，只是很少接待亲朋好友罢了。很久以后，孔道辅去世了，有一位朋友对王德用说："这就是害您的人的下场！"王德用显出一副严肃的样子，说道："孔道辅在其位言其事，怎么能说是害我的人呢？可惜啊，朝廷损失了一位忠诚直言的大臣。"于是，说话的人终身为此感到惭愧，而上下官员都佩服王德用有雅量。

【评析】

御史中丞孔道辅向皇上揭发王德用的过失，导致王德用被贬官。如果王德用是个心胸狭窄的人的话，那么他肯定会将这个深仇大恨铭记于心，并在日后伺机报复。但是，王德用是个宽宏大量、识大体、顾大局的人。他知道孔道辅指出自己的过失是在履行自己的职责，是为了国家利益着想。

商鞅不惧车裂之祸，鞭挞朝政弊端；魏徵无视君主权威，强谏其所不知。古人早就有"为子当尽孝，事君当尽忠"的忠告。虽说今天的我们已经不再需要侍奉君主，但是道德准则也要求我们要敢于直面错误，并勇于纠正自己及他人一切错误

的行为。面对别人的错误缄口不言是不可取的，怂恿他人的错误继续发展则更是可耻行为。

为人处世需要的就是直率、诚实的态度。那些行事媚上欺下、见风使舵之人，必然为大家所不齿，终将被排斥在集体之外。敢于指出他人的错误，既是对他人负责的表现，也是对自己负责的表现。

不计前嫌，大度为人

东汉时司马班超上书朝廷，建议联合乌孙攻打与汉朝作对的龟兹。汉章帝刘炟采纳了他的建议。不久，乌孙使者抵达洛阳。东汉章帝建初八年(83)，刘炟任命班超为将兵长史，另派卫侯李邑护送乌孙使者回国。

李邑到达于阗，恰逢龟兹攻打疏勒。他害怕路上出事，不敢再往前走。李邑担心朝廷责怪自己，就上书称西域无法联络，并诋毁班超说："班超整天陪着妻子，抱着孩子，只知道在外面享福，不愿意再回中原。"

班超听说后，叹息道："我不是曾参，被人家进谗言，难免受到朝廷的猜疑。"于是，他把妻子儿女送走。

刘炟深知班超对汉朝忠心耿耿，他严厉斥责李邑一番。命令李邑到班超那里听候指挥，又下了一道诏书给班超，说："如果李邑胜任，就留他做随从。"

李邑无奈，只好硬着头皮去见班超。班超并没有责难他，而是派他护送乌孙送往汉朝做人质的王子返回洛阳。班超的部下忿忿不平，对班超说："李邑诋毁将军，想破坏我们在西域的事业。现在将军正可以依照诏书将他留下，另派其他官员护送乌孙王子到京师，将军怎么反倒放他回去？"

班超连连摇头，说："正因为李邑诋毁我，我才派他回去。我问心无愧，为什么要怕别人的议论？为求自己称心快意而留下李邑，不是忠臣所为。"

四十一 宽大有量

【原文】

《程氏遗书》:"子言:范公尧夫宽大也。昔余过成都,公时摄帅。有言公于朝者,朝廷遣中使降香峨嵋,实察之也。公一日在子款语,子问曰:'闻中使在此,公何暇也。'公曰:'不尔,则拘束已而。'中使果然怒,以鞭伤传言者耳,属官喜谓公曰:'此一事足以塞其谤,请闻于朝。'公既不折言者之为非,又不奏中使之过也。其有量如此。"

【译文】

《程氏遗书》中记载:"程颐说:范尧夫为人处世宽宏大量。过去,我经过成都的时候,范尧夫当时在那里任军中统帅。有人在朝廷上向皇上说范尧夫的坏话,于是皇上便派遣使者假装来峨眉山烧香,其实是来督察范尧夫的工作。有一天,范尧夫在程颐那里闲谈,程颐问他说:'我听说朝廷派了使者在这里,您怎么还有空闲啊?'范尧夫回答说:'如果不是这样的话,反而会显得拘束了。'朝廷使者果然非常生气,用鞭子抽伤了走漏消息的人的耳朵。范尧夫的下属官员高兴地对他说:'这件事就足以阻止他们在皇上面前诽谤您了,请您在朝廷上把这件事汇报给皇上吧。'但是范尧夫既没有惩罚说他坏话的人,也没有向皇上汇报朝廷使者用鞭子抽伤别人耳朵的事。范尧夫的气量真大啊。"

【评析】

没有人喜欢遭遇挫折,所以很多人一旦遇到了困难和挑战,就会变得心情烦躁。为一些小事而怒发冲冠,其实算不上真正的英雄,倒不如忍耐一下,静观最后的胜败。

范尧夫被人在皇上面前说了坏话,并且还面临着朝廷使者的督察。在这种情况下,他没有生气,也没有惊慌,而是照样做着自己该做的事情。最后,那个说他坏话的人还是露出了马脚,只不过范尧夫有宽宏的气量,没有惩罚他罢了。

消极面对挫折的心理状态和情绪体验其实会摧毁我们的进取心,容易使人悲观地看问题,不利于我们走出困境、反败为胜。在遭受挫折时,如果能隐忍自己内心的焦躁和不安的话,就能积极主动地面对未来。

典例阐幽

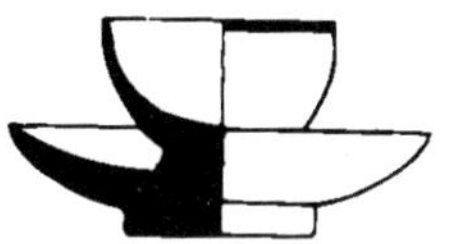

暂时忍耐反败为胜

西汉末年，绿林赤眉起义爆发，刘秀、刘伯升兄弟也在南阳起兵。后来义军联合起来，推刘玄为帝。在义军发展过程中，刘秀兄弟逐渐显示出超人的才智和胆识，特别是在昆阳一战中，刘秀临危不乱，以少胜多，取得了昆阳大捷。然而大胜之后，义军开始分裂。有人对刘玄说："刘秀兄弟才识过人，且屡立战功，势力越来越大。二人难以久为池中之物，此时不除，将来必为祸患。"刘玄觉得言之有理，便下令杀掉刘秀的哥哥刘伯升，刘秀本人也将大祸临头。

刘秀这时正在带兵攻打附近的县城，听到哥哥被杀的消息，非常悲痛。他明白自己功劳太大，遭到皇帝刘玄的猜忌，性命悬于一线之间。本来他是久怀自立之心的，但若这时起兵反叛，自己势力尚弱，无异于以卵击石。逃跑的话，身家性命或许能够保住，千秋大业则付之东流。思来想去，刘秀决定暂时忍耐。于是刘秀急令收兵，匆匆赶回宛城，叩见皇上。一到殿上，他"扑通"一声跪伏在地，向刘玄连声谢罪，流着泪说："我们兄弟没有听从陛下的旨意，是天大的罪过。我们百死莫赎！"刘玄本就觉得杀害功臣有些过分，见刘秀如此自责，反而不知如何是好。

旧时的部下听说刘秀回来了，纷纷前来探望。有人说些激愤的话，刘秀总是借口有事，敬而远之。为了表明立场，哥哥的丧礼他也不去参加，而且一点儿悲痛的表情都没有；一日三餐，总是饮酒作乐，谈笑风生；跟别人谈话，绝口不提自己在昆阳大捷的功劳，总是显出一副唯唯诺诺的样子，不停地责备自己，说皇上如此器重自己，自己却有负他的期望。刘秀的表现传到更始帝耳中，更始帝的警惕之心马上松懈下来。他觉得刘秀对自己这么忠心，怎么会背叛呢？后来，反而深深内疚起来，后悔听信谗言，杀害功臣。刘秀不但躲过了此次劫难，还被加封为破虏大将军。后来，刘秀看准时机，离开了更始帝，在河北建立了自己的队伍。他以河北为基础，扫荡群雄，终于统一了天下。

四十二 呵辱自隐

【原文】

李翰林宗谔，其父文正公昉，秉政时避嫌远势，出入仆马，与寒士无辨。一日，中路逢文正公，前趋不知其为公子也，剧呵辱之。是后每见斯人，必自隐蔽，恐其知而自愧也。

【译文】

翰林李宗谔的父亲是文正公李昉，他在其父亲执政的时候，避开嫌疑，远离权势，出入时的仆人及车马都非常俭朴，与贫寒的士人没什么两样。一天，他在路上碰到父亲，前排士兵不知道他就是李昉的儿子，大声呵斥并侮辱他。从那以后，李宗谔每次见到这个士兵，自己都要躲藏起来，以免让士兵知道自己是李昉的儿子后感到惭愧。

【评析】

从古代到当今，人们一直在孜孜不倦地追求显耀的身份和地位，拒绝平庸的生活。从血统论到资本论，这一幕至今仍然在上演。当一个人一朝飞黄腾达了，便会有好多人左拉右扯，试图与这个人攀上哪怕一丝一毫的亲戚关系、老乡关系，并以此为荣，马上就觉得自己高人一等，因此将之视为向人炫耀的资本。更有一些高官富家子弟，仗着自己的祖上有权有势，为非作歹，横行霸道。这些现象，我们无论是从银幕上还是在现实生活中，似乎都已见怪不怪了。

但是，文正公李昉的儿子李宗谔却不是这样。在其父执政期间，他反而远离权势，而且吃穿等各方面都非常俭朴。难怪李昉手下的士兵看不出他就是李昉的儿子呢。李宗谔有别于常人的行为，的确让我们佩服，更让那些攀附权贵、耀武扬威之人汗颜。

其实，追求向上的努力本无可厚非，但是我们需要避免的是被优越感遮蔽了自己的视线，冲昏了头脑，从而看不到真实生活的面目。富贵的生活可以让人丧失行动的力量，学会忍耐富贵的弊端，才算是真正懂得了贵贱的辩证法。

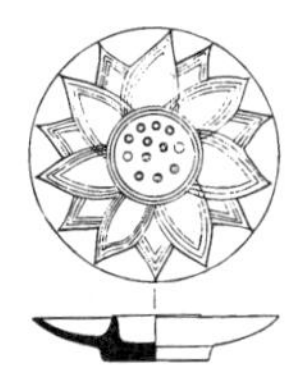

范仲淹勤俭持家

北宋著名文人范仲淹，一生为官清正廉洁，勤劳奉公，生活非常节俭。其父范墉就为官清廉，从来都不奢侈享乐，范仲淹受其父影响很深。他从小就立下了远大志向，不论贫贱还是富贵，都丝毫动摇不了他的志向。

范仲淹早年曾在醴泉寺求学，当时他的家境非常贫寒，他每天只能靠吃粥度日。到了晚上，他就用少量的米煮一盆稀粥，到第二天早上就将已凝固了的粥用刀划成四块，吃掉其中的两块，剩下两块留到晚上再吃。没有钱买菜，他就把少许菜叶菜根用盐水腌渍，然后将之切碎，就粥吃。后来，一位南京留守的儿子看到了范仲淹的艰苦生活，就送给范仲淹一些饭菜。但是几天之后，留守的儿子再次见到范仲淹的时候，发现当时他送给范仲淹的饭菜放在一边一点都没动，已经变质了，因此感到很不高兴，生气地问范仲淹为什么不吃。范仲淹诚恳地答谢道："我并非不感激您的厚意，只是，我平常吃稀饭已经成为习惯了，并不觉得那样很苦。现在如果我贪图这些佳肴，将来怎能再吃苦呢？"

后来，范仲淹显贵了，但是他的生活仍然很节俭。他对自己的家人说："吾贫贱时，无以为生，还得供养父母。吾之夫人亲自添薪做饭。如今吾已为官，享受厚禄，但吾常忧恨者，汝辈不知节俭，贪享富贵。"因此，家人在他的教导下，也都衣着朴素，生活俭朴。

他的儿子范纯仁娶亲的时候，范仲淹主张一切从简。当他听说新媳妇将饰以锦罗帷幔时，很不高兴，教训范纯仁："罗绮非帷幔之物，吾家素清俭，安能以罗绮帷幔坏吾家法？若将帷幔带入家门，吾将当众焚之于庭。"最后，范纯仁的媳妇听从了劝告，朴素清简地嫁入了范家。

四十三 容物不校

【原文】

傅公尧俞在徐，前守侵用公使钱，公窃为偿之，未足而公罢，后守反以文移公，当偿千缗，公竭资且假贷偿之。久之，钩考得实，公盖未尝侵用也，卒不辩。其容物不校如此。

【译文】

傅尧俞在担任徐州太守的时候，他的前任太守挪用了公款，傅尧俞就暗地里替前任太守偿还这笔钱。但还没有来得及还完，他就被罢免了。继任太守反而给傅尧俞写信说应当再还一千缗。傅尧俞倾其所有，并借了外债才将这笔钱全部还清。后来，经过考核证实，傅尧俞从来没有挪用过公款，而他自己却始终不进行申辩。他能容忍而不计较别人都到了如此地步。

【评析】

傅尧俞似乎显得有点傻，前任太守肆意贪污挪用公款，他却在后面忍气吞声地替别人还债，而且还是倾其所有，并借了外债来替别人还债。幸亏最终查明了事实真相，否则，背“挪用公款”的罪名的就是他。不过，相信没有人不佩服傅尧俞的度量。但是，那个前任太守贪污挪用公款的行为更是让人痛恨。

看来，利用职务之便，贪污公款、损公肥私、中饱私囊，这些为人所不齿的行为是古已有之啊！如今，这些行为还在层出不穷地出现，从来没有被彻底杜绝过。之所以会不断出现这样的行为，究其根本，还在于人们本身的贪欲。

自古以来，因贪欲而丢失性命、毁掉前程的事例不可胜数。“螳螂捕蝉，黄雀在后”，揭示了贪图眼前利益而忘记了周围风险的人的愚蠢；“人心不足蛇吞象”，则是人们对心怀贪念却不自量力的人的形象描述。守护自己应该拥有的东西，通过正当手段获取应该属于自己的东西，对本不属于自己的东西要忍住据为己有的可耻想法。

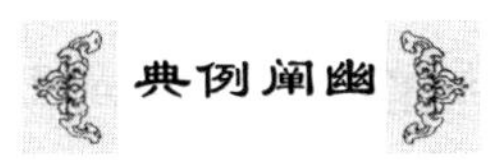

坚守节操，清廉为官

广州背山面海，温暖多雨、光热充足，是个出产奇珍异宝的地方。魏晋时期，凡是担任广州刺史的人，都有过贪赃枉法的行为，因为那些奇珍异宝，只要带上一匣，就可以几世享用。但是，广州又是一个流行瘴疠疾疫的地方，一般人都不愿意到那里去做官，去那儿做官的人，基本都是些难以自立又想发财的人。

晋安帝隆安年间，朝廷决定革除此地的弊政，于是，派有清官美称的吴隐之担任广州刺史。吴隐之年轻的时候就是一个孤高独立、操守清廉的人。当时，虽然家中穷困，每天只有到傍晚的时候才能煮豆子当晚餐，但他就是再饿再穷，也决不吃不属于自己的饭菜，不拿不合乎道义的东西。后来他虽然担任了各种显要的职务，却仍能保持俭朴的优良品质。他曾经把自己得到的俸禄和赏赐，都拿出来分给亲戚和族人，以至于冬天的时候自己都没有被子盖。有时候因为缺少替换的衣服，洗衣服的时候，他就披上棉絮待在家里。

吴隐之奉命去广州走马上任。在离广州治所二十里的一个叫做石门的地方，他看到了一道泉水淙淙流去。于是，有人便告诉他，这条泉水称作“贪泉”。传说，只要喝了这“贪泉”的水，无论是谁，都会产生贪婪的欲望。吴隐之听后不信，跨下马来，对随从们说：“如果不看见能够让人产生贪欲的东西，人的心境就不会慌乱。我们一路上见到了那么多的奇珍异宝，现在，我终于知道了为什么一越过五岭，人们就会丧失清白的原因了！”说完，便跑到“贪泉”边，舀起泉水，非常坦然地喝了起来，还当即吟诗一首：“古人云此水，一饮怀千金。试使夷齐饮，终当不易心。”他用此诗，清楚地表达了

自己要向伯夷、叔齐一样坚守节操的决心。

到了广州任上，他果真一尘不染，而且更加清廉。他平常的食物不过是些蔬菜和干鱼，而帷帐、用具、衣服等物品全都交付外库。刚开始，许多人见他这样，都在背后议论说他是故意这样做的，以显示自己的俭朴，做个样子给别人看看。但是时间一长，人们就发现，原来他真的是一个清官，之前的一切也并不是故作姿态。他从广州回京城的时候，随身也没有带走任何东西。当他看到妻子刘氏带了一斤沉香的时候，马上把它取出来，扔到了河里。

由于他以身作则，广州地区常年以来的贪污陋习大为改观。朝廷为了嘉奖他，晋封他为前将军。贪婪者虽富亦贫，知足者虽贫亦富。为了获取财富，不择手段，贪得无厌，最终沦为财富的奴隶的话，人生也便失去了意义。吴隐之虽然生活清贫，但他精神上富有，获得了“清官”的美称。

四十四 德量过人

【原文】

韩魏公镇相州，因祀宣尼省宿，有偷儿入室，挺刃曰：“不能自济，求济于公。”公曰：“几上器具可直百千，尽以与汝。”偷儿曰：“愿得公首以献西人。”公即引颈。偷儿稽首曰：“以公德量过人，故来相试。几上之物，已荷公赐，愿无泄也。”公曰：“诺。”终不以告人。其后为盗者以他事坐罪，当死，于市中备言其事，曰：“虑吾死后，惜公之德不传于世。”

【译文】

魏公韩琦镇守相州的时候，因为祭祀孔子庙，所以住宿在外地。有个小偷入室行窃，举起刀对韩琦说：“我无法自己养活自己，所以来向您请求周济一下。”韩琦说：“茶几上的器具价值百千钱，全部都可以给你。”小偷又说：“我想得到你的头，将它献给西边国家的人。”韩琦听后便伸出脖子。小偷低下头说：“因为我听说过您非常有气量，所以就想来试试您。茶几上的东西，承蒙您已经送给了我，希望您不要把这件事泄漏出去。”韩琦说：“好的。”最终他兑现了一生不告诉任何人的承诺。后来，这个小偷因为其他事犯了罪，被判了死刑，在刑场上，他将这件事详细地说

了出来,说:“我担心我被处死之后,韩琦的德行就不能被世人所知了。”

【评析】

世间有轻薄的风俗,一些人常常说话不算数,言不由衷、不守信用。这样的做法令人生厌。韩琦的宽大为人尽人皆知,但是,通过这则故事,我们也看出了他诚信为人的优点。向一个小偷承诺过的话,他都最终兑现了。

一个人只有诚信才能立身,一个国家只有取信于民才能立国,一个企业只有诚信服务才能赢得消费者的认可……在任何行业、任何领域从事任何活动,都要以“信”确立自己的地位。向别人承诺过的事我们就要努力做到,如果遇到困难,不能兑现自己的诺言,我们也需要向对方解释清楚其中的原因,表达自己的歉意。否则,就会被看成是一个没有信誉的人,使自己在日后的为人处世方面遭遇很大的阻力和挫折。一个人如果不守信,不能赢得他人的信赖,那么做任何事情都会难有成就。

诚信方能立国

晋文公攻打原国,和大夫们约定以十天为期限,要攻下原国,因此只携带了可供十天食用的粮食。可是十天了却没有攻下原国,晋文公便下令敲锣退军,准备收兵回晋国。

这时,有战士从原国回来报告说:“再有三天就可以攻下原国了。”这是攻下原国千载难逢的好机会,眼看就要取得胜利了。晋文公身边的群臣也劝谏说:“原国的粮食已经吃完了,兵力也用尽了,请国君再等待一些时日吧!”

晋文公语重心长地说:“我跟大夫们约定了十天的期限,若不回去,就失去了我的信用啊!为了得到原国而失去信用,我办不到。”于是下令撤兵回晋国去了。

原国的百姓听说这件事都说:“有君王像晋文公这样讲信义的,怎可不归附他呢?”于是原国的百姓纷纷归顺了晋国。

卫国的人也听到这个消息,便说:“有君主像晋文公这样讲信义的,怎可不跟随他呢?”于是也向晋文公投降。

孔子听说了,就把这件事记载下来,并且评价说:“晋文公攻打原国竟获得了卫国,是因为他能守信啊!”

四十五 众服公量

【原文】

彭公思永,始就举时,贫无余资,唯持金钏数只栖于旅舍。同举者过之,众请出钏为玩。客有坠其一于袖间,公视之不言,众莫知也,皆惊求之。公曰:"数止此,非有失也。"将去,袖钏者揖而举手,钏坠于地,众服公之量。

【译文】

彭思永当初参加科举考试的时候,家境贫寒,没有多余的财物,只带了几只金钏,住在旅馆里。一同参加科举考试的人来拜访他,请他把金钏拿出来给大家看一看。有一位客人把其中一只金钏藏进自己的衣袖中,彭思永看到了也不说什么,大家都不知道实情,因此都惊慌地寻找那只金钏。彭思永说:"金钏只有这些,并没有丢失。"大家准备离去的时候,袖子中藏着金钏的那个人举手作揖告别,金钏掉了出来而露了馅。大家都佩服彭思永的度量。

【评析】

虽然彭思永知道是谁偷了自己的金钏,但他却不揭露事实,给那个人台阶下,但是那位偷窃彭思永金钏的人最终还是露出了马脚,自己给自己制造尴尬。大家在佩服彭思永的度量的同时,也在唾弃那种偷盗别人财物,获取不义之财的可耻行为。

从外界环境中获取想要的东西的时候,必须要付出一定的努力和成本,避免伤害到我们自己的"廉洁"。通常,人们都有很强烈的占有欲。一味地获取,特别是索取本不属于自己的东西,就会使我们被"物"所束缚,从而失去了前进的目标,深陷其中不能自拔。

想获得利益,就先要付出代价。所谓世上没有白吃的午餐,就是这个道理。农民想要收获粮食,就必须先在春天播种、夏天耕种,秋天收割;学生想要考试取得好成绩,就必须认真听讲,多做复习;业务员想取得好的业绩,就必须先培养好客户;歌手想要让大家接受自己,也得先把歌唱好,还要学习表演技巧。

和以退为进的道理一样,先予后取的要领在于不计当前利益,着重长远利益,

吃小亏得大便宜，所有的退却和付出都是为了更大的发展作铺垫。

欲先取之，必先予之

相传，过去有一个乞丐来到一户人家行乞。这个乞丐的右臂断掉了，袖子空空的，一动就开始晃荡，谁见了都很难过，觉得这个乞丐很可怜，因此，大家都慷慨地施舍给乞丐一些钱财或食物。

这次他来行乞的这户人家，只有一个老妇人在。老妇人看见乞丐这个样子，不但没有怜悯和同情，反而毫不客气地指着门口一堆石头对乞丐说："你帮我把这堆石头搬到屋后去吧！"

乞丐一听，非常生气，对老妇人说："你难道没看到我只有一只手吗？你怎么会忍心叫我搬石头？不愿意给就别给，何必捉弄人呢？"

老妇人并没有生气，她当着乞丐的面，用一只手搬了一块石头，然后说："你看，并不是非得用两只手才能干活，我一只手不是也能搬石头吗？我能干，你为什么就不能干呢？"

乞丐被老妇人的行为和这句话怔住了，他用一种异样的目光盯着老妇人，喉结犹如一枚橄榄，上下滑动了两下。终于，乞丐俯下了身子，用他那仅有的一只手搬起石头来。四个小时过去了，石头终于被乞丐搬完了。再看看乞丐的样子，气喘吁吁，灰头垢面，几绺被汗水打湿的乱发歪贴在额头上。老妇人上前递给乞丐二十文钱，乞丐接过钱，万分感激地说："谢谢您！"

老妇人说："这是你自己凭力气挣来的钱，用不着谢我。"

乞丐说："我永生都不会忘记您。"说完，他给老妇人深深地鞠了一躬，然后就上路了。若干年后，有一个人来到了这个庭院。此人虽然身着布衣，但是气度不凡，美中不足的是，他只有一只左手，右边的衣袖里面空空的。

此人俯下身子，用他仅有的一只手拉住已经有些老态的女主人，说："如果没有您，可能我现在还是一个乞丐。可是，我通过自己的劳动，现在已经拥有了一块属于自己的土地了，已经衣食无忧了。"

老妇人已经想不起来当年的事情了，也认不出来人究竟是谁了，只是淡淡地对来人说："这都是你自己干出来的。"

以行乞为生是可耻的。一个有劳动能力的人，怎能容忍自己在他人的施舍下生活呢？无论是向人乞求食物、金钱，还是名利，都会令人生厌。一个有志气的人就应该自食其力，做到自爱自尊。

四十六　还居不追直

【原文】

赵清献公家三衢，所居甚隘，弟侄欲悦公意者，厚以直易邻翁之居，以广公第。公闻不乐，曰："吾与此翁三世为邻矣，忍弃之乎？"命亟还公居而不追其直。此皆人情之所难也。

【译文】

清献公赵抃家住在三条大路的交界处，所住的房屋很拥挤，他的侄子为了取悦于他，用很高的价钱买下了邻屋一位老人的房子，用来扩建赵抃的住宅。他听说后很不高兴，说："我和这位老人三代都是邻居，怎么忍心将他抛弃呢？"于是命令侄子立即把房子还给老人，却不追要买房子的钱。这些都是一般人难以做到的。

【评析】

"谋人事如己事，而后虑之也审；谋己事如人事，而后见之也明。"这句格言的意思是，谋划他人的事情就像对待自己的事情一样，仔细考虑后审慎对待；谋划自己的事情就像对待他人的事情一样，再次审视的时候就很明确。懂了这句话，我们就应该懂得做事的时候也要考虑他人的利益，否则就会成为一个自私自利之人。

赵抃的侄子高价买下邻居老人的房子，用来扩建赵抃的住宅，本是一片孝心，但是却受到了赵抃的责骂，原因在于他根本没有

考虑到邻居老人的利益。这位邻居老人在此居住多年，又怎忍心轻易卖掉房子？况且，这么大的年纪，卖掉栖身之所，再找其他地方居住也得费一番周折。因此，赵抃命令侄子把房子还给邻居老人，而且还不再要求返还买房子的钱。

我们都有这样的经验，那些在人群中有好人缘的人更容易做成一件事，最关键的原因就在于他们能够与各方建立起良好的关系，所以很容易就赢得了大多数人的信任、理解和支持。这个人之所以有好的人缘，是因为他始终都把对方的利益摆在重要的位置，从而获得别人的敬重。我们在做事之前，一定要善于站在全局的高度考虑各方的利益诉求，这样，我们最后做出的决定才具有可行性。

四十七　持烛燃鬓

【原文】

宋丞相魏国公韩琦帅定武时，夜作书，令一侍兵持烛于旁。侍兵它顾，烛燃公之鬓，公剧以袖摩之，而作书如故。少顷回视，则已易其人矣。公恐主吏鞭笞，亟呼视之，曰："勿易渠，已解持烛矣。"军中咸服。

【译文】

宋朝的丞相魏国公韩琦领兵镇守定武的时候，有一天晚上他要写信，就让一位士卒举着蜡烛站在他的身旁。这位士卒四下里张望，不小心用蜡烛烧着了韩琦的鬓发，韩琦马上自己用衣袖将火苗拂灭了，然后还像刚才一样，继续写信。过了一会儿，韩琦回头，才发现举蜡烛的士卒已经换成另外一个人了。韩琦担心主管官吏会惩罚原来那位士卒，于是赶忙把原来那位士卒叫出来要亲自看看他，并说："不要把他换掉，他已经明白了应该如何举蜡烛了。"整个军队中的兵士都很佩服他的气量。

【评析】

做什么事情都要认真、专心，只有这样才能把事情做好，避免犯错误。为韩琦举蜡烛的那位士卒就是因为在举蜡烛的时候没有专心，四处张望，才用蜡烛烧着了韩琦的鬓发。幸亏韩琦有宽宏的气量，因此不仅不责罚他，还担心他被别的官吏责罚。但是，如果换成是一个比较严厉的官吏，可能早就对他大发雷霆了。

任何时候，我们都不能因为所做的事情不重要而疏忽、大意。人在谨慎的时候，祸患就会免除，通常祸患都是由疏忽导致的。“千里之堤，溃于蚁穴”，危机的出现是有其原因的，在小事上不注意，终会酿成大祸。因此，我们要具备危机意识，防范和化解突如其来的潜在危险。只有这样，我们在生活上才不会遭受贫苦，在工作中才不会被淘汰，使我们的整个人生远离危机，一生平安。

刚正直爽的确会受人敬重，可是往往也会不利于人际交往和成就大业，所以能控制自己的脾气和冲动，才会赢得最后的胜利。

四十八 物成毁有时数

【原文】

魏国公韩琦镇大名日，有人献玉杯二只，曰：“耕者入坏冢而得之。表里无暇可指，绝宝也。”公以白金答之，尤为宝玩。每开宴召客，特设一桌，覆以锦衣，置玉杯其上。一日召漕使，且将用之酌酒劝坐客，俄为一吏误触倒，玉杯俱碎，坐客皆愕然，吏且伏地待罪。公神色不动，笑谓坐客曰：“凡物之成毁，亦自有时数。”俄顾吏，曰：“汝误也，非故也，何罪之有？”坐客皆叹服公宽厚之德不已。

【译文】

魏国公韩琦镇守大名府时，有人献给他两只玉杯，说：“这是种田的人在荒坟中找到的，里外都没有瑕疵可指出，的确是绝世之宝。”韩琦用白金答谢了献杯之

人，十分喜爱这对玉杯。每逢设宴款待客人的时候，韩琦都要专门设置一张桌子，铺上锦缎，把玉杯放在上面。一天，韩琦款待管理水运的官吏，准备用这两只玉杯盛酒来款待客人。谁知不一会儿，一位士卒不小心撞倒了桌子，两只玉杯都被摔碎了。客人们都很吃惊，那位士卒也跪在地上等候处罚。韩琦神色依旧，笑着对客人们说："任何物品坏与不坏，也都是有运数的。"稍后，他回过头来对那位士卒说："你是失误造成的，并不是故意要摔碎的，有什么过错呢？"客人都对韩琦宽厚的德行叹服不已。

【评析】

韩琦说："任何物品坏与不坏，也都是有运数的。"其实，万事万物都有其自身变化发展的规律，有时候是不以人的意志为转移的。那两只玉杯被摔碎，也许正是这两只玉杯"命中注定"吧。因此，素来以宽大为怀所闻名的韩琦原谅了摔碎玉杯的那位士卒。万事都有其运数，这就要求我们要学会随缘。

在这个世界上，执著追求是我们走向成功的钥匙；但是正如一枚硬币有正反两面一样，任何事物都有不可控制的情形，此时就要求我们随缘。过于执著，会使自己无法真正自由地生活，很有可能陷入狭窄的发展境地，以至于到最后无路可退。视外部事物的发展情况做出恰当的选择，这才是一种聪明的策略。

识时务者为俊杰。人们只有善于把握外部环境的走势，才能做出正确的行动策略。墨守成规也就是拒绝了发展，可是世界始终是在变化着的，并不因为你的拒绝而有所改变。曹操正要用刀刺杀董卓的时候，吕布走了进来。反应机敏的曹操立即做出献刀的举动，从而保全了自己的性命。这就是"随事而制"的典型案例。许多事情是不以我们的个人意志为转移的，"随缘" 要求我们善于把握外部的机缘，以变化的心态看待周围的人和事，才能处乱不惊、随机应变、水到渠成，获得成功。

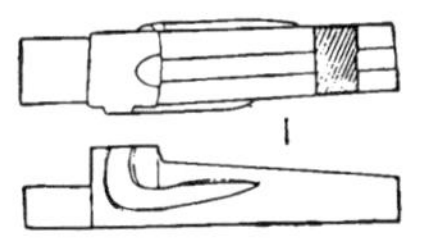

刘邦随机应变避祸端

公元前221年，中国历史上第一个统一的封建王朝秦朝建立。由于秦的统治者倒行逆施、残酷剥削人民，致使民不聊生，人民起义不断爆发。在众多起义队伍中，有两支起义军迅速壮大，一支起义军由楚国大将项羽率领，另一支起义军的首领则是秦国的一个低等官吏刘邦。

项羽性格高傲、刚愎武断，但是他英勇善战，威名远扬；刘邦性格狡诈，却善于用人。项羽和刘邦在抗秦的战争中,结为联盟,互相援助,彼此的势力越来越强大。项羽和刘邦约定,如果谁先攻入秦的都城咸阳,谁就可以称王。

公元前207年,项羽在巨鹿打败秦朝主力大军,而这时,刘邦已经率军攻破了秦都城咸阳。刘邦听从谋士劝谏,将军队安置在咸阳附近的霸上,没有进入咸阳。他封闭秦王宫殿、钱库等重地,并且安抚咸阳百姓。老百姓看见刘邦待人宽容、军纪严肃,非常高兴,都希望刘邦当秦王。

项羽知道刘邦先进了咸阳,非常愤怒,率领四十万大军进驻咸阳附近的鸿门(今陕西临潼东),准备抢夺咸阳。项羽的军师范增劝项羽一举消灭刘邦,他说:"刘邦以前是个贪财好色的人,现在他进了咸阳后,分文不取,美女也不要,可见是有大图谋,我们应该趁他没有发展起来就杀了他。"

消息传到了刘邦那里,谋士张良认为,目前刘邦的军队只有十万人,势力太弱,不能和项羽正面较量。张良就请好朋友、项羽的叔父项伯去说情。然后,刘邦带着张良和大将樊哙亲自到鸿门,告诉项羽,自己只是看守咸阳,等项羽来称王。项羽相信了刘邦,设宴招待他。范增坐在项羽旁边,几次暗示项羽动手杀刘邦,可是项羽却假装没看见。范增就让大将项庄到酒桌前舞剑助兴,想借机会刺杀刘邦。项羽的叔父项伯赶紧也拔剑陪舞,用身体挡着刘邦,暗中保护他,项庄一直没有得手。张良一看情况紧急,赶紧出去召唤刘邦的大将樊哙。樊哙立刻手持盾牌和利剑,直接闯入军帐,斥责项羽说:"刘邦攻下咸阳,没有占地称王,却回到霸上,等着大王你来。这样有功的人,不仅没有得到封赏,你还听信小人的话,想杀自己兄弟!"项羽听了,心中惭愧。刘邦乘机假装上厕所,带着随从跑回霸上自己的军营中。谋士范增看见项羽优柔寡断,放跑了刘邦,非常生气,说:"项羽真是不能成大事!看着吧,将来夺取天下的一定是刘邦。"

四十九　骂如不闻

【原文】

富文忠公少时,有骂者,如不闻。人曰:"他骂汝。"公曰:"恐骂他人。"又告曰:"斥公名云富某。"公曰:"天下安知无同姓名者?"

【译文】

文忠公富弼年少时，有人骂他，他就像没有听见一样。有人告诉他说："他在骂你。"富弼就说："他恐怕是在骂其他人吧。"那个人又告诉他："他指名道姓地骂您呢。"富弼说："难道天下就没有跟我同名同姓的人吗？"

【评析】

看来富弼是在通过装糊涂来隐忍别人对他的责骂。别人骂他的时候，起初是装作没听见。有人提醒他的时候，他又说可能是在骂其他人。之后又说别人是在骂与自己同名同姓的其他人。通过这种方法，他试图不将此事放在心上，不跟别人为了一些小事而斤斤计较。我们也应该在某些情况下，学习富弼，运用装糊涂的方法来解决问题。

事实上，"糊涂为人"并不是故意撒谎耍赖，它只是一种表象，这种处世哲学的真正目的是顺应事物的发展规律，做出切合实际的判断，实际上是一种大智慧和大聪明。

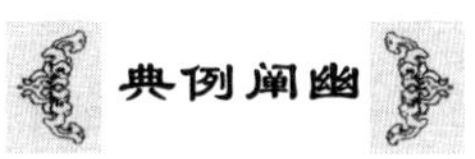

典例阐幽

不痴不聋，不做家翁

郭子仪扫平安史之乱后，成为复兴唐室的元勋。唐代宗非常敬重郭子仪，将女儿升平嫁给郭子仪之子郭暧为妻。

有一次小两口吵嘴，郭暧见妻子摆出公主的架子，愤懑不平地说："你有什么了不起的？不就仗着你父亲是天子吗？告诉你吧，你父皇的江山是我父亲打败了安禄山才保全下来的，我父亲因为瞧不起皇帝的宝座，才没当这个皇帝！"

升平公主听到郭暧出此狂语，气得立即回宫禀报皇上。

唐代宗听完女儿的投诉后，不动声色地说："你是个孩子，有许多事你还不懂。你丈夫说的都是实情。天下是你公公郭子仪保全下来的。如果你公公想当皇帝，早就当上了，天下就不是咱们李家的了。"他劝女儿不要抓住丈夫的一句话，乱扣"谋反"的大帽子，要和和美美的过日子。在唐代宗的劝慰下，公主消了气，主动回到了郭家。

郭子仪知道这事后，吓坏了，他听说儿子口出狂言，几近谋反，即刻令人把郭暧捆绑起来到宫中面见皇上，请皇上治罪。

可是，唐代宗却和颜悦色，一点也没有怪罪的意思，反而安慰郭子仪说："小两口吵嘴,话说得过了点,咱们当老人的不要认真了,不是有句俗话说‘不痴不聋,不做家翁’吗?装作没听见就行了。”

郭子仪听了这番话,心里的石头落了地,感到非常高兴。

五十 佯为不闻

【原文】

吕蒙正拜参政,将入朝,有朝士于帘下指曰:“是小子亦参政耶?”蒙正佯为不闻。既而,同列必欲诘其姓名,蒙正坚不许,曰:“若一知其姓名,终身便不能忘,不如不闻也。”

【译文】

吕蒙正被任命为宰相,正要上朝的时候,一位官吏在门帘下指着他说:“这个小子也能做宰相吗?”吕蒙正假装没有听见。后来,同行的一位官员一定要追查那个官吏的姓名,吕蒙正坚决不同意,说:“一旦知道他的姓名,便终身都忘不了了,还不如不知道呢。”

【评析】

我们常说“大事化小,小事化了”,这确实是一种不错的处世哲学,可以帮助我们避免很多麻烦。当吕蒙正遭到别人指责的时候,就是采取了“大事化小,小事化了”的策略,才没有引起一场不必要的冲突。

“善为水者,引之使平;善化人者,抚之使静。”说的是,善于利用水的人,可以通过引导使它平静下来;善于感化别人的人,可以通过安抚使对方静心。在工作、生活中遇到一些难题的时候,对那些无关紧要的较量就可以让一步,“大事化小,小事化了”。这实际上是一种“以退为进”的智慧。

老子说:“深水缓流,浅水急瀑。”年轻人往往会以为前进是唯一的路,以为努力就可以成功,但只是在经历过挫折和磨炼之后才渐渐明白,其实人生的道路并不是笔直的,也可以转个弯,换个眼光或角度,甚至有时候向回走几步,人生就会有所不同。

典例阐幽

蒙受不白之冤而不动心

常州魏廉访的父亲，乐善好施，精通医术。上门求医的人，不论贫富，他都尽心治疗，不图回报；对那些十分贫困的病人，反而赠钱送药；遇到远乡来求医的人，一定先让喝点粥或吃些饼，吃完，才开始诊脉。他说："这是因为走了远路，加上饥饿，血脉多有紊乱。我让他们先吃点东西，稍稍休息一下，脉才能安定下来。我哪里是想要行善积德，只是要用这种办法来显示我医术的神妙！"他行善所借口的托辞，大多如此。

有一次，魏老先生被请往一病人家中治病。病人枕头旁丢失了十两银子，他的儿子听了谗言，怀疑是先生拿了，但又不敢当面问。有人就教他拿一炷香去跪在先生门前。先生见了，奇怪地说："这是为什么呀？"他回答说："有桩疑难事，想问先生。怕老先生见怪，不敢说。"先生说："你说吧，不责怪你！"病家子才以实相告。先生把他请进密室，说："确有此事，我是想暂时拿去以应急需，原打算明天复诊时如数偷偷还回去。今天既然你问起了，可以马上拿回去。请你千万不要向外人说！"马上如数给了他。

刚才病人儿子来先生门前跪香，大家都说先生一向谨慎高尚，不应该诬陷有道德的人会有这么肮脏的行为。等他们见到病人的儿子拿着银子出来回去了，都异口同声感叹说："人心之不可知，竟到如此地步！"于是七嘴八舌诽谤议论之声四起。先生听后，神态自若，毫不在意。

不久，病人痊愈。清理打扫床帐时，在褥垫下找到了银子，才大惊而后悔说："东西并没有丢失，竟然陷害了一位德高的长者，这该怎么办！应该马上去先生家，当着众人面把钱还给他，不能再让他抱不白之冤！"

于是父子俩一道来到先生寓所，仍然手捧燃香跪在门前。先生见了，笑着说："今天这样，又是为什么啊？"父子羞愧地说："以前丢失的银子，没有丢，我们错怪长者了，真是该死。今天来交还先生所给的银子。小子无知，任凭先生打骂！"先生笑着把他们扶起来，说："这有什么关系？不要放在心上！"

病人的儿子问先生："那一天我谗言污罪长者，为什么先生甘受污名而不说明，使我今天羞惭无地！今天既蒙先生宽怀，饶恕我们，是否能告诉我们，先生这样

做的原因是什么呢？”

先生笑着说：“你父亲与我是乡亲邻里，我素来知道他勤俭惜财。正在病中，听说丢了十两银子，病情一定会加重，甚至会一病不起。因此我宁愿受点委屈背上污名，使你父亲知道失物找到，痛戚之心得以转喜，病自然会好起来！”

听到这里，父子两人都双膝跪地，叩头不止，说：“感谢先生厚德，不顾自己名声被污而救活我的性命。愿来世作犬马以报大恩！”先生把父子二人请进家去，设酒款待，尽欢而散。

这一天，围观人多如墙一样，都说长者的作为，确是众人所猜测不透的。从此魏善人之名声就传开了。

五十一　骂殊自若

【原文】

狄武襄公为真定副帅，一日，宴刘威敏，有刘易者亦与坐。易素疏悍，见优人以儒为戏，乃勃然曰：“黥卒乃敢如此。”诟骂武襄不绝口，掷樽俎而起。武襄殊自若，不少动，笑语愈温。易归，方自悔，则武襄已踵门求谢。

【译文】

武襄公狄青在担任真定副统帅的时候，有一天，他设宴邀请刘威敏，一个名叫刘易的人也坐在席间。刘易这个人向来就很粗鲁强悍，他看到唱戏的人扮演书生来演戏，不禁勃然大怒，说：“面部被刺字的人竟敢如此！”因此大骂狄青，不绝于口，并将盛酒肉的器皿扔在地上。狄青神色自若，一点都不动气，谈笑语气更加温和。刘易回到家中，正感到惭愧时，狄青已亲自登门道歉来了。

【评析】

狄青受到粗鲁强悍的刘易的大声责骂，处于被动地位。但是他当时神色自若，并没有动气。之后主动去刘易家登门道歉，使自己占据了主动，扭转了形势。把握主动权才能掌握自己的命运。

“顺风而呼者易为气，因时而行者易为力。”顺着风口呼喊，容易形成一种气势，把握时机行动的人，容易有力地推进目标。在充满了挑战的人生中，我们常常会因种种苦难和挫折而使自己陷入被动局面。面对外来压力,如果我们能够积极主动地采取行动,那么就可以改变自己的命运,进而创造成功的人生。无论我们身处顺境还是逆境,始终保持积极奋进的状态,这既是人生的真谛,也是我们有所作为的关键。

坚毅的人往往都有足够的耐心和包容力,这样的人做人处世都不会被挫折给吓到,他们有着面对厄运和挫折的勇气。我们也应该让自己拥有这样的闪光点,让自己的人生加重一些分量,增添一些基石,这样在人生路上才会走得更稳。

积极主动地做事情,才能检验出自己所走的道路是否可行,才能与成功更近一步,化难为易;如果消极被动地等待,最终只能使自己丧失良好的发展机会。一个很现实的例子就是:在男女之间感情这件事上,如果当事人面对自己心仪的人不能主动出击,而是坐等对方上门,往往就会与对方擦肩而过,从而造成终生的悔恨。其实艰难或容易都是相对的,都是人自己的一种感觉,如果我们能积极主动做事,就会把困难变成容易,获得成功。

身处逆境,积极奋进

战国时期,齐国相国田婴的门下,有个食客叫齐貌辩。这个人生活不拘细节,我行我素,经常犯一些小错误。门客中有个士尉劝田婴不要与齐貌辩这样的人打交道,田婴不听,以至于那士尉辞别田婴,另投他处了。为了这事,田婴的门客们都愤愤不平,田婴却不以为然。田婴的儿子孟尝君也曾私下里劝父亲说:“齐貌辩实在是令人讨厌,你不赶他走,反倒让士尉走了,大家对此都议论纷纷呢。”

田婴对孟尝君吼道:“我看我们家里没有谁能比得上齐貌辩。”这一吼,吓得孟尝君和门客们再也不敢吱声了。田婴对齐貌辩也更加客气了,住处吃用都是上等的,并且派了长子侍奉他,

几年之后,齐威王去世了,继承王位的是齐宣王。齐宣王喜欢事必躬亲,觉得田婴管得太多,权势太重,怕他对自己的王位有威胁,因而不喜欢他。田婴被迫离开国都,回到了自己的封地薛。田婴原来的门客们见田婴没有了权势,一个个都离开了他,各自寻找自己的新主人去了,只有齐貌辩跟随田婴一起回到了薛地。

回来后没过多久,齐貌辩便要到国都去拜见宣王。田婴劝阻他说:“现在宣王很不喜欢我,你这一去,岂不是去找死吗?”齐貌辩说:“我本来就没有打算要活着

回来,您就让我去吧!”田婴无可奈何,只好让齐貌辩去了。

齐宣王听说齐貌辩要见他,怒火中烧。一见齐貌辩就说:“你不就是田婴很信从、很喜欢的齐貌辩吗?”

“我是齐貌辩。”齐貌辩回答说:“靖郭君(田婴)喜欢我倒是真的,但是说他信从我,可没这回事。当大王您还是太子的时候,我曾劝过靖郭君,说:‘太子的长相不好,脸颊那么长,眼睛又没有神采,不是什么尊贵高雅的面目。像这种脸相的人是不讲情谊,不讲道理的,不如废掉太子,另外立卫姬的儿子郊师为太子。’可靖郭君听后,哭哭啼啼地说:‘这怎么能行,我不忍心这么做。’如果他当时听了我的话,就不会像今天这样被赶出国都了。

“还有,靖郭君回到薛地以后,楚国的相国昭阳要求用大几倍的地盘来换薛这块地方。我劝靖郭君答应此事,可他却说:‘我接受了先王的封地,虽然现在大王对我不好,可我这样做对不起先王呀!更何况,先王的宗庙就在薛地,我怎能为了多得些地方而把先王的宗庙给了楚国呢?’他最终还是不肯听从我的劝告,拒绝了昭阳,至今还守着那一小块地方。就凭这些,大王您看靖郭君是不是信从我呢?”

齐宣王听了齐貌辩的这一番话,深受感动,叹了口气说:“靖郭君待我如此忠诚,而我却丝毫不了解这些情况。你愿意替我去把他请回来吗?我马上就任命田婴为相国。”

田婴最终因为自己待人宽和而重新当上了齐国相国。

五十二 为同列斥

【原文】

王吉为添差都监,从征刘旴。吉寡语,若无能动。为同列斥,吉不问,唯尽力王事。卒破贼,迁统制。

【译文】

王吉担任添差都监的时候,随军征讨刘旴。王吉向来少言寡语,好像没有什么能使他动心。因此被同事斥责,但他仍不闻不问,只是尽心竭力地把事情做好。终于打败了敌人,王吉因此荣升为军队统制。

【评析】

"君子藏起于身待时而动，何不利之有？"王吉不就是在最初的时候善于隐藏自己的才能，沉默寡言，因此被同事斥责，但最后却打败了敌人，荣升为军队统制，让别人刮目相看的吗？善于隐藏自我才能善始善终。

老子曾经教导年轻的孔子说："良贾深藏若虚，君子盛德容貌若愚。"会做生意的商人总是善于隐藏自己宝贵的货物，从不轻易让别人看到；志趣高尚的君子品德有修养，但给别人的印象却常常显得有些愚笨。不过分炫耀自己的能力，才能获得长久的平安。

古往今来，有很多有才华的人都因为才能出众、技术超群、行为脱俗，而引来众人的瞩目，但同时也为自己招来了小人的嫉妒，引起祸患。适当地把自己的光彩掩盖起来，让自己在普通人之中也不显得过于突出，虽然看起来这种做法很消极，但事实上可以让人有更多的时间和空间去发挥自己的特长。

韬光养晦，避其锋芒

曹操当了汉朝的丞相后，一时权倾朝野，但他明白自己还有许多潜在的和公开的强大对手，在威胁着他的霸业。刘备就是其中的一个。

刘备之所以能构成威胁，并不因为他是名闻天下的皇叔，事实上皇亲国戚多了去了，但多半是草包，不然就只会夸夸其谈。在曹操看来，刘备心急深沉，雄心勃勃，却装出一副与世无争的样子。曹操觉得这种人最难对付，因为根本就揣摩不到他的心思。而且刘备很会笼络人心，手下的战将关羽、张飞等人，不但骁勇善战，而且忠心耿耿。最让曹操担心的是，刘备一旦和宫中密谋，借皇帝之名行事，那他就不容易控制局面了。

于是曹操就去找刘备，想试探一下，看他是不是真的怀有逐鹿天下之志。两个人青梅煮酒，边喝边聊，谈到天下大势时，天上阴云密布，下起雨来。曹操就说："天下英雄，就像腾云造雨的龙一样，能大能小，能升能降，乘时变化。皇叔见多识广，一定知道当世的英雄有哪些吧？"

刘备忙说："我肉眼凡胎，哪里识得英雄？"

曹操大笑："不要太谦虚了。没有见到，说说名字也好。"

刘备想了想，说："淮南袁术，兵多粮足，算是英雄吧？"

曹操笑着说:“他是坟中的枯骨,我早晚会抓住他。”

刘备说:“袁绍四世三公,虎踞冀州,手下又有很多能人,应该算一个吧?”

“他样子凶,胆子却很小。干大事惜身,见小利而忘命,算不上,算不上。”

“刘表呢?他可是名称八骏,威镇九州啊。”

“不过是有名无实罢了。”

“孙策怎么样?”

“借他父亲的威名,也不算。”

“刘璋呢?”

“在我眼中,他不过是一条看门狗。”

“张绣、张鲁、韩遂这些人怎么样?”

“碌碌的庸人而已。”

刘备叹了口气:“除了他们,我真的不知道有谁了。”

曹操正色说:“真正的英雄,应该胸怀大志,腹有良谋,有包藏宇宙之机,吞吐天地之志。”

刘备说:“说得不错,可谁又能当得上呢?”

曹操用手指着刘备,然后又指着自己,说:“天下英雄,只有你和我两人!”

刘备大惊失色,手中的筷子竟然也掉在了地上。正好一阵滚雷响过,刘备从容俯身拾起筷子,自嘲说:“一声雷响,就把我吓成这样!”

曹操看着他:“大丈夫还怕打雷?”

刘备说:“圣人说迅雷风烈,必有大变,哪能不怕。”

刘备借雷声把这件事情轻轻地掩盖过去,但却出了一身的冷汗。他的隐忍和示弱果然让曹操放松了警惕,没有加害于他。这样刘备才得以暗中发展自己的势力,最终能与曹操相抗衡。

五十三　不发人过

【原文】

王文正太尉局量宽厚，未尝见其怒。饮食有不精洁者，不食而已。家人欲试其量，以少埃墨投羹中，公唯淡饭而已。问其何以不食羹，曰："我偶不喜肉。"一日又墨其其饭，公视之，曰："吾今日不喜饭，可具粥。"其子弟愬于公曰："庖肉为餐人所私食，肉不饱，乞治之。"公曰："汝辈人料肉几何？"曰："一斤。今但得半斤食，其半为饔人所廋。"公曰："尽一斤可得饱乎？"曰："尽一斤固当饱。"曰："此后人料一斤半可也。"其不发过皆类此。尝宅门坏，主者撤屋新之，暂于廊庑下启一门以出入。公至侧门，门低，据鞍俯伏而过，都不问门。毕复行正门，亦不问。有控马卒，岁满辞公，公问："汝控马几年？"曰："五年矣。"公曰："吾不省有汝。"既去，复呼回，曰："汝乃某大人乎？"

于是厚赠之。乃是逐日控马，但见背，未尝视其面，因去见其背方省也。

【译文】

太尉王旦气量宽大，为人仁厚，从来没有见过他发怒。吃的喝的东西有不好或不干净的，他只是不吃罢了。他的家人想试试王旦的气量，就将一些细墨投放到他准备食用的肉汁中，王旦只吃饭而已。家人问他为什么不食用肉汁，王旦回答说："我今天偏偏不想吃肉。"一天，他的家人又将细墨投放到他准备吃的饭中，王旦看后，说："我今天不想吃饭了，准备点粥就可以了。"他的儿子告诉他说："厨房里用来做饭的肉被做饭的人偷偷吃掉了，我们都吃不饱肉，请求父亲惩罚做饭的那个人。"王旦说："你们估计每人该吃多少肉？"他儿子回答："一斤。但是现在只能吃到半斤，另外的半斤被做饭的人藏起来了。"王旦说："吃一斤肉够吃饱了吗？"他儿子说："吃一斤肉当然可以吃饱了。"王旦说："这样的话，以后每人要一斤半的肉好了。"他不揭发别人的过失都像这样。有一次，他家住宅的门坏了，管理的人拆掉坏门准备将它修补好，所以临时在走廊开了个门以供出入。王旦走到侧门，门太低，因此他趴下来，伏在马鞍上从这个门过去，但也没有询问这门是怎么回事。门修好后，他又走正门，也没有问门的情况。有一位马夫，驾车期限已

满，向王旦告退，王旦问："你驾车多少年了？"马夫回答说："五年了。"王旦又说："我不知道有你。"马夫就要离去的时候，王旦又把他叫回来，说："你不正是某人吗？"于是赠给马夫非常丰厚的礼物。原来，马夫每天驾车，王旦只见过他的背面，从来没有看见过马夫的正面，由于马夫在离开的时候，王旦又看见他的背面，这才认出他来。

【评析】

心存善念，就会以善处世、待人。视人之乐为己乐、心中就常有轻松、欣慰、愉悦之感；待人、处事光明磊落——修养心性之良方。总之，心存善念之人，会始终保持泰然自若的心理状态，这种心理状态能把血液的流量和神经细胞的兴奋度调至最佳状态，从而激发了自身机体的抗病能力——潜能。所以，保持善念是修养心性关键！

王旦为人仁厚，气量宽大，可见他一直都在注意修炼自己的心性。自己所吃的饭菜被人搞得不干净了，他就找个理由不吃了；厨师偷吃肉，他就命令再多供应点肉；门太低，他就俯下身通过，也不追问原因；马夫向他告退，他就赠给马夫丰厚的礼物……面对别人的过失或是对自己的不恭，他都不计较。

社会的交往中因被欺、被辱，被误解，而受委屈的之事总是避免不了的。面对这些，最明智的选择就是理解、宽容；一个人不会理解、宽容他人，且只知苛求他人的人，其心理往往处于紧张状态；负面信息就乘虚而入。从而导致心理、生理进入恶性循环。我们学会了理解、宽容，这就等于给自己的心理安上了调节阀。

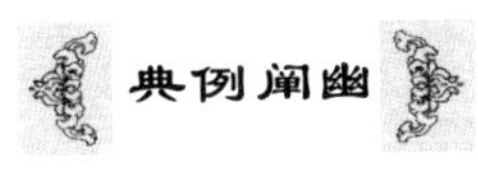

与人为善，与己方便

与人为善是中华民族的传统美德，是为人处世的重要准则，是一切美好品德的基础。孟子就曾说过："取诸人以为善，是与人为善者也。故君子莫大乎与人为善。"由此可启迪我们：生活需要与人为善。与人为善乃生活之本。

唐朝大夫柳玭，为人正直，朝野闻名。在赴任泸州途中，经过渝州，一个官员的儿子慕名前来拜见。这个年轻人随身带来了自己的习作，毕恭毕敬地请柳大人指教。柳大人认真读过以后，连声叫好，并希望该青年再接再厉，随时把作品拿来共勉，该青年高高兴兴地回去了。柳大夫的儿子恰好也在旁边，他悄悄问父亲："那孩子写的东西简直是狗屁不通，你怎么还表扬他呢？"柳大夫说："这几年巴蜀一带多变故，土豪崛起，官不像官，民不像民。这个青年出身贵族，却专心写作，有心向善，实在不容易。只要循循诱之，让他坚持下去，这个世界上就会多一个正经人，少一个草贼。”

柳大夫这么一说，还真让人有些后怕，万一这个青年碰上一个正气凛然，自以为是的家伙，还真没准就会自暴自弃，从而改换人生之路。这世界上，着实有那么一些人，为了独善其身，喜欢猛烈攻击别人的不是，通过别人的不是来证明自己的清白和正确。这样的人，比无所事事的人更可怕。所以说，可以选择独善，但一定要先学会与人为善。

俄国的大文豪屠格涅夫在街头闲逛遇见了乞丐，但自己掏了半天却没有零钱，急得满头大汗，也羞愧难当，握住乞丐的手表示歉意。那个乞丐感动得声泪俱下地说：“兄弟，这就够了，这就够了！”面对衣衫褴褛的乞丐，屠格涅夫非但没有鄙夷、歧视他，反而为自己没能救济他而表示愧疚，这是什么精神？这就是一种平等待人、与人为善的精神！这是一种崇高的精神！

与人为善可以消除隔阂，可以争取朋友，可以享受到一种施惠与人的快乐，可以为自己创造一个宽松和谐的人际环境……是人与人之间交流的纽带，是通往彼此心灵的桥梁。

五十四　器量过人

【原文】

韩魏公器量过人，性浑厚，不为畦畛峭堑。功盖天下，位冠人臣，不见其喜；任莫大之责，蹈不测之祸，身危于累卵，不见其忧。怡然有常，未尝为事物迁动，平生无伪饰其语言。其行事，进，立于朝与士大夫语；退，息于室与家人言，一出于诚。人或从公数十年，记公言行，相与反复考究，表里皆合，无一不相符。

【译文】

魏公韩琦度量很大，生性纯朴宽厚，从来不搞什么小动作。他的功劳超过天下所有的人，其地位也超过其他所有的大臣，但是从来没有见他因此而得意；他承担着再大不过的责任，面临着不可预料的灾祸，处境非常危险，但是从来没有见他因此而担忧。他神态平和，并且有规律，从来没有因为事物的变化而变化，一生讲话

都不做伪饰。他做事、上朝的时候，就站在朝廷上跟其他官员讲话；在家的时候，就在家中休息并跟家人聊天，全都是出于诚心诚意。有一个人已经跟随韩琦有十几年了，他将韩琦的言行作了记录，并且相互反复比较研究，发现韩琦的言行表里如一，没有不相符合之处。

【评析】

在这则故事中，我们可以了解到韩琦的另一个优点，那就是不会轻易得意洋洋或是忧心忡忡。当他功高盖世、成就非凡的时候，没有因此而得意洋洋；当他面临灾祸、处境危险的时候，也没有因此而忧心忡忡。我们在现实生活中，也应该努力使自己具备韩琦这样的优良品德。

沾沾自喜实际上是一种短视行为，是气量狭小的表现。过于沾沾自喜容易使我们迷失前进的方向，变得无所作为。许多人取得成绩以后都容易在喜悦中产生骄傲的心理，这是很可怕的。我们既要体验喜悦的欢快，又要注意隐忍喜悦可能带来的自我迷惑，从而使自己始终保持清醒的头脑。

人生中遇到的忧愁数不胜数。但是，我们一定不能被它所牵绊，否则就会终日生活在阴云密布的日子里。我们要注意培养自己"不以物喜，不以己悲"的心态，因为它是我们解除人生忧愁的良方，可以使我们实现人生的突围和超越。

在现实生活中，当我们要对别人骄傲起来的时候，请千万要冷静一下头脑，想想自己究竟有什么值得骄傲的？我们以为自己可以引以为傲的，真的便是那么让人不可企及吗？

荀攸自谦避祸

荀攸是曹操的一个谋士，他自谦避祸，处处与人为善，能与人和谐相处，很善于隐蔽锋芒。他担任军师，跟随曹操征战疆场，筹划军机，克敌制胜，立下了汗马功劳。曹操非常器重他，对他的贡献给予了很高的评价。后来，他又转任中军师。曹操成为魏公之后，他又被任命为尚书令。

荀攸有着超人的智慧和谋略，不仅在政治斗争和军事斗争中表现突出，在安身立业、处理人际关系等方面，都能很明显地看出来。

他在朝二十余年，处理政治旋涡中上下左右的复杂关系，从容自如；处于极其残酷的人事倾轧中，始终地位稳定，立于不败之地。曹操向来以爱才著称，但是他作为封建统治阶级的铁腕人物，在铲除功高盖主和略有离心倾向的人方面，从来都不犹豫和手软。一个很典型的例子就是一号谋臣，荀攸的族叔荀彧。荀彧力保汉室，不支持曹操做魏公，被逼迫自杀。但是荀攸就很注意将自己超人的智谋应用到防身固宠、确保个人安危方面。

曹操有一段反映荀攸具有特别谋略的话，很形象，也很精辟，是这样写的："公达外愚内智，外怯内勇，外弱内强，不伐善，无施劳，智可及，愚不可及，虽颜子、宁武不能过也。"可见，荀攸平时非常注意周围的环境，对内对外、对敌对己都有不同的方式。参与军机的谋划之时，他总是智慧过人，迭出妙策；迎战敌军之时，他总是奋勇当先，不屈不挠；面对曹操、同僚之时，他却注意不露锋芒、不争高下，将自己的才能、智慧、功劳谨慎地掩藏起来，显得很谦卑、文弱，甚至愚钝、怯懦。

荀攸这种大智若愚、随机应变的处世方略，虽然不免有故意装"愚"卖"傻"之嫌，但是却不能不说其效果很佳。他与曹操相处了二十余年，一直深受宠信，双方关系非常融洽，而且从来没有人对他进行谗言陷害，最后善终而死。到他死后，曹操还痛哭流涕，对他的品行推崇备至，并且赞誉他为谦虚的君子和完美的贤人。

五十五　动心忍性

【原文】

尧夫解"他山之石，可以攻玉"：玉者，温润之物，若将两块玉束相磨，必磨不成，须是得他个粗矿底物，方磨得出。譬如君子与小人处，为小人侵陵，则修省畏避，动心忍性，增益预防，如此道理出来。

【译文】

范尧夫解释"他山之石，可以攻玉"这句话，说："玉，是温润之物，如果将两块玉石相磨，肯定磨不成玉，必须用其他比较粗糙的矿石，才能磨得出玉。正如君子与小人相处，被小人所欺，因此就修炼自省，避开小人，耐心忍让，从而增强预防能力，这也就是'他山之石，可以攻玉'的道理。"

【评析】

范尧夫在此解释“他山之石，可以攻玉”，是为了比喻君子和小人之间的关系。君子被小人所欺的时候才能修炼自省，从而增强预防能力。我们在此也可以引申出另外一个道理：善于借助他人的力量才能成功。

所谓“得道多助，失道寡助”，我们想要获得超越常人的成绩，必须善于借助他人的力量，这样才能事半功倍，更容易成功。想想我们从小到大的成长经历，就很容易理解这个道理了。我们之所以成长为现在的自己，取得现在的成绩，怎能离开父母的关爱、老师的教导、同学朋友的陪伴、同事的配合、领导的支持呢？

俗话说：“有好人缘才好办事。”中国人讲究“天时、地利、人和”，而“人和”无疑是重中之重。我们做人处世离不开人际关系，处理好人际关系，做起事情来才会事半功倍，可以说，良好的人际关系就是事业发展的基础。

多一个朋友，就少一个敌人

公元200年，曹操的死对头袁绍发表了讨伐曹操的檄文。在檄文中，曹操的祖宗三代都被骂得狗血喷头。曹操看了檄文之后问手下人：“檄文是谁写的？”手下人以为曹操准得大发雷霆，就战战兢兢地说：“听说檄文出自陈琳之手。”曹操于是连声称赞道：“陈琳这小子文章写得真不赖，骂得痛快。”官渡之战后，陈琳落入曹操之手。陈琳心想：当初我把曹操的祖宗都骂了，这下子非死不可了。然而，曹操不仅没有杀陈琳，还委任他做了自己的文书。曹操还与陈琳开玩笑说：“你的文笔的确不错，可是，你在檄文中骂我本人就可以了，为什么还要骂我的父亲和祖父呢？”后来，深受感动的陈琳为曹操出了不少好主意，使曹操颇为受益。

曹操与张绣的合作也使后人钦佩他的宽宏大量。张绣是曹操的死敌，两个人有着深仇大恨。曹操的儿子和侄子都死于张绣之手。但是，在官渡之战前，为了打败袁绍，曹操考虑到张绣独特的指挥才能，主动放弃过去的恩恩怨怨，与张绣联合，并封张绣为扬威大将军。他对张绣说：“有小过失，勿记于心。”张绣在后来的战役中十分卖力。

官渡之战结束后，曹操在清理战利品的时候，发现了大批书信，都是曹营中的人写给袁绍的。有的人在信中吹捧袁绍，有的人表示要投靠袁绍。曹操的亲信们建议曹操把这些当初对他不忠心的人抓来统统杀掉。可曹操却说:"当时袁绍那么强大,我自己都不能自保,更何况众人呢?他们的做法是可以理解的。"于是,他下令将这些书信全部烧掉,不再追究。那些曾经暗通袁绍的人被曹操的宽宏大量感动了,对曹操更加忠心。一些有识之士听说了这件事,也纷纷来投靠曹操。

所以,一些专家们认为官渡之战实际上是一场人才的较量。曹操的话也充分证明了这一点。在官渡之战前夕,袁绍实力强大,地广粮多,军备充实,实力远远超过了曹操。曹操分析了当时的情况后,信心百倍地说:"兵家胜败不完全取决于实力大小,而要看主将的指挥才能如何。袁绍志大智短,色厉内荏,心胸狭窄,不能充分发挥部下才能。他的将领骄横,不服从军令。因此,不管他地有多广,粮有多足,一定会被我们打败。"由此可见,曹操深明与人合作的重要性。

五十六 受之未尝行色

【原文】

韩魏公因谕君子小人之际,皆应以诚待之。但知其为小人,则浅与之接耳。凡人之于小人欺己处,觉必露其明以破之,公独不然。明足以照小人之欺,然每受之,未尝形色也。

【译文】

魏公韩琦在谈论到君子还是小人的问题的时候说,无论是君子还是小人,都应当以诚相待。如果知道他是个小人,那么与他交往浅一点就可以了。一般人如果遇到小人欺负自己,发现后就一定要揭露这个小人,从而破坏小人的诡计,唯独韩琦不这样做。他的贤明足可以认清小人的欺人行为,但是他每次遇到小人欺负,都接受下来,从来不在神色上有所表现。

【评析】

对任何人我们都要做到以诚相待,不管他是君子还是小人。韩琦就是奉行这样的处世哲学。在遭到小人欺负的时候,他也不会试图揭露小人的卑劣行径和诡计,而是试图用自己的真诚来感化对方。

《颜氏家训》中有“巧诈不如拙诚”的教导。有些人很害怕自己吃亏，所以总是要欺骗别人，甚至是无关紧要的小事也不肯说实话，好像如果不这样做就会被人占了大便宜。其实，采取机巧的欺诈行为，不如以拙笨的姿态表明自己的诚恳。这样，才有可能感动对方，使对方对你心存感激。欺诈别人，无论其方式有多么机巧、隐蔽，最终都会露馅，从而使自己名誉扫地，今后难以做人。

在与别人相处的过程中，如果发生了误解，那么主动赔礼道歉就是一种真诚的表现。它可以宽慰对方郁闷的心情，获得对方的谅解。在与客户洽谈业务的过程中，发自内心地赞美对方也是一种真诚的表现。它可以使对方在内心深处感觉到一种浓浓的暖意，从而促进业务谈判的进展。

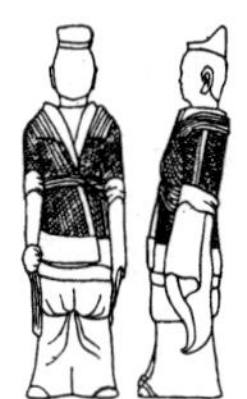

为人处世要以和为贵

孔子的弟子冉有有句名言：“礼之用，和为贵。”继孔子之后的孟子，也倡导“和”，孟子认为“得道者多助，失道寡助”，以民心的向背作为战争和政治成败的关键，做人也是如此。

清代著名的红顶商人胡雪岩就深谙“和为贵”的道理，他生前名满天下，广结人缘。他与王有龄相识之时，王有龄正是落魄的时候。当时，胡雪岩还是钱庄的伙计，他冒着危险将钱庄的五百两银子挪出来，慷慨赠予王有龄，让他打通关节做官，而自己却因此被逐出钱庄。王有龄得到胡雪岩资助的五百两银子后，找到昔日的同窗何桂清，在何桂清的帮助下，他顺利当上了浙江海运局主办，专门主管海上运粮的船只，这个职位在清末算得上肥差，从此王有龄鸿运大发，后来还当上了杭州知府，在他的鼎力相助下，胡雪岩也有了东山再起的机会。

胡雪岩与左宗棠相遇之时，左宗棠正忙于攻陷杭州城，当时军队急需粮草和军饷。官兵吃不饱，没有力气作战，又没有钱发军饷。胡雪岩见情况紧急，没有提出任何条件，就出钱出力解决了这两项难题。从此，左宗棠与胡雪岩成为莫逆之交。

后来，左宗棠西征新疆之时，胡雪岩是左宗棠的“总后勤”，因屡建奇功，经左宗棠保荐，被朝廷赏赐二品顶戴和黄袍马褂。这也是他“红顶商人”之称的由来。

五十七 与物无竞

【原文】

陈忠肃公瓘，性谦和，与物无竞。与人议论，率多取人之长，虽见其短，未尝面折，唯微示意以警之。人多退省愧服。尤好奖后进，后辈一言一行，苟有可取，即誉美传扬，谓己不能。

【译文】

忠肃公陈瓘性格谦恭温和，与世无争。跟别人谈话的时候，总是夸赞别人的优点，即使发现别人的缺点，也从来不当面指责对方，只是稍微给对方一些示意，使对方知道。人们大多都是回家后才醒悟过来，感到惭愧，又都十分佩服他。他尤其喜欢奖励后辈，后辈的一言一行，只要是有一点可取之处，他就给予赞美，并且传扬出去，还说他自己做不到。

【评析】

陈瓘习惯于夸赞别人的优点，并不是阿谀奉承，而是发自内心的真诚地赞美。但是也有一些人，他们赞美别人其实是有其他目的的，是不怀好意的。而偏偏又有些人就是喜欢听别人赞美自己的话，不管是真心的，还是奉承的。这种不辨是非，喜欢听别人赞扬之辞的人是最愚蠢的人。

"闻过则喜"历来被国人奉为一条重要的做人准则。意即，一个人听到别人指出自己的过失或缺点，就感到非常高兴，因此使自己得到改进。但是在接受别人的赞誉的时候，就要格外注意了。如果在他人的赞美声中洋洋自得，经不起糖衣炮弹的诱惑的话，就会在处世

中迷失自我，导致失败。

每个人都希望别人能够赞美自己，因为每个人都会觉得自己是重要的，在人际交往中，能够让别人感受到你对他的重视，也就会赢得他的欣赏，会被对方当成知心朋友。

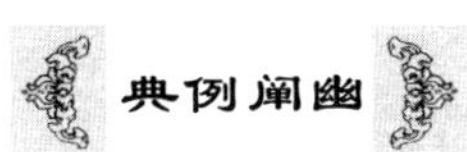

孟頫赞美之辞源于自然流露

忽必烈是元朝的创建者，是为元世祖，是个有作为的皇帝。灭宋之前，他就已任用汉儒作为自己的谋士。灭宋之后，他更是广泛搜求宋朝名士任官，以帮助自己理政治民。

公元1258年，忽必烈奉蒙哥大汗之命，进军围攻鄂州，当时的宋朝则派贾似道前往救援。军队出发后不久，忽必烈便得知其兄蒙哥已死，因此，他急于回去争夺王位。正在这个时候，贾似道又派使来向忽必烈求和，忽必烈便顺势答应了对方，然后率领大军北返。结果，贾似道回到朝廷，却谎报说“鄂州大捷”，说蒙古兵已经肃清。就这样，宋理宗被骗，将贾似道提拔为宰相。但是，朝野上下都是清楚事情真相的，留梦炎在明知贾似道是欺骗皇上的情况下，不仅不揭发贾似道的恶行，反而依附并取悦于贾似道。当时，叶李只不过是个太学生，他对贾似道害国害民的行为颇为气愤，带头与同学八十三人，伏阙上书揭露贾似道的罪恶，遭到贾似道的追捕，因此逃匿，归隐于富春山。

宋亡之后，忽必烈多次派人征召，叶李都坚持不出，后来不得已才入见。忽必烈很赏识叶李，向他请教治国之道，叶李向忽必烈陈述古代帝王的得失成败，忽必烈颇为赞许，后提拔叶李担任资善大夫、尚书左丞。而对留梦炎这个宋朝丞相、有名的状元，忽必烈虽赏识其文才，但认为此人有私心而缺德行，因此对他降级使用。

后来，忽必烈向赵孟頫询问叶李、留梦炎两人的优劣，赵孟頫回答元世祖说：“梦炎，臣之父执，其人忠厚，笃于自信，好谋而能断，有大臣器；叶李所读之书，臣皆读之，其所知所能，臣皆知之能之。”忽必烈说：“汝以梦炎贤于叶李耶？梦炎在宋为状元，位至丞相，贾似道误国罔上，梦炎依阿取容；叶李布衣，乃伏阙上书，是贤于梦炎也。汝以梦炎父友，不敢斥言其非，可赋诗讥之。”因此，孟頫赋诗一首，其中有“往事已非那可说，且将忠直报皇元”的语句，忽必烈颇为赞赏。

五十八 忤逆不怒

【原文】

先生每与司马君实说话,不曾放过。如范尧夫,十件只争得三四件便已。先生曰:"君实只为能受,尽人忤逆终无怒,便是好处。"

【译文】

先生每当与司马光谈话的时候,就从不曾放弃过自己的观点。而与范尧夫说话,十件事情中往往只争得三四件事便算了。先生说:"司马光只是因为能够忍受,任凭别人顶撞冒犯他,他也不生气发怒,这是个优点。"

【评析】

宋代黄升在《鹧鸪天》中有这样的诗句:"风流不在谈锋胜,袖手无言味最长。"是说一个人有魅力不仅在于能言善辩,静默无言、埋头苦干的人更值得尊敬。

司马光就不愿与人争执,而总是习惯于保持沉默。即使别人顶撞冒犯了他,他也不生气。正因为他善于保持沉默,不与人相争,才受到了别人的尊重。

事物的发展变化有许多种形式,保持静止的状态,通过"以静制动"的方式来应对他人的攻击,是一种高超的斗争哲学。在交谈中保持适当的沉默、在行动上采取不作为的策略,都可以获得良好的效果。事实上,与人交谈的时候,有时不开口比开口更加有效。我们不是常说"此时无声胜有声"吗?谈话中如果喋喋不休,很容易使别人厌烦。一个懂得沉默的人才能称得上是一个有修养的人。

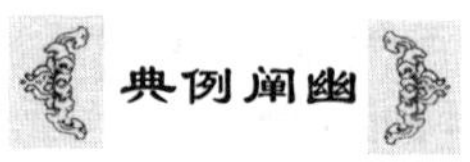

保持沉默,不与人争

公元前403年,韩国邀请魏国出兵,协助攻打赵国,魏文侯谢绝说:"我与赵国既是兄弟之邦,又有互不侵犯之约,不敢从命。"韩国的使者怒气冲冲地离去了。

赵国知道后，深感赵国与魏国之间有兄弟之谊，便也来向魏国借兵讨伐韩国。魏文侯仍然用同样的理由拒绝了赵国。赵国的使者也怒气冲冲地离去了。

但是后来两国都想到魏文侯对自己国家的和睦态度，想到魏文侯的友好和宽容，都十分佩服，他们都纷纷回来朝拜魏国。魏国于是便开始为魏、赵、韩三国之首，各诸侯国都不和它相争。

东魏北齐时代，崔暹官拜左丞相，很受皇帝世宗的器重与礼遇。

崔暹很喜欢荐举人才。他向世宗推荐邢卲担任丞相府的幕僚，并兼管机密政务。世宗因崔暹之推荐，遂征召邢卲。邢卲果然甚得世宗的信赖与器重。

邢卲因为兼管机密政务，所以有机会接近世宗。在言谈之际，邢卲常常贬低崔暹，以致引起世宗不高兴。

某次，世宗告诉崔暹："你总是诉说邢卲的长处，而邢卲却专述说你的短处，你简直是个痴呆！"

崔暹大度地说："邢卲述说我的短处，我诉说邢卲的长处，两人述说的都是真实的事情，这没有什么不对啊！"

崔暹宽以待人，严于律己，他不仅肯定别人的长处，包容别人的缺失，而且坦然面对自己的缺失，这是何等宽宏的气度！

五十九　潜卷授之

【原文】

韩魏公在魏府，僚属路拯者就案呈有司事，而状尾忘书名。公即以袖覆之，仰首与语，稍稍潜卷，从容以授之。

【译文】

在韩琦的官府中，部下路拯来到他的案桌前，呈上文书，但是文书的结尾处没有签名。于是韩琦就用衣袖将文书掩盖起来，抬起头与路拯讲话，并且悄悄地将文书抽出来，从容不迫地交给他补签上名字的文书。

【评析】

韩琦作为上级，能够在自己的部下犯了错误的时候做到不斤斤计较，不动怒，而是主动替对方掩盖错误，避免对方尴尬。韩琦确实有领导人的风范。

作为领导人，就是要有意培养自己的忍性和器量。一个人之所以能担任重要的职务，是因为他们有才能，更是因为他们具备博大的胸怀。

另外，我们也要在日常生活中谨慎行事，做任何事情都要细心，不要像路拯那样马马虎虎，否则会造成严重的后果。俗话说“谨慎驶得万年船”，与其日后造成意想不到的严重后果时才后悔当初的马虎大意，不如一开始的时候就小心行事。三国时期的赵云就是一个谨慎行事的典范，当马谡丢失街亭的时候，尽管蜀军损失惨重，但是赵云带领的部队却没有折损一卒一马，而且辎重等物资也没有丢失。这除了赵云武艺高强外，还离不开他心思缜密的个性。只有在日常生活中细心、慎重小心地做事，才能避免犯错误。

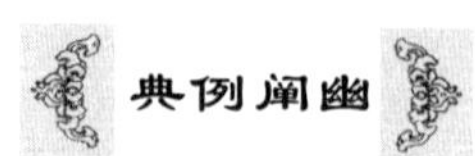

谨慎驶得万年船

自从刘备乘吴、曹大战之机巧夺荆州后，东吴一直耿耿于怀，伺机夺取。刘备也看透了这一点，因此，在夺取蜀川之后，刘备将自己最得力的大将关羽留下来，让其镇守荆州。

东吴一直垂涎于荆州，于是派大将吕蒙驻在陆口，以挡蜀刘进攻，并伺机夺取荆州。但是刚开始的很长一段时间，关羽都非常谨慎，不轻易对外用兵，一直保持着其军事优势，这样，吕蒙一直苦于无处下手。

但是，日久天长，关羽见东吴不敢妄动，又见入蜀诸将随着诸葛亮东征西战，已经立下不少功劳，而自己却每天都静守在荆州，没有立下半点功劳。一时间，关羽傲心上腾，想寻机干点事业。正巧，这时不远处的曹仁驻守的樊城兵力空虚，关羽便摩拳擦掌，打起樊城的主意来，想借此机会大显身手，但又担心东吴来夺荆州，因此而举棋不定。

东吴大将吕蒙得到这个消息后，为了进

一步促使关羽去战曹仁，便假装有病，回建业去了。临走时，将尚无名声，但熟读兵书的陆逊任命为右都督，代替自己镇守陆口。

这个消息很快就传到了关羽耳朵里。关羽因此而认为已经除去了后顾之忧，可以大胆进军樊城了。这时，新上任的陆逊为了坚定关羽离开荆州的决心，给关羽写了一封信，说："久闻关将军威名，可与晋文公、韩信齐名。自己是一介书生，不懂军事，今后还仰仗将军看顾，保持两军相安无事便足矣。"关羽看过此信后，马上进军樊城。

陆逊又修书一封给魏曹，心中说到刘备占我荆州，就怀气愤之心，愿与曹联合，共谋对付刘蜀之策。

关羽离开荆州进军樊城之后，荆州兵力空虚。吕蒙探听到可靠消息，便从建业发水军直指荆州。在与陆逊会合后，把兵船扮成商船的模样，沿汉水上溯至荆州。就在关羽感到快意之时，吕蒙、陆逊也拿下了荆州。

六十　俾之自新

【原文】

杜正献公衍尝曰："今之在上者，多擿发下位小节，是诚不恕也。衍知兖州时，州县官有累重而素贫者，以公租所得均给之。公租不足，即继以公帑，量其小大，咸使自足。尚有复侵扰者，真贪吏也，于义可责。"又曰："衍历知州，提转安抚，未尝坏一个官员，其间不职者，即委以事，使之不暇惰；不谨者，谕以祸福，俾之自新。而迁善者甚众，不必绳以法也。"

【译文】

正献公杜衍曾经说过："现在身为高官的人，经常揭发下属的小过失，这实在是不够宽容。我在担任兖州知州时，州县官员有家中负担重而导致向来都贫穷的，我就用公租所得平均分给他们。如果公租不够的话，那么就用公家的钱财，估量他们所需要的量的大小，都使得他们能够自足。如果还有再来侵扰公家钱财的人，那就真的是贪婪的官吏了，在道义上这种人应该受到指责。"，杜衍还说："我从担任知州，到被提升为转安抚，从来没有惩罚过任何一个官员，他们当中如果有不称职的，我就让他做些事情，使他没有空闲时间偷懒；如果有不谨慎的，我就用不谨慎可能会引起的祸害来教育他，使他自己醒悟过来。于是变好的人非常多，没必要将他们绳之以法。”

【评析】

故事中，那些因家中负担重而导致向来贫穷的州县官员其实是很幸运的，因为他们遇到了杜衍这样的上级。杜衍想尽办法、竭其所能地帮助他们，以使他们摆脱艰难困境。但是，如果他们没有这么好的运气，没有遇到像杜衍这样的上级时，又会怎么办呢？君子在贫困的处境中，应该采取隐忍的态度来等待时机。

有时候人们忍耐一时之气，不是因为他们懦弱，而只是因为实力尚不如人，为了保存实力而不得不忍，等到有利时机才一鼓作气地反击。这也是忍耐的一种，是在实力不足时常采取的策略。有很多成就大事的人都经历过这样的阶段。

有句话不是叫做“人穷志不短”吗？这其实就是一种正确、积极的生活态度。正如长期的饥饿会破坏人正常的口腹感觉一样，长期处于贫穷状态也会摧残到人的健康心志。此时，我们不能消极的对待生活，而是不仅要暂时忍受贫困的生活，还要积极主动地创造财富，改变自己的生存状态。

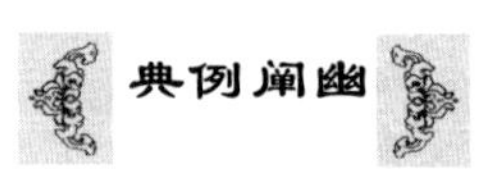

人穷志不短

春秋时候，吴国的公子季礼一人出外漫游。这天，他来到一个地方，正走着，忽然发现不知谁遗失的一串钱躺在路中央。季礼想把钱拾起来，但又觉得弯腰去捡钱有失身份，这种事不应该由我这样的贵公子去做。他一边想着一边朝四面张望，看有没有人走过来。

刚巧，当时正有一个打柴的人担着柴火从前边过来了。季礼心想，叫这人把钱捡去，他一定会十分感激，他挑的那两捆柴还未见得值得这么多钱呢。

等那打柴人走到跟前，季礼看清了他身上竟然还穿着冬天的皮袄，而眼下正是初夏五月，虽还不十分炎热，但穿着皮袄也是够呛的，季礼认为这人一定很贫穷，让他把钱捡去正好。

于是季礼大声朝打柴人喊道：“喂，你快来把地上的钱拾起来。”

打柴人一看季礼那个样子，感到很生气，他把镰刀往地上一扔，摆着手，朝季

礼瞪大眼睛说:“你是谁?凭什么居高临下看不起人?我既然能在炎热的夏天穿着皮袄去打柴,难道我会是个贪图钱财的人吗?”

季礼一听打柴人的话,心里不免有几分敬意,连忙向他道歉说:“实在对不起,是我错看了人,请不要见怪!请问先生高姓大名?”

打柴人鄙夷地朝季礼淡淡一笑道:“你这人见识短浅,只会从表面上看问题,还那么盛气凌人,我有什么必要对你说出我的姓名呢?”说着,打柴人头都没回,也不再理睬季礼,拿起镰刀,对地上的钱连看都没看一眼就走了。

季礼看着打柴人渐渐远去的背影,惭愧不已。

有些人常常凭自己的浅薄见识去衡量别人,实在未免有点“以小人之心,度君子之腹”了。

六十一　未尝按黜一吏

【原文】

文惠公陈文惠公尧佐,十典大州,六为转运使,常以方严肃下,使人知畏。而重犯法至其过失,则多保佑之。故未尝按黜一下吏。

【译文】

文惠公陈尧佐,担任过十个大州的长官,六次担任转运使,他常以公正而严肃的态度对待其部下,使人们感到敬畏。而对犯罪较重的人及其过失,却多加原谅。所以不曾罢免过一位官吏。

【评析】

陈尧佐可谓是“恩威并用”的典范啊!平常看起来很严肃,给人造成一种威严的感觉;部下犯了错误的时候,却多加原谅,对部下施以一定的恩惠。在日常生活中,我们也不妨学习一下他这种“恩威并用”的待人处事方式,以使自己在处理问题时达到理想的效果。

上司要赢得下属的心,一定要恩威并施。所谓恩,则不外乎亲切的话语及优厚的待遇,尤其是话语。要记得下属的姓名,每天早上打招呼时,如果亲切地呼唤出下属的名字再加上一个微笑,这名下属当天的工作效率一定会大大提高,他会感到，上司是记得我的，我得好好干！

对待下属，还要关心他们的生活，聆听他们的忧虑，他们的起居饮食都要考虑周全。所谓威，就是必须有命令与批评。一定要令行禁止。不能始终客客气气，为了维护自己平和谦虚的印象，而不好意思直斥其非。必须拿出做上司的威严来，让下属知道你的判断是正确的，必须不折不扣地执行。

上司的威严还在于对下属布置工作，交代任务。一方面要敢于放手让下属去做，不要自己包打天下；一方面在交代任务时，要明确要求，什么时间完成，达到什么标准。布置了以后，还必须检查下属完成的情况。

恩威并施

汉代的朱博本是一介武生，后来调任左冯翌地方文官，利用一些巧妙的手段，制服了地方上的恶势力，被人们传为美谈。

在长陵一带，有个大户人家出身的名叫尚方禁的人，年轻时曾强奸别人家的妻子，被人用刀砍伤了面颊。如此恶棍，本应重重惩治，只因他大大地贿赂了官府的功曹，而没有被革职查办，最后还被调升为守尉。

朱博上任后，有人向他告发了此事。朱博觉得太岂有此理了！就召见了尚方禁。尚方禁心中七上八下，硬着头皮来见朱博。

朱博仔细看尚方禁的脸，果然发现有疤痕，就让侍从退开，假装十分关心地询问究竟。

尚方禁做贼心虚，知道朱博已经了解了他的情况，就像小鸡啄米似的接连给朱博叩头，如实地讲了事情的经过，请求朱博的原谅。他头也不敢抬，只是一个劲地哀求道："请大人恕罪，小人今后再也不干那种伤天害理的事了。"

"哈哈哈……"朱博突然大笑道，"男子汉大丈夫，本是难免会发生这种事情的。本官想为你雪耻，给你个立功的机会，你会效力吗？"

于是，朱博命令尚方禁不得向任何人泄露这次的谈话内容，要他有机会就记录其他官员的一些言论，及时向朱博报告。尚方禁俨然成了朱博的耳目。

自从被朱博宽释并重用之后，尚方禁对朱博的大恩大德铭记在心，干起事来特别卖命，不久，就破获了许多起盗窃、强奸等犯罪案，使地方治安情况大为改观。朱博于是提升他为连守县县令。

又过了一段时期，朱博突然召见那个当年收受尚方禁贿赂的功曹，对他进行了严厉的训斥，并拿出纸和笔，要那位功曹把自己受贿的事全部写下来，不能有丝毫隐瞒。

那功曹早已吓得像筛糠一般，只好提起笔写下自己的斑斑劣迹。

由于朱博早已从尚方禁那里知道了这位功曹贪污受贿的事，看了功曹写的交代材料，觉得大致不差，就对他说："你先回去好好反省反省，听候裁决。从今后，一定要改过自新，不许再胡作非为！"说完就拔出刀来。

那功曹一见朱博拔刀，吓得两腿一软，又是打躬又是作揖，嘴里不住地喊："大人饶命！大人饶命！"

只见朱博将刀晃了一下，一把抓起那位功曹写下的罪状材料，将其撕成纸屑扔了。

自此后，那位功曹终日如履薄冰、战战兢兢，工作起来尽心尽责，不敢有丝毫懈怠。

六十二 小过不怿

【原文】

宋朝韩亿在中书，见诸路职司捃拾官吏小过，不怿曰："今天下太平，主上之心虽昆虫草木皆欲得所。士之大而望为公卿，次而望为侍从，职司二千不下，亦望为州郡，奈何锢之于圣世。"

【译文】

宋代的韩亿，任职于中书省的时候，发现各级官员都对下级官吏犯下的小小的过失非常苛刻，于是不高兴地说："如今天下太平，即使是昆虫草木，皇上从心底里都想给其安排个位置。位高的官员希望能够成为公卿，稍次一些的官员也希望能够担任侍从，俸禄在二千石以下的官吏，也都希望成为州郡长官，为什么将他们监禁在这个太平盛世呢？"

【评析】

"金无足赤，人无完人"，那些时时抓着下级官吏的小小过失不放手的官员是不懂这句话的意思吗?否则,也不会对下级官吏那样苛刻了。宋代的韩亿就能做到宽容别人,在下级官吏犯了小错误的时候,能够宽恕对方,使对方改过自新。

"大羹必有淡味,至宝必有瑕秽;大简必有不好,良工必有不巧。"这是王充《论衡》中的话。意思是,一大锅汤一定会有淡淡的味道,特别宝贵的东西也一定有瑕疵;过于简化就会有不周到的地方,灵巧的工匠也会有不擅长的地方。在我们的社会交往中,要做到正确认识和评价他人,这是我们必须掌握的一项基本技能。

每个人都对他人有过高的要求,如果对方不能在自己期望的范围内做事,通常便会形成某种偏见,对对方产生错误的看法。这样,不利于我们与对方关系的继续发展,势必影响到我们正常工作的进行或正常生活的情绪。因此,在与人交往的过程中,我们既要看到他人的优点,也要正视对方的缺点,从而采取正确的行动策略。

六十三　拔藩益地

【原文】

陈嚣与民纪伯为邻,伯夜窃藩嚣地自益。嚣见之,伺伯去后,密拔其藩一丈,以地益伯。伯觉之,惭惶,自还所侵,又却一丈。太守周府君高嚣德义,刻石旌表其闾,号曰义里。

【译文】

陈嚣与纪伯是邻居。纪伯趁晚上偷偷地将竹篱笆向陈嚣的地里移动,从而扩

大了自己的土地面积。陈嚣发现了，等纪伯走后，悄悄地将篱笆又向自己的地里移动了一丈，使纪伯的土地更大了。纪伯发觉以后，感到十分惭愧不安，于是，除去归还所侵占的土地之外，还将篱笆向自己这边移动了一丈。周太守认为陈嚣品德高尚，所以在石头上刻下“义里”二字，在全村表扬陈嚣。

【评析】

人们在满足自己的欲望的时候要采取正当的手段，如果为了获取一己私利，而采取卑劣的手段，往往就会使自己跟随贪欲陷入万劫不复的深渊。我们必须用理智来克制自己的贪欲，因为它就像幽灵一样，如果不加以克制，就会私欲膨胀、无法自拔，最终丧失理智，做出许多蠢事。

纪伯就是没有克制住自己的贪欲，采取不正当的手段扩大自己的土地。他的这种做法是不可取的。最终，他被陈嚣宽容的举动所感动，改正了自己的错误。

古人说：“贪婪是万恶之源。”贪婪的人最怯懦，他总是怕失去自己的利益。贪婪的人也最愚蠢，眼前只有一己私欲的一叶障目，使他分外地短见、简单。人贪婪就会变得残忍，贪婪的人就像被卸掉车闸的车，等待他的，不可能是平安幸福。

很早的时候就注重培养自己的不贪之心和公正的品格，提倡“不贪为宝”的品德，以贪心为耻辱。元代著名教育家许衡在饥渴难耐的情况下，面对一片梨园，仍然克制住了自己，没有摘梨解渴。不贪是一种正直的品格，受到人们的赞誉，并成为我们为人处世的一个基本原则。

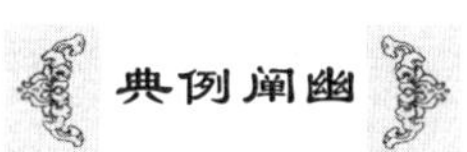

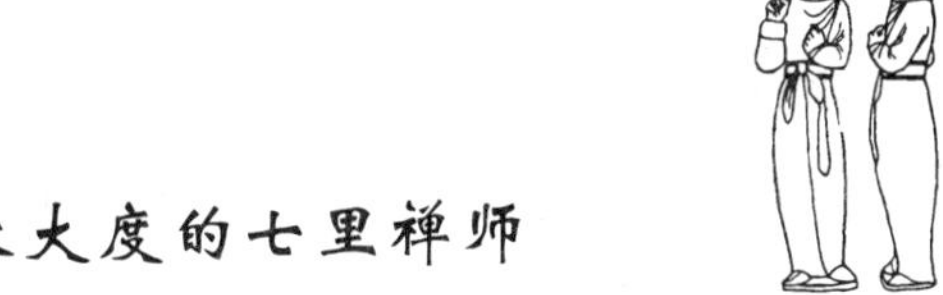

宽容大度的七里禅师

一天，七里禅师正在禅堂的蒲团上打坐，一个强盗突然闯出来，把又明又亮的刀子对着他的脊背，说：“把柜里的钱全部拿出来！不然，就要你的老命！”

“钱在抽屉里，柜里没钱。”七里禅师说，“你自己去拿，但要留点，米已经吃光，不留点，明天我要挨饿呢！”

那个强盗拿走了所有的钱，在临出门的时候，七里禅师说：“收到人家的东西，应该说声谢谢啊！”

“谢谢。”强盗说。他转回身，心里十分慌乱，这种从来没有遇到的现象使他失去了意识。他愣了一下，才想起不该把全部的钱拿走，于是，他掏出一把钱放回抽屉。

后来,这个强盗被官府捉住。根据他的供词,差役把他押到寺庙去见七里禅师。

差役问道:“多日以前,这个强盗来这里抢过钱吗?”

“他没有抢我的钱,是我给他的。”七里禅师说,“他临走时还说谢谢了,就这样。”

这个强盗被七里禅师的宽容感动了,只见他咬紧嘴唇,泪流满面,一声不响地跟着差役走了。

这个人在服刑期满之后,便立刻去叩见七里禅师,求禅师收他为弟子。七里禅师不答应,这个人就长跪三日,七里禅师终于收留了他。

六十四 兄弟讼田,至于失败

【原文】

清河百姓乙普明兄弟,争田积年不断。太守苏琼谕之曰:“天下难得者,兄弟;易求者,田地。假令得田地,失兄弟心如何?”普明兄弟叩头乞外更思,分异十年,遂还同往。

【译文】

清河县的老百姓乙普明兄弟二人,为了争夺一块田地,争夺了多年还没有结果。太守苏琼教导他们说:“普天之下,最难得的是兄弟之情,而容易得到的则是田地。如果你得到了田地,却失去了兄弟的情义,你们觉得怎么样呢?”普明兄弟两人叩头,请求去外面再想一想,这样,分开了十年的俩兄弟又一同回家了。

【评析】

“血浓于水”,一奶同胞的两兄弟,怎能为了争夺一块田地而对簿公堂呢?正如太守苏琼所说,为了争夺容易得到的田地,而失去了难得的兄弟情义,那就太不值得了。相信这种“抓住芝麻,丢了西瓜”的蠢事,谁都不愿意去做。

兄长照顾弟弟,弟弟敬重兄长,这是人间一个重要的伦理道德要求。即使双方发生了一点小矛盾,也应该顾及手足之情,学着互相谅解和包容,这样,彼此才能气息相通,犹如树枝相连。兄弟互敬互爱,关系融洽,齐心协力,才能最大限度地发

挥潜能,收到最大的整体效应。

本是同根生,相煎何太急

“煮豆燃豆萁,豆在釜中泣,本是同根生,相煎何太急!”这首在中国家喻户晓的诗,所说的就是魏文帝曹丕害其弟曹植的故事。

曹操有三个儿子:长子曹丕,次子曹彰,三子曹植,皆为卞氏夫人所生。曹丕作为长子,根据封建社会的传位制度,他就是曹操王位的合法继承人,但曹操对曹彰、曹植却别有喜爱。曹彰是一员武将,善于作战;而曹植是个文人,拥有渊博的学识,才思敏捷,言出为论,在当时是极为出色的诗人。曹操曾有意让曹植成为自己的继承人,但由于曹植少一分政客的圆滑,所以一直犹豫不决。

曹操一死,曹丕继承了王位,之后成为魏国的开国之君。但他为人刻薄寡恩,尤其对于曹彰和曹植这两个同胞的亲兄弟,心存畏忌。因为他知道曹操曾想让曹植做继承人,而且曹植在文人及官僚集团中拥有良好的名声,他也明白曹彰对自己不服气,所以,在他看来,这两个人对他的帝位形成了莫大的威胁。

曹丕决定制服自己的两位弟弟。他首先对两位弟弟严加防范,虽然仍按照惯例,封曹彰为任城王,封曹植为鄄城王,但这都是有名无实,不但根本享受不到一个王爵应有的权利和待遇。他们的一言一行,都有专人及时报告给朝廷,稍有不合曹丕心意之处,便会遭到严厉谴责。

即使是这样对两位弟弟严加防范,曹丕仍然不放心,仍然决定将曹彰和曹植置于死地。魏初四年,曹彰、曹植按照皇家制度的要求,来京师朝拜,曹丕决定就在此时下毒手,并且决定先从曹彰下手。

有一天,曹丕和曹彰一起在卞太后的宫中下围棋,旁边放了一盘枣,二人边下边吃。其实,曹丕早已在其中一些枣的枣蒂中暗施了毒药,他自己专挑没毒的吃,而曹彰对这一切却浑然不知,果然中了毒。这种毒如果当时能喝下水去稀释,还有解救的希望。可是,曹丕早已命人将宫中储水的器具都打碎了,卞太后连鞋都顾不上穿,亲自去井边打水,可是汲水的井绳也早被曹丕撤掉了。曹彰终于无救而死。

卞太后为了让曹丕放过曹植,哀求道:“你已经害死了老二,不能再害死我的三儿了!”由于老太后出面保护,曹植才免遭毒手。

六十五 将愤忍过片时,心便清凉

【原文】

彭令君曰:“一朝之愤可以亡身及亲;锥刀之利可以破家荡业。故纷争不可以不戒。大抵愤争之起,其初甚微,而其祸甚大。所谓涓涓不壅,将为江河;绵绵不绝,或成网罗。人能于其初而坚忍制伏之,则便无事矣。性尤火也,方发之初,戒之甚易;既已焰炽,则焚山燎原,不可扑灭,岂不甚可畏哉！俗语有云:得忍且忍,得诫且诫,不忍不诫,小事成大。试观今人愤争致讼,以致亡身及亲,破家荡产者,其初亦岂有大故哉?被人少有触击及必愤,被人少有所侵凌则必争。不能忍也,则詈人,而人亦骂之;殴人,而人亦殴之;讼人而人亦讼之,相怨相仇,各务相胜,胜心既炽,无缘可遏,此亡身及亲,破家荡业之由也。莫若于将愤之初则便忍之,才过片时,则心必清凉矣。欲其欲争之初且忍之,果有所侵利害,徐以礼恳问之,不从而后徐讼之于官可也。若蒙官司见直,行之稍峻,亦当委曲以全邻里之义。如此则不伤财,不劳神,身心安宁,人亦信服。此人世中安乐法也。比之争斗愤竞,丧心费财,伺候公庭,俯仰胥吏,拘系囹圄,荒废本业,以事亡身及亲,破家荡产者,不亦远乎?”

【译文】

彭令君说:“一时的愤怒可以葬送自己的性命并且累及家人;锥刀的锋利可以导致家业破败,财产尽失。所以不能不避免纷争。通常情况下,在发生纷争的起初阶段,事情显得非常微小,但是纷争所引起的后果却很严重。这就是人们平常所说的:如果涓涓细流不堵塞的话,就会形成江河;如果绵绵细丝不断裂的话,就会形成罗网。人如果能够在刚刚产生愤怒情绪的时候就制服它,那么就不会有什么事了。人的性情就像火一样,刚开始的时候很容易就能扑灭它;等到已经火势凶猛,它就会焚烧山林及平原,没法扑灭了,这不是非常可怕吗！俗话说:能忍让的就忍让,能戒掉的就戒掉,既不忍让又不戒掉,小事就会变成大事。试看看当今因发生纷争导致对簿公堂,最后弄得葬送自己的性命并且累及家人,家业破败,财产尽失的人们,在开始的时候哪里有大的缘故?被别人稍微冒犯了,就一定会发怒,被别

人稍微占了点便宜，就一定会争辩。自己不能忍让，就骂人，而别人也反过来骂你；打人，而别人也反过来打你；状告别人，而别人也状告你，这样相互怨恨，相互仇视，双方都力求取胜，求胜的欲望一旦变得炽烈，就没有办法使它停下来，这就是葬送自己的性命并且累及家人，家业破败，财产尽失的原因。不如在即将发怒的时候就将怒气忍下去，过不了一会儿，心情必然会清凉下来。在纷争刚开始的时候就采取忍让的举动，如果别人真的侵犯到了你的利益，慢慢地用礼貌的态度询问对方，如果他还不答应，那么再逐级诉讼到官府。如果承蒙官府主持公道，但判决稍微严厉一些，也应该自己委屈一些来顾全乡亲的情义。这样的话就不会伤财，不会劳神，身心安宁，人们也都信服你。这就是人世间的安乐法。比起与别人争斗交恶，丧失心智浪费钱财，等候对簿公堂，看狱吏的脸色行事，被关进监狱，荒废了自己的事业，以致葬送自己的性命并且累及家人，家业破败，财产尽失的人来，岂不是相差很远吗？"

【评析】

"忍一时风平浪静，退一步海阔天空。"当别人冒犯了自己的时候，试着原谅对方，克制自己发怒的冲动，过一会儿自己的怒气就会消散，心情就能平静下来。而且，回头再想想刚才发生的事，或许此刻你会发现，原来就是这么点鸡毛蒜皮的小事啊！你就会为自己当时能忍住怒气，没有发火而感到欣慰了。

许多人能伸不能屈，觉得退让低头是比杀头还难过的事情。当然，要真是杀头的话，那倒是十有八九会立刻选择低头的。其实，有时候退让不只是表面上看来那么简单，它甚至会比进攻更有力量，更有杀伤力。我们无论做什么事情，应罢手不干时，就要下定决心结束，应该退让的时候，就要痛快地退让。以退让开始，以胜利告终。

我们确实需要培养自己心平气和的为人处世的态度。遇事不慌张、不冲动、不轻易动怒，这样才能抓住问题的关键，理智地解决问题，并且获得别人的尊重。如果我们的内心始终处于混乱的状态中，就不能使自己对事物有清醒的认识，也不会正确地处理与别人之间的关系。

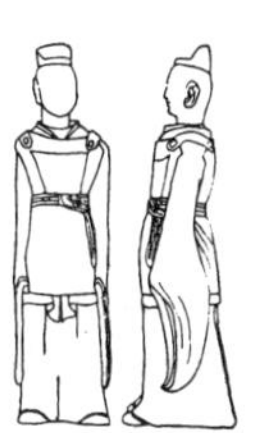

懂得克制自己的情绪

有一个男孩有着很坏的脾气，于是他的父亲就给了他一袋钉子；并且告诉他，每当他发脾气的时候就钉一根钉子在后院的围篱上。

第一天，这个男孩钉下了 37 根钉子。慢慢地每天钉下的数量减少了。

他发现控制自己的脾气要比钉下那些钉子来得容易些。

终于有一天这个男孩再也不会失去耐性乱发脾气，他告诉他的父亲这件事，父亲告诉他，现在开始每当他能控制自己的脾气的时候，就拔出一根钉子。

一天天地过去了，最后男孩告诉他的父亲，他终于把所有钉子都拔出来了。

父亲握着他的手来到后院说：你做得很好，我的好孩子。但是看看那些围篱上的洞，这些围篱将永远不能回复成从前。你生气的时候说的话将像这些钉子一样留下疤痕。如果你拿刀子捅别人一刀，不管你说了多少次对不起，那个伤口将永远存在。话语的伤痛就像真实的伤痛一样令人无法承受。

六十六　愤争损身，愤亦损财

【原文】

应令君曰："人心有所愤者，必有所争；有所争者，必有所损。愤而争斗损其身，愤而争讼损其财。此君子所以鉴《易》之《损》以惩愤也。"

【译文】

应令君说："人的内心存在愤怒的情绪，就肯定会同别人争斗；同别人有所争斗，就肯定会有所损失。由于愤怒就同别人争斗，这样会伤害到自己的身体；由于愤怒就同别人打官司，这样会使自己的财产遭受损失。所以，君子就应当以《易经》中的《损卦》来警戒自己，不要轻易愤怒。"

【评析】

轻易愤怒，既伤身又损财，聪明的人是不会那么冲动，随便发泄自己愤怒的情

绪的。因为一些小事而跟人争斗甚至打官司,对于身体健康是极为不利的。

对待别人的小过失,我们不能斤斤计较,而应该采取忍耐、宽容的态度。唐太宗只因不能控制自己的怒火而斩杀了张蕴古和卢祖尚,事后才觉后悔,给自己造成一定的损失。

一个人,如果身为领导而不能克制自己的情绪的话,那么就会危害到他手下的人;如果是一个普通职员而不能克制自己的情绪的话,那么就会冲撞到他的上司。一个家庭,如果成员之间不能互敬互爱、相互理解,那么就会导致家庭的混乱甚至破裂。大到国家之间,如果不能互相谅解和宽容,那么就会引发战争,使老百姓蒙受灾难,生灵涂炭。轻易发怒有百害而无一利。

楚庄王能屈能伸终成大业

春秋时期,楚国的储君,也就是楚庄王在登基后,为了观察朝野的动态,也为了让别国对他放松警惕,当政三年以来,没有发布一项政令,在处理朝政方面没有任何作为,朝廷百官都为楚国的前途担忧。

楚庄王不理政务,每天不是出宫打猎游玩,就是在后宫里和妃子们喝酒取乐,并且不允许任何人劝谏,他通令全国:“有敢于劝谏的人,就处以死罪!”

楚国主管军政的官职是右司马。当时,有一个担任右司马官职的人,看到天下大国争霸的形势对楚国很不利,他就想劝谏楚庄王放弃荒诞的生活,励精图治,使楚国成为继齐桓公、晋文公之后的诸侯霸主。然而,他又不敢触犯楚庄王的禁令,去直接劝谏。他绞尽脑汁也没有想出使楚庄王清醒过来的办法。

有一天,他看见楚庄王和妃子们做猜谜游戏,楚庄王玩得十分高兴。他灵机一动,决定用猜谜语的办法,在游戏欢乐中暗示楚庄王。

第二天上朝,楚庄王还是一言不发,这位右司马陪侍在旁。就在庄王准备宣布退朝的时候,他给楚庄王出了个谜语,说:“臣在南方时,见到过一种鸟,它落在南方的土岗上,三年不展翅、不飞翔,也不鸣叫,沉默无声,这只鸟叫什么名字呢?”

楚庄王知道右司马是在暗示自己,就说:“三年不展翅,是在生长羽翼;不飞翔、不鸣叫,是在观察民众的态度。这只鸟虽然不飞,一飞必然冲天;虽然不鸣,一鸣必然惊人。你回去吧,我知道你的意思了。”

楚庄王觉得大臣们要求富国强兵的心情十分迫切,自己整顿朝纲,重振君威的时机已经到来。半个月以后,楚庄王上朝,亲自处理政务,废除十项不利于楚国发展的刑法,兴办了九项有利于楚国发展的事物,诛杀了五个贪赃枉法的大臣,起用了六位有才干的读书人当官参政,把楚国治理得很好。

国内政局好转,于是便发兵讨伐齐国,在徐州战败了齐国。又出兵讨伐晋国,在河雍地区,同晋军交战,楚军取得胜利。

最后,在宋国召集诸侯国开会,于是楚国便代替了齐、晋两国,成为天下诸侯的霸主。

六十七 十一世未尝讼人于官

【原文】

按《图记》云:“雷孚,宜丰人也。登进士科,居官清白,长厚,好德与义,以枢相恩赠太子太师,自唐雷衡为人长厚,至孚十一世,未尝讼人于官。时以为积善之报。”

【译文】

据《图记》记载:“雷孚,宜丰人士。考取进士后,为官清廉,为人忠厚,讲求道德与仁义,在担任宰相一职的时候,兼任太子的太师。他的家族自从唐朝雷衡以来,一直都为人忠厚,到雷孚的时候,共十一代人,从来没有与别人打过官司。当时的人们都认为这是他家世代积善的回报。”

【评析】

中国著名的启蒙读物《三字经》在开篇就提到:人之初,性本善。“善”是人的本性,我们为什么

在日后成长的过程中不能做到与人为善，而偏偏要作恶多端呢？“善有善报，恶有恶报”。如果能够与人为善，必定会得到相应的回报的。

雷孚一家世世代代都与人为善，忠厚为人，为官清廉，最终得到了上天的眷顾。世世代代都平平安安，没有与人打过官司。

我们要拓展人际关系，要寻求正确的为人处世的方法，那么，就要与人为善，广结善缘。日常生活中，如果一个人能够做到处处以和善的态度与人交往，那么他就能积累到丰富的人脉资源，当他遇到困难的时候，别人就会乐于向他伸出援助之手。如果一个人作恶多端，那么等待他的将是失去别人的支持，最后沦落到悲惨的境地。“多行不义必自毙”。记住这句话，并时时警醒自己，使自己的人生之路更加平坦。

六十八 无疾言剧色

【原文】

吕正献公自少讲学，明以治心养性为本，寡嗜欲，薄滋味，无疾言，无剧色，无窘步，无惰容，笑悝近之语，未尝出诸口。于世利纷华，声伎游宴以至于博弈奇玩，淡然无所好。

【译文】

正献公吕蒙正在年少的时候就非常讲求学问，懂得人应该以修身养性为根本，清心寡欲，食用清淡的食物，不说严厉的话，不显出愤怒的脸色，走路的时候从容不迫，也没有显现出疲倦的神色，笑话俚语、粗话脏话等从来就不说。对于尘世间的利益、繁华、声色、宴会，甚至于赌博、下棋之类的事情，都不喜欢。

【评析】

古人非常注重修身养性，在日常的生活及为人处世中，不断地提醒自己，使自己能够更加有修养，更加有度量。吕蒙正就非常注意修身养性，在各个方面都严格要求自己。吃东西要吃清淡的，这样对身体健康有很大的好处；说话的时候和颜悦色，不随便对人发怒，这样有利于培养自己宽容的度量；走路的时候从容不迫，这样可以不失自己君子的风度；少言寡语，更不会说脏话粗话之类的污言秽语，这样可以使自己更加高尚;至于尘世间的利益、繁华、声色、宴会,甚至于赌博、下棋之类的事情,更是身外之物,不闻不问,毫不沾边。

清心寡欲,不为尘世间的利益所驱使,这是儒家哲学大力提倡的。摆脱名利的束缚,以一种淡泊、宁静的人生态度来生活,树立更加远大的志向,这样才能使自己超脱凡夫俗子之流,达到圣人的境界。

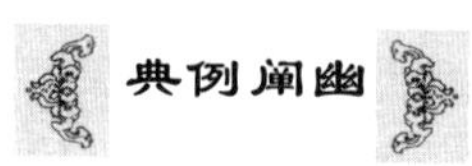

廉洁守己,摆脱名利

列子有一段时间在郑国游学。因为所讲的内容过于高深,所以到他门下来听课的人很少,他的衣食也就成了问题。

列子食不果腹经常挨饿,脸上露出了菜色。有一个经常聆听列子讲述治国安邦、修身养性大道理的人,对列子十分佩服。可是久而久之,他发现列子的脸色不好,惊问其故。列子据实相告,这个人非常不平。

有一次他在路上遇见了郑国的宰相子阳,就对他说:“列御寇是一位有道德有学问的人,在你这里却穷困不堪,难道你不喜欢道德学问都好的读书人吗?”

子阳听了十分惊讶,回去之后,他就命令手下人,赶快给列子送去一车粮食。

列子听说有人给自己送粮食来了,连忙打听这粮食是谁送的,押车的人就把情况讲了一番。

列子当即拒绝接受这车粮食,送粮的人十分惊讶,一定要列子收下,可列子就是不收,无奈之下送粮的人只好把粮食又运了回去。

妻子对此十分不解,她惋惜地说:“我听说做有学问的人的妻子,都能得到安逸快乐的生活。现在我们吃不饱穿不暖,上面派人给你送粮食,你却不接受,难道你不要我们活了吗?”

列子说:“宰相送粮食给我,并不是他自己知道的,而是因为听了别人说我穷才送我的,他没有来亲自了解我的情况;将来要是有人在他面前说我坏话,而他照样不来亲自了解情况,那不就后患无穷了吗?”

妻子点头称是,果然没过多久,老百姓就作乱杀掉了子阳。列子因拒食子阳送来的粮食而得以免受子阳的牵连。

六十九　子孙数世同居

【原文】

温公曰："国家公卿能导先法久而不衰者，唯故相李昉家，子孙数世至二百余口，犹同居共爨，田园邸舍所收及有官者俸禄，皆聚之一库，计口日给饷。婚姻丧葬，所费皆有常数，分命子弟掌其事。"

【译文】

温公司马光说："国家的官僚大臣当中，能够做到继承前人的法规长时间不衰败的，只有已故的宰相李昉家。李昉家子孙数代人，一共二百多口，还在一起居住，共同生火做饭，生活在一起，田里、菜园里所收获的东西，以及为官的人所领取的俸禄，都聚集在一个仓库里，按照人口数量每天供给生活费用。结婚和葬礼的费用也都有规定的数额，分别安排其子孙们掌管这些事。"

【评析】

宰相李昉治家有方，数世同堂，其乐融融。之所以二百多口人能够共同生活在一起，组成一个庞大的家庭，一方面在于这个家庭的负责人领导有方，管理得当，但更为重要的是，这个家庭的所有成员都能和睦相处，互敬互爱。他们要是没有忍耐之心的话，恐怕这么庞大的家庭，这么多人，坚持不了一天就已经产生混乱，甚至四分五裂了。

日常生活中，我们也要学着包容别人，与别人友善相处，使双方的关系能够长久保持。另外，我们也只有具备了包容、大度的胸襟，才能吸收他人的智慧，借助他人的才干，来实现自己的梦想。

我们虽然不可能生活在像李昉家那样一个二百多人的大家庭中，但是我们却有可能每天都在一个拥有更多人的企业中工作。因此，培养自己包容、大度的胸襟，仍然具有现实意义。我们必须善于同别人合作，互相帮助，当别人的某些举动我们不能认同的时候，要试着以一种开放的心态来接纳对方。

典例阐幽

百善孝为先

汉武帝刘彻自小由乳母带大。一直以来，乳母对他的照顾真可谓是无微不至，饿了做饭，冷了添衣，出门怕碰着，在家怕闷着。小刘彻对乳母十分感激，发誓自己长大后一定要好好报答乳母对他的恩情。乳母膝下无儿无女，丈夫也早早地过世，因此，听了小刘彻发誓要报答她的话，激动地把刘彻抱在怀里，久久都不松开……

年逝岁长，刘彻终于即位称帝了。但是，即使他已经登上至尊宝座，在乳母眼里，他永远都是一个需要照顾的小孩子。因此，乳母仍然一如既往地照顾他的起居生活、吃饭穿戴。慢慢地，刘彻开始厌烦起乳母来了。一天，刘彻宴饮时多喝了几杯酒，回到宫里又听见乳母在耳边唠唠叨叨说个没完，一时按捺不住心中怒火，对乳母大声呵斥道："滚！你明天就给我滚出宫去！"乳母闻听大惊，继而泪如雨下，哭着回到了自己的住处。

乳母正在伤心之际，忽然想起东方朔来。东方朔是武帝的弄臣，天天在武帝身边，调笑取乐，与武帝无话不说。乳母想托东方朔给自己求情，或许会让武帝改变主意。因此，乳母找到东方朔，向他讲明事情原委。说着说着，又流下泪来。东方朔非常同情乳母，答应帮助她，说："明天你当着我的面去向皇上辞行，走时，你回头多看皇上几次，我就有办法了。"

第二天，乳母听说东方朔正在后花园陪武帝博弈，就装模作样地收拾起包袱，去向武帝辞行。武帝心正在棋局上，头也没回，挥挥手说："你走吧。"乳母闻听，又流下泪来，但她没有忘记东方朔的嘱咐，一边回头看武帝，一边向外走去。东方朔抬起头来，高声说："乳母，你快走吧。皇上现在已经用不着你来喂奶了，你还有什么放心不下的呢。"这话惊动了武帝，他抬头一看，乳母正一边频频看自己，一边向宫外走。武帝良心发现，大为感动，想起了乳母对自己的种种照料，连忙收回成命，让乳母继续留在宫中，并派人照顾她。

七十 愿得金带

【原文】

康定间,元昊寇边,韩魏公领四路招讨,驻延安。忽夜有人携匕首至卧内,剧褰帏帐,魏公问:"谁何?"曰:"某来杀谏议。"又问曰:"谁遣汝来?"曰:"张相公遣某来。"盖是时也,张元夏国正用事也。魏公复就枕曰:"汝携予首去。"其人曰:"某不忍,愿得谏议金带,足矣!"遂取带而去。明日,魏公亦不治此事。俄有守陴卒扳城橹上得金带者,乃纳之。时范纯祐亦在延安,谓魏公曰:"不治此事为得体,盖行之则沮国威。今乃受其带,是坠贼计中矣。"魏公握其手,再三叹服曰:"非琦所及也。"

【译文】

宋朝康定年间,元昊侵略大宋边疆,魏公韩琦带四路军马前往讨伐,驻扎在延安。夜里忽然有人携带匕首来到韩琦的卧室,猛地掀开了韩琦的帏帐。韩琦问道:"你是谁?干什么?"对方回答道:"我来杀你。"韩琦又问:"是谁派你来的?"对方回答说:"是张相公派我来的。"那个时候,张元正在西夏辅政。韩琦重新躺下,说:"你把我的头拿去吧!"那个人说:"我不忍心杀死你,只要把你的金带拿走就行了。"于是那个人拿走了韩琦的金带。第二天,韩琦也没有处理这件事。不久,守卫城墙的士兵报告说,在城墙上捡到一根金带,于是韩琦将金带收回。当时范纯祐也在延安,他对韩琦说:"不处理这件事十分正确,如果处理这件事的话,就会有损国家的威望。现在接受了金带,就是中了敌人的奸计了。"韩琦握着他的手,再三叹服说:"这不是我韩琦所能想到的啊。"

【评析】

韩琦在遭遇刺客的时候，沉着冷静，毫不畏惧。经过与刺客的一番对话，了解到对方的来意之后，他能从容不迫地躺在床上，并且很镇定地告诉刺客，可以将自己的头拿去。这种遇事不慌张，冷静镇定的做事方式，确实令人佩服。

我们在遇到不测或困难的时候，也应该学韩琦那样，镇定自若，坦然处之。其实，人人的内心深处都有最柔弱的部分，即使是顶天立地的男子汉也是如此。这个最柔弱的部分既可以是最令我们动情的感伤，也可以是让我们心生畏惧的软肋。一旦被对我们有敌意的人抓住这个软肋，就会遭遇生死的考验。

因此，我们要培养自己的勇气，不要做任何事都畏首畏尾、患得患失。比如在成长过程中，我们不确定明天将会遇到什么挫折或打击，因此而心生畏惧，患得患失，对自己的决定或能力产生怀疑，这样是不可取的。我们要记住"狭路相逢勇者胜"这句箴言，勇敢地接受未来的挑战，勇敢地承担责任，远离恐惧。

七十一　恕可成德

【原文】

范忠宣公亲族有子弟请教于公，公曰："唯俭可以助廉，唯恕可以成德。"其人书于座隅，终身佩服。自平生自养无重肉，不择滋味粗粝。每退自公，易衣短褐，率以为常。自少至老，自小官至达官，终始如一。

【译文】

忠宣公范纯仁的亲族中有一位子弟请教他，他对这位子弟说："唯独俭朴才可以有助于廉洁，唯独宽恕才可以成就道德。"于是这位子弟将这句话写在自己的书桌一角，终身将之奉为格言来遵守。范纯仁本人平生注意修身养性，对于饮食从来不会挑剔。每天从官府回家以后，立即换上粗布衣服，这都成为一种习惯了。从小到老，从小官到大官，始终如此。

【评析】

从故事中我们可以看出，范纯仁虽然身居高位，但是生活仍然非常俭朴，并且教导亲族中的子弟也要俭朴。他能够做到每天从官府回家后就换上粗布衣服,并且都已养成习惯了,这一点恐怕一般的官员难以做到吧!

“以俭治身,则无忧;以俭治家,则无求。”俭能养志。平时以俭朴的生活磨炼自己,适应环境的能力,增强克服困难的意志和勇气,获得事业上的成功。俭也能养德。生活俭朴的人懂得劳动果实来之不易,十分珍惜劳动果实,往往会具备善良纯朴的感情和良好的习惯。在俭朴成为一个人的习惯以后,他往往能抵御不良风气的侵蚀。相反,如果一个人总是追求生活享受,就很容易被社会上的不良风气带坏。我们周围有许多人不就是因为追求吃喝玩乐,犯了错误,甚至犯罪的吗?

朱元璋以俭治身

朱元璋由于出身贫苦农家,不仅深深体谅农民生活的艰辛、物力的艰难,而且他还身体力行,带头倡导节俭。明朝建立后,按计划要在南京营建宫室。负责工程的人将图样送给他审定,他当即把雕琢考究的部分全去掉了。工程竣工后,他叫人在墙壁上画了许多触目惊心的历史故事做装饰,让自己时刻不忘历史教训。有个官员想用好看的石头铺设宫殿地面,被他当场狠狠地教训了一顿。

朱元璋用的车舆器具服用等物,按惯例该用金饰的,但他下令以铜代替。主管这事的官员说,这用不了多少金子,朱元璋说,“朕富有四海,岂吝惜这点黄金。但是,所谓俭约,非身先之,何以率天下?而且奢侈的开始,都是由小到大的。”他睡的御床与中产人家的睡床没有多大区别,每天早膳,只有蔬菜就餐。

在朱元璋的影响下,宫中的后妃也十分注意节俭。她们从不乔装打扮,穿的衣裳也是洗过几次的。有个内侍穿着新靴子在雨中行路,被朱元璋发现了,被他痛骂了一顿。一个散骑舍人穿了件十分华丽的新衣服,朱元璋问他:“这衣服用了多少钱?”舍人回道:“五百贯。”朱元璋痛心地说:“五百贯是数口之家的农夫一年的费用,而你却用来做一件衣服。如此骄奢,实在是太糟蹋东西了。”

七十二 公诚有德

【原文】

荥阳吕公希哲，熙宁初监陈留税，章枢密楶方知县事，心甚重公。一日与公同坐，剧峻辞色，折公以事。公不为动，章叹曰："公诚有德者，我卿试公耳。"

【译文】

荥阳的吕希哲，于宋朝熙宁初期监管陈留县的税务，当时章楶正任陈留县知县，打心眼里非常器重吕希哲。一天，章楶与吕希哲坐在一起，用非常严厉的言辞批评吕希哲。吕希哲没有因此而发怒。章楶感叹道："您的确是个非常有德行的人啊，我刚才只是试试您罢了。"

【评析】

吕希哲很懂礼貌，也很谦逊，在他的上级章楶无故严词批评他的时候，他能做到忍耐，不为自己争辩，不对章楶进行反驳。即使上级批评你的话有失偏颇，但是上级毕竟有着比自己更加丰富的经验和阅历，采取谦恭的态度承受来自于上级的批评，从中领悟一些更加有用的道理，何乐而不为呢？

"天外有天，人外有人。""强中自有强中手。"任何行业、任何领域都是人才济济，有谁敢肯定自己在某个领域就是最出色、最优秀的呢？因此，我们要时时抱着谦虚的态度来与人交往，做个有心人，仔细获取各方面的信息为我所用，切忌肆意夸耀、人前卖弄，否则只能成为别人的笑柄。

做人不可太狂妄，要受得起委屈，也要懂得尊重别人。不论别人是不是真的不如你，你都应该尊重他们，正如孔子所说，三人行必有我师，别人身上总会有一两处是值得我们去学习的，怎么可以把别人都看轻了呢？而且，尊重别人，可以同时赢得别人的尊重，相互融洽亲近，也有利于合作。如果狂妄傲慢，得罪了别人，让大家都处处与你为难的话，那就注定要失败了。

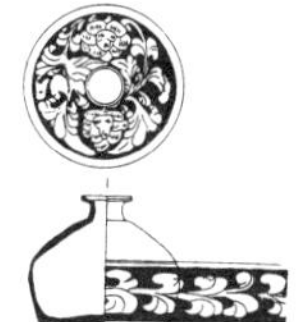

忍耐夸耀之心，谦和为人

京剧大师梅兰芳，他不仅在京剧艺术上有很深的造诣，而且还是丹青妙手。他拜名画家齐白石为师，虚心求教，总是执弟子之礼，经常为白石老人磨墨铺纸，全不因为自己是有名演员而自傲。

有一次齐白石和梅兰芳同到一家人家作客，白石老人先到，他布衣布鞋，其他宾朋皆社会名流，或西装革履或长袍马褂，齐白石显得有些寒酸，不引人注意。不久，梅兰芳来到，主人高兴相迎，其余宾客也都蜂拥而上，一一同他握手。可梅兰芳知道齐白石也来赴宴，便四下环顾，寻找老师。忽然，他看到了被冷落在一旁的白石老人，他就让开别人一只只伸过来的手，挤出人群向画家恭恭敬敬地叫了一声"老师"，向他致意问安。在座的人见状很惊讶，齐白石深受感动。几天后特向梅兰芳馈赠《雪中送炭图》并题诗道：

记得前朝享太平，布衣尊贵动公卿。

如今沦落长安市，幸有梅郎识姓名。

梅兰芳不仅拜画家为师，他也拜普通人为师。他有一次在演出京剧《杀惜》时，在众多喝彩叫好声中，他听到有个老年观众说"不好"。梅兰芳来不及卸装更衣就用专车把这位老人接到家中。恭恭敬敬地对老人说："说我不好的人，是我的老师。先生说我不好，必有高见，定请赐教，学生决心亡羊补牢。"老人指出："阎惜姣上楼和下楼的台步，按梨园规定，应是上七下八，博士为何八上八下？"梅兰芳恍然大悟，连声称谢。以后梅兰芳经常请这位老先生观看他演戏，请他指正，称他"老师"。

七十三　所持一心

【原文】

王公存极宽厚，仪状伟然。平居恂恂，不为诡激之行；至有所守，确不可夺。议论平恕，无所向背。司马温公尝曰："并驰万马中能驻足者，其王存乎？"自束鬓起

家,以至大耋,历事五世而所持一心,屡更变故,而其守如一。

【译文】

王存为人处世非常宽厚,仪表堂堂,高大伟岸。平常做事谨慎恭敬,从来没有做出过偏激诡异的行为;至于他所坚持的事,坚决而不可改变。议论人和事的时候,公正平和,不会偏袒。司马光曾说:"万马奔腾之中,能够停下来立住脚的,也许只有王存了。"王存从成年起步入仕途,到老之将至,一生共侍奉过五代皇帝,始终一条心,忠贞不改。中间虽然经历多次变故,但他却始终如一。

【评析】

王存心底公正无私,做人坦坦荡荡,受到了司马光的赞扬。能像王存这样堂堂正正走完一生,也将无憾了。

我们需要从王存身上学习的地方正是他的公正无私,一身浩然正气。一直以来,我们都在强调,要加强自身的修养。只有使自己的内心公正无私,我们才能在做事的过程中不犯错误,保持正确。在为人处世的过程中,如果有所偏袒,将会为人所不齿,使自己成为别人攻击的对象,失去他人的信任。

七十四 人服雅量

【原文】

王化基为人宽厚,尝知某州,与僚属同坐。有卒过庭下,为化基而不及,幕职怒召其卒笞之。化基闻之,笑曰:"我不知其欲得一如此之重也。昔或知之,化基无及此。当以与之。"人皆伏其雅量。

【译文】

王化基为人宽厚,曾任某州知州。一天,王化基与同事们聚在一起。有位士兵从院子经过,王化基跟他打招呼,他没有回应就走开了。管事的人非常生气,便用鞭子使劲抽打那位士兵。王化基听说这件事之后,笑着说:"我不知道打个招呼竟会产生这么严重的后果。早知道这样的话,我就不会打这个招呼了。"所有的人都佩服他的雅量。

【评析】

在故事中,王化基非常平易近人。身为堂堂知州,却主动跟一个士兵打招呼,丝毫没有高人一等的"官架子"。他的这一优点,确实值得我们今天的很多官员好好学习。

谦虚往往能得到别人的信赖。谦虚不仅是人们应该具备的美德,从某种意义上说,谦虚也是获胜的力量。尤其在对峙双方地域不同、文化背景各异的情况下,偶然一句"我不太明白""我没有理解你的意思""请再说一遍"之类谦恭的言语,会使对方觉得你富有涵养和人情味,真诚可亲,从而提高办事成功的可能性。因此,我们在为人处世中也要放下架子,平易近人,这样才能获得成功。

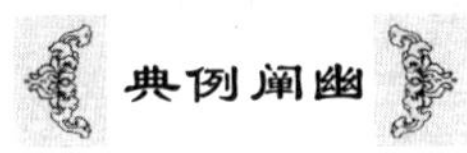

平易近人,广开言路

战国时期,魏国发兵大举进攻中山国。魏文侯的弟弟任主帅,仅用3个月,便把中山国消灭了。魏文侯于是大摆宴席,热烈庆贺,并决定由自己的儿子去管理中山国的土地。众大臣们惊愕不已,面面相觑,一言不发。因为按照当时魏国惯例,中山国应该交给文侯的弟弟管理,这是对功臣的一种奖励。文侯的弟弟听了这个宣布后,也起身拂袖而去。

魏文侯做了这件事后,自己心虚,害怕人们议论自己,就召集大臣们,故意问:"我是个什么样的君主呢?请大家直说无妨。"

许多大臣都恭维地说道:"大王功在千秋,百姓们爱戴,当然是仁君了。"

魏文侯听了,半信半疑,瞅着各位大臣笑着说道:"是吗?难道我就没有一点过错吗?"

众大臣又附和着说:"大王英明神武,哪里会有过错呢?"

大臣任痤说道:"国君夺取了中山国之后,不封给有功的弟弟,却封给了自己的儿子,这怎么可以称为仁君呢?"

魏文侯一听,正好触到自己的痛处,顿时满脸生出愤怒之色,任痤见文侯恼羞成怒,急忙离座而去。

"你认为我是一个什么样的君主呢?"文侯又问身边的大臣翟璜。

翟璜平静地施了一礼说道:“我认为您是仁君。”

“你为什么这样认为呢?”

翟璜知道大王必有这一问,于是把准备好的回答全盘托出:“我听说,哪个国家的君主贤明仁厚,哪个国家的大臣就正直不二,从不隐瞒自己的观点。刚才任痤说话十分坦率,句句在理,所以我认为您是位贤明仁厚的君主。”

魏文侯听完,方才悔悟,便立即派人把任痤请回,又亲自下堂迎接,待之为上宾。

人贵有自知之明,魏文侯在别人揭他短处时,恼羞成怒,深感不快。但他的明智之处就在于能够很快认识到错误,并马上改正错误。这样不仅使自己留住了一个直言敢谏的忠臣,也在群臣面前作了一个表率,为以后广开言路打下了基础,更在群臣中树立起贤明的形象。

七十五 终不自明

【原文】

高防初为澶州防御史张从恩判官,有军校段洪进盗官木造什物,从恩怒,欲杀之。洪进绐云:“防使为之。”从恩问防,防即诬伏,洪进免死。乃以钱十千、马一匹遗防而遣。防别去,终不自明,既又骑追复之。岁余,从恩亲信言防自诬以活人命,从恩惊叹,益加礼重。

【译文】

高防原先担任澶州防御史张从恩的判官时，有一名军校叫段洪进，偷取公家的木材做家具，张从恩知道后大怒，准备杀了段洪进。段洪进撒谎说："这都是高防让我干的。"张从恩向高防求证，高防承认了此事，段洪进因此免于一死。于是，张从恩送给高防一万钱和一匹马，打发他走了。高防平静地离去，始终没有辩明自己的冤屈。后来张从恩又派人骑马将高防追了回来。一年多之后，张从恩的亲信说高防自己认罪，是为了救人一命。张从恩听后，惊叹不已，更加礼待高防了。

【评析】

段洪进的做法让人痛恨，本来是自己犯了错误，却没有勇气承认，反而为了给自己开脱罪名，把这个罪名强加到高防头上。他的做法非君子所为，为君子所不齿。

我们都知道"己所不欲，勿施于人"的道理，为什么在现实生活中遇到问题的时候，却不能充分按照这句话所揭示的道理来行事呢？我们在与人交往的时候，免不了会发生"给予"和"获取"的行为。当你要给予别人某种东西或是向别人施加某种影响的时候，要事先站在对方的立场上考虑一下问题。说每一句话、做每一件事、做每一个决定之前，请先站在对方的立场上考虑一下，想想对方的利益诉求，从而使我们的行动有的放矢。

七十六　逾年后杖

【原文】

曹侍中彬，为人仁爱多恕。尝知徐州，有吏犯罪，既立案，逾年然后杖之，人皆不晓其旨。彬曰："吾闻此人新娶妇，若杖之，彼其舅姑必以妇为不利而恶之，朝夕笞骂，使不能自存。吾故缓其事而法亦不赦也。"其用心如此。

【译文】

曹彬为人仁义慈爱，心怀宽恕，曾任徐州太守。有个官员犯了罪，立案后一年，才对其施以杖罚。人们都不明白曹彬究竟是何用意。曹彬说："我听说这个人刚刚结婚，如果当时就处罚他，那么新媳妇的公婆一定会以为是这个新媳妇带来了坏运气，从而讨厌新媳妇，早晚打骂她以致新媳妇难以生存下去。因此，我故意延缓处置时间，而又没有违反法规。”曹彬真是用心良苦啊。

【评析】

曹彬在即将惩罚犯了罪的官员的时候，得知这个官员刚刚结婚，于是为人仁义慈爱的曹彬便马上取消了对那个犯罪官员的惩罚，因为他是替新媳妇着想，不愿意因为这个官员被惩罚而使无辜的新媳妇背上“扫帚星”的恶名。曹彬的做法确实令人佩服。但是，从另一方面认识这件事的话，我们也可以从曹彬身上学习到他适时应机、审时度势的做事方法。他在发现不适合惩罚犯罪官员的时候，果断地取消了惩罚，将这个惩罚推迟了一年，因为一年之后进行惩罚是个比较合适的时机，新媳妇也不会因此而受到伤害了。

《中庸》中写道：“凡事预则立，不预则废。言前定，则不跲；事前定，则不困；行前定，则不疚；道前定，则不穷。”也就是说要准确地把握时机，看透世事发展的趋势，并顺应世事发展，及时采取应变之策，这才是做人处世的道理。

我们在做任何事情的时候，都要注意顺应时势的变化，做到因势利导；因为我们所处的世界在不停地变化发展，无论是四季更替还是文化变迁，都会给人一种眼花缭乱的感觉。善于把握时机、善于驾驭时势的人，才会在事业上有所成就。不懂得因时变化的人，就免不了要遇到挫折、蒙受损失。

七十七　终不自辩

【原文】

蔡襄尝饮会灵东园，坐客有射矢误中伤人者，客剧指为公矢，京师喧然。事既闻，上以问公，公再拜愧谢，终不自辩，退以未尝以语人。

【译文】

蔡襄公曾经在会灵东园饮酒，有一位客人在射箭的时候，误伤到了一个游人。这位客人马上便指认说这是蔡襄公的箭，这件事闹得满城风雨。皇帝听说这件事后，问蔡襄，蔡襄只是再三叩头请求原谅，始终不替自己辩解，回来以后也没有将

事实告诉别人。

【评析】

大丈夫要勇于承担责任。那位用箭射伤游人的客人,将自己的过错推到蔡襄公的身上,其做法不可取,他算不上是堂堂男子汉,不是顶天立地的男儿,必然会遭到世人的指责。

做人一定要自强自立、勇于承担责任,遇到麻烦事情临阵脱逃是懦夫的表现。因此,在我们的日常工作中,哪一方面若做得不好,总是会听到这样或那样的借口。比如不能按期交货,产品出现质量问题,会有“信息传递不及时”“技术不成熟”等等借口;出现安全事故,会有“身体不适”“单独操作时间不长”等等借口……只要有心去找,借口当然无处不在。您是否也正在浪费宝贵的时间和精力,在努力寻找一个合适的借口,而忘记了自己的职责和责任!

有勇气承担责任,才能承担更大的责任。希望我们众志成城、迎难而上,不论何时何地,都要记住自己的责任,都要对自己的工作负责。

七十八　自择所安

【原文】

张文定公齐贤,从右拾遗为江南转运使。一日家宴,一奴窃银器数事于怀中,文定自帘下熟视不问尔。后文定晚年为宰相,门下厮役往往侍班行,而此奴竟不沾禄。奴隶间再拜而告曰:“某事相公最久, 凡后于某者皆得官矣。相公独遗某,何也?”因泣下不止。文定悯然语曰:“我欲不言,尔乃怨我。尔忆江南日盗吾银器数事乎?我怀之三十年不以告人,虽尔亦不知也。吾备位宰相,进退百官,志在激浊扬清,敢以盗贼荐耶?念汝事吾日久,今予汝钱三百千,汝其去吾门下,自择所安。盖吾既发汝平昔之事,汝其有愧于吾而不可复留也。”奴震骇,泣拜而去。

【译文】

文定公张齐贤,从右拾遗被提拔为江南转运使。有一天,张齐贤在家设宴,一个仆人偷偷地将几件银器藏在自己的怀中,张齐贤从门帘下把这个过程看得一清二楚,但是他并没有过问此事。到张齐贤晚年的时候,他被任命为宰相,家中的仆人们也有很多都做了官，唯独当年偷窃银器的那位仆人没有官职俸禄。这位仆人趁张齐贤空闲的时候，跪在张齐贤的面前说："我侍奉您的时间最长了，但是所有比我来得晚的人都已经当了官了，为什么您唯独把我漏掉了呢？"于是不停地哭泣。张齐贤同情地说："我本来不想说，但你会埋怨我。你还记得当年在江南时，你偷盗了我的几件银器的事吗？我将这件事藏在心中近三十年从来没有告诉过别人，即使你自己也不知道。如今我官至宰相，任免官员，激励贤良，斥退贪官污吏，怎能推荐一个小偷做官呢？看在你侍候了我很长时间的份儿上，现在我给你三十万钱，你离开我这儿，自己选择一个其他的地方安家去吧。因为我既已揭发了你当年的那件事，你肯定会感到有愧于我而无法继续留下去了。"仆人震惊不已，哭着拜别而去。

【评析】

张齐贤很有度量，当初亲眼看到自己的仆人偷走几件银器，却没有把这件事说出来，给那位仆人留足了面子。但是他做事也很讲原则，任免官员的时候，坚决不推荐曾经有过小偷小摸行为的那位仆人。他的这些优点值得我们在为人处世方面学习。而那位仆人只因一时利欲熏心，贪图小利，最终断送了自己的前程，真是令人惋惜。

由此，我们应该时刻以那位仆人的教训来警醒自己，在利益面前一定要忍住贪婪之心。人们都在追逐自己的利益，趋利避害，但是，"利"与"害"一直都是形影不离的，如果只为贪图眼前的小利而不顾日后会造成的大害，那么这个人就真是一个目光短浅之人了。

其实，很多人都很难做到在利益面前心如止水，没有丝毫的贪念。因为人们在面对利益的时候，脑海中就充满了对美好结果的遐想，从而产生了自我麻痹的倾向，对于可能会造成的危险就视而不见了。俗话说，"知其弊方能用其利"，我们只有遇事不冲动，冷静分析其中的利弊，才能做出正确的决策。

七十九　称为善士

【原文】

曹州于令仪者，市井人也，长厚不忤物，晚年家颇丰富。一夕，盗入其家，诸子

擒之,乃邻舍子也。令仪曰:“尔素寡过,何苦而盗耶?”“迫于贫尔。”问其所欲,曰:“得十千足以资衣食。”如其欲与之。既去,复呼之,盗大惧,语之曰:“尔贫甚,负十千以归,恐为逻者所诘。”留之至明使去。盗大恐惧,率为良民。邻里称君为善士。君择子侄之秀者,起学室,延名儒以掖之。子及侄杰效,继登进士第,为曹南令族。

【译文】

曹州的于令仪是个平民百姓,为人处世忠厚老实,不做损人利己的事,晚年的时候,家境非常富裕。有一天夜间,有个小偷潜入他家,他的几个儿子将小偷抓住了,一看,才发现这个小偷其实是邻居的儿子。令仪问道:“你向来很少做坏事,为什么做起小偷来了呢?”那人回答令仪说:“这都是贫穷逼的。”于令仪问他需要什么,那人回答说:“有一万钱就足够买食物和衣服了。”于是,令仪按照他所要求的数目给了他钱。小偷刚刚离去,于令仪又把他喊了回来,小偷不禁惊恐万分。于令仪对他说:“你非常穷困,晚上如果背着一万钱回家去,恐怕巡逻的人看到了,会盘问你。”所以直到天亮才让他走。小偷感到万分惭愧,后来终于成为良民。邻居们都称赞令仪是个好人。于令仪在子侄中选择了优秀的人,办了学校,请有名望的教书先生来执教。于令仪的儿子及侄子于杰效,陆续考中进士,他家成为曹州南部的一个名门望族。

【评析】

于令仪用自己的真诚和爱心感化了邻居的儿子,使邻居的儿子对自己的行为感到惭愧,因此,最终成为良民。邻居的儿子虽然做了不光彩的事,但是他还是值得表扬的,因为他能够主动认识到自己的错误,并且能够改过自新,比起那些为非作歹而又执迷不悟的恶人,他还是好样的。

“人非圣贤,孰能无过”,关键是在犯了错误的情况下,采取何种态度来应对。如果能够及时发现自己的错误并能努力改正,那么大家都会原谅他之前的罪行,并为他能够改过自新感到欣慰。如果犯了错误还不承认,更没有什么悔改之心的话,只能使自己在错误的道路上越走越远。

“才敏过人,未足贵也;博辩过人,未足贵也;勇决过人,未足贵也。君子之所贵

者，迁善惧其不及，改过恐其有余。”这句话非常直观明了地指出了改过自新的重要性，就连聪明的才智、雄辩的口才、惊人的勇气这些优良品质跟它相比都黯然失色。“知错能改，善莫大焉。”只有加强自己改过自新的修养，才能使自己在心志、行为等方面日臻完善，从而走向成功。

冒顿能屈能伸

秦汉时期，匈奴冒顿杀死了自己的父亲，顺利地登上了单于的宝座。没过多久，强盛的东胡便派使者对冒顿说，希望能得到头曼单于生前的千里马。于是冒顿就把大臣们召到一起，向他们征询意见，大臣们都说：“不能把千里马给他们，这可是匈奴的宝马。”冒顿摆了摆手说道：“和人家做邻居，怎么能舍不得一匹马呢？”冒顿就把千里马送给了东胡。

一段时间过后，东胡人以为冒顿害怕自己，就又派使者对冒顿说，希望单于献上一个阏氏。冒顿又召来了大臣，向他们说了这件事，大臣们愤怒地说道：“东胡得寸进尺，竟敢索要阏氏，请您允许我们率兵讨伐他们。”冒顿仍旧说：“和人家做邻居，怎么能吝惜一个女人呢？”就把自己所爱的阏氏送给了东胡。

这样东胡就更加狂妄了，竟向西发动侵略。原来匈奴和东胡之间有一片荒芜地带，无人居住，双方各在自己的边缘地带设立守望哨所，但东胡却想独自占有它。

一天，东胡派使者对冒顿说：“匈奴和我们边界哨所相接壤的荒弃地区，匈奴人不能到达那里，我们想拥有它。”冒顿征询大臣们的意见，有的大臣说：“这块地方没有多大用处，让给他们也没有关系。”这时冒顿非常生气地说：“土地是一国之本，怎么可以随便送人呢？”接着他又把凡是说可以给东胡土地的人都杀掉了。于是冒顿上了战马，率领军队攻打东胡，并下达命令：退后者皆斩。

冒顿率兵直奔东胡，由于东胡过于骄傲而没有多加防备，因此很快就被击溃了，于是冒顿很顺利地打败东胡军队，杀死东胡王，并掠走了东胡的人民和牲畜。回国以后，又向南吞并了娄烦和白洋河南王，向西赶跑了月氏。

八十　得金不认

【原文】

张知常在上庠日，家以金十两附致于公。同舍生因公之出，发箧而取之。学官集同舍检索，因得其金。公不认，曰："非吾金也。"同舍生至夜袖以还公，公知其贫，以半遗之。前辈谓公遗人以金，人所能也；仓卒得金不认，人所不能也。

【译文】

张知常在学堂上学的时候，家人托别人给他带来十两金子。与他同住一个宿舍的一位同学趁张知常不在的时候，打开张知常的箧子，偷走了金子。学堂的官吏将那个宿舍的人集中起来进行搜查，因此找到了张知常丢失的金子。张知常却不承认，说："这不是我的金子。"夜里，同宿舍的那个人把金子藏在衣袖里还给了张知常。张知常知道他非常贫困，送了一半金子给他。前辈们都说，张知常送给人金子，这是人们能够做到的；可是在仓促之中得到金子却不出来认领，这是一般人所做不到的。

【评析】

张知常具有一颗仁爱之心，看到偷走他金子的那位同学生活贫困，就将一半金子送给对方。他是站在别人的立场上，为别人的利益着想的典范。为了让那位同学保住面子，在查出盗贼的时候，面对那么多人，如果他认领了金子，那么偷盗金子的那位同学以后将在人前抬不起头来，无法做人。因此，张知常一口咬定那金子不是自己的，从而避免了双方的尴尬。

有时候我们会遇到一些尴尬场面，有可能是因为别人的过错而引起的，这种时候我们总是会面临着是直言还是保持沉默的两难选择。其实，我们可以用巧妙委婉的方式来表达我们的意见，既不会引起别人的不满，又可以让他们接受意见。

八十一 一言齑粉

【原文】

丁晋公虽险诈,亦有长者之言。仁庙尝怒一朝士,再三语及公,不答。上作色曰:“叵耐,问辄不应。”谓徐奏曰:“雷霆之下,更有一言,则齑粉矣。”上重答言。

【译文】

丁谓虽然阴险狡诈,却也有长者的言行。宋仁宗曾经对一位官员非常生气,屡次跟丁谓说起,丁谓都不发表任何意见。宋仁宗变了脸色说:“真是让人不可忍受,问你,你怎么总是不做回应呢?”丁谓不紧不慢地说:“在您正在大发雷霆的时候,如果我再加上一句话,那位官员岂不是要被捻成碎屑了吗?”宋仁宗非常欣赏他的回答。

【评析】

宋仁宗作为领导者,应该克制住自己心中的怒火,保持领导者的风范。丁谓在这件事上的做法值得肯定,当自己的上级正在发怒的时候,他没有借机对自己的同事进行诋毁,在上级面前煽风点火、添油加醋,而是一直保持沉默,妥善地保护了自己的同事。

君子处世就应该这样,不巴结权贵,不歧视弱势群体,不奴颜婢膝,不阿谀奉承。万事都以自己的利益为重,对有利于自己的人就卑躬屈膝、奴颜媚相,那是小人所为,君子对这样的人嗤之以鼻。

善待他人的人,通常都会“无心插柳柳成荫”。在别人困难的时候伸出援助之手,解人于倒悬,雪中送炭,别人一定会感激你。等到你有事情需要帮助的时候,受过你恩惠的人也会来帮助你的,这是基于人性中的善良和感恩的部分。其实,即使不是什么危难的事情,如果你愿意随时伸手帮助别人一下也都会有着同样的回报。

在日常生活中,我们要多行善积德,不可在背后诋毁别人,否则,不仅会给别人带来麻烦,还会对自己日后的为人处世造成不便。

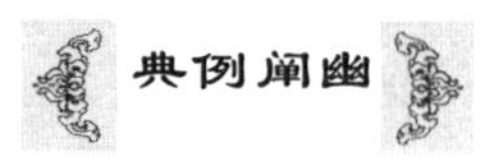
典例阐幽

胸襟宽广才能宽忍一切

古代,魏惠王原本与齐国结盟,不料对方却单方面毁了盟约。惠王盛怒之下决意报复,于是立即召来众臣会商。大臣中,有人主张立刻对齐开战,有人主张和平解决,两派僵持不下,无法拿出定论。

这时,有位贤明的大臣叫戴晋人的上前问惠王:"大王,您知道蜗牛这种动物吗?"惠王说:"晓得呀!"戴又说:"蜗牛的左角有个国家叫'触',右角上有个国家叫'蛮',两国不断地为争夺领土而大战,有一次激烈交战十五天,造成双方折兵数万,最后不得已才休'兵'。"

惠王认为那是吹牛皮。戴晋人继续解释说:"臣非虚言,请耐心听臣禀告,您认为宇宙的上下四方是有限的,还是无穷的?"惠王说:"大概无止境吧!""既然如此,若把自己的心放在无止境的世界,回头看地面上的各个国家,它们的存在与否应无差别吧?"

惠王说:"有道理,可以这么说。"

"魏王是地面上诸多的国家之一,国里有都府,大王又居住在都府之中,如此看来,大王和蛮国之君又有何差别呢?"

惠王说:"照你的意思,是没有啥不同啰!"

当戴晋人告退之后,魏惠王仍悄然不知所措。

从无止境的大宇宙来看,这地球上所发生的每件事都是微不足道的。国与国是如此,何况人与人呢?

八十二 无入不自得

【原文】

患难，即理也。随患难之中而为之计，何有不可？文王囚羑里而演《易》，若无羑里也；孔子围陈蔡而弦歌，若无陈蔡也。颜子箪食瓢饮而不改其乐，原宪衣敝履穿而声满天地。至夏侯胜居桎梏而谈《尚书》，陆宣公谪忠州而作集。验此无他，若素生患难而安之也！《中庸》曰："君子无入而不自得焉。"是之谓乎？

【译文】

患难，这是人生中的常理。身处患难之中，却平静地做自己的事，还有什么做不到的呢？周文王当初被囚禁在羑里的时候，还能安心地演绎《周易》，仿佛没有被囚禁在羑里一样；孔夫子被围困在陈国与蔡国的时候，还能若无其事地弹琴唱歌，仿佛没有被围困在陈国与蔡国一样；颜回过着一箪饭一瓢水的穷困潦倒的生活，却并没有改变他的乐趣；原宪过着破衣褴褛的生活，却仍然能够名扬四海。更不必说夏侯胜在监狱里还能高谈阔论《尚书》，陆贽被贬到忠州还能创作诗文。审视以上这些，其实也没什么特别之处，仿佛他们向来就能够身处患难而保持镇定。《中庸》说："君子无论身处何处，都能够做到自得其乐。"说的应该就是这个道理吧！

【评析】

"天将降大任于斯人也，必先苦其心志，劳其筋骨，饿其体肤，空乏其身，行拂乱其所为，所以动心忍性，增益其所不能"。人只有在患难时，在艰苦的环境中，才能锻炼自己的心志，有所成就。周文王、孔夫子、颜回、原宪、夏侯胜、陆贽这些名士都是身处患难却能忍受患难之苦，最终取得显著成就之人。越王勾践卧薪尝胆，忍受了奇耻大辱，最终成为一代霸主，成就了一代伟业；唐玄宗李隆基发动政变经过千辛万苦得到江山，前期颇有些吃苦的精神，兢兢业业，励精图治。

不是有"苦尽甘来"的说法吗？成功的获取大都是要经历无尽的磨难的。我们要用辩证法一分为二的眼光来看问题，苦难的生活虽然不如安逸的生活好，但是苦难可以增强人们的危机意识，可以促进人们思考、刺激人们寻求摆脱当前困境的途径，可以使人们变得成熟、理智。

"不经历风雨,怎么见彩虹"。苦难是人生中不可避免的经历,如果我们能够笑对人生中的各种苦难,在苦难中磨炼自己的心志,在苦难中成长,那么,"阳光总在风雨后",等待我们的将是辉煌的人生。

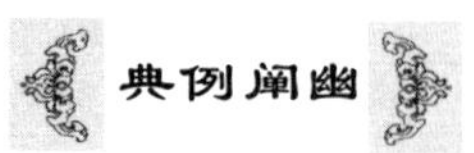

典例阐幽

忍耐苦难,磨炼心志

战国中后期,秦国越来越强大。面对日益强大的秦国,有人开始主张其他六国联合抗秦,即合纵;也有人主张六国中的任何一国联合秦国攻击其他国家,即连横。因此,很多能言善辩的游士、食客就靠游说进入了仕途,得到了俸禄。苏秦也想这样。

出身于农民家庭的苏秦,一直以来生活就非常艰苦,在饥饿难耐之时,他就把自己的长发剪下来去卖钱,还经常帮人抄写书简,因为这样既可以得到饭吃,又可以学到很多知识。后来,苏秦觉得自己的学识已经差不多了,就外出游说。

他想见周天子,当面陈述自己的政见以及对时事的看法,但是苦于没有人为他引荐。于是他就来到西方的秦国,求见秦惠文王,向他献计怎样兼并六国,实现天下统一。但是秦惠文王客气地拒绝了他的意见,说:"你的意见非常好,但是我现在还没法做到!"他在秦国耐着性子等了一年多,希望能够获得一官半职,但是直到家里带来的盘缠都花光了,他还是什么也没得到。无可奈何的苏秦,只好又回到了家中。

他回到家里,样子狼狈不堪,家人都不理睬他,他的嫂嫂还当面奚落他一番。这一切,使得苏秦非常难过。于是他想:我难道就这么没出息吗?出外游说,宣传我的主张,但是人家为何就不接受呢?是不是自己没有把书读透,没有把道理讲清楚呢?他越想越感到惭愧,但是他却没有灰心。他发誓要继续苦读,日后出人头地。

决心一定,他便开始行动了。白天,他跟兄弟一起劳动,晚上就刻苦学习到深夜。为了使自己晚上读书时不犯困,他甚至找来一把锥子,当有了困意的时候,就用锥子往大腿上刺,以让疼痛驱走困意。

就这样,苏秦苦读了一年多,掌握了姜太公的兵法,还研究了各诸侯国的特点,以及它们之间的利害冲突。为了方便自己游说,使自己的意见、主张能被采纳,他还特意研究了各诸侯的心理。这时的苏秦觉得自己已经具备成功的条件了,于是就再次出发,风尘仆仆地走上了游说之路。

这次苏秦获得了很大的成功。公元前333年，六国诸侯正式订立合纵的盟约，并一致推苏秦为“纵约长”，把六国的相印都交给了他，让他专门管理联盟的事。

苏秦忍受了贫困卑贱的生活，并矢志不渝，刻苦读书，最终获得了成功。

八十三　不若无愧而死

【原文】

范忠宣公奏疏，乞将吕大防等引赦原放，辞甚恳，至忤大臣章惇，落职知随。公草疏时，或以难回触怒为解，万一远谪，非高年所宜。公曰：“我世受国恩，事至于此，无一人为上言者。若上心遂回，所系非小。设有不从，果得罪死，复何憾。”命家人促装以俟谪命。公在随几一年，素苦目疾，忽全失其明。上表乞致仕，章惇戒堂吏不得上，惧公复有指陈。终移上意，遂贬武安军节度副使，永州安置。命下，公怡然就道。人或谓公为近名，公闻而叹曰：“七十之年，两目俱丧，万里之行，岂其欲哉！但区区爱君子之心不能自已，人若避好名之嫌，则为善之路矣。”每诸子怨章惇，忠宣必怒止之。江行赴贬所，舟覆，扶忠宣出，衣尽湿，顾诸子曰：“此岂章惇为之哉！”至永州，公之诸子闻韩维少师谪均州，其子告惇，以少师执政，日与司马公议论，多不合，得免行。欲以忠宣与司马公议役法不同为言求归，白公。公曰：“吾用君实，荐以至宰相，同朝论事即可，汝辈以为今日之言不可也。有愧而生，不若无愧而死。”诸子遂止。

【译文】

范纯仁上书皇上，请求将吕大防等人予以赦免，言辞非常恳切，以至于冒犯了朝廷重臣章惇，因此，范纯仁被贬为随州知州。范纯仁在起草奏疏的时候，有人就曾以难以消除皇上的怒气这样的理由劝他说：“万一被贬到边远的地方，你这么一大把年纪了，恐怕不适合。”范纯仁说：“我家世世代代蒙受皇上的恩典，现在事情已经到了这个地步，没有一个人肯向皇上上书言事。如果皇上能够回心转意，关系不小；如果皇上不同意，果真得罪皇上，获罪而死，又有什么可遗憾的呢？”于是，范纯仁让家人赶快打点行装，等待被贬的命令。范纯仁在随州待了将近一年，本来一向就患有眼病，突然一下全失明了。于是，范纯仁就上表请求退休，章惇告诫官府中的官吏们不要呈上范纯仁的表,因为章惇担心范纯仁在表中又论及朝政。章惇最终还是说服了皇上,将范纯仁贬为武安军节度副使,安家于永州。命令一下来,范纯仁心平气和地就上路了。有的人认为范纯仁这样做只是为了博得好名声,范纯仁听说后,感叹道:“我都七十岁的人了,双目失明,现在被贬到万里之外的地方,难道我希望这样吗?但是我这点敬爱君主的心情确实无法克制,人如果能够回避贪求好名声的嫌疑,那就是品质淳厚的途径了。”每当他的儿子们怨恨章惇的时候,范纯仁就会生气地制止他们。范纯仁走水路赶赴被贬之处时,所乘坐的船翻了,家人扶他出水,他的全身都湿透了。范纯仁回头对他的儿子们说:“难道这也是章惇所做的吗?”到达永州后,范纯仁的儿子们听说韩维被贬到均州,韩维的儿子就告诉章惇说,韩维执政期间每天都与司马光议论国事,但是他们的意见大多不一致,因此韩维得以赦免。范纯仁的儿子于是也想以范纯仁同司马光议论役法,意见不同为由,为范纯仁求情。范纯仁说:“我启用司马光,将他推荐为宰相,可以同他在朝廷上一起议论国事,但是像你们今天所说的这样就不可以。抱愧而生,不如无愧而死。”于是,范纯仁的儿子们打消了这个想法。

【评析】

范纯仁对皇上忠心耿耿,他的一切行为都是出于对君主的一片忠心。在没有人敢上书言事的情况下,他为了国家利益着想,上书皇上,请求将吕大防等人予以赦免;在受到章惇的多次排挤而被贬谪的时候,他仍然是出于对君主的敬爱,忍受了一切打击。他对皇上的这片忠心令人钦佩。

作为臣子,在侍奉君主的时候就应该尽心竭力,这是一个臣子所应具备的最起码的品德。在必要的时候,为了国家和人民的利益,应该做到不惜牺牲自己的生命。有些官员在太平盛世心安理得地享受着高官厚禄,世世代代享受着国家的恩德,一旦大祸临头,这些人便为了保全自己的利益而出卖国家利益,遗臭万年。

作为一种美德,“忠诚”一直都深受人们的褒扬。无论对国家、对社会,还是对公司、对自己,我们都应该有一份忠心,这样才会使自己的信仰更加坚定,任何艰难险阻都不会使自己动摇,这样才会受到他人的信任和青睐,使自己具有更大的人格魅力,为自己的人生添加亮丽的色彩。

忍受尽忠的付出和代价

战国时魏国有个隐士叫侯嬴,已经七十多岁了,还在干着守城门的差事。魏王有个弟弟魏无忌被封为信陵君。信陵君是一个非常仁义的人,他听说侯嬴是个隐士,就多次前去拜访请教,并请侯嬴出山作了自己的门客,在生活上多方接济他,侯嬴感激不尽。

公元前257年,秦昭王在长平大败赵国军队,并活埋赵军士卒四十多万人,继而兴兵围住赵国都城邯郸。

魏赵两国早已缔结了姻亲,信陵君的姐姐嫁给了赵王的弟弟平原君为妻。为此,平原君多次派人向魏王求救。但魏王惧怕秦国,只派大将晋鄙率十万大军在边境上按兵不动,虚以应付。

赵国都城被围,国家社稷危在旦夕,这可急坏了信陵君,在反复劝说魏王无效的情况下,信陵君私自带了一些门客兵马向赵国驰援而去。临行向侯嬴辞行,侯嬴只是淡淡地说了句:"您好自为之吧,我已年老力衰,不能跟随您了!"这侯嬴平日足智多谋,遇到大事总是献计献策,今天却不咸不淡地说了这几句莫名其妙的话。信陵君越想越不是滋味,就掉转马头原路折回,再次征求侯嬴意见。

侯嬴笑着说:"我就知道您会回来的,如今您只带些许门客去与强秦作战,无异于投肉虎口。我这里有一计可解赵国之围……"侯嬴告诉信陵君,魏王调动军队的兵符分成两半,君王与统帅各拿一半,只有两符相合,才能调动军队。侯嬴要信陵君设法窃符救赵。

"可是,兵符平时放在大王卧室,我怎么能够拿得到呢?"信陵君万分焦急地问道。

"这个老夫早已为您安排好了……"

原来,魏王最宠爱的妃子是如姬,信陵君曾遣门客为如姬报了杀父之仇,如姬感恩戴德却报恩无门,这次机会终于来了。信陵君按照侯嬴的计策去求如姬,果然如愿以偿地盗出了兵符。然后他日夜兼程地赶往边境,调动魏国军队向秦国发起了攻击。秦军抵挡不住,便退出了邯郸。

而侯嬴自知献计盗符犯了死罪,便在信陵君启程的时候自杀了。

八十四　未尝含怒

【原文】

范忠宣公安置永州，课儿孙诵书，躬亲订教督，常至夜分。在永州三年，怡然自得，或加以横逆，人莫能堪，而公不为动，亦未尝含怒于后也。每对宾客，唯论圣贤修身行己，余及医药方书，他事一语不出口。而气貌益康宁，如在中州时。

【译文】

范纯仁被贬，安家于永州时，教子孙们读书，亲自监督，经常到深夜时分。在永州生活的三年中，他心平气和，怡然自得，有人对他蛮横无理，常人都不堪忍受，唯独范纯仁并不为之所动，也从没有在事后怀恨在心。每次和客人交谈的时候，只是谈论圣贤们修身养性的事而已，要不就是医术药方之类的事情，关于其他方面的事情，一句话也不说。于是他的气色和外貌日益显得安康宁静，就如同在京城的时候一样。

【评析】

“置其身于是非之外，而后可以折是非之中；置其身于利害之外，而后可以观利害之变。”清代金兰生的这句处世格言告诉我们，是非成败都是些外在的东西，我们只有清楚这一点，才能在日常生活及为人处世中，更加豁达、开朗、乐观，不被身外之物所左右。

范纯仁被贬官之后，仍然豁达开朗、心平气和、怡然自得，丝毫没有悲伤和怨气，仿佛自己的生活没有发生变故一样。能做到这一点，确实需要一定的气度，而且必定深谙“是非成败都是外在的东西”这个道理。

人生的旅途上免不了会有或大或小的挫折，无论一个人是国王还是乞丐，是英雄还是罪犯，是万众瞩目的明星还是普普通通的平凡人，都会有自己的挫折和痛苦。如果患得患失、瞻前顾后、斤斤计较，就会分散自己的精力，影响自己对事物的分析判断。如果我们能像范纯仁那样，将功名利禄全抛于脑后，将得失成败都置于身外，过着清心寡欲、闲适恬淡的生活，岂不快哉！

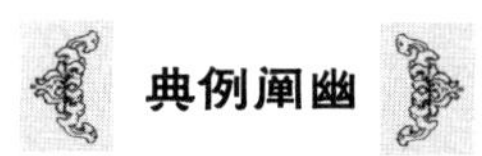

典例阐幽

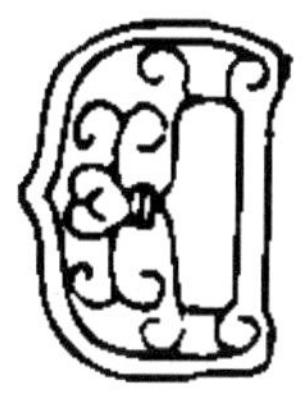

乐观面对挫折

华罗庚中学毕业后,因交不起学费被迫失学。回到家乡,一面帮父亲干活,一面继续顽强地读书自学。不久,又身染伤寒,病势垂危。他在床上躺了半年,病痊愈后,却留下了终身的残疾——左腿的关节变形,瘸了。当时,他只有十九岁,在那迷茫、困惑,近似绝望的日子里,他想起了双腿残后著兵法的孙膑。“古人尚能身残志不残,我才只有十九岁,更没理由自暴自弃,我要用健全的头脑,代替不健全的双腿!”青年华罗庚就是这样顽强地和命运抗争。白天,他拖着病腿,忍着关节剧烈的疼痛,拄着拐杖一颠一颠地干活,晚上,他在油灯下自学到深夜。1930年,他的论文在《科学》杂志上发表了,这篇论文惊动了清华大学数学系主任熊庆来教授。以后,清华大学聘请华罗庚当了助理员。在名家云集的清华园,华罗庚一边做助理员的工作,一边在数学系旁听,还用四年时间自学了英文、德文、法文、发表了十篇论文。他二十五岁时,已是蜚声国际的青年学者了。

在遇到困难和挫折时,自尊的人,能够奋发向上,自强不息,征服挫折和失败,在挫折与失败中获得成功。而丧失自尊的人,遇到困难和挫折时,往往自暴自弃.自轻自贱的人在遇到困难和挫折时,首先想到的是自己不行了,从而放弃了努力奋斗。所以没有自尊的人,是不可能在事业上取得成功的。

巴雷尼小时候因病成了残疾,母亲的心就像刀绞一样,但她还是强忍住自己的悲痛。她想,孩子现在最需要的是鼓励和帮助,而不是妈妈的眼泪。母亲来到巴雷尼的病床前,拉着他的手说:“孩子,妈妈相信你是个有志气的人,希望你能用自己的双腿,在人生的道路上勇敢地走下去!好巴雷尼,你能够答应妈妈吗?”母亲的话,像铁锤一样撞击着巴雷尼的心扉,他“哇”的一声,扑到母亲怀里大哭起来。从那以后,妈妈只要一有空,就给巴雷尼练习走路,做体操,常常累得满头大汗。有一次妈妈得了重感冒,她想,做母亲的不仅要言传,还要身教。尽管发着高烧,她还是下床按计划帮助巴雷尼练习走路。黄豆般的汗水从妈妈脸上淌下来,她用干毛巾擦擦,咬紧牙,硬是帮巴雷尼完成了当天的锻炼计划。体育锻炼弥补了由于残疾给巴雷尼带来的不便。母亲的榜样作用,更是深深教育了巴雷尼,他终于经受住了命运给他的严酷打击。他刻苦学习,学习成绩一直在班上名列前茅。最后,以优异的成绩考进了维也纳大学医学院。大学毕业后,巴雷尼以全部精力,致力于耳科神经学的研究。最后,终于登上了诺贝尔生理学和医学奖的领奖台。

八十五 谢罪敦睦

【原文】

缪彤少孤,兄弟四人皆同财业。及各人娶妻,诸妇分异,又数有斗争之言。彤深怀愤,乃掩户自挝,曰:"缪彤,汝修身谨行,学圣人之法,将以齐整风俗,奈何不能正其家乎?"弟及诸妇闻之,悉叩头谢罪,遂更相敦睦。

虞世南曰:"十斗九胜,无一钱利。"

韩魏公在政府时,极有难处置事。尝言天下事无有尽如意,须是要忍,不然,不可一日处矣。公言往日同列二三公不相下,语常至相击。待其气定,每与平之,以理使归,于是虽胜者亦自然不争也。

王沂公尝言,吃得三斗醇醋,方得做宰相。尽言忍受得事也。

赵清献公座右铭:待则甚喜,任他怎奈何,休理会。人有不及,可以情恕,非意相干,可以理遣。盛怒中勿答人简,既形纸笔,溢流难收。

程子曰:"愤欲忍与不忍,便见有德无德。"

张思叔绎诟詈仆夫,伊川曰:"何不动心忍性?"思叔惭谢。

孙伏伽拜御史时,先被内旨而制未出,归卧家,无喜色。顷之,御史造门,子弟惊白,伏伽徐起见之。时人称其有量,以比顾雍。

白居易曰:"恶言不出于口,愤言不反于出。"

《吕氏童蒙训》云:"当官处事,务合人情。忠恕违道不远,未有舍此二字而能有济者。前辈当官处事,常思有恩以及人,而以方便为上。如差科之行,既不能免,即就其间求所以便民省力者,不使骚扰重为民害,其益多矣。"

张无垢云:"快意事孰不喜为?往往事过不能无悔者,于他人有甚不快存焉,岂得不动于心。君子所以隐忍详复,不敢轻易者,以彼此两得也。"

或问张无垢:"仓卒中、患难中处事不乱,是其才耶?是其识耶?"先生曰:"未必才识了得,必其胸中器局不凡,素有定力。不然,恐胸中先乱,何以临事。古人平日欲涵养器局者,此也。"

苏子曰:"高帝之所以胜,项籍之所以败,在能忍与不能忍之间而已。项籍不能

忍，是以百战百胜而轻用其锋；高祖忍之，养其全锋而待其弊。”

孝友先生朱仁轨，隐居养亲，常诲子弟曰：“终身让路，不枉百步；终身让畔，不失一段。”

吴凑，僚吏非大过不榜责，召至廷诘，厚去之。其下传相训勉，举无稽事。

韩魏公语录曰：“欲成大节，不免小忍。”

《和靖语录》：“人有愤争者，和靖尹公曰：‘莫大之祸，起于须臾不忍，不可不谨。’”

省心子曰：“屈己者能处众。”

《童蒙训》：“当官以忍为先，忍之一字，众妙之门，当官处事，尤是先务。若能清勤之外，更行一忍，何事不办？”

当官不能自忍，必败。当官处事，不与人争利者，常得利多；退一步者，常进百步。取之廉者，得之常过其初；约于今者，必有重报于后。不可不思也。唯不能少自忍者，必败，实未知利害之分、贤愚之别。

当官者先以暴怒为戒，事有不可，当详处之，必无不中。若先暴怒，只能自害，岂能害人？前辈尝言，凡事只怕待，待者详处之谓也。盖详处之，则思虑自出，人不能中伤。

《师友杂记》云：“或问荥阳公，为小言所詈骂，当何以处之。公曰：‘上焉者，知人与己本一，何者为詈，何者为辱。自然无愤怒心。下焉者，且自思曰：我是何等人，彼为何等人，若是答他，却与他一等也。以此自比，愤心亦自消也。’”

唐充之云：“前辈说后生不能忍垢，不足为人；闻人密论不能容受，而轻泄之，不足以为人。”

《袁氏世范》曰：“人言居家久和者，本于能忍。然知忍而不知处忍之道，其失尤多。盖忍或有藏蓄之意，人之犯我，藏蓄而忍，不过一再而已。积之逾多，其发也如洪流之决，不可遏矣。不若随而解之，不置胸次，曰此其不思尔，曰此其无知尔，曰此其失误尔，曰此其所见者小耳，曰此其利害宁几何？不使之入于吾心，虽日犯我者十数，亦不至于形于言而见于色，然后见忍之功效为甚大。此所谓善处忍者。”

【译文】

缪彤从小就成了孤儿，兄弟四人共同继承家财产业。及至每人都娶了妻子后，几个妯娌之间关系不和，多次发生争吵。缪彤感到非常气愤，于是关起门窗来自己打自己，说："缪彤啊缪彤，你自己处处修身养性，谨慎行事，学习圣人的礼数，希望这样能够在将来整顿天下风俗，但是，为什么连自己的家人都没法教育好呢？"他的兄弟以及几个妯娌听到这番话，全都跪下来请求缪彤原谅，于是，一家人相处得更加和睦了。

虞世南说："十次打斗，九次获胜，也没有一点儿好处。"

魏公韩琦在官府的时候，经常会遇到难以处理的事情。韩琦曾经说过，天下的事情，没有尽如人意的，必须忍让，不是这样的话，一天都待不下去。韩琦还说，曾经有两三个同事互相看不起，说话的时候常常互相攻击。等到他们气消了以后，他就去为他们评理，以公事为根本。就这样，即使是获胜的人也不再相争了。

王曾曾经说过，能吃得下三斗醇醋的人，才能够担任宰相一职。正是极言要能够忍受一切事情。

献公赵抃的座右铭是这样的：对待别人时要平心静气，不管对方怎么做，都不要去理会。别人有做得不达要求的地方，可以从情义的角度原谅他；别人不是故意冒犯于你，可以给他讲道理来教育他。自己正处在愤怒的时候，不要给别人写信，如果已经形成了白纸黑字，那么，就如同流出去的水一样，难以收回了。

程颐说："从对待愤怒和欲望能不能容忍，就可以看出这个人有没有道德。"

张绎责骂并且赶走了仆人，程颐说："为何不能虽然心动，但忍耐自己的脾气呢？"张绎非常惭愧地向程颐认错。

孙伏伽被任命为御史的时候，起初只是被召进皇宫，口头告知，至于正式的任命文件，并没有批下来。他回到家后，上床睡觉，脸上并没有显现出高兴的神色。过了一会儿，御史登门来宣布这件事，府中子弟得知后，惊喜地告诉他，孙伏伽慢慢坐起身来，去会见登门的御史。当时的人们都夸他很有度量，把他比作顾雍。

白居易说："伤害别人的话不要说出口，气愤的话也不要说出口。"

《吕氏童蒙训》中说："为官办事，一定要符合人情。'忠''恕'二字与道德相差不远，从来没有不遵从'忠''恕'这两个字而取得成功的人。前辈们为官办事，通常都要考虑让别人得到恩惠，以给人方便为宗旨。比如派差收租，这件事既然是不能避免的，那么就在收租期间努力做到给老百姓提供方便，使他们省力，不要让老百姓的负担太重以致使他们受到伤害。这样做的好处很多。"

张无垢说："快乐的事情有谁不喜欢做呢？但是通常事情过后，又不能不后悔，

这对于别人来说,又有什么不愉快存在呢?怎么能不用心想一想?君子之所以屡屡忍让,不敢轻易改变,正是从彼此双方都满意的角度来考虑的。"

有人问张无垢:"在仓促之中,患难之中仍然能够有条不紊地处理事情,这是因为有才能还是因为有胆识?"张无垢说:"这不一定是有才识就能做得到的,此人胸中一定要有非凡的气度,向来就有稳定不乱的素质。不是这样的话,只怕他自己胸中早就先乱了阵脚了,怎么能够处理事情呢?古代的人平时注重培养自己的涵养气度,就是因为这个。"

苏轼说:"汉高祖刘邦之所以能够取得胜利,项羽之所以惨遭失败,原因就在于汉高祖刘邦能够忍耐,而项羽却做不到。项羽不能忍耐,所以他在百战百胜的情况下,开始轻易用兵;汉高祖刘邦就能忍耐,养精蓄锐,耐心地等待项羽的弊病显现。"

朱仁轨,隐居在乡下,照顾双亲,经常教导他的子弟,说:"一生都给别人让路,最后也不过是多走了几百步的冤枉路;一生都给别人让田界,最后也不会失去一块田。"

吴凑,他的手下官吏如果不是犯有大错误,他就不会张榜进行斥责,而只是将手下官吏叫到大厅进行查问,再送给此人一份厚礼,叫他离开。他的手下官吏都私下相传,互相警戒劝勉,行为举止再不需要接受考察。

魏公韩琦的《语录》中说:"要想养成高尚的德操气节,就不可避免地要忍让小事情。"

《和靖语录》说:"有愤怒相争的人,尹惇就说:'再大不过的灾祸,也都是由一时的不能忍让引起的,不能不谨慎啊!'"

省心子说:"能够委屈自己的人,就能够与众人相处。"

《童蒙训》中说:"为官者应该以'忍'为首要的态度,'忍'这个字,是众多好处的源头,为官办事,尤其要将'忍'作为第一要务。如果能在清正廉洁、勤劳为民之外,还能够做到忍让,有什么事情办不成呢?"

做官却做不到自我忍耐,这样必定会失败。为官办事,不跟别人争夺利益的人,通常得到的利益就多;能够自动退让一步的人,通常都能前进得更远。索取很少的人,所得到的通常都超过他当初想要的;能够从现在就克制自己的人,将来必然会得到厚重的回报。不能不考虑啊!那些做不到稍稍自我忍耐的人,必然会失败,其实这是不明白利与害、贤明与愚笨的区别。

为官之人首先要戒除暴怒。事情不能办的时候,应该细心详细地处理它,肯定没有办不成的。如果刚开始就暴怒了,只能是自己害了自己,哪里会害了别人?前辈们曾经说过:任何事情,就怕"待"这个字,待,就是详细周全的意思。所以详细周全地做事，那么自然就会想出办法，别人就不能中伤你了。

《师友杂记》中记载："有人询问荥阳公，当被别人用流言所辱骂的时候，应该如何处理。荥阳公说：'知道别人和自己本来都一样是人，明白什么是责骂，什么是侮辱，自然就没有愤怒的心情了，这是上策。如果自己这样想：我是什么人，他又是什么人，如果我回应他，岂不是和他成同类人了？用这个办法自我克制，愤怒的情绪也会自然消除，这是下策。'"

唐充之说："前辈们说，年轻人做不到忍受耻辱，算不上完善的人；听到别人在私下里议论而不能忍受，反而随便就泄漏了出来，算不上是人。"

《袁氏世范》中说："人们都说，家庭能够长久和谐相处，从根本上是因为能够容忍。然而，只知道忍耐却不知道如何忍耐，那么失误就更多了。忍，在有些人看来，只是将事情藏在心中，别人冒犯了我，就把怒气藏起来，这样也只不过一两次罢了。积蓄的怨气越多，它爆发起来也像决堤的洪流一样，没法控制。不如将怒气随时消解，不把它放在心上，说这不是他故意的，说这人无知，说这人是因为失误，说这人只看到了小利，说这有多大的利害关系呢？不将这个人放在我的心上，即使他一天之中触犯了我十次，也不会在语言上和脸色上表现出生气的情绪，这样就可以看出'忍'字的功效有多么大。这就是所谓的善于忍耐。"

【评析】

一家人相处，要和和气气，用"和气"来化解彼此的矛盾。互相之间忍让谅解，互敬互爱，这样生活在一起的一家人才能团团圆圆，天长地久。

不要与人相争，要多加忍耐。因为与人相争即使最后获胜了，也会在相争的过程中因怒气而伤了自己的身体，对自己有百害而无一利。同样，同学相处、同事相处的过程中，都不免会产生一些不同意见。如果针对这些不同意见而互相争执就太傻了，不仅伤了双方的和气，破坏了双方的友谊，还危害到自己的身体。正确的做法是先忍耐一下，之后再对对方晓之以理，双方平心静气地讨论问题，得出一个一致的意见。

要善于克制自己的怒气，"忍一时，风平浪静"，在别人触犯自己的时候，忍一忍自己的怒气，不跟对方计较，事情过后你会发现，其实根本没有什么大不了的事情。

如果能在愤怒的时候及时将自己的怒气忍下去，别人都会佩服此人的胸襟和气度。这样，既不伤害自己的身体，又为自己赢得了好名声，何乐而不为？

身为领导人，更要有容人的雅量，别人如有不慎触犯自己的地方，要能够忍耐，原谅对方的过错。"宰相肚里能撑船"，说的就是这个道理。

为官的哲学中，最关键的就是一个“忍”字。如果一个人没有宽宏的度量，没有容人的雅量，事事都争强好胜，那么他在官场上是做不长久的。只有学会“忍”，对上级、对同事、对下属、对百姓，都尽量包容，才能受到别人的认可，取得良好的政绩。

“无心插柳柳成荫。”如果为官期间能够处处与人为善，不争名逐利，兢兢业业做好自己应该做的事情，最终会有好的回报的。因为“群众的眼睛是雪亮的”，他们对官员的所作所为都有自己的评价。清官、好官，都会受到老百姓的拥戴。

作为官员，管理下属也是有一定的方法和技巧的。一味苛责下属，对下属实行严厉的制裁措施，有时候并不能取得良好的效果。这个时候，不妨试试“仁治”，和善地教育对方，使对方真正认识到错误的危害性，这才能使下属从根本上发生改变。

为官一任，要善于替当地老百姓的利益着想。老百姓尊敬你，让你来治理这个地方，国家又给予你丰厚的俸禄，那么你就要对得起自己所得到的一切。站在老百姓的立场上处理事情，不要贪赃枉法，中饱私囊，这样才能为自己赢得清正廉洁的好名声。

人人生来平等，奴仆与主人都享有平等的人身权利。主人平时接受了奴仆的服务，更要关心他们的生活，不能将自己看得高人一等，将奴仆的服务看做理所当然，要对他们谦和宽厚、态度真诚、一视同仁。

遇到一些高兴的事情就无法控制自己的情绪，沾沾自喜，完全沉溺于其中，因此而无视其他的一切事物，这样的人都是些目光短浅、气量狭小之人。当我们遇到高兴的事情时，要忍耐暂时的喜悦，做一个胸襟开阔的人。

愤怒的时候，学会忍耐，不要对人出言不逊，否则会伤害到对方，使对方感到尴尬。在愤怒的时候大骂对方，对自己又能有什么好处呢？

现实世界复杂多变，只有人们做出更多的妥协和退让，才能获得良好的结果。如果只为了追求一时的快意，天马行空，随性而为，那么就会使自己坠入悬崖，粉身碎骨。

要培养自己的性情，遇事不能慌张，要能沉得住气。在遇到紧急情况的时候，只有能够做到沉着冷静地应对局势的变化发展，才能在仓促中做出正确的决策。

“谦虚使人进步，骄傲使人落后”，这个道理尽人皆知。在我们成长的道路上，取得一点成绩不能骄傲，而应该“百尺竿头，更进一步”。如果稍稍取得一点成绩就变得目中无人、骄傲自满，那么，最终会遭遇惨败。

多多为别人的利益着想，站在别人的立场上思考问题，从而做出有利于别人的决策，方便别人。这样，虽然自己可能会遭受一些损失，但是损失也不会太大，而且还能为自己积德,使自己的人生之路更加顺畅。

在与人相处的过程中,不能事事都求胜,也不可能人人都围着自己转,因此在必要的时候,要能够承受一定的委屈。这样,虽然自己遭受了一些委屈,但是与别人的关系还能维持,为自己日后的发展提供方便。况且,现在看似遭受委屈,谁又敢说这将来不会转化成好事呢?

要成就丰功伟业的人,是不会在小事上跟别人斤斤计较的。如果一旦遭到别人的触犯,不管是大事小事,都跟别人斤斤计较,非要为自己讨个说法的话,他的时间和精力就都耗费在这些本身并没有多大意义的事情上了,怎么可能成就伟大的事业呢?

“千里之堤,溃于蚁穴”。一些大的失误往往都是由最初的小失误引起的,在最初出现小失误的时候,因为它小而不在意,以至于后来发展得越来越大,导致不可收拾的局面。与人相争也是如此,如果起初双方都对一些小矛盾不能忍让,那么最后势必会酿成大祸。

治理国家需要官员们实行仁政,采取暴虐的统治方法是不会赢得人心的,只会导致失败。为人处世的过程中也是这样的,只有友善地对待他人,和和气气地与人相处,才能赢得他人的信任和支持。

君子不畏流言,不畏小人,因为他们问心无愧,坦坦荡荡。小人就喜欢造谣中伤,加害于人,这个时候,君子是不会去理睬这一切的,他们不屑于与小人争辩,而小人也会自讨无趣。

正人君子是不会随便中伤别人,轻易泄漏别人的隐私的,因为他们知道做这些事都是没有任何意义的。我们在日常生活中也要善于控制自己的语言,不要口无遮拦,想说什么就说什么,否则就会在不经意间触犯到别人的利益,使自己的形象受损。

“忍”,不能只挂在嘴边,更要善于在行动中“忍”。但是,一定要懂得这里所说的“忍”的确切含义。它并不是单纯指在遭到别人的冒犯时不发作、不动怒,如果只是表面上做到了“忍”,当时没有跟别人计较,却在内心深处一直耿耿于怀,对这个仇恨念念不忘的话,那么,过不了几次,内心中就会积聚很多仇恨,而这些仇恨是需要发泄的,因此,必然会在日后的某一时刻爆发,像火山喷发一样。这并不是真正的“忍”。只有做到在遭受冒犯的当时,不计较此事,不把它当回事,不将之放在心上,才是真正的“忍”。

父子兄弟，相忍以安

东汉时的薛包，字孟尝，好学而且很有操行，汝南人，因为十分孝顺而闻名于乡里。母亲死后，父亲娶了后妻以后憎恶薛包，将他分出去，薛包日夜哭泣，不肯离去。以至于遭到殴打，不得已，搬到屋外去住，但每天早晚仍回到家中，为父母打扫卫生。但父亲还是又怒又斥，将他逐出屋外，可他仍然每天早晚回去打扫。父母十分感动，惭愧不已，于是让他回到家中居住。

薛包不仅对父母可以忍到底，而且在对待兄弟关系上，也能一忍到底。后来父母相继死去，他的弟弟要求分家，薛包见阻止不了他们。于是将财产分开了。但薛包要年龄老的仆人，说他们与我相处的时间很长了；只取荒芜和休耕很长时间的田地，说我小时候就耕种这些土地，所以依恋它们；只捡财物中间破烂的那一份，说这些是我一直使用着的，这样用起来称心。弟弟每每家产破败，他立即分给他们家产，救济他们，使他们能安定地生活下去。皇帝听到他的好名声，命令用公车来接他去朝廷，封他为侍中。薛包用死来推辞。皇帝只好让他回去，并像对待毛义那样礼遇他，赏给他一千斛粮食。

中国人有一句老话：家和万事兴。而要实现家和，则无论夫妇、父子、母女、兄弟姐妹，总之长幼之间、平辈之间，都应该奉行一个“忍”字，在一定意义上，确切地说应该是“忍让之家，万事兴”。

八十六　处家贵宽容

【原文】

自古人伦贤否相杂，或父子不能皆贤，或兄弟不能皆令，或夫流荡，或妻悍暴，少有一家之中无此患者。虽圣贤亦无如何。譬如身有疮痍疣赘，虽甚可恶，不可决去，唯当宽怀处之。若人能知此理，则胸中泰然矣。古人所谓父子兄弟夫妇之间，人

所难言者,如此。

【译文】

自古以来,人类就是贤人和愚人混杂在一起的,有的是父亲和儿子不可能都成为贤人,有的是兄弟们不能都成为人才,有的是丈夫在外流离游荡,有的是妻子在家凶悍暴戾,很少有一个家庭没有这种毛病。即使是圣贤之人,对这些情况也无可奈何。这就如同身上长了疮疣,即使十分可恶,也不能将它剐掉,只能是宽大为怀,泰然处之。如果人们能够明白这层道理,那么心中就坦然了。这就是古人所说的父子、兄弟、夫妻之间,人们很难说得清楚的事。

【评析】

凡事不能太苛求,包括每天生活在一起的家人。对于家人身上的一些缺点,要能够容忍。即使是圣人的家庭也是如此。不能因为看见配偶身上有缺点,就吵着离婚;因为看见兄弟姐妹身上有缺点,就互不相认。

我们通常都把家视为自己可以避风的港湾,自己的家再简陋、再贫穷,在我们的心中,它都是最温暖的,能给我们以无尽的呵护。我们每天在外忙碌,身心劳顿、全身紧张,只有回到家中,与我们的亲人在一起,感受着无限的亲情的时候,才能得到全身心的放松。

家中的和气最难做。有许多人在社会上是谦谦君子,温文和善,而回到家里,对待妻子儿女却是最横暴苛刻的。人的一生有三分之二的时间是在家里度过的,人们为什么不能拿出一点耐心、费一点儿心思去善待自己的亲人呢?人有许多种行善方式,只有这有这种善是人品质中最内在的东西。

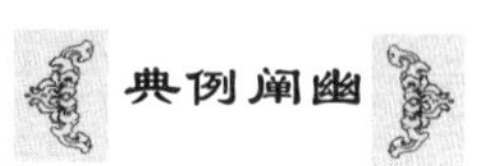

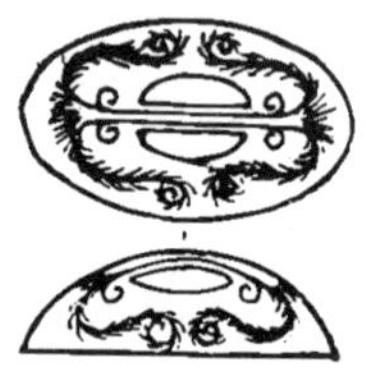

家庭和睦,其乐融融

当今的社会竞争异常激烈,几乎每个人都必须生活、工作,也就必须接触社会与家庭。家庭是避风的港湾,如果家庭中出现了矛盾,就会山现这样或那样的失误与差错。因此,一个人如果没有宽容之心,不能原谅他人所出现的失误与差错,就很容易引发家庭矛盾。给自己增加心理上的压力并且严重影响以后的生活与工作。

在北方农村,曾经有一位婆婆对自己刚娶进门的儿媳妇甚为不满。媳妇的一

点小差错都会引起婆婆的勃然大怒，她时而抱怨媳妇厨艺太差，连蒜苗与韭菜都分不清；时而又抱怨媳妇懒惰，家务做得太少；而且经常加班到深夜才回家，也不知道是真的加班还是在外面鬼混；她甚至连儿子感冒发烧也算到媳妇头上去，埋怨连丈夫的身体都照顾不好，还怎么做别人的老婆？

直到有一天，有一个老朋友来家里做客时，婆婆又开始寻找媳妇的差错，她指着阳台上的衣服说："我真不知道她妈妈是怎么教她的，连衣服都洗不干净！您看看，那衣服上斑斑点点的，她这是故意浪费我家洗衣服的水！"这位朋友听了婆婆的话之后，仔细地观察了阳台，终于发现了问题的症结所在。他用抹布把窗户擦了擦，然后拉着婆婆朝阳台望去，婆婆大吃一惊，那些晾在阳台上的衣服居然一下子就变干净了，婆婆这才明白，原来不是媳妇的衣服洗得不干净，而是家里的窗户太脏了。从此以后，婆婆彻底反省了自己的偏见，不再以有色眼光看待媳妇，并且以宽容的胸怀原谅媳妇无意中的过错。婆媳两人互敬互爱，关系形同亲生母女，过上了真正快乐与和睦的生活。

管子说："海不辞水，故能成其大。"一个人的胸襟之大小，往往决定其精神境界的高低，海纳百川，有容乃大。"有容乃大"，就个人的修养而言也有很大的启迪，人世间凡是有成就大事业者，无不具有像大海一样的博大的胸怀。宽容能松弛别人，也能抚慰自己。相反一个人如果求全责备，太仔细观察别人的错误，就会察觉不到自己本身的缺失。容人是一种雅量，时常擦拭自己的心窗，不为灰尘所蒙蔽，窗明几净，才能眺望得更高更远。

"大肚能容，容天下难容之事；开口常笑，笑天下可笑之人。"宽容别人，就是解脱自己。以宽容之心处世，原谅别人的失误与差错，人的生命中就会多一份空间，多一份仁爱；人的生活中就会多一份温暖，多一份阳光，宽容是人生中的快乐之本。

八十七　忧患当明理顺受

【原文】

人生世间，自有知识以来，即有忧患不如意事。小儿叫号，其意有不平。自幼至少，自壮至老，如意之事常少，不如意之事常多。虽大富贵之人，天下之所仰慕以为神仙，而其不如意事处，各自有之，与贫贱人无特异，所忧虑之事异耳，故谓之缺陷

世界。以人生世间无足心满意者,能达此理而顺受之,则可少安矣。

【译文】

人生在世,自从智慧产生以来,就有了忧虑和不如意的事。小孩子哭叫,就是因为感到不如意。从幼年到少年,从壮年到老年,如意的事情总是很少,不如意的事情总是很多。即使是大富大贵的人,世上人都仰慕他们,觉得他们活得像神仙一样快乐,但是他们也同样有不如意的事,与贫贱的人没什么两样,只不过是所忧虑的事情不同罢了。所以说,世界是一个有缺陷的世界。明白人生在世不可能心满意足的人,能够理解这个道理并且坦然接受它,就可以稍微心安了。

【评析】

人生不如意事十之八九,没有人会永远一帆风顺。穷人有穷人的烦恼,富人同样有富人的烦恼。如果事事都想求得完美,那就是在自寻烦恼。

俗话说,“知足者常乐。”这个世界本身就是一个存在着缺陷的世界,它能向人们提供的客观条件是有限的,不可能满足所有人的欲望。因此,人们产生种种不满都是很正常的事,包括对自己的不满、对他人的不满、对现实的不满,等等。

培养自己豁达的心态和处世哲学,万事随缘,不能过分苛求,也不能斤斤计较,善于忍耐自己的不满,就可以使自己达到一种超脱的人生境界了。

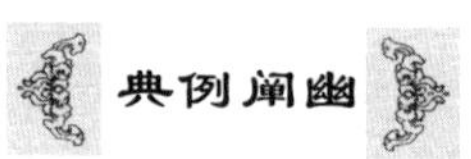

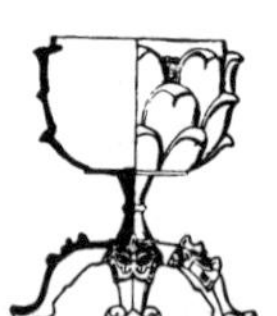

得失之间

广德郡的太守赵次山,号崇贤,是方崖公(号大佑)的祖父。方崖公小时候,有一天晚上读书,抱了一些木炭,想要拿来烘脚取暖。

祖父赵次山看到了就喝叱他说:“你小小年纪读书,应该学习勤劳刻苦的精神,怎么连一点点寒冷

都忍受不了呢？你要知道，在朝为官，就算是寒冷的冬天下雪的时候，不到五更天，就得排班等候朝见皇帝，终免不了要忍受寒冷之苦的。一个人如果还没老就享受老年的福，一定没有办法活到老；如果没有富贵就先享用富贵之福，也终究不可能达到富贵的地位。”

方崖公恭谨领受祖父的教训，最后官至大司寇。

八十八 同居相处贵宽

【原文】

同居之人有不贤者，非理以相扰，若间或一再，尚可与辨；至于百无一是，且朝夕以此相临，极为难处。同乡及同官，亦或有此，当宽其怀抱，以无可奈何处之。

【译文】

与不贤良的人同住在一起，这些人不讲道理，骚扰你，倘若只是偶尔的一次两次，还可以与他辩一辩；至于那些百无是处，而且早晚来侵扰你的人，是很难与之相处的。同乡或者同事当中，也会有这种人，应当自己放宽胸怀，以无可奈何来对待他。

【评析】

真正的贤士是能够忍耐，有宽大的胸怀和度量，不与小人斤斤计较的人。

这样的贤士即使与那些不贤良的人住在一起，或在一起共事，常常遭到不贤良的人骚扰，他们也会置之不理，不将这些毫无意义的事情记挂在心上，而是专注于做自己应该做的事情。至于那些喜欢骚扰别人的人，最终也会自讨没趣。

人们常说：“将军额上能跑马，宰相肚里可撑船。”一个人的气度可以决定他做事的格局，我们工作和生活中，要不断地和人打交道，不论是朋友还是同事，或者是客户和竞争对手，每个人都有着自己的个性、爱好和生活方式，生长环境不同，受的教育程度不同，生活习惯也不相同，不可能所有人都是同一个节拍，也不可能都随顺我们的心意。如果因为看不惯哪个人，就与他断绝一切往来，那用不了多久就会成为孤家寡人了。所以，做人处世要有容人之量，这样才会有人与你共同进退。

曹操不计前嫌重用陈琳

这是一个家喻户晓的故事。官渡之战前,陈琳为袁绍写讨伐曹操的檄文。陈琳才思敏捷,斐然成章,文章从曹操的祖父骂起,一直骂到曹操本人,贬斥他是古今第一"贪残虐烈无道之臣"。据说曹操让手下念这篇檄文时正犯头痛病,听到要紧处不禁厉声大叫,气出一身冷汗,头竟然不疼了。可见此文的确戳到了曹操的要害。

袁绍战败后,陈琳转投曹操。曹操对这篇火力凶猛的檄文还耿耿于怀,便问陈琳:"你骂我就骂我吧,为何要牵累我的祖宗三代呢?"陈琳的回答言简意赅:"箭在弦上,不得不发耳!"曹操听了呵呵一笑,不再计较。

曹操是三国里最有名的奸雄。奸是说他诡计多端,手腕玩得炉火纯青;雄则表明他并非蝇营狗苟、鼠目寸光之辈,他有英气、有壮志,更有一代雄主的大度。他不杀陈琳,颇能体现后一种风范,因此被人赞不绝口。

曹操知道,陈琳这样的文人并非存心和他过不去,当年写檄文骂他,是形势所逼,迫不得已。所谓各为其主,既然陈琳谋食于袁绍,那主公要他干活,理当尽心竭力。檄文就是这种情形下的产物。杀掉陈琳,虽没有什么明显的负面效应,却也无利可图,倒不如放他一马,为我所用。陈琳是难得的人才,又痛骂过曹操,现在居然在曹营感激涕零地工作,不啻是一个绝妙的广告。曹操此举不仅为自己博得了好名声,且很能吸引读书人,可谓一箭双雕。

八十九　亲戚不可失欢

【原文】

骨肉之失欢,有本于至微,而终至于不可解者。有能先下气,则彼此酬复,遂好平时矣。宜深思之。

【译文】

亲人之间失去关爱,有的只是由很小的事情引起的,却最终导致了难以解决的矛盾。如果其中一方能首先做到忍耐让步,相互往来,就可以像原先一样友好。这个道理应该认真思考呀!

【评析】

亲人之间由浓浓的血缘关系联系在一起,俗话说,"血浓于水",亲情比之友情、爱情,显得更加珍贵。因此,我们更应该用心去对待这份珍贵的感情,用心经营、呵护它,怎能随随便便因为一些小事就放弃了这份感情呢?

朝夕相处的骨肉至亲,因一些小事而矛盾,这是极为正常的,关键在于有了矛盾后,要努力化解。主动把话说开,是大度的表现,无关乎尊严。和人相处莫记仇,不仅是亲人相处,也是处理朋友、同事间的矛盾时都应该做到的。

没有什么矛盾是化解不了的,更何况是亲人之间的。只要大家都互相忍让一下,做到互敬互爱,又怎么会发生一些不愉快的事情呢?如果双方都争强好胜,非要争个三长两短,那么,估计没有一个家族是完整的,早就因家族成员之间感情不和而四分五裂了,更不会有历史上张公艺等家族九世同居的佳话了。

典例阐幽

血浓于水

在中国的古书上,有"香九龄,能温席"的记载。讲的是中国古代"黄香温席"的故事。黄香小时候,家中生活很艰苦。在他9岁时,母亲就去世了。黄香非常悲伤。他本就非常孝敬父母,在母亲生病期间,小黄香一直不离左右,守护在妈妈的病床前,母亲去世后,他对父亲更加关心、照顾,尽量让父亲少操心。

冬夜里,天气特别寒冷。那时,农户家里又没有任何取暖的设备,确实很难入睡。一天,黄香晚上读书时,感到特别冷,捧着书卷的手一会就冰凉冰凉的了。他想,这么冷的天气,爸爸一定很冷,他老人家白天干了一天的活,晚上还不能好好地睡觉。想到这里,小黄香心里很不安。为让父亲少挨冷受冻,他读完书便悄悄走进父亲的房里,给他铺好被,然后脱了衣服,钻进父亲的被窝里,用自己的体温,温暖了冰冷的被窝之后,才招呼父亲睡下。黄香用自己的孝敬之心,暖了父亲的心。黄香温席的故事,就这样传开了,街坊邻居人人夸奖黄香。

夏天到了，黄香家低矮的房子显得格外闷热，而且蚊蝇很多。到了晚上，大家都在院里乘凉，尽管每人都不停地摇着手中的蒲扇，可仍不觉得凉快。入夜了，大家也都困了，准备睡觉去了，这时，大家才发现小黄香一直没有在这里。

“香儿，香儿。”父亲忙提高嗓门喊他，

“爸爸，我在这儿呢。”说着，黄香从父亲的房中走出来。满头的汗，手里还拿着一把大蒲扇。

“你干什么呢，怪热的天气，”爸爸心疼地说。

“屋里太热，蚊子又多，我用扇子使劲一扇，蚊虫就跑了，屋子也显得凉快些，您好睡觉。”黄香说。爸爸紧紧地搂住黄香，“我的好孩子，可你自己却出了一身汗呀！”

以后，黄香为了让父亲休息好，晚饭后，总是拿着扇子，把蚊蝇扇跑，还要扇凉父亲睡觉的床和枕头，使劳累了一天的父亲早些入睡。

九岁的小黄香就是这样孝敬父亲，人称温席的黄香，天下无双。他长大以后，人们说，能孝敬父母的人，也一定懂得爱百姓，爱自己的国家。事情正是这样，黄香后来做了地方官，果然不负众望，为当地老百姓做了不少好事，他孝敬父母的故事，也千古流传。

九十　待卑仆当宽恕

【原文】

奴仆小人就役于人者，天资多愚，且宽以处之，多其教诲，省其瞋怒可也。

【译文】

仆人之类的人之所以被别人差遣，那是因为他们天资就很愚笨，因此对待他们这类人要宽厚一些，多教导他们，少对他们发脾气即可。

【评析】

在古人看来，人是有等级之分的，可以分为十等，其中低贱的人就应该侍奉高贵的人。但是，尽管这些人地位低下，身份卑微，他们也都是父母所生，都是有血有肉的生命，在他们犯了错误的时候，怎能不对他们宽厚一些，而对他们大加责罚呢？

即使人类社会分为不同的阶层,每个人都有不同的社会地位,但是所有的人的人格都是平等的。有些富人在接受仆人为自己服务的时候,总认为这是理所当然的事情,因此,对仆人颐指气使、呼来喝去,一点都不尊重仆人的人格。这些富人真是为富不仁,没有修养。

真正具有高尚品德的人,他们总是对所有的人都一视同仁,既不去巴结讨好权贵,也不会不尊重仆人的人格。这样的人,能够做到态度真诚、谦和宽厚地对待每一个人。我们在为人处世中,也应该做到礼贤下士,同时不巴结权贵,堂堂正正做人,这样才能得到别人的认可,受到别人的尊重。

明世宗虐婢遭报

明世宗朱厚熜沉迷于炮炼丹药。为了炼取一种长生不老药,以壮阳强身,他居然采用虐待童女的方法来达到自己的目的。因此,无数宫女的身体健康遭到了摧残,甚至有很多宫女被虐待而死,而且这些被虐待致死的宫女,死时都十分凄惨。

宫女们因此对明世宗恨之入骨,她们为了自己的生命,在忍无可忍的情况下,决定铤而走险。

嘉靖二十年十月二十一日夜里,天气阴沉沉的,刺骨的寒风像利刃一样直刺入人的心窝,整个紫禁城里寂静无声。而站在各处的小太监们则一个个都在不安地东张西望。此时,世宗正睡在端妃的宫内,睡得像死猪一样。就在这样一个夜里,16个宫女将联合起来,置世宗于死地。

事前,宫女杨金英等人经过一番商议,决定待世宗睡熟之后,将绳索套到他的头颈上,勒死世宗。但是这些宫女们平常只是干点鸡毛蒜皮之类的事情,这个时候,真让她们做这种关乎人命的大事情,她们就不免有些紧张,变得六神无主了。

她们十几个人挤在一起,异常慌乱,绳子已经结成死扣了,但是偏偏无法勒紧。朱厚熜已经被勒得奄奄一息,直翻白眼,一点声音都发不出来。他的这副模样把宫女张金莲吓了个半死,心想,这皇上看来是很难被杀死的,于是,马上离开现场,跑去禀告皇后。皇后闻讯,急忙带人奔跑过来,为世宗解开绳索,这时,局面才终于得到控制,世宗也才逃过一劫。一场由小女子发动的宫变,就这样夭折了。

但是,大难不死的明世宗不仅没有丝毫忏悔之意,反而觉得自己能够死里逃生,躲过一劫,是天地神灵对自己的恩遇,变本加厉地祭神求仙。嘉靖四十五年冬,世宗因服食丹药过多而病死。

明世宗不将奴婢当人看待，对她们随意进行人身摧残，丝毫不怜惜她们脆弱的生命。他虽然侥幸逃过一劫，但终究逃不过上天对他的严惩。

九十一　事贵能忍耐

【原文】

以能忍，事易以习熟终。至于人以非理相加不可忍者，亦处之如常。不能忍，事亦易以习熟终。至于睚眦之怨深不足较者，亦至交詈争讼，期以取胜而后已，不知其所失甚多。人能有定见，不为客气所使，则身心岂不大安宁？

《萧朝散家法》曰："常持忍字免灾殃。"

【译文】

如果能够忍让，事情就容易做好。对于那些不讲道理而让人无法容忍的人，也应该以对待平常人的态度来与他相处。不能忍让的事情也能做成。至于一些不足以与之计较的小小的怨恨，也引起相互辱骂甚至到官府打官司的，期望获胜才肯罢休，但却不知道也会因此失去很多。人如果有坚定的见解，不被怒气所驱使，那么身心不就很安宁了吗？

《萧朝散家法》中说："经常抱持一个'忍'字，能够免除灾祸。"

【评析】

世上总有一些人，蛮不讲理，令人痛恨。但是有更多的人都是因为在遇到蛮不讲理的人时无法克制自己胸中的怒火，与对方大动干戈，甚至对簿公堂，以至于使自己无论在物质上还是精神上都遭受一定的损失。这又是何苦呢？

我们在遇到这样的事情时，应该学会用平常心去看待，不必与对方斤斤计较，能忍则忍，事情很容易就过去了，也不至于最终把双方的关系搞僵，而且使双方都遭受损失。

领悟"忍"的精要，学会运用"大事化小，小事化了"的糊涂策略行事，就能给自己开辟一个有效解决问题的通道。这种策略并不是妥协退让，更不是软弱的表现，而是一种正确的做事方法。

举大事者不记小怨

袁盎做吴王的相国时，手下有位从使和袁盎的侍妾私通。袁盎知道此事后并没有张扬，但从使还是知道了奸情败露，吓得仓皇逃走。

袁盎亲自去追回从使，从使面色如土，以为自己要被重罚，谁知道袁盎把侍妾带到他身边，说："你既然喜欢她，她就是你的了。"

从此，他待从史还是和过去一样。后来从史离开他去别处为官。

景帝时，袁盎入朝当了太常。他出使吴国时，正好赶上吴王预谋反叛，吴王派了五百人包围了他的住处，要杀死袁盎。袁盎对自己的危机却一无所知，幸好围守袁盎的校尉司马买了二百石好酒，把五百人灌醉，然后通知了袁盎 。

袁盎十分惊异，问："您是谁？为什么要帮我？"

司马说："您不记得原来与您的小妾有私情的从史了吗？"

袁盎这才知道现在救了自己性命的，原来就是当年那个从史。

五代时梁朝的葛周、宋代的种世衡，都因为对此类事情的容忍宽大而得以战胜对手，讨伐叛逆。葛周曾和他宠爱的美妾一起喝酒，有个卫兵用眼睛盯着美妾看，连葛周问他话都答错了。过后他意识到自己的失态，怕葛周加罪于他，但葛周表现得若无其事。后来，葛周在和唐交战时失利，幸好这个卫兵奋勇破敌，打败了敌人。事后葛周把那个美妾送给这个卫兵为妾。

北宋初年，西北诸部落中，苏慕恩的势力最大，当时镇守边关的种世衡曾和他彻夜饮酒，还把一个侍妾叫出来陪酒。过了一会儿，种世衡起身到里面去，苏慕恩就趁机调戏侍妾。这时种世衡从里面出来，正巧撞见苏慕恩把感到十分惭愧，就向他请罪。种世衡说："你喜欢她吗？"于是把侍妾送给了苏慕恩。正因为如此，各个部落有叛乱，种世衡就让苏慕恩去平叛，每次都能成功。

袁盎、葛周和种世衡他们对"小过"从不斤斤计较，这样自然会得到人心，有利于为人处世。

九十二 王龙舒劝诫

【原文】

喜怒、好恶、嗜欲，皆情也。养情为恶，纵情为贼，折情为善，灭情为圣。甘其饮食，美其衣服，大其居处，若此之类，是谓养情；饮食若流，衣服尽饰，居处无厌，是谓纵情。犯之不授，触之不怒，伤之不忍，过事甚喜。

张文定公曰："谨言浑不畏，忍事又何妨？"

孔旻曰："盛怒剧炎热，焚和徒自伤。触来勿与竞，事过心清凉。"

山谷诗曰："无人照此心，忍垢待濯盥。"

东莱吕先生诗云："忍穷有味知诗进，处事无心觉累轻。"

陆放翁诗云："忿欲至前能小忍，人人心内期有颐。"

又曰："殴攘虽快心，少忍理则长。"

又曰："小忍便无事，力行方有功。"

省心子曰："诚无悔，恕无怨，和无仇，忍无辱。"

释迦佛初在山中修行，时国王出猎，问兽所在。若实告之则害兽，不实告之则妄语，沉吟未对。国王怒，斫去一臂。又问，亦沉吟，又斫去一臂。乃发愿云："我作佛时，先度此人，不使天下人效彼为恶。"存心如此，安得不为佛！后出世果成佛，先度憍陈如者，乃当时国王也。

佛曰："我得无诤三昧，最为人中第一。"又曰："六度万行，忍为第一。"

《涅槃经》云："昔有一人，赞佛为大福德。相闻者乃大怒，曰：'生才七日，母便命中，何者为大福德？'相赞者曰：'年志俱盛而不卒，暴打而不瞋，骂亦不报，非大福德相乎？'怒者心服。"

《人趣经》云："人为端正，颜色洁白，姿容第一，从忍辱中来。"

《朝天忏》曰："为人富贵昌炽者，从忍辱中来。"

紫虚元君曰："饶、饶、饶，万祸千灾一旦消，忍、忍、忍，债主冤家从此尽。"

赤松子诫曰："忍则无辱。"

许真君曰："忍难忍事，顺自强人。"

孙真人曰："忍则百恶自灭，省则祸不及身。"

超然居士曰："逆境当顺受。"

谚曰："忍事敌灾星。"

谚曰："凡事得忍且忍，饶人不是痴汉，痴汉不会饶人。"

谚曰："得忍且忍，得戒且戒。不忍不戒，小事成大。"

谚曰："不哑不聋，不做大家翁。"

谚曰："刀疮易受，恶语难消。"

少陵诗曰："忍过事堪者。"此皆切于事理，为此大法，非空言也。

《莫争打》诗曰："时闲愤怒便引拳，招引官方在眼前。下狱戴枷遭责罚，更须枉费几文钱。"

《误触人脚》诗曰："触了行人脚后跟，告言得罪我当烹。此方引慝丘山重，彼却厚情羽发轻。"

《莫应对》诗曰："人来骂我逞无明，我若还他便斗争。听似不闻休应对，一支莲在火中生。"

杜牧之《题乌江庙诗》："胜负兵家不可期，包羞忍辱是男儿。江东子弟多豪俊，卷土重来未可知。"

《诫断指诗》曰："冤屈休断指，断了终身耻。忍耐一些时，过后思之喜。"

何提刑《戒争地诗》："他侵我界是无良，我与他争未是长。布施与他三尺地，休夸谁弱又谁强。"

【译文】

高兴与愤怒、爱好与厌恶、嗜好与欲望，这些都是人的情感。培养这些情欲是

恶，放纵这些情欲是贼，控制这些情欲是善，断绝这些情欲则是圣。在饮食上要求味道可口，在服饰上要求式样华美，在住房上要求宽敞明亮，诸如这些，就是所谓的培养情欲；饮食花费就像流水一样，衣服装饰极其华丽，住房的讲究没有休止，就是所谓的放纵情欲。别人冒犯了自己却不跟人计较，别人触犯了自己却不对人发怒，别人伤害了自己却不报复别人，等事情过去了，就会有很多好处。

文定公张方平说："言语方面小心谨慎就没什么可怕的，某些事情上忍耐一下又有什么妨碍呢？"

孔旻说："大发雷霆就像炽热的焰火一样，焚烧掉和气只能自我伤害。别人冒犯了自己，不要与对方争斗，等事情过后，心情自然就会清凉。"

黄庭坚的诗中说到："没有人能够理解我的心思，忍耐污点之后有待于清洗。"

吕本中先生的诗中说："忍受贫穷很有趣味，可以促进诗作的进步；处理事情的时候不斤斤计较，就会觉得负担比较轻。"

陆游在诗中说："在怒气以及欲望产生以前，如果能稍稍忍耐一下，那么人人心中都期望能够有美好的事情发生。"

陆游又说："打斗虽然能够求得一时的痛快，但是如果稍稍忍耐一下，那么就会更有道理。"

陆游还说："稍稍忍让一下就会没事，尽力做事情才会有一定效果。"

省心子说："诚实就不会后悔，宽恕就不会被怨恨，和和气气就不会产生仇恨，忍让就不会被侮辱。"

释迦牟尼起初在山中修行，当时国王要外出打猎，就问释迦牟尼，哪里有野兽。释迦牟尼认为，如果对国王说实话，那么就会危害野兽，如果不对国王说实话，那么就是在撒谎，所以释迦牟尼沉吟了片刻，没有回答国王的问话。国王非常生气，砍去释迦牟尼的一只手臂。国王再一次问他，他还是沉吟没回答，国王又砍去了他的一只手臂。于是，释迦牟尼发誓说："我成了佛之后，首先超度这个人，不让世人学习他做坏事。"释迦牟尼有了这样的想法，怎么能成不了佛呢！后来释迦牟尼果然出世成佛了，他首先超度的那个人憍陈如，就是当时的国王。

释迦牟尼说："我领悟了'不争'的真谛，可算作是天下第一了。"他还说："六种超度方法和万种修行方法中，以忍让为第一。"

《涅槃经》中记载："从前有一个人，称赞佛是有大福大德的人。听到此话的人就很生气，说：'出生才七天的时候，母亲便去世了，怎么能称得上是有大福大德呢？'称赞的人却说：'年龄和心智都发展到了鼎盛的时期却没有死去，挨了毒打却没有发怒，挨了骂也不还嘴，这难道还不是大福大德吗？'生气的那个人心服了。"

《人趣经》说:“为人处世品行端正,颜面气色干净洁白,姿态容貌非常优秀,这些都是从忍让中获得的。”

《朝天忏》说:“人之所以富有高贵,非常昌盛,是从忍让中得来的。”

紫虚元君说:“饶恕饶恕再饶恕,所有的灾祸就会一下消失,忍让忍让再忍让,债主以及冤家从此就都没有了。”

赤松子告诫说:“能够忍让就不会受到侮辱。”

许真君说:“忍受难以忍受的事情,顺从自强不息的人。”

孙真人说:“忍让,那么所有的坏事就会自行消失,反省,那么灾祸就不会发生在自己身上。”

超然居士说:“当人处于逆境中时,应当顺其自然来忍受。”

谚语说:“忍让事情就能够对付灾祸。”

谚语说:“任何事情,该忍让的时候就要忍让,宽恕别人的人并不是愚笨的人,愚笨的人是不会宽恕别人的。”

谚语说:“该忍让的时候就忍让,该克制的时候就克制。既不忍让又不克制,小事就会变成大事。”

谚语说:“做不到装聋作哑的人,就成不了大家庭的主人。”

谚语说:“被刀所伤容易忍受,但是被恶语所伤就难以消解了。”

杜甫的诗中说:“忍让一下,事情过去了就好了。”这都是非常符合道理的,以此作为行为的准则,并不是空话。

《莫争打》这首诗中说:“闲暇时,一旦生气就拳脚相加,因此把官府的人招来进行管制。入狱后戴上手铐枷锁,并被责打惩罚,还要花费冤枉钱。”

《误触人脚》诗中说:“触碰到了行人的脚后跟,于是就跟对方说:‘得罪了,我真是该死’。这个方法,把自己的罪过夸大地重如大山,对方就会原谅你,对你的责怪轻如鸿毛。”

《莫应对》诗中说:“别人来骂我,则显示出了他的不明事理,我如果还嘴就会引发争斗。听到了却假装没听到,不做回应,这样的话,一朵吉祥的莲花就会在烈火中生长。”

杜牧的《题乌江庙诗》中说:“军队作战,胜利与否是不可期待的,能够忍受羞辱的人才称得上是真正的男子汉。江东子弟当中有很多豪杰俊士,卷土重来也说不定。”

《诫断指诗》中说:“受了冤屈的时候,千万不要砍断手指,如果砍断了手指,将是一生的耻辱。忍耐一段时间,事情过去之后,再回想起来就会高兴了。”

何提刑的《戒争地诗》中说到:“别人侵占了我的地界,这的确是不好,但是我要是跟他相争也不是好办法。干脆施舍给他三尺地,不要比较到底是谁弱谁强。”

【评析】

贪图奢侈安逸的生活,就会使我们的斗志渐渐消磨掉,不思进取,使我们整个人生的发展停滞不前。生活太奢侈、铺张浪费成性,最终会导致家业破败。只有勤俭持家、开源节流、兢兢业业才是正确的做法,才能实现家业兴旺。

白玉破损尚可以通过磨砺进行必要的修复,但是如果言语失当,那就像泼出去的水一样,无法收回,无法补救了。“一言既出,驷马难追。”在说每一句话之前,都要根据当时的具体环境、具体对象,通过自己的大脑,仔细斟酌一下是否合适。如果不经过思考,想说什么就说什么,那么,很容易就会言语失当,造成不必要的麻烦。

在平常的社会生活中,遭受别人的欺负、侮辱,这些都是难以避免的事情。此时,我们要善于忍耐,克制住自己的愤怒,如果任凭怒火燃烧,那么,火势就会有越来越旺的趋势,最终就会将自己心中的和气烧掉,从而使自己受到伤害。如果当时能够宽容一些,不和对方计较,以坦然的心态来面对所发生的一切,那么,事情终将过去,怒火终将平息,心情终将平静。

我们在日常的为人处世中,善于忍耐怒火,忍受别人对我们的触犯,这是必要的。但是,我们在忍耐“污垢”之后,更要及时对之进行清洗。不能只是单纯地忍受一切,这是肤浅的,更重要的是从中吸取教训,重新审视自己的行为,发现存在的问题,并加以改正,真正将自己身上的“污垢”清除掉。

上天经常借助“贫穷”来检验谁是更有志气的人。在贫穷的处境中还能安贫乐道,做自己该做的事,笑对人生,这才是君子的做法。我们应该努力使自己做到“人穷”但是“志坚”,积极主动地创造属于自己的财富,以此来改变自己的命运。因为贫穷而走上偷窃的道路,或是向人乞讨,这些做法都是很愚蠢的。

“以信待人,不信思信;不信待人,信思不信。”我们应当主动培养自己诚信的品格,用诚信对待他人,这样,即使原来不信任自己的人也会相信自己。诚实守信是一个人立身的根本,是一个国家赢得民心的基础。因此,在日常生活中,我们要表现出诚实守信的高尚品质,加强自身的修养,赢得别人的支持和信任,为自己日后的成功打下基础。

善有善报,恶有恶报,作恶多端,必遭天谴。人生在世应该一心向善,积善积德,这样才会得到好的报应,一生平安。“人之初,性本善。”那些为恶之人,也都是在后天的成长过程中,处于险恶的环境中,没有受到良好的教育,或是受到某些不良因素的刺激才走上错误的道路的。

“忍得苦中苦,方为人上人。”只有经历磨难,在磨难中锻炼自己的心志,磨炼

自己的心性，并且最终忍受了各种苦难而生存下来的人，才能在日后获得成功。苦难并不一定就是坏事，如果一生都生活在舒适安逸的环境中，那么通常会碌碌无为，平庸至极。相反，在苦难中，个人的危机意识得到了加强，思考问题的方式更加成熟，才更有助于个人成就伟业。

装聋作哑、装糊涂，其实是一种高明的行动策略，他更能体现出一个人的智慧。我们也应该学会“糊涂为人”，以顺应事物的发展规律，做出更加符合实际的判断。如果我们能够把握难得糊涂的真谛，并且灵活处事，就可以减轻压力，使我们的生活变得更加轻松。

碰到别人的脚后跟，主动向对方说声“对不起”，就可以化解对方的怒火，使事情得到圆满的解决。这在今天看来，也是一种礼貌的表现，但是，其精髓在于一个“忍”字。忍耐自己的性情，不跟对方发生争执，主动将责任揽到自己身上，不仅有利于事情的处理，更让人佩服你的气量。

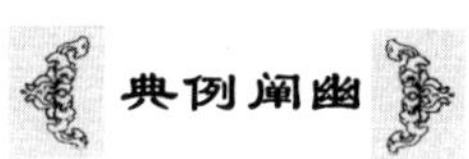

贪婪的穷人

有一个穷人，他非常穷，住在一间破屋子，里面就连床都没有，睡觉只好躺在一张长凳上。

穷人自言自语地说：“我真想发财呀，如果我发了财，决不做吝啬鬼……”

这时候，神仙在穷人的身旁出现了，说道：“好吧，我就让你发财吧，我会给你一个有魔力的钱袋。”

神仙又说：“这钱袋里永远有一块金币，是拿不完的。但是，你要注意，在你觉得够了时，要把钱袋扔掉才可以开始花钱。”

说完，神仙就不见了。在穷人的身边，真的有了一个钱袋，里面装着一块金币。穷人把那块金币拿出来，里面又有了一块。于是，穷人不断地往外拿金币。穷人一直拿了整整一个晚上，金币已有一大堆了。他想：“这些钱已经够我用一辈子了。”

到了第二天，他很饿，很想去买饭吃。但是，在他花钱以前，必须扔掉那个钱袋。于是，他拎着钱袋向河边走去。

他又开始从钱袋里往外拿钱。每次当他想把钱袋扔掉时，总觉得钱还不够多。

日子一天天过去了，穷人完全可以去买吃的、买房子、买最豪华的车子。可是，他对自己说：“还是等钱再多一些吧。”

他不吃不喝地拿，金币已经快堆满一屋子了。同时，他也变得又瘦又弱，头发也全白了，脸色蜡黄。

他虚弱地说："我不能把钱袋扔掉，金币还在源源不断地出来啊！"

终于，他倒了下去，死在了他的长凳上。

劝忍百箴
许名奎 原著

原序

予读唐史，见高宗幸张公艺家，问其九世不分之状，书忍字百余以对，于是兴感。嗟呼，人为血气所使，至于凶于而身害于而家何限？昔成王之命君陈曰："必有忍其乃有济，有容德乃大。"孔子曰："小不忍则乱大谋。"叔孙豹之慨季孙，其御者曰："鲁以相忍为国。"赵襄子曰："以能忍耻庶无害。"赵宗平驳吏醉污丞相车茵当斥，丙吉曰："西曹第忍之。"柳玭《家训》曰："肥家以忍顺。"杜牧之《遣兴诗》曰："忍过事堪喜。"司空图曰："忍字敌灾星。"《说苑丛谈》云："能忍耻者安，能忍辱者存。"吕存仁亦云："忍诟二字，古之格言，学者可以详思而致力。"然则忍之一字，自宰相至于士庶，人皆当以此为药石。予自壮至老，以贱且贫，故受辱于人屡矣。复思前哲有"德量自隐忍中大"之语，益自勉励，逆来顺受，不与物竞，因作《劝忍百箴》，愿与天下共之。每箴皆事为之句，入经出史，各有考据。公卿大夫四民十等，家置一本，朝夕看阅，亦足少补德量之万一，毋忽幸甚！

时至大三年良月吉旦四明梓碧山人许名奎叙

言之忍第一

【原文】

恂恂便便，侃侃訚訚，忠信笃敬，盍书诸绅。讷为君子，寡为吉人。

乱之所生也，则言语以为阶；口三五之门，祸由此来。

《书》有起羞之戒，《诗》有出言之悔，天有卷舌之星，人有缄口之铭。

白珪之玷尚可磨，斯言之玷不可为。齿颊一动，千驷莫追。噫，可不忍欤！

【译文】

诚实不欺、说话明白流畅、刚强正直、和颜悦色、说话直爽、尽心竭力、忠厚严肃、始终如一，这是《论语》记述孔子有关说话的准则。孔子学生子张非常信服孔子的话，特地把它写在衣带的下摆，常常看到它，使内心受到警戒。孔子还要求君子言语要谨慎，出言不慎会招致灾祸，所以古人把言语少的人称作“吉人”或“君子”。

祸乱之所以滋生，是由言语引起的；口是用来记载日、月、星三辰，宣扬金、木、水、火、土五行的，很多灾祸都是由于言语太多引起的。

《尚书》上说：言语出自于口，如果不合礼仪，就会招致羞辱；《诗经》告诫人们说话要小心谨慎，如果话不恰当，一出口就会感到后悔。所以天上有专管人间言语的卷舌星，世间有劝人说话要小心谨慎的箴言。

白玉如果有什么缺损，还可以通过打磨使其完美，而人的言语有了失误，则难以补救。嘴一动，话就说出去了，千匹马都难以追回。啊，祸从口出，说话怎能不学会忍耐呢！

【评析】

俗话说：“祸从口出，病从口入。”管不住自己的舌头的人，不仅容易伤人，而且容易惹祸。当然，慎言不是不说话，慎言是该说话的时候就说，不该说话的时候就永远不要说。所以，言语必须掌握一个“度”，如果越过这个“度”，信口开河，暴露出来的东西会让别有用心的人利用，吃亏受罪的是自己。

典例阐幽

忍住自己的多嘴多舌

老王是一家家电空调公司的客服人员。一天,公司收到客户一封措辞十分严厉的对空调公司服务不满意的信,公司便派他到这家客户家中调查调解此事。

那位客户一听是家电空调公司的人,脸色立刻铁青下来。当时,老王心想:"我的第一任务是让这个家伙火一样的怒气平息下去。"所以,他一言不发,只是静静地听对方大发牢骚,等客户终于把那些埋怨空调公司的话说完之后,老王也知道了问题的症结所在,便有针对性地提出了调解方案。

听完老王的建议之后,那位客户拍着他的肩膀说:"小伙子,你这话倒还中听,不过,我埋怨的是那混蛋的家电空调公司。"老王接着说:"我很感谢您中肯的意见,但是,如果您不说您的问题已得到满意的解决,我是不能回去的。"

"好的,"这位客户说,"就看在你的面子上,我以后再也不写信到你们家电空调公司去了。"果然,他很守信,以后再也没有写信到家电空调公司去。

洛克菲勒曾有一件很有趣的轶事:

有一位不速之客突然闯入他的办公室,直奔他的写字台,并以拳头猛击台面,大发雷霆:"洛克菲勒,我恨你!我有绝对的理由恨你!"接着那暴客恣意谩骂他达10分钟之久。办公室所有职员都感到无比气愤,以为洛克菲勒一定会拾起墨水瓶向他掷去,或是吩咐保安员将他赶出去。然而,出乎意料的是,洛克菲勒并没有这样做。他停下手中的活,用和善的目光注视着这位攻击者,那人越暴躁,他便显得越和善!

那无理之徒被弄得莫名其妙,他渐渐地平息下来。因为一个人发怒时,遭不到反击,他是坚持不了多久的。于是,他咽了一口气。他是做好了来此与洛克菲勒作斗争的准备,并想好了洛克菲勒将要怎样回击他,他再用想好的话语去反驳。但是,洛克菲勒就是不开口,所以他不知如何是好了。

气之忍第二

【原文】

燥万物者，莫熯乎火；挠万物者，莫疾乎风。风与火值，扇炎起凶。

气动其心，亦蹶亦趋，为风为大，如鞲鼓炉。养之则成君子，暴之则成匹夫。

一朝之忿，忘其身以及其亲，非惑欤？

噫，可不忍欤！

【译文】

在所有能干燥万物的东西中，没有比火的温度更高的了；在所有能搅动万物的东西中，没有比风的速度更快的了。当风与火相遇时，二者互相促进，就能引起难以预料的灾祸。

气可以触动人的心志，既可以使人跌倒，又可以使人快走。人如果要损害浩然之气，那么它就会伤害人的心志，就如同用皮囊向火炉鼓风一样，越鼓火势越旺。如果能培养这种浩然正气，把它与道义相结合，行动就合乎礼仪，这就是君子；如果不培养它，行为就会粗暴，这就是匹夫。

《论语》载，孔子在回答樊迟关于如何辨惑时说："如果因一时的愤怒，就将自己及亲人置之脑后，这难道不是糊涂吗？"

啊！为人处世能不学会忍耐吗？

【评析】

俗话说："大肚能容，容天下难容之事；开口常笑，笑天下可笑之人。"气度是衡量一个人能否成就大事的重要尺度。“天外有天,人外有人。”每个人都要摆正心态,给自己一个准确的定位。如果总是小肚鸡肠,容不得技高一筹的人,同样也会使自己穷于应付,身心疲惫。

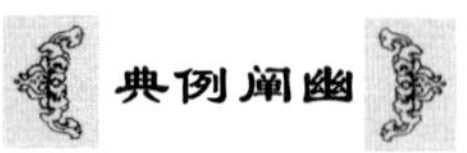

气量狭小,深受其害

周瑜为人气量狭小,容易生气。深谙兵法的诸葛亮,正是利用周瑜不善容忍的性格,才巧妙地用计激怒周瑜,实现了孙刘联合抗曹的计划,也为三国鼎立奠定了基础。

赤壁之战结束,孙刘联军大胜,曹操败走。孙刘两家此时为各自利益都盯住了荆襄之地。刘备没有领地,急欲取荆襄之地为基业,而孙权也欲全取荆襄,这样可以全据长江之险,与曹操抗衡。刘备和孔明提兵屯于油江口,准备夺取荆州。周瑜见刘备屯兵,知道他有夺取荆州的意思,便亲自赴油江与刘备谈判。刘备在孔明的授意下,允诺只有当东吴攻不下南郡自己才能攻取,而心中其实忧虑,他怕东吴攻下南郡之后,自己无处容身。孔明却宽慰他说:“尽着周瑜去厮杀,早晚教主公在南郡城中高坐。”那时曹操虽走,却留下猛将曹仁守南郡,心腹大将夏侯惇守襄阳,攻打有着相当的难度。周瑜在攻打南郡的时候,吃了好几次败仗,自己也中了毒箭,但是他终于还是将曹仁击败。当他来到南郡城下,准备进城的时候,却发现城池已被赵云袭取。这时,又有探马来报,荆州守军和襄阳守军都被诸葛亮用计调出,城池已都被刘备夺取。周瑜十分愤怒:“不杀诸葛村夫,怎息我心中怨气!”

刘备取了荆州之地后,周瑜要鲁肃去讨说法,刘备狡辩道荆州曾是刘表的地盘,如今刘表虽然死了,可是他儿子还活着,我做叔叔的辅佐侄子取回自己的地盘怎么不行?这听起来似乎有理,但不久刘表之子刘琦死了。鲁肃再去讨时,孔明又一席强辩,说什么刘备是皇族,本就该有土地,何况刘备还是刘表的族弟。令鲁肃不知道如何应答。到最后,终于说荆州算暂时借东吴的,但要取了西川再换,还立下文书。此时刘备夫人去世,周瑜便鼓动孙权用嫁妹之计将刘备赚往东吴而谋杀之,继而夺取荆州,但不想此计被诸葛亮识破,便将计就计让刘备与吴侯之妹成了亲。当岁末年终,玄德依孔明之计携夫人几经周折离开东吴时,周瑜亲自带兵追赶,却被云长、黄忠、魏延等将追得无路可走,蜀国岸上军士齐声大喊:“周郎妙计安天下,赔了夫人又折兵!”把周瑜气得再次金疮迸裂。

过了一段时间，刘备没有丝毫取川的迹象，此时曹操为了瓦解孙刘联盟，表奏周瑜为南郡太守，程普为江夏太守。于是周瑜再遣鲁肃去讨荆州。孔明再次狡辩一番，为自己找理由。周瑜设下“假途灭虢”之计，名为替刘备收川，其实是夺荆州，不想又被孔明识破。周瑜上岸不久，就有几路人马杀来，都言道“活捉周瑜”，周瑜气得箭疮再次迸裂，昏沉将死，死前，仰天长叹：“既生瑜，何生亮！”

色之忍第三

【原文】

桀之亡，以妹喜；幽之灭，以褒姒。

晋之乱，以骊姬；吴之祸，以西施。

汉成溺，以飞燕，披香有“祸水”之讥。

唐祚中绝于昭仪，天宝召寇于贵妃。

陈侯宣淫于夏氏之室，宋督目逆于孔父之妻，败国亡家之事，常与女色以相随。

伐性斤斧，皓齿蛾眉；毒药猛兽，越女齐姬。枚生此言，可为世师。噫，可不忍欤!

【译文】

夏朝之所以灭亡，是因为其国君桀宠爱美女妹喜；周幽王之所以灭亡，是因为他宠爱褒姒。

春秋时，晋国之所以五世大乱，都是由骊姬蛊惑挑拨晋献公造成的；吴国之所以遭遇亡国之祸，是因为吴王宠幸西施。

汉成帝沉溺于美女赵飞燕的温柔乡中不能自拔，因此披香博士大骂赵飞燕姐妹是祸水。

唐朝的帝位延续在武则天时中断；天宝年间的安史之乱也是由于唐玄宗宠爱杨贵妃而引起的。

《左传》载，宣公九年，陈灵公与夏姬公开淫乱，终于惹下杀头之罪；鲁桓公元年，宋太宰华父督因在路上盯着孔父嘉的妻子看，终于惨遭杀身之祸。所以说这些国破家亡的事，大多是由贪图女色引起的。

西汉的枚乘在《七发》中，将拥有皓齿蛾眉的美女，比作砍伐性命的利斧；又说越女齐姬，就像毒药与猛兽。枚乘的这段话，可以作为后世的警言。啊！面对美色，难道能不忍住自己的欲念吗?

【评析】

中国古代由于贪恋美色而招致亡国的例子比比皆是，夏朝、周朝的灭亡便是铁证。作为一国之君，不把心思放在治国上，反而完全用在贪恋美色上。试想，这样荒淫无道的君主，国家岂有不亡之理？历史的教训是深刻的，所以，对于人生男女之大欲，要适可而止，不能无止境地贪求了。

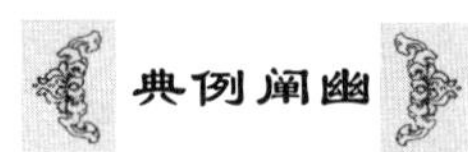

荒淫无道的君主招致亡国

春秋时，晋献公在征伐骊戎时，俘获了一个骊女，封为骊姬。晋献公非常宠爱她，被她所迷惑，导致太子申生上吊自杀，公子重耳和夷吾逃亡在外，秦国大举入侵。后来晋国在重耳的重新执政下，才重新成为诸侯的霸主。可以说，晋国五世之乱，都是由骊姬蛊惑挑拨造成的。《史记》载，吴国攻破越国后，越国人将西施进献给吴王夫差，请求退兵，吴王答应了他们。此后，吴王沉溺于美色当中，朝政荒废，并且拒绝听取伍子胥的忠告；越王勾践却时时怀有复国之心，卧薪尝胆，在二十二年后，一举进攻灭掉吴国。夫差收纳了西施，因而自取灭亡。

汉成帝喜爱能歌善舞的赵飞燕，将其召入宫中，宠爱她，沉溺于这"温柔乡"中不能自拔，并愿终老于此。赵飞燕的妹妹合德也是绝世佳人，汉成帝周旋于两位美人中乐不思蜀。披香博士淖方成大骂："此祸水，灭火必矣。"不久以后，汉成帝果然驾崩了，做了"温柔乡"中的风流鬼。

唐武后十四岁时很美，唐太宗将她召入宫中，并封为才人，后来太宗驾崩，她出家为尼 。唐高宗惊其美艳，又将她召回宫中，封为昭仪，继而立皇后。高宗死后，唐武后废了中宗，自己称帝，并将国号由"唐"改为"周"，唐朝的命运差点葬送在她手中。后来武则天八十岁时死了，中宗复国，唐朝的国运才重新振兴。

唐玄宗宠爱杨贵妃，荒淫无度，并纵容她收胡人安禄山为养子，加官晋爵。后来安禄山反叛，扰乱中原，攻陷长安，皇帝出逃，贵妃在马嵬驿被赐死。这一切灾难都可以归结为：玄宗过分宠爱杨贵妃。

《左传》记载，宣公九年，陈灵公与二臣孔宁、仪行父同大夫御叔的妻子夏姬私通，并将进谏的大夫泄治杀害，最终他们自己也惹下了杀身之祸。鲁桓公元年，宋

太宰华父督在路上看到孔父嘉的妻子，一直目送着她，并赞叹其"美而艳"，后来把孔父嘉杀死，夺其妻子。不过最终他也逃脱不了被人杀害的命运。所以说有人败家亡国，有人自取灭亡，多数都是女色招来的祸乱。历史上像这种因好色而导致国家或个人灭亡的事例俯拾皆是。

酒之忍第四

【原文】

禹恶旨酒，仪狄见疏。周诰刚制，群饮必诛。

窟室夜饮，杀郑大夫。勿夸鲸吸，甘为酒徒。

布烂覆瓿，箴规凛然；糟肉堪久，狂夫之言。

司马受阳谷之爱，适以为害；灌夫骂田蚡之坐，自贻其祸。噫，可不忍欤！

【译文】

《史记·禹本记》载，禹喝了仪狄做的酒，认为很甜，说："后世必有因酒亡国的人。"于是就疏远了善于酿酒的仪狄，并戒美酒。《尚书·酒诰》载，周成王告诫康叔说："你要严格控制饮酒，如果有人向你告发集体饮酒，你不要让他们逃脱，应全部捕到都城中，我要全部问斩。"

《左传》载，襄公三十年，郑国伯嗜酒如命，在地窖里日夜饮酒，后来被驷氏打死。唐朝李适之，在玄宗时任左相，喝酒就像鲸吞吸百川水一样。所以，人不要自夸有鲸鱼吞水的海量而甘当酒鬼，以免惹祸或误事。

晋朝王导以盖酒坛的布时间长了会腐烂来劝说迷恋美酒的孔群戒酒，这是箴言；孔群却以酒糟腌的肉保存时间会更长久来拒绝王导的劝说，这是狂夫之言。

《左传》载，成公十六年，楚恭王和晋厉公在鄢陵打仗，楚司马子反因喝了佣人谷阳好心敬献的美酒而醉卧不起，贻误军情，招致斩首。西汉的灌夫因饮酒过量，在丞相田蚡的婚礼上醉酒大骂田蚡，结果招致杀身之祸，连营救他的窦婴也一同被杀害。唉！酒能误事招祸，害身杀身，面对酒的诱惑，能不忍耐吗？

【评析】

禹喝了仪狄做的酒后，便懂得饮酒可以亡国的道理。所以提倡饮酒应适度。现实生活中，酒桌上不贪杯的人是少见的。喝酒不贪杯，是一种修养，也是一种美德，跟别人一起喝酒的时候，即使喝到兴头上也仍然能做到饮酒适度，这往往需要一个人具备极大的忍耐力，不是一般人所能做得到的。当然，为了你的生活和事业，你需要锻炼自己具备这种忍耐力。

典例阐幽

学会克制自己

陈敬仲，是春秋时期陈国国君陈厉公的儿子。当时统治秩序和社会伦理道德异常混乱。在争权夺利的斗争中陈宣公的太子被杀，而陈敬仲跟陈宣公的太子关系很好，是他的同党，因此，为了逃避不测之祸，陈敬仲带着家人逃到了齐国。

齐桓公早就听说陈敬仲德才兼备，在陈国很有声望，心中很想与他会面，只是苦于没有机会。陈敬仲刚到齐国，齐桓公便迫不及待地接见了他。一席交谈，齐桓公顿生相见恨晚的感觉，他立即决定让陈敬仲做卿。

卿在当时是一种高官，一般是不轻易让别国的人做的，能做齐国的卿，是许多人梦寐以求的美事。陈敬仲恭敬地向齐桓公施了一礼，辞谢道：

"我在陈国被逼得无栖身之所，只好逃到贵国来寄居。如果承蒙您的恩典，让我有幸能在您的宽厚的政教下生活，就心满意足了。我本是个不明事理、没有什么才能的人，您不责怪我，我已感恩不尽，哪敢贪图富贵，巴望做卿那样的高官呢？况且，让我这样一个客居贵国的无能的人做官，一定会招致人们对您的非议，我又怎能给您添麻烦呢？这件事万万不可。"

齐桓公见他再三推辞，情真意切，也就没有再难为他，而是让他做了"工正"，管理各种工匠。陈敬仲做了"工正"后，表现很出色，齐桓公对他的才能更加赏识。

有一天，陈敬仲请齐桓公到家中喝酒。齐桓公兴冲冲地带着随从人员来到陈敬仲家中，酒席已摆好在庭院中了。

这天，风和日丽，加上庭院中景色雅致，布置得体，桓公一见，早将那些烦人的政务抛到了脑后，忍不住开怀畅饮。

席间，桓公与陈敬仲一起评古论今，臧否人物，越说越投机。说到高兴处，情不自禁地相视哈哈大笑；谈到气愤处，不免要摩拳擦掌、扼腕长叹。

俗话说"酒逢知己千杯少"，桓公的酒量本就不小，加上遇上陈敬仲这样一个知己，更是海量了。左一杯，右一杯，一直喝到太阳落山，桓公已有几分醉意。但他

仍觉得没有尽兴，吩咐左右：

“赶快点上灯火，我要与陈大夫再喝几杯。”

陈敬仲赶紧站起来，恭恭敬敬地说：

“不能再喝了！我只想白天请您喝酒，晚上就不敢奉陪了！”

桓公感到有点失望，脸上露出不高兴的神情，说：

“我与你正喝到兴头上，你怎么能扫我的兴呢？”

陈敬仲诚惶诚恐地解释道：

“酒宴是一种礼仪性的活动，只能适可而止，不能过度。如果您因为跟我喝酒而没把握住分寸，遭到别人的指责，我怎能逃脱罪责呢？所以，请您原谅，我实在不能执行您的命令。”

桓公一想也有道理，便不再坚持了。

声之忍第五

【原文】

恶声不听，清矣伯夷；郑声之放，圣矣仲尼。

文侯不好古乐，而好郑卫；明皇不好奏琴，乃取羯鼓以解秽。虽二君之皆然，终贻笑于后世。

霓裳羽衣之舞，玉树后庭之曲，匪乐实悲，匪笑实哭。

身享富贵，无所用心；买妓教歌，日费万金；妖曲未终，死期已临。噫，可不忍欤

【译文】

孟子说，伯夷从来不听败坏人心性的声音，被赞颂为圣人中最清高的人；《论语》记载孔子回答颜渊的问话时，建议舍弃郑国纵情的靡靡之音，以更好地治理国家。

《礼记·禾记》记载，魏文侯不喜欢古典雅乐，偏偏喜欢郑国和卫国的粗俗音乐；唐明皇不喜欢奏琴，反而喜欢外族传入的羯鼓来排解心中的郁闷之气。他们二人都喜欢世俗粗俗的音乐，成为后人讥笑的对象。

《天宝遗事》载，唐明皇创作了《霓裳羽衣曲》这样的音乐，结果疏于朝政，导致安史之乱；而《玉树后庭花》这样的歌曲，使得陈后主朝政松懈，导致亡国。这两位君主沉醉于歌舞中时是快乐的，但国破家亡时，快乐就变成悲哀了，当初的欢笑就化为哭泣了。

晋朝的石崇，身为权贵，挥金如土，沉溺于声色犬马中，买来女子教她们唱歌跳舞，挥霍无度，结果惹来杀身之祸，且殃及父兄妻儿，这正是“妖曲未终，死期已临”。唉！扰乱人心的声音如此祸国殃民，怎么能不拒绝它的诱惑呢？

【评析】

音乐依其曲调和内容分为高雅和低俗。高雅的乐曲能够让人修身养性，不为世俗的恶浊之声所搅扰。一个人是喜欢高雅的乐曲，还是沉迷于靡靡之音，首先反映的是一个人道德修养的问题，从中我们也可以看到一个人的心胸和志向。沉迷于低俗的音乐，个人的格调就不会太高，整天在靡靡之音中度过，只会给自己带来恶果。

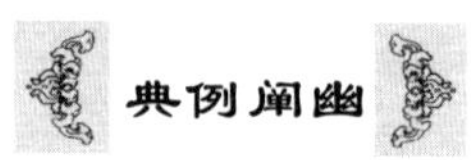

务必远离靡靡之音

春秋时，卫灵公手下有一个很有才华的乐师，叫师涓。

有一次，师涓跟随卫灵公出访晋国。走到濮水边上一个叫桑间的地方时，天色已晚，他们就在附近的驿馆里住下来。

夜半时分，卫灵公忽然听到濮水上有人弹琴，琴声时隐时现。卫灵公想，在宁静的夜晚，面对波光粼粼的濮水，赏月听琴，真是一件美事。卫灵公于是问左右侍从可否听到琴声，但出乎意料，竟没有人听到有什么琴声。卫灵公十分生气，命令把师涓找来。师涓匆匆赶来，问有什么事情吩咐。

卫灵公说：“我明明听见有人弹琴，可是问左右却都说没听见，大概是他们耳朵有问题。我要你听了后把它记下来，然后弹给我听！”师涓马上答应：“是！”就在琴桌旁坐了下来，伏耳静听。卫灵公和侍从们都去睡了，师涓还正襟危坐在窗前。

第二天一大早，师涓就告诉卫灵公说：“我已经记下了那支乐曲，只是还需要加以练习。请再住一天吧！”卫灵公表示同意。过了一天，师涓就将乐曲弹给卫灵公听，竟然弹得和卫灵公在濮水上听到的一模一样。卫灵公大悦。到了晋国，晋平公设宴招待他们。酒过三巡，卫灵公得意地对晋平公说：“我这次来，带来一首新的乐曲。现在，让我的乐师师涓为您演奏吧！”平公答应道：“好！”师涓马上理好琴弦，

在众人面前绘声绘色地弹起了刚刚从濮水上学来的琴曲。才弹了一半，就见晋平公的乐师师旷激动得站起来，一把捂住师涓的琴弦说："这可是亡国之音，不能听的呀！"一句话使得在场众人面面相觑，他们不知道师旷为什么要这样说。晋平公问师旷："这是从何说起呢？"

师旷说："这首乐曲是殷纣王时流行的'靡靡之乐'，是师延所作。殷纣王整日耽于酒色，沉湎于这种音乐之中，生活腐败，不问政事，最终亡了国。殷纣王死后，师延抱着琴逃到了濮水边上，有人看见他投水自杀了。师涓，你一定是在濮水上听到这支乐曲的吧？"师涓诧异地点点头。晋平公却满不在乎地说："我已经老了，生平喜欢的就是音乐。你就放开手，让师涓把曲子弹完吧。"师旷无法，只得抬手，让师涓继续演奏。曲终，师旷说："这种靡靡之乐柔弱不振，殷纣王因为听它而亡了国。主公应该引以为鉴，切不可重蹈纣王的覆辙啊！"

食之忍第六

【原文】

饮食，人之大欲，未得饮食之正者，以饥渴之害于口腹。人能无以口腹之害为心害，则可以立，身而远辱。

鼋羹染指，子公祸速；羊羹不遍，华元败衄。

觅炙不与，乞食目痴，刘毅未贵，罗友不羁。

舍尔灵龟，观我朵颐。饮食之人，则人贱之。噫，可不忍欤！

【译文】

《礼记·礼运篇》说，饮食是每个人都有的重大欲望。长时间饥饿的人，吃什么都觉得香；长时间干渴的人，喝什么都觉得甜，这其实是因为失去了饮食的正常滋味，是由于太饥渴了而产生的错觉。饥渴可以破坏人正常的口腹感觉，贫贱也能摧残人的心志。当面对钱财的时候还能做出合乎道义的选择时，就可以成家立业，远离耻辱了。

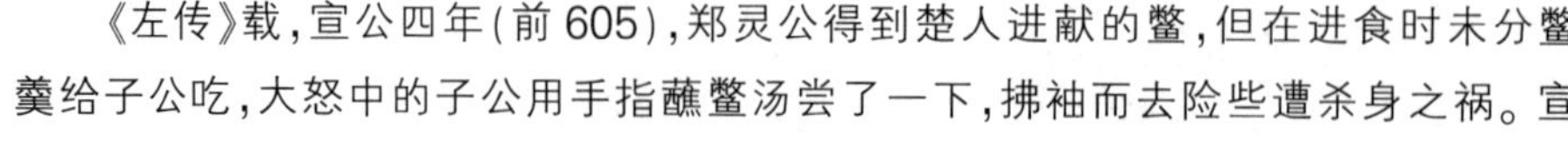

《左传》载，宣公四年（前605），郑灵公得到楚人进献的鳖，但在进食时未分鳖羹给子公吃，大怒中的子公用手指蘸鳖汤尝了一下，拂袖而去险些遭杀身之祸。宣

公二年(前607),宋郑两国即将交战,宋将华元宰羊慰劳士兵而遗忘了车夫羊斟,交战时,气愤中的羊斟驾车直接将华元送到郑国军队受俘,导致华元在战争中惨败。

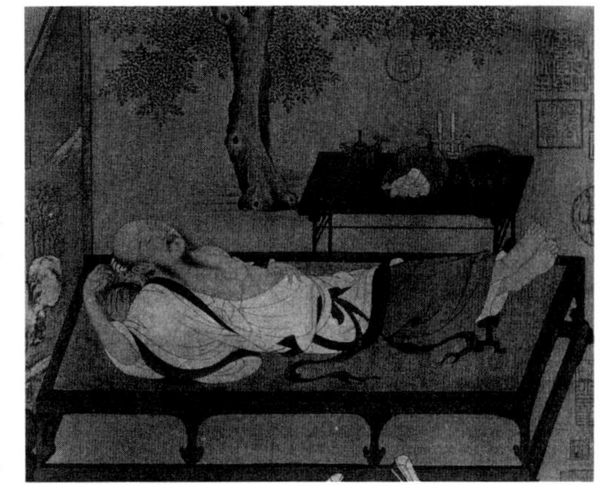

晋朝的庾悦在刘毅家境贫困的时候,没有施舍给刘毅食物,因此当刘毅飞黄腾达之后,庾悦受到了夹怨报复;晋朝的罗友曾被人误认为是讨饭的傻子,可实际上拥有非凡的才能。

《易经》中说:"舍弃自己那如同灵龟般的智慧,去观望别人心中的食物,此卦为凶。"在饮食方面过分讲究,为求美食不择手段,甚至丧失人格,这样的人,人们怎么能不鄙视他?啊!注重口腹之欲会使人丧失智慧和人格,面对它的诱惑,我们怎能不忍一忍呢?

【评析】

口腹之欲,有时候表现得并不单纯是吃点什么、喝点什么,其背后往往还牵扯到极其复杂的目的。宋郑两国即将交战,宋将华元宰羊慰劳士兵而遗忘了车夫羊斟,而后遭到杀身之祸。因此,如何管住自己的口腹就显得尤为重要。一是要忍住自己贪图美食的欲望,口腹由于不忍饥渴会受到损害。人的志向如果不注意进行培养,也会像口腹受到伤害那样逐渐丧失,二是要忍耐那种只因为没有得到食物就仇视别人,甚至不顾大局,不顾及国家利益去报仇的行为。这是非常卑鄙的做法,应该忍住不去做,这样才能成为一个品行端正的人。

典例阐幽

欲望是一种毒

郑板桥的诗、书、画名重当时,在他回到扬州以后,就靠卖字画的收入来供养他的家庭生活。因为求书求画的人很多,他讨厌那种矫情的做作,虚假的客套,干脆写一张润笔条例贴在墙上,大幅六两,中幅四两,小幅三两,书条对联一两,扇子、斗方五钱。润笔条例定下来了,但也有例外。郑板桥最喜欢吃狗肉,如果有人烹一碗喷香的狗肉送给他，他会作一小幅字画回报，不收润笔了。

郑板桥卖字画还有一条原则，即不落上款。如果他在字画上替你落款，即写上你的字号，称你为某某兄或某某先生，那就是他对你印象极好，另眼相看了。

扬州有一个盐商姓王，名德仁，字昌义，拥资巨万，阔绰豪奢。他富极无聊，也想附庸风雅。他知道郑板桥最不喜欢那些豪绅巨贾，与他结交，根本不可能，即使出润笔费，郑板桥不见得会卖字画给他。他只好辗转托人购得了几幅，但因为没有上款，总感到意犹未尽，于是他想了一个计策。

郑板桥喜欢出游。一天，他游到一处地方，时已过午，有点饿了。忽然听到悠扬的琴声从远处飘来，他沿声寻去，发现前面有一片竹林，竹林中有两三间茅屋。刚走近茅屋，一股肉香就扑鼻而来，茅屋里面有一位老者，须眉皆白，道貌岸然，正在危坐弹琴，旁边有一个小童正在用红泥火炉炖狗肉。

郑板桥不由得垂涎三尺，对老者说："老先生也喜欢吃狗肉？"老者说："世间百味唯狗肉最佳，看来你也是一个知味者。"郑板桥深深一揖："不敢，不敢，口之于味，有同嗜焉。老人说：'那太好了，我正愁一人无伴，负此风光。'"于是便叫小童盛肉斟酒，邀郑板桥对坐大嚼。

郑板桥高兴极了，肉饱酒酣之余，他想用字画作为回报。见老者四壁洁白如纸，但却空无一物，便问："老先生四壁空空，为何不挂些字画？"老者说："书画雅事，方今粗俗者多，听说城内有个郑板桥，人品不俗，书画也好，不知名实相符否？"郑板桥说："在下就是郑板桥，为老先生写几幅如何？"老者大喜，赶忙拿出预先准备好的纸笔，于是郑板桥当面挥毫，立成数幅，最后老者说："贱字'昌义'请足下落个上款，也不枉你我今天一面之缘。"

郑板桥听了不由一怔，说道："昌义是盐商王德仁的字，老先生怎么与他同号呢？"老者说："我取名字的时候他还没有生呢，是他与我同字，不是我与他同字，而且天下同名同姓的人太多了，清者清，浊者浊，这有什么关系呢！"

郑板桥见他说得在理，而且谈吐不凡，于是为他落了上款，然后道谢告别而去。

第二天郑板桥一早起来，想起昨天吃狗肉的事，总觉得有点不对劲，于是叫一个仆人到盐商王德仁家去打听情况。仆人回来说，王德仁将郑板桥送的字画悬挂在中堂，正在发柬请客，准备举行盛大的庆祝宴会呢。

原来这个王德仁早就调查清楚了郑板桥的饮食起居，习惯爱好，以及他经常去的地方，并以重金聘请了一位老秀才，花了几个月的时间来等待，才抓到了这个机会，让郑板桥上了当。

乐之忍第七

【原文】

音聋色盲，驰骋发狂，老氏预防。

朝歌夜弦，三十六年，嬴氏无传。

金谷欢娱，宠专绿珠，石崇被诛。

人生几何，年不满百；天地逆旅，光阴过客；若不自觉，恣情取乐；乐极悲来，秋风木落。噫，可不忍欤！

【译文】

《老子·十二章》说，五音能使人耳聋，五色能使人眼盲，纵横驰骋去打猎会使人心发狂。老子认识到了这些道理，强调对于音、色、欲要多加克制。

秦始皇统一中国后，过着白天歌舞，夜里奏乐的荒淫无度的生活，才36年，秦王朝就被刘邦灭掉了。

晋朝石崇在金谷园内寻欢作乐，万分宠爱美艳的妾绿珠。赵天伦宠幸的孙秀向石崇索要绿珠未果，便向赵王伦诬告而获罪被斩。

人的一生能有多久，还不足一百岁，天地只是暂时居住的旅馆，光阴只是匆匆过客；人如果不好好珍惜这短暂的时间，而放纵自己，恣情取乐，那么到头来就会乐极生悲，就像秋风过后草木凋零一样。唉！物极必反，乐极生悲，能不忍耐一下恣意享乐的欲望吗？

【评析】

人的一生，细细说来，也只是短短几十载而已。如果不能抓住这人类历史的长河中的一个瞬间，做些有意义的事情，就会愧对自己的人生。秦始皇统一中国后，为了能纵情取乐，结果葬送了自己的国家，代价可谓是够大的了。但是，在现实生活中，还是有许多人不能从中吸取教训，他们一味追求玩乐，总是抱着无所谓的态度，其是这是十分危险的。当有一天青春不再时，才想去做些有意义的事，恐怕已经是时不我待了。

典例阐幽

周幽王“烽火戏诸侯”

在中国历史上，有一则为了博取美人一笑而亡国的有名的事例。这就是周幽王“烽火戏诸侯”的故事。

只为了褒姒一笑，周幽王点燃了烽火台，戏弄了诸侯。公元前781年，周宣王去世，他儿子即位，就是周幽王。周幽王昏庸无道，到处寻找美女。大夫越叔带劝他多理朝政。周幽王恼羞成怒，革去了越叔带的官职，把他撵出去了。这引起了大臣褒响的不满。褒响来劝周幽王，但被周幽王一怒之下关进监狱。褒响在监狱里被关了三年。其子将美女褒姒献给周幽王，周幽王才释放褒响。周幽王一见褒姒，喜欢得不得了。褒姒却老皱着眉头，连笑都没有笑过一回。周幽王想尽法子引她发笑，她却怎么也笑不出来。虢石父对周幽王说：“从前为了防备西戎侵犯我们的京城，在翻山一带建造了二十多座烽火台。万一敌人打进来，就一连串地放起烽火来，让邻近的诸侯瞧见，好出兵来救。这时候天下太平，烽火台早没用了。不如把烽火点着，叫诸侯们上个大当。娘娘见了这些兵马一会儿跑过来，一会儿跑过去，就会笑的。您说我这个办法好不好？”

周幽王眯着眼睛，拍手称好。烽火一点起来，半夜里满天全是火光。邻近的诸侯看见了烽火，赶紧带着兵马跑到京城。听说大王在细山，又急忙赶到细山。没想到一个敌人也没看见，也不像打仗的样子，只听见奏乐和唱歌的声音。大家我看你，你看我，都不知道是怎么回事。周幽王叫人去对他们说：“辛苦了，各位，没有敌人，你们回去吧！”诸侯们这才知道上了大王的当，十分愤怒，各自带兵回去了。褒姒瞧见这么多兵马忙来忙去，于是笑了。周幽王很高兴，赏赐了虢石父。隔了没多久，西戎真的打到京城来了。周幽王赶紧把烽火点了起来。这些诸侯上回上了当，这回又当是在开玩笑，全都不理他。烽火点着，却没有一个救兵来，京城里的兵马本来就不多，只有一个郑伯友出去抵挡了一阵。可是他的人马太少，最后给敌人围住，被乱箭射死了。周幽王和虢石父都被西戎杀了，褒姒被掳走。

权之忍第八

【原文】

子孺避权，明哲保身；杨李弄权，误国殄民。

盖权之于物，利于君，不利于臣，利于分，不利于专。

惟彼愚人，招权入己，炙手可热，其门如市，生杀予夺，目指气使，万夫胁息，不敢仰视。

苍头庐儿，虎而加翅，一朝祸发，迅雷不及掩耳。

李斯之黄犬谁牵，霍氏之赤族奚避？噫，可不忍欤！

【译文】

《汉书·张安世传》记载，西汉张良，为高祖平定天下立下了汗马功劳，被封为万户侯。但张良位高并不癫狂，他放弃了高官权位，云游四海，明哲保身。唐玄宗宠妃杨玉环一家弄权朝廷，势倾朝野，结果导致安史之乱，差点断送大唐江山。大臣李林甫任唐玄宗的宰相，玩弄权术，终导致天下大乱，祸及百姓。

权力这种东西，有利于君主，但是不利于臣子；有利于分别执掌，不利于专制集权。

其实那些专权的人都是"愚人"，他们把权力都揽在自己手中，得势时受人巴结逢迎，炙手可热，门庭若市，他们拥有生杀予夺的大权，用眼神和气色就可以差遣别人，别人对他们恭敬畏惧，不敢仰视。

他们就是小人得势，而权势又使他们如虎添翼，但是一旦势去，灾祸来临，就像迅雷不及掩耳，躲也来不及。

秦始皇的丞相李斯因为权力过重，被秦二世腰折于咸阳。李斯临死时对他的儿子说："吾欲与若复牵黄犬，俱出上蔡东门逐狡兔，岂可得乎？"李斯至死才明白权力哪里能与牵黄犬逐狡兔的悠闲生活相比呢！汉武帝的骠骑将军霍去病击破匈奴，为西汉立下战功，其弟霍光辅佐太子有功，但最后被满门抄斩，是因为他的权力太大了。唉！权力祸国又害己，面对权力的诱惑，怎能不忍一忍呢？

【评析】

秦始皇的丞相李斯因为权倾朝野，结果招致杀身之祸。权势是一把双刃剑，可以让自己飞黄腾达，也可以让自己身死族灭。当然，在现实生活中，我们都想自己有一定的权力，因为这样可以让你更加自信和受人尊敬，但是千万要记住：集大权于一身而不肯轻易松手的人，实际上是愚蠢的。因为，这样的人往往不知道贪权的害处，或者是已经知道其害处，仍执迷不悟地疯狂占有权势，如果这样的话就很危险了。

忍耐滥用权力的诱惑

南宋时的韩侂胄曾经担任南海县县尉，当时他聘用了一个贤明的书生，并十分信任这个书生。但是后来韩侂胄升迁了，两人便断了联系。

韩侂胄并不知道，那位书生其实后来已经中了进士了，为官一任后，不想再在宦海中拼搏，于是现在赋闲在家。一天，那位书生忽然来到韩府，求见韩侂胄。韩侂胄便借机要他留下做幕僚，并给他丰厚的待遇。盛情难却，书生只好答应留下一段时日。

但是不久之后，书生还是提出要走，韩侂胄无奈，因此设宴为他饯行。席间，韩侂胄悄悄问书生："我现在掌握国政，谋求国家中兴，外面的舆论怎么说？"

书生立即皱起了眉头，然后将一杯酒一饮而尽，叹息道："平章的家族，面临着覆亡的危险，没什么好说的了。"

书生从来不说假话，这一点，韩侂胄非常清楚，心情变得沉重起来，苦着脸问："真有这么严重吗？为什么呢？"

书生非常奇怪韩侂胄为什么至今对此事还毫无察觉，于是用疑惑的眼光看了看他，说："危险昭然若揭，平章为何视而不见？册立皇后，您没有出力，因此，皇后肯定对您心生怨恨；确立太子，您也没努力，太子自然也会仇恨您；为了准备北伐，内地老百姓承受了沉重的军费负担，很多人因此而几乎无法生存，所以老百姓也会归罪于您。您以一己之身，怎能担当起这么多的怨气仇恨呢？"

韩侂胄一听，方感到事情的严重，忙问："你我虽为上下级，但是亲如手足，你能见死不救吗？快告诉我，我该怎么办？"

书生沉吟许久，才说："有一个办法，但我恐怕说了也是白说。我衷心地希望平

章您这次能采纳我的建议。看得出来,当今的皇上并不十分贪恋君位,那么,如果您能迅速为太子设立东宫建制,然后劝说皇上及早把大位传给太子,太子对您就会由仇视转为感激了。太子一旦即位,皇后就被尊为皇太后,那时,即使她还怨恨您,也无力再报复您了。接着,您就趁辅佐新君的机会刷新国政。您还要削减政府开支,减轻赋税,使老百姓尝到其中的甜头。这样,老百姓就会称颂您。最后,您还要选择一位当代的大儒来接替您的职位,自己告老还乡。您若做到以上这些,或许就能转危为安,变祸为福了。"

韩侂胄素来贪恋权位,北伐中原,统一天下,一直是他没有实现的梦想,至今仍是雄心勃勃,哪肯善罢甘休?书生见韩侂胄无可救药,不想受池鱼之殃,便离他而去了。

后来,韩侂胄发动"开禧北伐",遭到惨败。南宋被迫向北方的金国求和,金国则把追究首谋北伐的"罪责"作为议和的条件之一。开禧三年,韩侂胄被南宋政府杀害,他的首级也被装在匣子里送给了金国。

势之忍第九

【原文】

迅风驾舟,千里不息;纵帆不收,载胥及溺。

夫人之得势也,天可梯而上;及其失势也,一落地千丈。朝荣夕悴,变在反掌。炎炎者灭,隆隆者绝。观雷观火,为盈为实,实天收其声,地藏其热。高明之家,鬼瞰其室。噫,可不忍欤!

【译文】

顺着风势行舟,一日千里,岂不快意!然而一味纵情于快意之中,忘却适时掌握舟船的方向,就难逃覆舟溺水的命运!人的势力也是如此。

一个人势力正旺时,就好像拿来云梯即可上青天;等到他失去权势时,就好像从云梯上摔下来,一落千丈。一个人的势力是瞬息万变的,早上得势时身居卿相,享受荣华富贵;晚上失势时已是布褐贱夫。这种变化易如反掌。汉朝扬雄在《解嘲》中说:"熊熊火光是要灭的,隆隆雷声是要绝的。观察这雷和火,声音震耳,光芒耀眼,但实际上是上天要收起它的声音,大地要藏起它的热量。位高权重的人,鬼神时刻都在窥视着他的家室。"唉！势力带给人的命运是如此的变幻无常，面对炙热的势力，难道不该忍一忍吗？

【评析】

历史上躲势让权的人能够明哲保身，但是也有那么一些人独断专权，以至于失掉性命和家庭，这难道不是说专权的人，实际上都是很愚笨的庸人吗？张良辅助汉高祖，为平定天下立下汗马功劳，但他谨慎谦虚，身居高位却懂得明哲保身，最后云游天下。韩信势倾朝野，却招致杀身之祸。所以，对于权势不可过贪，应该克制这种占有权利的欲望，不让它盲目膨胀，忍耐住不去落入争权夺利的陷阱，为长远利益着想。

忍势让权方能全身而退

什么是得势，有了势力又怎么办？一般的人在得势之后，可能会趾高气扬，目中无人，无所顾忌，放任自己。当然，如果一味地凭着势力而为非作歹，那么灾难一定会降临到他的头上。

西汉张良，字子孺，号子房，小时候在下邳游历，在破桥上遇到黄石公，替他穿鞋，因而从黄石公那儿得到一本书，是为《太公兵法》。后来追随汉高祖，平定天下后，汉高祖封他为留侯。张良说道："凭一张利嘴成为皇帝的军师，并且被封了万户侯，位居列侯之中，这是平民百姓最大的荣耀，在我张良是很满足了。但我更愿意放弃人世间的纠纷，跟随赤松子去云游。"司马迁评价他说："张良这个人通达事理，把功名等同于身外之物，不看重荣华富贵。"

张良的祖先是韩国人，伯父和父亲曾是韩国宰相。韩国被秦灭后，张良力图复国，曾说服项梁立韩王成。后来韩王成被项羽所杀，张良复国无望，转投刘邦。楚汉战争中，张良多次计出良谋，使刘邦险中转胜。鸿门宴中，张良以过人的智慧，保护了刘邦安全脱离险境。刘邦采纳张良不分封割地的主张，阻止了天下再次分裂。与项羽和约划分楚河汉界后，刘邦意欲进入关中休整军队，张良劝阻，认为应不失时机地对项羽发动攻击。最后与韩信等在垓下全歼项羽楚军，打下汉室江山。

公元前 201 年，刘邦江山坐定，册封功臣。萧何安邦定国，功高盖世，列侯中所享封邑最多。其次是张良，封给张良齐地三万户，张良不受，推辞说："当初我在下邳起兵，同皇上在留县会合，这是上天有意把我交给您使用。皇上对我的计策能够

采纳,我感到十分荣幸,我希望封留县就够了,不敢接受齐地三万户。"张良选择的留县,最多不过万户,而且还没有齐地富饶。

张良回到封地留县后,潜心读书,搜集整理了大量的军事著作,为当时的军事发展做出了重要的贡献。汉王朝的江山虽然已经巩固,但统治集团内部的明争暗斗仍然十分激烈复杂,稍有不慎,就会被卷进残酷的政治斗争中,轻则落得身败名裂,重则身首异处。张良不但在处理各种复杂问题上表现出过人的智慧,在功成名就时不贪功,不争利,以忍让保全身名的高尚品质,更是难能可贵。

贫之忍第十

【原文】

无财为贫,原宪非病;鬼笑伯龙,贫穷有命。

造物之心,以贫试士,贫而能安,斯为君子。

民无恒产,因无恒心,不以其道得之,速奇祸于千金。噫,可不忍欤!

【译文】

没有钱财叫做"贫"。《庆子·让天篇》载,鲁国的原宪生活贫困,但仍能端坐鼓琴。他在回答子贡的问话时,称自己是贫而不是病;南宋刘伯龙在家里盘算钱财问题时,被鬼讥笑,伯龙认识到,贫穷是命中注定。

老天的意愿是,用贫穷来检验谁更有志气。这就是所说的"以贫试士"。《孟子》说当处于贫穷的境地时,仍然能够做到安贫乐道,这样的人才是君子。

普通人之所以没有永久固定的财产,是因为他们没有坚定的意志。不是通过正当的手段获得钱财的人,通常会在短时间内招致祸患。唉!贫贱不移志,才是大丈夫。面对贫穷的处境,怎能不忍一忍呢!

【评析】

每个人对于贫困都有不同的理解,有些人是不得不居于贫困,苦熬贫困,所以就觉得贫困是可怕的,这是着眼于物质生活的贫困。还有一些人是甘居贫困,是借贫困的环境来磨炼自己的意志,这是自觉地忍受贫困。所以不仅要注重自己的物质享受,还要更看重自己的精神修养,这才是积极的忍受贫困。

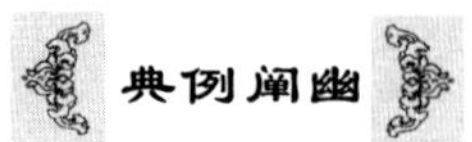

忍受贫困，磨炼心志

三国初期，刘皇叔在三顾茅庐请诸葛亮出山的前夕，曾会见过一位“水镜先生”。他告诉刘备一句著名的话，“卧龙、凤雏，得一人而安天下”。“卧龙”是指诸葛亮，“凤雏”是指庞统。这位“水镜先生”的真名叫司马徽，颍川阳翟（今河南禹县）人，善于识别人才，但不随便议论，凡是有人问起某某人怎样？不论这个人是好是坏，他都只回答一个字：“佳。”

庞统，曾在刘备手下担任军师中郎将，帮助刘备进攻四川，在围攻雒县时，不幸被流矢射中，死时才三十八岁。庞统少年时代性格内向，不大惹人注意，在他十六岁的时候，曾经去看望司马徽。司马徽正在树上采摘桑叶，让庞统坐在树下，两人从白天到深夜谈论了很长时间。司马徽非常赏识庞统，认为他将来一定会成为南郡（今湖北江陵以北一带地区）文人中的首领。经司马徽的这一番赞扬，庞统的声誉便一天天高了起来。后来司马徽移居颍川老家，庞统从南郡历经二百里行程前去探望。到了司马徽的住地，见他还是在树上采桑。这时庞统的见解和少年时代有些不一样了，就从车子里探出头来对司马徽说：“我听说大丈夫活在世上，应该挂着黄金大印，佩着紫色的绶带，怎能委屈自己的才能，在这里做养蚕妇人的事呢？”

司马徽听了，笑笑说：“你先请下车，我再回答你的问题。”等庞统下了车，他接着说：“你只知道拣小路走能够早一点到达目的地，但不知道走小路容易迷路。过去尧时的伯成子告别诸侯，到野外去耕地，并不羡慕功名和荣耀。孔子的弟子原宪住在用桑树条圈成的门枢的屋子里，不要高大的官家住宅。这就是古代的隐士许由、巢父心胸宽阔的地方，也是伯夷、叔齐足以骄傲的原因。在我们这些人眼里，认为像吕不韦那样以奸诈手段骗得官位的人，或者像刘景生那样拥有骏马的昏庸君主，都是不值得夸耀的。”

司马徽的一番话，深刻地教育了庞统，使他认识到必须忍受住贫寒的生活，作为一个人，在社会中为人处世不能只是追求富贵功利，任何事情都要从正道上取得，只能拥有应该拥有的东西。否则，还不如守着朴素和贫寒，具有纯真的性格。庞统迅速领会到了他的含义，对司马徽道谢说：“我生活在中原的边陲地带，很少听到这么精奥的道理。今天如果不是叩响你这座洪钟，敲响你这面能发出雷声的大

鼓，还真不知道天底下竟有这般激昂慷慨的音响哩！”

庞统是智者，但也难免有一时的糊涂认识，水镜先生的一席话，让他知道了忍贫受困也是人生修养的一个部分，不能小看这种锻炼。只有能忍耐住清贫，才能在以后发达的时候真正有所作为。

富之忍第十一

【原文】

富而好礼，孔子所诲；为富不仁，孟子所戒。盖仁足以长福而消祸，礼足以守成而防败。

怙富而好凌人，子羽已窥于子皙；富而不骄者鲜，史鱼深警于公叔。

庆封之富非赏实殃，晏子之富如帛有幅。

去其骄，绝其吝，惩其忿，窒其欲，庶几保九畴之福。噫，可不忍欤！

【译文】

《论语》记子贡询问孔子对富有而不骄横的人的评价，孔子认为富而不骄、富而好礼应是富人的操守；《孟子》记孟子也曾引用鲁国季氏家臣阳虎之话来告诫滕文公，希望他不要为富不仁，要扩天理，遏人欲。富有且有仁爱之心，就能长久幸福而消除灾祸；富有且能礼待他人，这样的人才能保持已有的成就而防止失败。

《左传》载，郑国子皙因富有而无礼，欺压别人，而被抛尸野外，子羽早就预料到了子皙的下场；富有而不骄奢的人很少，卫公叔文子因富有骄横得罪卫灵公而流亡他国，史鱼早就严肃地警告过公叔了。

《左传》记载齐国庆封的富上加富并不是上天对他的赏赐，实际上是一种惩罚，最终难逃被杀害的命运；而齐国宰相晏婴就拒绝更加富有，因为他明白“富者不可妄益，益则取亡“的道理。

富有并不是罪过，但如不加以克制，就会招致灾祸。如果能够去除矜夸之态，去其鄙吝之心，消其心中之怒，禁其淫欲贪念，则能保享五福了。唉！一个人拥有了财富的同时，怎能不忍住自己的骄奢之心呢！

【评析】

人富有了，就容易产生骄横之心，富而不骄的人，天下少有。郑国子皙因富尔欺压别人，而被人抛尸野外。所以，富者要克制自己显富的欲望，为富还要行仁义，对贫弱者有扶住的义务，对社会有贡献财富的责任。富者要忍富，不能因比别人富，就骄横无礼、不可一世。

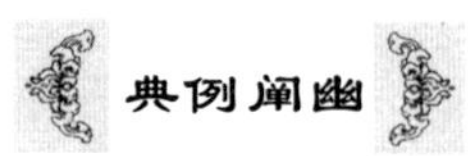

忍住自己的骄奢之心

根据《明史》等官方史料的记载，沈万三真名叫沈富，元末明初人，原籍苏州。他是明朝初年江苏昆山一带有名的大富翁。他原名沈富，因当时民间习惯将名门望族中的人称做“秀”，连上姓名和排行，因此他又被称做沈万三秀。至于其中再嵌上一个“万”字，则是因为他拥有万贯家财。

沈万三竭力向刚刚建立的明王朝表示自己的忠诚，拼命地向新政府输银纳粮，讨好朱元璋，想给他留个好印象。

朱元璋于是下令要沈万三出钱修金陵的城墙。沈万三负责的是从洪武门到西门一段，占金陵城墙总工程量的三分之一。可沈万三不仅按质量提前完了工，而且还提出由他出钱犒劳士兵。

沈万三这样做，本来也是想讨好朱元璋，但没想到弄巧成拙。朱元璋一听，当即火了，他说：“朕有百万雄师，你犒劳得了吗？”

沈万三没听出朱元璋此话的弦外之音，面对如此诘难，他居然毫无难色，表示：“即使如此，我依旧可以犒赏每位将士银子一两。”

朱元璋听了大吃一惊。在与张士诚、陈友谅、方国珍等武装割据集团争夺天下时，朱元璋就曾经由于江南豪富支持敌对势力而吃尽苦头。现在虽已建国，但国强不如民富，这使朱元璋感到无法忍受。

但他没马上表露出怒意，只是沉默一下，冷言道：“军队朕自会犒赏，这事儿你就不必操心了。”朱元璋决意要治治沈万三的骄横之气。

一天，沈万三又来大献殷勤，朱元璋给了他一文钱。

朱元璋说：“这一文钱是朕的本钱，你给我去放债。只以一个月作为期限，第二日起至第三十日止，每天取一对合。”

所谓“对合”是指利息与本钱相等。也就是说，朱元璋要求每天利息为百分之

百,而且是利滚利。

沈万三虽然浑身珠光宝气,但腹中空空,财力有余,智慧不足。他心想这有何难。第二天本利二文,第三天四文,第四天才八文。区区小数,何足挂齿?于是沈万三非常高兴地接受了任务。

可是,沈万三回家仔细一算,不由得傻眼了,虽然到第十天本利总共也不过五百一十二文,可到第二十天就变成了五十二万四千二百八十文,而到第三十天也就是最后一天,总数竟高达五亿三千六百八十七万零九百一十二文。要交出五亿多文钱,他只能倾家荡产了。

后来,沈万三果然倾家荡产,朱元璋下令将沈万三家巨额的财产全部抄没后,又下旨将沈万三全家流放到云南边地。

大富翁沈万三的失败在于让金钱烧昏了头。他为了讨好皇上朱元璋,在出资出力完成部分金陵城墙的修筑任务后,又向皇上提出由他出钱犒劳士兵。没想到,这个马屁拍错了地方,朱元璋大为恼火,国强不如民富,于是朱元璋的一个小计谋便让沈万三倾家荡产了。

贱之忍第十二

【原文】

人生贵贱,各有赋分;君子处之,遁世无闷。

龙陷泥沙,花落粪溷;得时则达,失时则困。

步鹭甘受征羌席地之遇,宗悫岂较乡豪粗食之羞。

买臣负薪而不耻,王猛鬻畚而无求。

荀充诎而陨获,数子奚望于公侯。噫,可不忍欤!

【译文】

人生贵贱,其实早在冥冥之中就已经有了定数了;君子即使处于困境之中,也能做到顺应天命,泰然处之,而不烦闷。

扬雄在《法言·问神篇》中说:“当蛟龙身陷泥土中时,连蜥蜴都可以凌辱它。”南齐范缜对竟陵王萧子良说:“人生贵贱,像树上的花,一齐开放,随风飘落,有的落入席子上,有的掉入粪坑中,前者是你,后者是我。”得到时机就会事事顺利,尽享荣华富贵;失去时机就会陷入贫贱的境地。

三国时的步骘,心甘情愿地接受了征羌为他在窗外席子上摆下一小盘蔬菜作为酒席的待遇;南朝宋时的宗悫,不计较同乡人庾信曾在丰盛宴会上施舍给他小米蔬菜所带来的耻辱。后二人都飞黄腾达。

西汉的朱买臣在妻子因生活贫困而离开他之后,仍怡然自得,边卖柴边读书,并不以卖柴为耻;晋朝王猛靠卖畚箕为生,却仍然不拘小节,悠然自得。后二人都转贱为贵。

一个人在贫贱之时,不因困窘而失志,在富贵之时亦不骄喜而失节。贫贱之时悠然自处,不怨天尤人,不攀仰富贵,而时机到来,则要善于抓住机会,使自己成为一个成功者。啊!贫贱而不失志,就能位至公侯,处于贫贱的人,怎能不安心忍受这种困境呢!

【评析】

人生中虽然充满着机遇和偶然,但实际上在冥冥中高贵和卑贱都已经各有自的定位。如果因处于贫贱地位而沮丧屈服,继而丧失志向的话,那么他们怎么能有这么大的成就,成为富贵之人呢?所以一个人即使处于贫贱之境,也不应自暴自弃,要自勉自立,抓住时机,发奋上进。这样就可以从低处走向高处了。

正视贫贱,转危为安

古人认识到有贵就有贱,这是相对而生的。人处于不发达的境地,自然就会被别人轻视,无论是谈话还是办事,都不会重视你。其实,这是很正常的事情,你不必为此太在意。当然,这并不是说,你一定就要接受别人的轻视甚至是鄙视,只是说当我们身处卑微之时,应该怎么做才是忍贱。有时对于一时的不公,忍气吞声不去计较,不是自轻自贱,而是能够忍贱求生存、求发达的最佳方式。

晋代的王猛,字景略,北海人。年少时家里贫困,靠卖畚箕为生。有一天,一个人出高价买他的畚箕,却不给钱。对他说:“我家里离这儿不远,你跟我去取钱吧。”王猛因他出的价钱很高便跟他去了。他们走了很久,最后在一座深山里停了下来。王猛见一个白发白胡须的老人靠矮凳坐着,这个老人用傲慢的眼神打量着王猛,并给了他十倍的价钱,然后派人送他走了。

王猛相貌堂堂,不屑于理会小事,人们都轻视他,王猛仍然悠然自得。王猛隐居华阴,听说桓温进了关,就穿着破衣服去拜见桓温,捉着虱子大谈当时的大事,

好像旁边没有人的样子。桓温认为他不同寻常,十分高兴地和他交谈,给他祭酒的官做,他却推辞不受。升平元年,前秦尚书吕婆楼向秦王苻坚引荐他。苻坚与他一见如故,谈论当时大事,苻坚十分高兴,说自己是刘备遇上了孔明。于是王猛当了中书侍郎,后来又做了尚书左丞。

人不可能总是处于穷困潦倒的地位,尤其是那些真正有才干的人。他们能够忍受一时的地位低下,日后才能获得高位。

像这样能够不惧地位低下,不惧怕别人的轻视,能够以自己做人的原则约束自己,不断上进,奋发进取的,还有一位,他就是曾子。

曾子身穿破旧的衣服耕田,鲁国国君派人送给他一块封地。告诉他说:"请你用这块封地的收入做一些衣服吧。"曾子没有接受。鲁国国君反复地派人来,曾子一再地拒绝。使者说:"这不是您向别人索求,而是人家主动奉送给您的,为什么不接受呢?"曾子说"我听说,接受人家的东西,就要惧怕人家;给予人家东西,就要傲视人家。鲁君的恩赐,不会傲视我,但我能不畏惧吗?"孔子听到这件事,说:"曾参说的话,足够保全他的节操了。"

物质上的富有和精神上的富有,并不是等同的。一个人,不要因为物质贫穷,就失去了人的高贵和尊严,更不能失去努力进取的决心和意志。像曾子那样,人穷志不穷。不以物质论贱贵。做到如此,离富贵也就不会远了。

贵之忍第十三

【原文】

贵为王爵,权出于天;洪范五福,贵独不言。

朝为公卿,暮为匹夫。横金曳紫,志满气粗;下狱投荒,布褐不如。

盖贵贱常相对待,祸福视谦与盈。鼎之覆餗,以德薄而任重;解之致寇,实自招于负乘。

讼之鞶带,不终朝而三褫;孚之翰音,凶于天之躐登。静言思之,如履薄冰。噫,可不忍欤!

【译文】

人有爵禄谓之贵,天子最高贵;但《尚书·洪范》中提到了五福,分别是寿、富、康宁、攸好德、老终命，其中唯独不提“贵”，是何原因呢？原来贵贱可以相互转化。

这些身居爵位的贵人，朝可能贵为公卿，暮却贱如匹夫。他们得势时，腰金衣紫，志满气粗；他们失势时，下狱投荒，连平民百姓都不如。

贵贱祸福并不是一成不变的，而是相互转化的。是祸是福取决于一个人是谦逊还是傲慢。《易经》曰：“鬼神害盈而福谦，人道恶盈而好谦。”人鬼同心，都是憎恶骄傲自满，喜欢谦虚谨慎。如果一个人道德浅薄而窃居高位，就会因承受不住，而“打翻鼎中的食物”；智力小却谋划大事，就会招来强盗，就好像背负东西的人却要乘坐君子之车。

《易经》说：“王侯赐给他衣带，但一天之内下三次命令夺回。”声音本来不能飞上天，却硬要飞上天，怎么可能长久？《诗·小邪·小旻》中说：“战战兢兢，如临深渊，如履薄冰。”这句诗用来告诫那些贵为公卿的人是最适合不过的。啊！贵并不是福，怎能不忍一忍追求富贵之心呢！

【评析】

在专制主义长期统治中国古代政坛的情况下，人是有贵贱之分的。身处高位即为贵，身为百姓即为贱。但是贵贱并不是一成不变的，而是相互转换的。如果一个人道德浅薄而窃居高位，就会因承受不住，从而失势。相反，一个人深明大义并且身居高位，就会得到人民的爱戴。所以说，骄傲自满是不可取的，而谦虚谨慎才是首选。

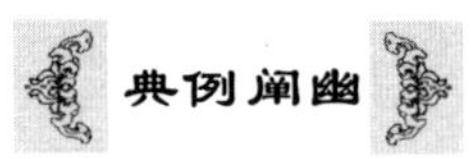

隐忍高人一等的心理

战国后期，赵国的孝成王赵丹即位之初，赵、齐两国派出使者，商量对付秦国，缔结同盟的事。齐国知道年老的王太后赵威后对孝成王还不放心，常常自己出面处理朝政，所以齐国使者干脆直接晋见赵威后。

齐使向赵威后施礼后，递上齐襄王致赵王的函件，赵威后接过去看也没看就

随手放在案几上，然后问使者:“齐国今年庄稼收成如何？百姓的生活过得怎么样？”最后才问“齐王安好吧？”

使者见赵威后不看齐王函件,问话时又将齐王放在最后,以为赵威后轻视齐国,有意使自己难堪;或是不谙礼节,处置不当。他很不高兴地闷声发问:“臣奉齐王的命令出使赵国,晋见太后。首先代表齐王向赵国最尊贵的人太后您致意,然后再通报具体事务。可太后不先问候我齐国地位最尊贵的国君,反而先询问寻常的农业收成和低贱的百姓。这不是本末倒置吗?”赵威后微微一笑,不疾不徐地说:“如果没有农业收成,百姓靠什么生存?如果没有低贱的百姓,又哪来尊贵的国君呢?收成、百姓才是国家的根本,我刚才的询问正是先本后末呀。”赵威后的回答句句在理,所以使得齐使听了,瞠目结舌半晌说不出话来。

赵威后接着问:“贵国有位隐士叫钟离子,他安好吗?”

使者说:“听说还好。”

赵威后说:“这么说,他至今还是个布衣平民?”

使者说:“是的。”

赵威后说:“我听说钟离子在民间,竭尽全力帮助穷苦人,使他们得到急需的粮食和衣服。钟离子这样做是在帮助贵国国君哺育他的人民,这样的忠臣,贵国国君为什么至今仍不重用呢?”

赵威后又问:“贵国的大贤士叶阳子近况如何?”

使者说:“没听说他有什么变故。”

赵威后说:“我对叶阳子的为人十分敬佩。他照顾鳏寡老人,抚恤不幸的家庭,救济穷人。叶阳子这样做,也是在帮助贵国国君安抚他的人民,这样的贤臣,贵国国君为什么至今也不起用?”

赵威后又问:“贵国的孝女北宫氏现在怎样?”

使者说:“好像仍在家中侍奉父母。”

赵威后说:“北宫氏是个独生女,她恪尽孝道,奉养父母,牺牲自己,立誓不嫁。这样的孝女,贵国国君为什么至今都不加以表彰?”

赵威后最后还问:“贵国那位荒诞不经的于陵子仲还活着吧?”

赵威后说:“我对他的为人十分痛恨。他不愿做国君的臣子,拒绝与慕名而来的诸侯和贵族交往,甚至连自己的家庭都弃之不顾。这样毫无社会责任感的人绝非人才,而是害群之马,贵国国君为何至今也没杀掉他?”

使者没有想到自己几句话引起赵威后这么多的追问。他原来自恃齐国比赵国强盛,不觉有些目中无人,赵威后这一连串的提问,问得他心中直发虚,不待他开口答辩,赵威后就作出了结论。

赵威后毫不客气地批评齐襄王说："贵国国君，不能使用忠臣、贤士，不能提倡孝道，不能处置乱民。这样的国君，怎么能治理齐国，做个人民的好君主？"

这时，使者对赵威后高远的见识已十分佩服，轻视之心一扫而光。他郑重地向赵威后认错说："臣愚昧，刚才冒犯了您。听了您的一席话，胜过我苦读数年书。我要把您的话带给齐王，齐国将永远感激您！"

宠之忍第十四

【原文】

婴儿之病伤于饱，贵人之祸伤于宠。

龙阳君之泣鱼，黄头郎之入梦。

董贤令色，割袖承恩，珍御贡献，尽入其门。尧禅未遂，要领已分。

国忠娣妹，极贵绝伦；少陵一诗，画图丽人；渔阳兵起，血污游魂。

富贵不与骄奢期，而骄奢至；骄奢不与死亡期，而死亡至。思魏牟之谏，穰侯可股栗而心悸。噫，可不忍欤！

【译文】

婴儿生病多是因为吃得过饱的缘故，这是因爱而致病；富贵之人招祸多是因为骄横奢侈的缘故，这是因宠而致祸。

《战国策》载，龙阳君担心自己失宠的时候，就像多余的鱼一样被抛弃，因此当他和魏王乘舟钓鱼时，对着钓上来的鱼哭泣；西汉邓通无功而受到文帝宠幸，赏赐巨万，但最后他却饿死。因此，没有真才实学，只是靠别人的宠幸而荣华富贵，那么即使是帝王之爱，也是靠不住的。

西汉董贤，英俊潇洒，与哀帝昼夜同寝，恩爱无比，哀帝曾为不惊动他睡觉而割断被压的衣袖，董贤受赐的珍宝财产无数。哀帝还想像尧一样将帝位禅让给他，但哀帝一倒台，董贤便家破人亡。

唐代杨国忠、杨贵妃兄妹，承受恩泽，势倾天下，极其富贵。唐诗人杜少陵作《丽人行》一诗，鞭挞了杨氏家族得宠而骄横奢侈的现象，结果后来安禄山在渔阳起兵叛乱，杨国忠、杨贵妃被杀，杨门败落。

官位没有与势力约好，势力自己会来；势力没有和财富约好，财富自己会来；

富贵没有和骄横约好，骄横自己会来；骄横奢侈没有和死亡约好，死亡自己会来。魏国公子牟曾对穰侯说的这些话，穰侯铭记于心。其实，因宠而贵，因贵而富，因富而骄，因骄而亡命，这是一条必然的规律啊！啊！宠之害如此，怎么不忍一忍对宠幸的向往之心呢！

【评析】

古代因为得到君王宠爱而招致杀身之祸的人数不胜数。董贤、杨国忠等人虽然得到了君王的宠爱，但是到头来还是难逃一死。原因何在？这些人得到君王的宠爱后，自以为是，玩弄权势，气焰嚣张。俗话说，“多行不义必自毙”，气焰嚣张者的下场也只能是自寻死路。这虽然是一个古训，但是并没有引起后人足够的重视。生活中有很多人为了金钱、为了权力，费尽心机弄权玩势，行尽不义之事。他们侥幸得逞，结果是为了一时之利，赔上了身家性命，着实可悲可叹！

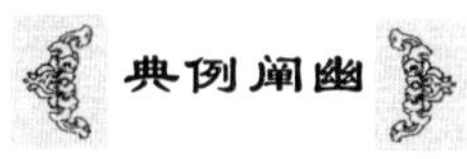

玩弄权术，引火烧身

明朝时期，王振在窃取了朝中大权之后，便操纵英宗，不仅搞乱了明朝内政，使明朝政治更加黑暗，还搞乱了明朝的边防。他勾结北方蒙古贵族，玩弄权术，故意制造事端，又激化了瓦剌贵族与明朝之间的矛盾。

1449 年二月，瓦剌也先遣使两千余人向明朝进贡马，诈称三千人，向明廷多要回赐。王振告礼部依实有人数给赏，并减给马价五分之四。也先大怒，借口明使曾许嫁公主，贡马是致送聘礼，明廷无意许亲，是失信于瓦剌。七月，脱脱不花与也先统率大军，分四路侵入明境。东路军攻掠辽东，西路军进攻甘州。中路军分两路南下，一路进攻宣府，围赤城。另一路由也先率领，直逼大同。

大同明守军战败，参将吴浩战死、大同败报传到北京，太监王振劝英宗亲征。兵部尚书邝埜和侍郎于谦力言六师不宜轻出，不料英宗听了王振的鬼话，力排众议，一意孤行。诏下两日后，英宗统率的大军便匆匆出京了。

七月十六日，英宗率领五十余万大军从北京出发。大军出京前，大同总督西宁侯宋瑛、总兵官武进伯朱冕及都督石亨，曾于十五日在阳和迎战也先军。明军大败，全军覆灭。宋瑛、朱冕战死，石亨单骑逃回，监军太监郭敬伏草丛中逃脱。英宗大军到阳和，仍见伏尸遍野，军心涣散。

八月初一至大同，连日风雨，粮草匮乏，又闻前方守军败退，遂惊慌撤军。初二日，太监郭敬密告王振，如继续北进，正中虏计，决不可行。次日下令班师。初十日，退至宣府。瓦剌军追袭而来，恭顺伯吴克忠、都督吴克勤率兵断后拒敌，数万骑兵几乎全部损失。十四日，明军退至四面环山的土木堡，粮尽水断，人困马乏。瓦剌军跟踪追至，当夜包围明军。十五日，英宗和王振轻信也先佯退言和之计，急令部众移营就水。也先乘明军混乱，令精骑冲杀。明军指挥失灵，全军溃败，英宗被俘。

两军混战中，土木堡之战，明朝五十万精锐部队全部被歼，从征的一百多名文臣武将几乎全部死于战场。消息传到北京，城内一片混乱。护卫将军樊忠用捶捶死王振，说："吾为天下诛此贼！"明军骡马二十余万，并衣甲器械辎重，尽为也先所得。明军五十万，死伤过半。

土木堡之战，明军仓促出师，京军精锐，毁于一旦，勇将重臣多人战死。英宗皇帝被俘更使朝野震动。明王朝遭遇到建国以来所未曾有的严重危机，而这一切都与王振恃宠弄权有密切的联系。

辱之忍第十五

【原文】

能忍辱者，必能立天下之事。圯桥匍匐取履，而子房韫帝师之智；市人笑出胯下，而韩信负侯王之器。

死灰之溺，安同何羞；厕中之箦，终为应侯。盖辱为伐病之毒药，不瞑眩而曷瘳。故为人结袜者廷尉，唾面自干者居相位。噫，可不忍欤！

【译文】

《说苑·丛谈篇》说："能忍耻者安，能忍辱者存。"能够忍受侮辱者，必定能成就大事业。西汉张良，忍辱为黄石公到桥下捡鞋，得其赠送的《太公兵法》，后靠太公良策辅佐刘邦夺取天下，被刘邦封为留侯；西汉韩信，少时曾忍辱从别人胯下钻过，遭到市人耻笑，但他却具有王侯将相的气度，辅佐刘邦成就汉朝大业。

西汉韩安国，因罪入狱后，被狱吏用不可复燃的死灰作比喻，可见韩安国受到的耻辱达到何种程度，但他后来却做了梁王内史；战国时，魏国的范雎曾被人卷入席子抛入厕所，让醉鬼往他身上撒尿，但他最终被封为应侯。由此看来，侮辱确实是祛除疾病的毒性良药，不感到头昏眼花，病就不能完全好。因此，一个人如果不

能忍受耻辱，就难成大器。

所以，西汉张释之为别人系袜而最终当上廷尉，唐代娄师德要求弟弟被别人往脸上吐唾沫却让其自己干掉而担任宰相三十年。啊！忍受一时之辱，最终有所成就，面对屈辱为何不能忍一忍呢？

【评析】

在历代官场中用得最多就是忍辱规则，能忍辱者必能立天下大事，相反亦然。其实暂时的忍辱并不是贪生怕死或胆小懦弱，而是为了更好地成事。就像跳远时往后退几步然后加速方能跳到更远一样。一般说来，能忍辱不是智谋，更多的是体现出一种气度，一种素质。就是说忍是迫不得已的，即使忍也要做到主动、自觉不动声色地壮大实力，在时机成熟时奋起前进。可见这种忍不是逃跑主义，而是进的一个环节，是为了下一步夺取胜利做准备。只有这样的忍才能称得上谋略，一个有抱负，有才华的人为了实现自己的目标，才能在不利的环境下暂时隐忍，等待时机，以图他日东山再起。

典例阐幽

忍常人之不可忍才能成大器

一位大学生，在校时成绩很好，他在毕业后很久，还没找到合适的工作，就决心自己创业。又由于一时筹集不到什么资金，所以他决心先从一个一本万利的事情干起——在街头摆摊擦皮鞋。他的大学生身份曾招来很多不以为然的眼光，却也为他招来了不少生意。他自己倒从未对自己学非所用及高学低用产生过怀疑。

现在呢，他还在擦皮鞋，并且已在全国开了十几家分店，取得了不俗的成就。

“要放下身段”，这是那位大学生的口头禅和座右铭。那位同学如果不去擦皮鞋或许也会很有成就，但无论如何，他能放下大学生的身段，还是很令人佩服的。人的“身段”是一种“自我认同”，并不是什么不好的事，但这种“自我认同”也是一种“自我限制”，也就是说“因为我是这种人，所以我不能去做那种事”。而自我认同越强的人，自我限制便越厉害，博士不愿意当基层业务员，高级主管不愿意主动去找下级职员……他们认为，如果那样做，就有失他们的身份。

有一位留美的计算机博士，毕业后在美国找工作，结果好多家公司都不录用他，思来想去，他决定收起所有的学位证明，以普通身份再去求职。

不久他就被一家公司录用为程序输入人员。这对他来说简直是“高射炮打蚊子”,但他仍干得一丝不苟。

不久,老板发现他能看出程序中的错误,绝不是一般的程序员。这时他亮出学士证,老板就给他换了个更高级的职位。过了一段时间,老板发现他时常能提出一些独到的有价值的建议,远比一般的大学生要高明,这时,他又亮出了硕士证,老板看了后又提升了他。

再过了一段时间,老板觉得他还是与别人不一样,就对他“质询”,他终于拿出了博士证。此时,老板对他的水平已有了全面的认识,毫不犹豫地重用他。

我们有时候缺乏的正是这种“以退为进”的精神,总是不顾一切地向前冲,不碰得头破血流就誓不罢休。虽然勇往直前的精神是极其可贵的,但不讲方法,一味蛮干只会付出不必要的牺牲。后退不代表放弃而是在为新一轮的竞争养精蓄锐,这也是一种智慧。

安之忍第十六

【原文】

宴安鸩毒,古人深戒;死于逸乐,又何足怪。

饱食无所用心,则宁免博弈之尤;逸居而无教,则又近于禽兽之忧。

故玄德涕流髀肉,知终老于斗蜀;士行日运百甓,习壮图之筋力。

盖太极动而生阳,人身以动为主。户枢不蠹,流水不腐。噫,可不忍欤!

【译文】

一心追求安逸的生活,则比鸩毒更加害人,古人早就深以为戒;因为安逸会使人变得懒惰,丧失志向,放纵自己,那么死于安逸,也就不足为奇了。

《论语》载孔子说:“吃饱了饭就无所事事,这怎么能行?就算是下棋也比闲着强啊!”《孟子》也说:“那些饱食暖衣却没有受到教育的人,则如同禽兽。”

三国刘备曾因腿上长出肥肉,却又老之将至,功业未建而感到悲伤,不禁泪流满面;晋朝的陶侃,早上将一百个甓搬至屋外,晚上又运进屋内,只是为了锻炼身体,日后好有精力称霸中原,后来陶侃督察八州,威名赫然。

周敦颐在《太极图说》中说:“太极运动能够产生阳气。”人的生命在于运动。赵

宋的苏颂说:"由于运动的原因,运转着的门轴不会被虫蛀,流动着的水不会发臭。"所以说,安逸如同鸩毒一样害人,人们为何不在安逸的生活中追求一种积极向上的情趣,以充实自己的生活呢?

【评析】

俗话说:"生于忧患,死于安乐。"过于追求安逸的生活,就像毒酒一样对人产生毒害,贪图安逸等于自毁长城,一旦人处于安稳快乐的环境中,就会忘记忧患的存在,消磨了自己的意志,不求上进,得过且过,哪里还谈得上什么发愤图强?所以古人把贪图安逸享乐比喻为饮用毒酒,味道虽然甘美,喝下去却会置人于死地。

敬姜教子

春秋时期的鲁国,有个叫公父文伯的大夫。他的母亲叫敬姜,是一位很有见识的妇女。公父文伯年轻的时候,就做了大官。别人都夸奖他,他也非常得意。

有一天,公父文伯办完公事,兴冲冲地回家拜见母亲。他一进家门,就看见母亲正在摇着纺车纺麻线。那操劳不息的样子,活像穷苦百姓家的老婆婆。公父文伯"哎呀"一声走向前去,低头对母亲说:"像我们这样做官的人家,主人还要摇车纺麻线,要是让人知道了,非笑话不可,还会怪我不孝敬、不侍奉母亲呢!"

敬姜听了,停下手里的活计,抬起头来,惊讶地上下打量了一番做了大官的儿子,摇摇头说:"你连怎么做人还不懂呢!让你这样幼稚无知的人做官,鲁国就有灭亡的危险啦!"公父文伯惊讶地问:"母亲,您为什么这样说?真有这样严重吗?"敬姜叫儿子坐在纺车对面,郑重地说:"从前,圣明的君王,安置黎民百姓,常常要选择贫瘠的地方让他们去居住,让他们在那里生息。什么道理呢?那是因为大家为了生活,就得干活;为了生活得好,就得创造;要想创造,就得用心思考,思考就会产生智慧。反过来说,安逸享乐的生活,常常会使人放荡;放荡,就会忘记了好的德行;忘记了好的德行,就必然产生坏心。"

公父文伯听得入了神儿。敬姜停了停,又继续说:"你可以细心想一下,在土地肥美的地方往往有许多人不能成才,原因就是由于他们安逸放荡啊!在土地贫瘠的地方倒有许多聪明善良的人,原因就是他们能吃苦耐劳啊……"敬姜问儿子:"我希望你要天天勤勤恳恳地做事,要不断上进,培养好的德行,还多次提醒你,

'千万不能毁了前辈艰苦创下的功业,'你还记得吗?"公父文伯说:"记得。"敬姜又说:"那你现在为什么又认为当了官就要享乐了呢?依你这样的态度,去做君主委任的官职,怎么能不叫我忧心忡忡呢!我深怕你会因失职而犯罪啊!"公父文伯赶忙安慰母亲说:"我一定听从母亲的教诲,不贪图享乐。可这跟您纺麻线有什么关系呀?"

敬姜有点不高兴地说:"我看你做了官以后,整天显出得意的样子。不知约束自己,总喜欢讲排场,把先辈艰苦创业的事都忘了。动不动就说什么'怎么不自我享乐呢?'这样下去,早晚有一天,你会犯罪的!我正是为你担心,才起早贪黑地纺麻线,为的是不让你忘了过去,遇事谦让勤俭。你懂了吗?"公父文伯红着脸说:"懂了,母亲。"敬姜说:"这就好。你不要因为少年得志,就贪图眼前享乐,否则将来犯了罪,自己倒霉不说,咱们家也要断了后啊!"

危之忍第十七

【原文】

围棋制淝水之胜,单骑入回纥之军。此宰相之雅量,非元帅之轻身。盖安危未安,胜负未决,帐中仓皇,则麾下气慑,正所以观将相之事业。

浮海遇风,色不变于张融;乱兵掠射,容不动于庾公。盖鲸涛澎湃,舟楫寄家;白刃蜂舞,节制谁从。正所以试天下之英雄。噫,可不忍欤!

【译文】

晋军和秦军淝水之战中,晋军大胜,宰相谢安并没有被喜讯冲昏头脑,而是继续镇静地与客人下围棋。唐朝郭子仪曾单骑深入回纥大军,与其签订誓

约，退回纥兵，不战而胜。谢安，晋之丞相；郭子仪，唐之元帅，这是宰相恢弘的气度，而并不是元帅拿自己的生命开玩笑。一般当两军对峙，安危未定、胜败未分的时候，若帐中主帅仓皇失措，则麾下兵卒就会惧怕胆怯。在此危急关头，正好可以考察将相之器量如何。谢安之镇静，郭子仪之雅量，垂范百世。

南朝齐的张融渡海遇风，毫无惧色；晋代的庾亮面对劲敌的白刃乱舞，从容不迫。巨浪滔天，波涛汹涌的时候，寄身于船上；战场厮杀，一片混乱，正好可以考验天下的英雄豪杰。啊！危急之中才能识英雄豪杰，人们面对危急怎能不忍一忍胆怯之心呢！

【评析】

谢安、郭子仪指挥的大小战役不计其数，每次面临困境之时，他们都能泰然处之，临危不乱，因为只有这样才可能取得战争的胜利。其实，在日常生活中，同样也需要如此。当危急情况发生时，由于人们大多数没有心理准备，所以通常会表现出一定程度的恐慌，但是要想把事情做得完美无缺，只是一味地害怕、吃惊是不行的，这时就必须沉着、镇定果敢地面对，只有这样才有可能走出危险的境地。

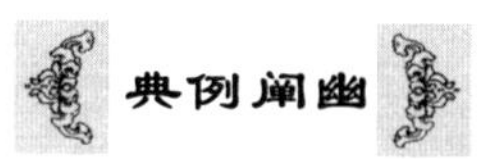

坚忍不乱，以智略取胜

东晋时，谢安的名声愈来愈大，甚至有人说："安石不肯出，将如苍生何！"谢万兵败被革职，谢氏兄弟再无人担任高官，为避免门户中衰，谢安便毅然决定出仕。升平四年(360)八月，谢安出任征西大将军桓温的司马，当时年已四十了。桓温得谢安为僚属，十分高兴。谢安最初官职不高，但颇有威望。

简文帝死后，桓温本以为简文帝会把皇位识趣地让给自己，简文帝倒也确有此意，却被王坦之拦住了，只是让桓温辅政。

桓温大怒，京城里讹言四起，都说桓温此番是要杀尽王谢二族，然后废帝自立。桓温也认为一切都是王坦之和谢安搞的鬼，想趁二人来见时下手除掉，所以在府中两侧安排了刀斧手，用帷幕遮住。'

王坦之和谢安一同去见桓温，明知无异于探头虎口，却又不得不去。见到桓温后，王坦之浑身流汗，手上的手版都拿倒了，谢安却是面不改色，与桓温谈笑风生，畅叙往日情分，桓温倒一时硬不下心来杀掉二人了。

桓温没有得到帝位，便派人一再催促朝廷授给他加九锡殊礼，记室袁宏是文章圣手,当时桓温已重病在身,谢安故意缓行其事,每次袁宏呈草稿上来,都要他修改,一连修改了几次仍不能定稿。袁宏不明其意,问王坦之。王坦之说:"你不明白谢安的心思啊,你看,桓温的病一天比一天重,不会久于人世,文稿还可拖延些时日。"果然,桓温果然没等到加九锡便病故了,晋室朝廷总算逃过一劫。

桓温死后,谢安才成为名副其实的宰相,内忧虽去,外患却越来越强。东晋孝武帝太元八年(383),苻坚调集重兵八十多万,渡江讨伐东晋。东晋举国上下震惊恐慌,谢安的侄子谢玄作为大将,也觉得无法抵挡强大无比的秦军,向谢安询问御敌方略。谢安却说:"朝廷已另有旨安排。"

谢玄也不敢追问。谢安泰然无异常日,命驾车出游,还跟谢玄一起下围棋赌别墅。谢安平日棋技不如谢玄,但这一天谢玄心里慌乱,竟输给了谢安。下完棋,又在别墅附近游览山水,至夜晚才回来。决战前夕,招来诸将,面授机宜。淝水一战,晋军大破秦军,捷报传来,谢安正与客人下围棋,接信看后放在一边,照旧下棋。

谢安表面上漫不经心,内心却是狂喜,毕竟东晋的君臣百姓又逃过了生死大劫,他起身跑回内室时,高兴得脚下木屐的齿株竟被门槛碰断了。这种操胜负于谈笑之间的风度和喜怒不形于色的修养,在社会上广为传颂。

忠之忍第十八

【原文】

事君尽忠,人臣大节;苟利社稷,死生不夺。杲卿之骂禄山,痛不知于断舌;张巡之守睢阳,烹不怜于爱妾。

养子环刃而侮骂,真卿誓死于希烈。忠肝义胆,千古不灭。在地则为河岳,在天则为日月。

高爵重禄,世受国恩。一朝难作,卖国图身。何面目以对天地,终受罚于鬼神。昭昭信史,书曰叛臣。噫,可不忍欤!

【译文】

尽心尽力侍奉君主,乃人臣之大节;为了国家利益,生死可以置之度外。唐代颜杲卿,讨伐叛贼安禄山,城池失守,被俘之后大骂安禄山,被安禄山割掉舌头;唐代张巡起兵于雍上讨伐安禄山,城中食尽,张巡杀爱妾给士兵煮食。颜杲卿、张巡

忠心事主、赤胆报国值得尊崇。

颜杲卿弟弟颜真卿面对欲叛变朝廷的李希烈三千养子的环身辱骂和拔刀威胁,面不改色。他的耿耿忠心,高尚气节,永世都不会消失。其赤胆忠心在天上就像日月一样光芒四射,在地就像山岳一样宏伟壮观。

有些人,享受着高爵厚禄,世代蒙受皇恩,然而一旦国家有难,他们就卖国求生。这种不忠不义之人有什么面目以对天下?他们终会受到来自鬼神的惩罚。光明正大的史书中都明显的记载着他们的名字,把他们称作“叛臣”,为后世人所唾骂。啊!忠臣流芳百世,叛臣却遗臭万年,无论面对何种困境,怎能动摇自己对君主对国家的赤胆忠心呢?

【评析】

侍奉君主,为君主办事应该尽心尽力,这是为人臣子应有的大节;为国家和人民谋取利益,即使牺牲性命也在所不辞。自古忠君和爱国是两层意义,忠君未必爱国,而爱国则是先为国后为君,这才是实实在在的忠臣。不是这些忠正之臣不谙此道,而是他们为国家、民族舍生取义,看淡了个人生死荣辱,因此他们的生命乐章更富有激情。

典例阐幽

忠肝义胆,千古留名

东汉时代臧洪,字子源,广陵射阳人。举孝廉,朴得即丘长。袁绍佩服他为奇才,因此和他结成好友,并让他做东郡太守。当时曹操围困雍丘,情况急迫,臧洪向袁绍请兵来解围,袁绍没有答应。又请求带着自己的部队去,袁绍也不准。于是雍丘陷落了。臧洪从此也痛恨起袁绍,再不和他来往。袁绍领兵围困臧洪,经历了年把时间。最后弹尽粮绝破了城,臧洪被捉。袁绍对他说:“现在服了吧?”臧洪用手撑着地面,瞪着眼愤恨地说:“你袁家在汉朝做官,四代有五公,可以说受足了恩泽。现在皇室衰弱,你不但不怀扶助之意,还要多杀忠良贤臣,而表露自己的奸威。可惜我臧洪的力量太小了,不能为天下人报仇。怎能说服了你呢?”袁绍就杀了臧洪。臧洪的同乡陈容当时也在那里,就对袁绍说:“将军的责任是做天下的大事,要为天下除暴安良,而现在你杀忠义之臣,这怎能合乎天意?”袁绍感到羞惭,叫人把他拉出去。陈容回过头说:“仁义哪里有常规?你服从就是君子,违背就是小人。今天我宁可与臧洪同死,也不愿和你同生了。”于是陈容也被杀了。在场的人都叹息道:

"怎能一天杀二位烈士!"

南朝梁武帝时代,北魏徐州刺史元法僧背叛魏国跑到梁朝来了。魏国安东长史元显和领兵与元法僧作战,元显和被元法僧捉住了。元法僧拉着他的手,要他一起共坐。元显和说:"我和你都出自皇恩,你把你的封地叛送,就不怕历史上把你的罪过记下吗?"元法僧还想安慰他。元显和又说:"我宁可死为忠鬼,也不愿生做叛臣。"元法僧就杀了他。

如臧洪、元显和这样忠烈的人,都已载入史册,使百代以后的人们都知道他们。他们虽然死了,但是他们的英雄气概,忠义精神将永远留存在世间。

孝之忍第十九

【原文】

父母之恩与天地等。人子事亲,存乎孝敬,怡声下气,昏定晨省。

难莫难于舜之为子,焚廪掩井,欲置之死,耕于历山,号泣而已。

冤莫冤于申生伯奇,父信母谗,命不敢违。祭胡为而地坟,蜂胡为而在衣?

盖事难事之父母,方见人子之纯孝。爱恶不当疑,曲直何敢较?

为子不孝,厥罪非轻。国有刀锯,天有雷霆。噫,可不忍欤!

【译文】

父母的养育之恩比天高比地厚。子女服侍父母时要孝顺尊敬,用最轻细和悦的声音、最亲切恭敬的态度与父母说话,晚上安置父母入睡,早上还要问候父母。

在所有的孝子中最难做的莫过于虞舜,他的父母凶悍、嚣张,焚烧仓库,用土填井,欲置虞舜于死地,虞舜在历山耕种,每天对着苍天哭泣,情愿承担父母的罪行以行孝。

在所有的孝子中最冤屈的莫过丁中生和尹伯奇了。他们的父亲都是听信后母的谗言,欲加害于他们。春秋时的申生遭后母骊姬设下的大坟之计的诬告,为了父亲晋献公满意,自缢而死。周朝尹伯奇欲为后母赶走身上的毒峰,被后母陷害,受到父亲怀疑,因不能洗刷羞辱而自杀。晋献公祭地,为什么地会凸起来像坟墓?毒蜂为什么会停在尹伯奇后母的衣服上?

因此,《中庸》载:"侍奉最难伺候的父母,才能看得出身为人子的淳淳孝心。"

对于父母的爱恨，不应当有所怀疑和抱怨，对于父母的是非曲直，更不该与父母计较。

作为儿子却不孝顺父母，这个罪可是不轻啊。国家有刀锯之刑，上天有雷霆之威。唉！父母恩情比海深，做孝子怎能不忍受父母对自己的责难呢！

【评析】

父母的恩情跟天地一样宽广，做孩子的侍奉父母，为人子女者，当以孝为先，这是天经地义的事情。不管为了父母需要你付出何种代价，你也要想尽办法，毫无怨言，这才是真正的孝子。古代的孝道思想渗透在许多的传说和典故中，最有名的就是带有神话色彩的“二十四孝”。为孝敬父母，子女应该奉行二十四种孝行，不记恨父母、亲尝汤药、替母洗尿罐、逗父母开心、用身体为父温暖被褥等，而弃官寻母、埋儿奉母等做法恐怕更为常人难以做到，现代人也望尘莫及。但是，有一点是毋庸置疑的，那就是要想方设法来尽孝道。

为人子女，以孝为先

在鄂西南的老山区里，村里有一户姓肖的人家，家中有四口人，男的叫肖山，他的妻子叫腊翠，是一个泼辣的女人，肖山有一位老母亲，双眼失明多年，还有一个九岁的儿子。他们是村里的穷困户。肖山的父亲因为年老体衰，在一次打柴中，不幸感染了风寒，回来后一病不起，没过多久就离开了人世。

刚开始的时候，肖山夫妻俩还算孝顺，可日子一长，矛盾就出来了，这婆媳之间战争是越来越激烈，他们每天起早贪黑，所得收获还是难以维持生计，这腊翠的心里气不打一处来，对于婆婆这个拖累更是不满，时不时地说些难听的话。老太太一想，自己一个无用之人，拖累了孩子，儿媳说说气话就忍了。可这腊翠的火气一天天大了起来，说话也更加狠毒，老太太忍无可忍，稍有顶嘴就不给饭吃。连九岁的小孙子都不时的捉弄她，甚至还跟着儿媳骂她。她这心里的委屈怄气啊。

这天，吃饭的时候，儿媳又开始骂了：“老不死的，没用的东西，白白糟蹋粮食，怎么不去死了！”说着盛了一点饭往老太太面前一掷。“吃！”这怎么吃得下啊！母亲气得对旁边的儿子说，“老娘好不容易将你拉扯大了，现在看着我受气，你吱都不吱一声。你是人呐！”肖山是个妻管严，平时虽然没有对老母亲说什么，可心里也是有怨言的，对妻子的行为也从没有加以制止。老太太继续伤心地喊道："你们既然觉得我连累了你们，不如把我扔到山上喂狼好了，免得让你们看到了碍眼。"一句话好像提醒了梦中人。

晚上，肖山躺在床上，妻子腊翠也不给他好脸色看。背对着他坐在一边，突然，腊翠转过身来对他说："老不死的今天还真是提醒了我，依我看哪，把她背到后山崖甩下去。"肖山惊得坐了起来，"这种事能做吗，要遭雷劈的，她可是我亲娘啊"！腊翠看他一副熊样儿，"我怎会嫁给你这个窝囊废，跟着你受穷受苦，还受气，你要不听我的，我打明儿也不干活了，让你们吃去，你看看，我们儿子都瘦成啥样儿了。"一提到儿子，肖山就心疼，由于没有营养，儿子瘦得只剩一把骨头了。为了儿子，他豁出去了。

他们作出这个决定后，反而对老太太好了几天，在一个夜晚，肖山用一个背柴用的架子，上面搁了一块木板，把亲娘往上一放，叫儿子做伴，背着就往后山崖走去，老太太知道儿子要起歹心，早气得说不出话来，心想死了也好，免得活受罪。他们父子俩好半天才爬到崖边，肖山把老太太放下后，坐在地上狠抽旱烟，就对老太太说："娘，别怪儿子太心狠，只怪这日子太难过了。"说完就把那背亲娘用的架子甩下崖去。此时，他的小儿子突然说话了："爹，你怎么把背架子给甩了，留着以后我好背你啊！"一句话说得肖山心里直冒冷气，他用力打了自己一个嘴巴，背上老母亲就往回走。

从此以后，儿媳腊翠再也没有骂过人了，每天把饭端到床前，递到婆婆手里。孙子再也没有捉弄过奶奶。

仁之忍第二十

【原文】

仁者如射，不怨胜己；横逆待我，自反而已。

夫子不切齿于桓魋之害，孟子不芥蒂于臧仓之毁。人欲万端，难灭天理。

彼以其暴，我以吾仁；齿刚易毁，舌柔独存。

强怒而行，求仁莫近；克己为仁，请服斯训。噫，可不忍欤！

【译文】

《孟子》说："为仁者如射箭，射箭者应先正己而后发箭，如发而不中，则不应怨胜已之人而应责备自己。"这是劝仁之话。《孟子》还说："如有人非常骄横不恭顺地对待我，我必反省自己是否有所不仁。"这都是为仁之道啊！

春秋时，宋国的桓魋欲加害于孔子，孔子不以为意；《孟子》中载臧仓诋毁孟子，并阻止鲁君见孟子，孟子也不在乎。这是因为孔子、孟子都认为在己者有义，在天者有命，人欲怎能战胜了天理呢！

孟子曾引用曾子的话来回答景丑氏，说晋楚二大国靠它的财富，我则靠我的仁德；《说苑》中常枞和老子关于齿毁舌存的对话说明刚硬的牙齿容易崩坏，而柔软的舌头却能保存下来。刚硬的牙齿是指暴横，柔软的舌头是指仁德。

鼓励自己以忠恕之道作为行为准则，这样求仁就没有比它更近的了。《论语》载孔子在回答颜渊怎样才能为仁时说："克制自己的私欲，使一切都复归于礼，这就是仁了。"一定要记住这个道理。啊！仁德是人性中如此美好的品德，实施仁德怎能不忍住自己的私欲呢！

【评析】

忍与慈相连，成为慈忍，是仁术之谋的重要组成部分。成为仁者的人如同射箭前要端正自己的姿势后发箭，没有射中只能责备自己；别人对我蛮横凶恶、不讲道理，我就要反省自己。总之，它是一种修养之忍，是一种趋吉避凶的深刻智谋，是一种圆融无碍的处事智慧，同时，它也是与儒家思想密切相关的经世济时的智慧。

实行仁道更需要忍耐

周公名叫姬旦，是周文王的儿子，周武王的弟弟，是中国历史上出身于奴隶主

阶级的一个杰出的政治家,也是一个具有军事和文艺才能的、多才多艺的历史人物。

周武王建立周王朝以后,过了两年就害病死了。他的儿子姬诵继承王位,这就是周成王。当时,周成王才十三岁。国家刚刚建立,还不太稳固。于是,就由周公辅助成王管理朝政,实际上是代行天子的职权。

周公尽心竭力辅助成王,管理国事。可成王的两个叔叔管叔和蔡叔却心存疑心。他们造谣说周公有野心,想要篡夺王位。谣言一传十,十传百,终于传到成王的耳朵里。成王年轻,听了这些谣言后,就处处事事躲避着周公,生怕他害了自己。

周公知道这件事后,感到自己受到了极大的委屈,但是他十分清楚,现在国家万事当头,个人的委屈再大,也要把国家的事办好。

周公的封地在鲁国,因为要留在京城处理政务,就让儿子伯禽到鲁国去,代做国君。临行时,周公谆谆告诫他:"一定要以国家的大事为重。我是武王的弟弟,文王的儿子,成王的叔父,但我仍然处处小心谨慎,不敢稍有懈怠。为了处理国家的大事,常常吃一顿饭,也要停下来几次,去接见要见我的人,国家急需人才,不能因我而失去那些投奔周的贤人。"

伯禽点点头,把这一番话记在心中。

这时,纣王的儿子武庚虽然被封为殷侯,但是由于受到监视,觉得很不自由。他口里说没有灭周复商之心,暗地里却巴不得周朝发生内乱。听说成王的三个王叔对周公存有偏见,便派人送给他们许多金银珠宝。同时,还暗暗串通一批殷商的旧贵族和东夷的几个部落,伺机而动。过了一段时间,他们认为时机已经成熟,就公开起兵,攻打周的都城镐京。

周公立即集结军队平叛。出兵之前,周公写了一篇宣誓词,表示定要讨伐叛逆,保卫周朝江山。宣誓完毕,周公亲率几万大军,向东进发,与武庚的部队交战几个月,终于打败了武庚。武庚仓皇逃走,也被周兵追上杀了。

周公平定了武庚的叛乱,便带领兵马讨伐管叔。管叔看武庚失败,知道回天乏力,自己也再没有面目去见他的哥哥和侄儿,便上吊自杀了。周公后来将霍叔革了职,又定了蔡叔一个充军的罪。

在周公平叛的过程中,一大批商朝的贵族成了俘虏。周公觉得让这批人留在原来的地方不大放心,同时,又觉得镐京在西边,要控制东边的广大地区很不方便,就在东面新建一座都城,叫洛邑,把俘虏的商朝贵族都迁到那里,并且派兵把他们监视起来。告诉他们,只要敬天听命,仍然可以拥有土地和奴隶。打那以后,周朝就有了两座都城。西部是镐京,又叫宗周;东部是洛邑,又叫成周。

周公代成王执政七年,周政权不断得到巩固,国家也日益兴旺发达起来。到成王满二十岁的时候,周公见成王已经能够处理国家大事,就把政权交给了他。被放

逐的蔡叔知道这事后，感叹道："像我们这样的人，真是不能和周公这样仁义贤良、胸怀豁达的人相比。"

义之忍第二十一

【原文】

义者，宜也。以之制事，义所当为，虽死不避；义所当诛，虽亲不庇；义所当举，虽仇不弃。

李笃忘家以救张俭，祈奚忘怨而进解狐。

吕蒙不以乡人干令而不戮，孔明不以爱客败绩而不诛。

叔向数叔鱼之恶，实遗直也；石碏行石厚之戮，其灭亲乎？

当断不断，是为懦夫。勿行不义，勿杀不辜。噫，可不忍欤！

【译文】

义，道义，指恰当准确地处理事情的标准。以义为准绳来处理事务，事务就能得到适宜的处理；道义上当为的事情，即使是牺牲性命也在所不惜；道义上该处死的人，即使是亲人也不包庇；道义上该举荐的人，即使是仇人也不舍弃。

东汉李笃舍生忘死以救正直却被诬为党人的张俭，是为义；祈奚尽释前嫌举荐仇人解狐，是为义。

三国吕蒙不因犯法之人是自己的同乡而不斩，诸葛孔明不因败绩之人是自己的爱将而不诛。

《左传》载叔向数落兄弟叔鱼的罪恶，毫不包庇遮掩，确实留下了正直之人的名声；《左传》又载隐公四年，石碏杀掉儿子石厚，应该可以算是大义灭亲吧？

该做决定的时候犹豫不决，这样的人是懦夫。不要做不道义的事情，不要杀无辜的人。啊！义是一个人处事的准则，舍生取义，大义灭亲，是大家所推崇的，为了义，怎能不忍住自己的一些私情呢！

【评析】

《尚书》曰："以义制事，以礼制心。"是说以义处理事务，事务就能得到适宜的处理；按照礼来修养心志，心志就很端正。做人就应该深明大义，为了正义就算是牺牲性命也应该在所不惜，为了维护国法，保全正义，就算是亲人犯了法，也要能公正对之，而不能存有丝毫包庇之心。

军法如山，大义灭亲

传说明朝嘉靖四十一年初夏，戚继光率领戚家军来到崇武沿海一带抗倭。这天深夜，戚继光带着两个随从，踏着月光出城巡视，走着走着，忽然听到从海滩那边传来凄惨的哭声。戚继光赶过来一看，只见一个两鬓斑白的老大爷捶胸顿足痛哭着，旁边一个守城士兵好言劝慰。那个士兵一见戚继光，马上站起来行礼，将情况一一禀告。

原来这个老大爷的亲人几乎全被倭寇杀害了，只剩一个孙女。谁知祸不单行，这天半夜，家中突然闯进一个蒙脸人，将他的孙女奸淫了，孙女羞愧难当，跑出家门，跳海自尽了。老大爷和守城士兵赶到海边时，他孙女早已被冲到外海去了。

戚继光劝住老大爷，问他认不认得这个蒙脸人。老大爷说，这人左边眼眉间有一道显眼的伤疤，长得五大三粗，戚继光一听，不由一怔。他搀扶着老大爷，让他先跟他们回营，待调查清楚后再处置。

到了营中，几个当地百姓已将蒙脸人逮住送来了。戚继光一看，果然不出所料，正是亲侄儿戚安顺。他气得面如紫茄，喝令立即推出斩首示众。

戚安顺慌忙跪下，声泪俱下地哭求道："叔父呀，我知错了，就饶我这一次吧！以后我一定痛改前非……当年倭寇奸细要暗杀叔父，我挺身而出，左眼边挨了一刀，面容被毁，以致至今娶亲无望，才去干那……"

"住嘴！即使娶亲无望，你也不能干出这伤天害理的事！"戚继光厉声斥道。

"你对我委实有救命之情，况且你我有叔侄之亲，但这都是私情。现在你奸淫少女，害死人命，这可是触犯众怒的公事呀，是国法军纪家规所不容的！你今日是自作自受。"

戚继光说着，向手下人喊道："来人，端一碗酒过来。"于是，一个士兵送来了一碗酒。

戚继光端着这碗酒，对戚安顺说："侄儿，你的救命之情叔父是不会忘记的。今日即将永别，就喝下叔父答谢你的这碗酒吧！"

戚安顺深知叔父一向秉公执法，自己今日死罪难逃，便接酒一饮而尽。随后，他就被推出斩首。戚继光命人把他的首级悬挂在城楼上示众三天，以儆效尤。

从此以后，将士们都知道戚继光严于执法，军令如山，公私分明，都不敢做违

犯军纪国法的事。

礼之忍第二十二

【原文】

天理之节文，人心之检制。出门如见大宾，使民如承大祭。当以敬为主，非一朝之可废。

鉏麑屈于宣子之恭敬，汉兵弭于鲁城之守礼。

郭泰识茅容于避雨之时，晋臣知冀缺于耕馌之际。

季路结缨于垂死，曾子易箦于将毙。噫，可不忍欤！

【译文】

礼是根据上天的意志所制定的一些行为规范，也是对人的行为的一种制约。《论语》载孔子曾说："出门时要像见地位很高的长者一样恭敬，用民时要像亲临重要的祭祀一样有礼。"礼的核心就是敬，这不是一朝一夕就能废除掉的。

《左传》载，宣公二年(前607)，义士鉏麑受晋灵公之命刺杀赵宣子，但因见赵宣子对晋灵公特别恭敬而深受感动，决定不杀赵宣子，触槐而死；汉高祖五年，出兵围攻鲁国，却发现鲁国是遵守礼义的国家而罢兵不战。

东汉郭泰在避雨的时候结识了茅容，因见茅容杀鸡做菜送给母亲，然后和郭泰用蔬菜喝酒而深受感动，佩服茅容的有礼；《左传》载，僖公三十三年(前627)，晋国臼季经过冀地，看见正在除苗的郤缺与给他送饭的妻子相敬如宾，赏识郤缺的有礼而向晋文公推荐郤缺做了大夫。

《左传》载，哀公十五年(前479)，孔子的弟子子路在临死时还不忘系好帽子。《礼记·檀弓》载，曾子临死时还记着要更换身下季孙所赐的席子。他们都是不敢忘记礼数啊！他们对礼的恪守和实践可以垂教后世啊！唉！恪守礼教，是遵天意顺民心的，在这个礼仪之邦，我们怎能不忍住无礼行为呢！

【评析】

礼是根据上天意志、树立楷模、垂教世人的一种教育，也是人们行为的准则规范，没有什么比礼更大的了。礼分为君臣之礼、父子之礼、夫妻之礼、师生之礼等。

千万不要小瞧礼,在现实生活中能够完全做到以礼待人的,却屈指可数。如果做什么事情都毫无约束,无法想象那将会成什么样子。所以懂得礼是必不可少的,天下人可能有许多都知道礼,然而能真正运用礼的人却不多。很显然,运用礼去行事,也是你获胜必不可少的法宝。

典例阐幽

忍耐礼教的约束才能修身

东汉的茅容,年至四十,还在田里耕种。有天碰上大雨,其他人都去避雨,只有他端正地坐着,非常恭敬。郭泰看见后,心中诧异,于是上前和他说话,茅容就请他住到自己家中。次日早晨,茅容杀鸡做菜,郭泰以为是招呼自己的,但茅容做好菜后,将它送到母亲那儿,然后和郭泰只用蔬菜喝酒。郭泰相当感动,起身向他行礼说道:"你太贤德了,你能这样做,真是我的好朋友。"郭泰感于茅容的有礼,劝其学习,终成大器。《左传》载,僖公三十三年(前 627),臼季奉使经过冀地,看见郤缺在锄苗,他的妻子给他送饭,两人相敬如宾,臼季就带郤缺回到晋国,向晋大夫推荐他做大夫。

然而真正以礼治天下的还是大有人在的,汉高祖刘邦在这方面也做得十分出色。刘邦称帝后,将太公安置在栎阳。公元前 201 年三四月间,刘邦回到栎阳后,每隔五日就去看望太公一次,每次看望,一定要再拜问安。此事被太公一家令看到了,觉得他们父子所守的仍是普通百姓之礼,极不合适。如今刘邦即位已久,太公尚无尊号,这样下去,不合朝仪,将会产生不良后果,但又不好明言,只好寻机设法点破。

一次,家令见太公在家无事,便向前说道:"皇帝虽是太公的儿子,毕竟是皇帝;太公虽是皇帝的父亲,毕竟是个人臣,怎能让人主拜人臣呢?"太公原本是个乡下人,对家令所言,闻所未闻,忙问道:"那将如何是好呢?"家令道:"下次陛下再来朝拜,您行大礼迎出门去,才算合乎君臣之礼。"待到刘邦再来朝拜,车马还未到,太公就迎到了门前。刘邦见后,大惊,急忙下车,扶住了太公,问道:"您何故如此呢?"太公道:"皇帝乃是人主,天下共仰,怎可为我一人而乱了天下礼法!"刘邦听后,猛然醒悟,忙将太公扶入室内,婉言盘问。太公就将家令所劝的事说了一遍。

刘邦听了以后,没有说什么,辞别太公回宫后,派人取出黄金五百斤,赏给太公家令。一面使词臣拟诏,尊太公为太上皇,诏云:"人之至亲,莫过于父子,故父有天下传于子,子有天下尊归于父,此乃人道之理。以前,天下大乱,兵革四起,万民疾苦,朕亲自披坚执锐,迎难而上,平暴乱,立诸侯,偃兵息民,天下遂安,此皆太公

之教训。诸王、通侯、将军、群卿、大夫已尊朕为皇帝,而太公未有号。今尊太公为太上皇。”自此,君臣理顺,太公也不用出门迎接刘邦了。

智之忍第二十三

【原文】

樗里、晁错俱称智囊,一以滑稽而全,一以直义而亡。

盖人之不可智用之,过则怨集而祸至。故宁武之智,仲尼称美;智不如葵,鲍庄断趾。

士会以三掩人于朝,而杖其子;闻一知十之颜回,隐于如愚而不试。噫,可不忍欤!

【译文】

秦国的樗里和西汉的晁错都号称“智囊”。樗里善于用滑稽的行为掩盖自己的智慧,因此保全性命并得到善终;而晁错却因性情耿直、敢说敢为,被腰斩于市。

人不可以无智谋,但用智太过,就会招来别人的怨恨,甚至灾祸。所以卫国的宁武在国家太平的时候就表现得很聪明。在国家动乱的时候,便装作糊涂,孔子称赞他善用智谋;《左传》载,成公十七年(前574),鲍庄将齐国大夫庆克和皇太后私通的事告诉别人而被皇太后设计陷害砍了脚,孔子感叹鲍庄的智慧不如葵花,葵花还能向着太阳,用叶子保护自己的根。

《国语》载,春秋时范武子的儿子范文子凭猜出三个哑谜的谜底而在朝廷逞能,范武子于是杖打儿子;孔子的弟子颜回,听到一件事能知道十件事,但他从来不显现和使用这份智慧。有智慧的人还要善于运用自己的智慧,做到大智若愚,才能不断增长智慧。同样有智慧也可能导致不同的结局,怎能不忍忍炫耀聪明才智的心呢!

【评析】

俗话说:“人怕出名,猪怕壮。”秦国的樗里和西汉的晁错都号称“智囊”,但他们的命运却截然相反,前者保住性命,后者死于非命。在社会上生存处世,必须懂得韬光养晦和隐藏智谋,不懂得韬光养晦和隐藏智谋是很危险的事情,因为你毕竟要与别人打交道。所以,该愚笨的时候,就忍耐着,去显露你的笨拙,并不是什么丢人的事情,这实在是一种生存和保身的智慧。

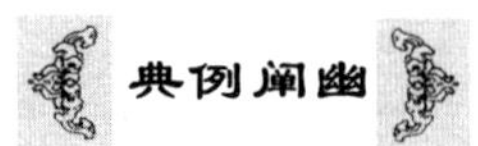

把锋芒藏在口袋里

在中国历史上,荀攸以智慧和谋略著称。自从受命军师之职以来,荀攸就跟随曹操征战疆场,筹划军机,克敌制胜,立下了汗马功劳。平定河北后,曹操即进表汉献帝,对荀攸的贡献给予很高的评价。封荀攸为陵树亭侯。

荀攸有着超人的智慧和谋略,不仅表现在政治斗争和军事斗争中,也表现在安身立命、处理人际关系等方面。他在朝二十余年,能够从容自如地处理政治漩涡中上下左右的复杂关系,在极其残酷的人事倾轧中,始终地位稳定,立于不败之地。三国时代,群雄并起,军阀割据,大大小小不计其数。以臣谋主、盗用名僭号的事情屡有发生。在这样风云变幻的政治舞台上,曹操固然以爱才著称,但作为封建统治阶级的铁腕人物,剪除功高震主和略有离心倾向的人,却从不犹豫和手软。荀彧身为曹营第一号谋臣,因为死保汉室而不支持曹操做魏公,一样被逼迫自杀,荀攸则很注意将智谋应用到防身固宠、确保个人安危的方面。

那么,荀攸是如何处世安身的呢?曹操有一段话很形象也很精辟地反映了荀攸的这一特别的谋略:"公达外愚内智,外怯内勇,外弱内强,不伐善,无施劳,智可及,愚不可及,虽颜子、宁武不能过也。"可见荀攸平时十分注意周围的环境,对内对外,对敌对己,迥然不同,判若两人。参与谋划军机,他智慧过人,连出妙策。但他对曹操、对同僚,却注意不露锋芒,把才能、智慧、功劳尽量掩藏起来,表现得总是很谦卑、文弱、怯懦。

有一件事很能说明问题,他的姑表兄弟辛韬曾问及他当年为曹操谋取袁绍冀州的情况,他却极力否认自己的谋略贡献,说自己什么也没有做。荀攸作为曹操的重要谋士,为曹操"前后凡画奇策十二",史家称赞他是"张良、陈平第二"。但他本人对自己的卓著功勋却是守口如瓶、讳莫如深,从不对他人说起。

荀攸与曹操相处二十年,关系融洽,深受宠信。从来不见有人到曹操处进谗言加害于他;也没有在一处得罪过曹操,或使曹操不悦。建安十九年(214),荀攸在从征孙权的途中善终而死。曹操知道后痛哭流涕,对他的品行,更是推崇备至,这都是荀攸以智谋而明哲保身的结果。

信之忍第二十四

【原文】

自古皆有死，民无信而不立。尾生以死信而得名，解杨以承信而释劫。

范张不爽约于鸡黍，魏侯不失信于田猎。

世有薄俗，口是心非。颊舌自动，肝膈不知。取怨之道，种祸之基。诳楚六里，勿效张仪；朝济夕版，曲在晋师。噫，可不忍欤！

【译文】

《论语》载，子贡向孔子询问治国之道时，孔子答道："自古以来，人都会死，但是一个人没有信用就不能立身，一个君主如没有百姓的信任就不能立国。"《庄子·盗名篇》载，尾生曾和一个女子约定在桥下见面，那个女子没来，大水来了，尾生还不离去，就抱着桥柱淹死了，尾生守信的名声便流传百世。《左传》载，宣公十五年（前594），晋国大夫解扬虽被敌国楚国所俘，但他坚守信用，抓住机会，让宋人知道晋国将起兵救宋的消息，完成了晋君的命令，楚人为他守信的精神所折服，将他释放回国。

东汉时的范式和张邵分离时，范式曾许诺两年后他会去张邵家拜访其母亲。两年后，他没有违背分别时做出的承诺，兑现了诺言。《战国策》载，魏文侯跟虞人约好出去打猎，但到了这天酒意正酣，天又下雨，文侯仍然如期赴约。

人世间有轻薄的风俗，往往口是心非，言不由衷，不守信用，这是招致怨恨的原因，也是招致祸害的根苗。《战国策》载，战国时的张仪以六里换六百里之辞欺骗楚怀王，使楚国大败，后人不要仿效他的口是心非；《左传》载，僖公三十年（前630），晋惠公得到秦国帮助才得以回到晋国为王，但他背信弃义，没有兑现割让焦瑕给秦的诺言，与秦国为敌，结果遭到秦国的征伐，是咎由自取。啊！有信才能立身、立国，不信则会取怨种祸，怎能不忍一忍对"信"的背弃之心呢？

【评析】

守信用既是立身之本，也是立国之本。古人深知信用的重要性，而今人却往往忽略了这一点。在现实社会生活中，欺诈的行为也许暂时能为你带来一定的利益，但同时你也就失去了他人对你的信任，没有信誉的人，在社会中难以立足，更不会有人愿意和你共同合作。表面上获利，实际上却是最大的损失，甚至成为招致祸害的根苗。所以，人与人之间应重承诺，守信用。

做个言而有信的人

中国古代尤其讲究人与人之间要重承诺、守信用。这样的例子比比皆是。

三国时，蜀汉建兴九年(231)，诸葛亮用木牛运输军粮，再出兵祁山(今甘肃礼县东北祁山堡)，第四次攻魏。魏明帝亲自到长安指挥战斗，命令司马懿统帅费曜、戴陵、郭淮诸将领，征发雍、凉二州精兵三十余万迎战蜀军。司马懿调齐军马，留费曜、戴陵二将屯扎，然后率大军直奔祁山。诸葛亮见魏军兵多将广，来势凶猛，不敢轻敌，命令部队占据山险要塞，严阵以待。魏蜀两军，旌旗在望，鼓角相闻，战斗随时可能发生。在这紧要时刻，蜀军中有八万人服役期满，已由新兵接替，正整装待返故乡。魏军有三十余万，兵力众多，连营数里。蜀军中这八万老兵一离开，就显得单薄了。众将领都为此感到忧虑。这些整装待归的战士也在忧虑，生怕盼望已久的回乡心愿不能立即实现，估计要到这场战争结束方能回去了。

蜀军将领纷纷向诸葛亮进言，要求八万兵士留下，延期一个月，等打完这一仗再走。诸葛亮断然拒绝道："统帅三军必须以遵守承诺、坚守信用为本，我岂能以一时之需，而失信于军民？"诸葛亮停了一停，又道："何况远出的兵士早已归心似箭，家中的父母妻儿终日倚门而望，盼望着他们早日归家团聚。"遂下令各部，催促兵士登程。此令一下，准备还乡的士兵开始感到意外，接着欣喜异常，感激得涕泪交流。他们反而不愿走了，纷纷说："丞相待我们恩重如山，我们理应誓死杀敌，以报大恩。"他们一个个自愿报名，要求留下参加战斗。那些在队的士兵也受到极大的鼓舞，士气高昂，摩拳擦掌，准备痛歼魏军。

诸葛亮在紧要关头不改原令，使还乡的命令变成了战斗的动员令。他运筹帷幄，巧设奇计，在木门设下伏兵。魏军先锋，是一员勇将，被诱入木门埋伏圈中，弓弩齐发，死于乱箭之下。蜀军人人奋勇，个个争先，魏军大败，司马懿被迫引军撤退。诸葛亮犒劳三军，尤其褒奖了那些放弃回乡、主动参战的士兵。蜀营中一片欢腾。

诸葛亮取信于士兵，宁肯使自己一时为难，也要对士兵、百姓讲诚信。他深知一次欺诈的行为可能会解决暂时的危机，但这背后所隐伏的灾患却比危机本身更危险。

喜之忍第二十五

【原文】

喜于问一得之，子禽见录于鲁论；喜于乘桴浮海，子路见诮于孔门。

三仕无喜，长者子文；沾沾自喜，为窦王孙。

捷至而喜，窥安石公辅之器；捧檄而喜，知毛义养亲之志。

故量有浅深，气有盈缩；易浅易盈，小人之腹。噫，可不忍欤！

【译文】

《论语》载，孔子门生陈子禽通过向孔子的儿子孔鲤问问题而得知要学诗，要学礼，圣人不偏爱自己的儿子这三个答案，自己能“问一得三”感到非常高兴；孔子另一弟子子路因为听孔子说要带他乘坐木筏浮海远航而得意洋洋，殊不知这是孔子哀叹主张不行的假托之词，所以子路的言行遭到孔子的责备。

《论语》载，楚国的子文三次当了令尹，却毫无喜色，三次被罢免，也毫无愠色，乃宽大长者之度量；西汉的窦婴，被封为魏其侯而沾沾自喜，终没被重用。

晋朝的谢安在淝水之战捷报传来时，正与客人下棋，不动声色，客人走后，他高兴过甚，连木屐上的齿都折断了，当时的人说他确实有公辅的器量；东汉的毛义，以孝闻名，接到官府的委任状时，毛义喜不自胜，被张奉瞧不起，后来毛义母亲去世，毛义辞官服孝，拒绝再度做官，由此可见毛义奉养母亲的心志。

因此，人的度量有深有浅，志气有大有小；子文、谢安、毛义的欣喜与窦王孙、子禽、子路的沾沾自喜是不可同日而语的。前者含蓄、宽容、恢弘广大，是君子的品格；而后者的见识短小，气量狭隘，容易满足，乃是小人之腹。啊！人逢喜事精神爽，从对待喜事的态度可以判断一个人的胸襟，面对喜事，你怎能不忍住自己的过分得意呢？

【评析】

要在社会中安身立命，如果太轻易暴露自己的情感则容易受到伤害，人应该学会保护自己，不同的人有不同的对人对事的态度，掌握一定权力的人，把自己的喜怒经常流露给下级，下级则会投其所好，而掩盖事物真正的本质。普通人过于直率地表露自己的喜怒，则显得为人肤浅，也容易开罪于人。所以要忍耐住自己的情感，不要过多的表露出来。

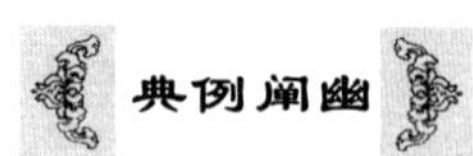

不以物喜，不以己悲

古人说："大怒不怒，大喜不喜，可以养心。"不以物喜，不以己悲，这才是有修养的人的作为。

西汉时的窦婴，是孝文帝皇后哥哥的儿子。汉武帝建元二年（前139），他被封为魏其侯，他喜欢蓄养宾客，天下的游士都投奔他。当时，桃侯刘舍被免去宰相的职务，太后多次向皇上说窦婴："魏其侯喜欢沾沾自喜，行为不定，很难担当得起宰相的责任。"于是最终没任他为相。

东汉时的毛义，字少节。家里贫穷，因为孝顺父母而受人称赞。当时有个叫张奉的人，仰慕他的名气，去他那儿问候他。刚坐下就有官府的文书来，任命毛义当安阳县令。毛义手捧书信进来，喜形于色。张奉心里认为他很低贱，自己悔恨不该来，告辞再三后就走了。等到毛义母亲死了，毛义辞去官职，服孝去了。后来官家多次召他去做官，他都不去。张奉于是叹息着说："贤德的人真是难以预测，过去他做官很高兴，原来是为了养亲的缘故。"

楚国的子文三次官至令尹而不喜形于色；三次被罢免，也没有表现出不悦之色，被誉为心胸宽阔的长者。

由此可见，人的度量有深有浅，君子往往为人含蓄宽容，心胸恢弘广大；而小人则心胸狭窄，见识短浅，稍有一点成就就沾沾自喜。

怒之忍第二十六

【原文】

怒为东方之情而行阴贼之气，裂人心之大和，激事物之乖异，若火焰之不扑，期燎原之可畏。

大则为兵为刑，小则以斗以争。太宗不能忍于蕴古、祖尚之戮，高祖乃能忍于假王之请、桀纣之称。

吕氏几不忍于嫚书之骂，调樊哙十万之横行。

故上怒而残下，下怒而犯上。怒于国则干戈日侵，怒于家则长幼道丧。

所以圣人有忿思难之诫，靖节有徒自伤之劝。惟逆来而顺受，满天下而无怨。噫，可不忍欤！

【译文】

怒是七情六欲的一种，阴阳家称之为“东方之情”，怒极了就会做出阴险盗窃的事情。所以发怒的结果是破坏内心的和气，激发事物朝不正常的方向发展，做事就不会顺心如意。《尚书·盘庚》说，如果内心的怒火不被扑灭，那么它就犹如原野上燃烧的大火，其气势和后果是非常令人恐惧的。

大怒会导致冲突，引起战争，小怒会导致纷争，引起殴斗。唐太宗听信谗言无心辨别张蕴古的是非，一时意气用事，错杀张蕴古，还因卢祖尚拒绝君命，一时大怒又下令杀了卢祖尚，后来唐太宗意识到自己因一时怒气而杀人是暴行，能自我悔过；汉高祖刘邦曾忍怒立韩信为王，以守故土，也曾怒刑萧何，之后认错，自比桀纣。

西汉的吕后几乎忍受不了匈奴冒顿单于送来的那封言辞无礼下流的信的羞辱，心中大怒，欲折调樊哙发兵十万进攻匈奴，后经季布劝说而改变主意，以礼待敌，结果冒顿单于派人前来谢罪。

所以居于高位的人，凡事不能容忍，动辄发怒，就会残虐下位的人；居于下位的人，不顾礼义，而逞强发怒，就一定会冒犯上位的人。对于国家来说，一旦双方产生怒气则会引发战争；对于家庭来说，一旦内部产生怒气就会失去伦理之道。

所以孔圣人告诫:“忿思难。”是说人如果要发怒的时候,应当考虑由此而来的患难来抑制自己的愤怒。陶潜对怒气这样形容:“怒气剧炎火,焚和徒自伤。触来勿与竟,事过心清凉。”是说发怒只会对自己的身体造成伤害。只有逆来顺受,才能行满天下而不会受到怨恨。唉!怒有如此多的恶果,面对不顺之事时,怎能不忍一忍心中的怒气呢?

【评析】

怒气是人类的一种情感,发怒也是人之常情,当人受到不公正的待遇时,怒气自然而然就产生了。发怒不仅伤身,在为人处世的过程中,一个易发怒的人也难于和他人合作,所以愤怒需要适可而止。因为愤怒过后往往会给你带来不可挽回的灾难。因此,当你想发怒的时候,就要慎重地考虑一下后果。实际上,是否应该发怒,并不在于别人,别人是不可能惹你发怒的,发怒的根源还是在于你自己,在于你是否愿意忍一忍。

冲冠一怒,为红颜

崇祯十六年(1643),正当屡有战功的吴三桂与爱妾陈圆圆如胶似漆之际,崇祯帝的圣旨到:吴三桂迅速出关。两个有情人只好洒泪告别。

崇祯十七年(1644),李自成率农民军进入北京,他的手下刘宗敏便捕捉和拷打吴家的人,除了追赃,还勒令其交出陈圆圆。

吴三桂出身行伍,是在同清(后金)的战争中成长起来的一员骁将,年纪正轻,血气方刚,在爱妾遭人凌辱的情况下,想到国仇家恨,吴三桂再也按捺不住对农民军的极端仇恨。他怀着满腔愤怒,于四月四日突然返至山海关,向唐通部发动袭击。唐通受李自成指使,曾给吴三桂写过招降信。虽然没有得到吴三桂明确的回答,他也没料到吴三桂会中途变卦,所以唐通毫无防备,仓促应战,被吴军杀得人马几尽。山海关重新被吴军占领。

四月二十日,李自成兵临山海关,双方进行了一些零星的战斗。吴三桂处境十分危急,他见多尔衮迟迟不出兵,决定亲自出关谒见多尔衮。二十一日,这两位同年所生的当世枭雄相会于欢喜岭上的威远台。两人立誓为盟,达成了借兵的协议。四月二十二日,清军入关,山海关战役全面打响。

四月二十九日,李自成匆忙举行登基大典,杀吴三桂全家三十余口后西撤。

全家被戮，吴三桂悲痛欲绝，举哀兵穷追不舍，在西山、定州两败李自成农民军。

五月底行至降州，准备在此休整部队与调节心境。不料，此时北京传来消息，部将胡国柱找到了陈圆圆。

六月五日，在降州南洋河畔吴三桂的军营里，举行了隆重、热烈的军中婚礼。苍茫的暮色中传来隆隆礼炮声，这是吴三桂一生中听到的最美妙的炮声。

吴三桂婚后，自忖是考虑大事的时候了，便召集部下一起商量，是继续追剿李自成，还是班师回京。大多数人主张率师回京，不能再打下去了，要保存实力，以观清廷动静。后来，吴三桂为顾及身家性命及部将利益，终于投降了清朝。

顺治二年(1645)闰六月，李自成农民军主力部队被彻底击败，李自成死于湖北九宫山。消息传人北京后，多尔衮认为心腹大患已除，遂下令各征剿大军班师回朝。

吴三桂一生从成到败，轨迹复杂。但关键的一点是他为红颜而怒，失去了理智，失去了分辨力，所以反戈一击，尽管暂时得到了些许利益，但又产生了新的问题，不得不去做出一些出人意料的人生抉择。实际上，吴三桂因冲动而做出的决定，是其一生之路越来越窄的开始，因此在他面前没有出路而只有绝路。

疾之忍第二十七

【原文】

六气之淫，是生六疾。慎于未萌，乃真药石。

曾调摄之不谨，致寒暑之为衅。药治之而反疑，巫眩之而深信。卒陷枉死之愚，自背圣贤之训。

故有病则学乖崖移心之法，未病则守嵇康养生之论。

勿待二竖之膏肓，当思爱我之疾疢。噫，可不忍欤！

【译文】

《左传》载，秦国医和在为晋侯治病时曾经说，阴、阳、风、雨、晦、明为六气，过剩了就会产生疾病。人们用来治疗各种疾病的草药和砭石很多，但真正的药石却是用在无病之时谨慎预防。

如果衣食调理不当，持身不谨，就会致风寒暑热侵入体内而生疾。药是圣贤制造出来专门用于治病的，但愚昧的人不信医药而信巫术，结果枉送性命，这是违背了圣贤的教训。

所以有病的时候要学习宋代张咏的移心之法，长久保持安静，病就会好；而在无病的时候则要遵守晋朝嵇康的养生之法，清净虚无，清心寡欲，这才是养生之道。

不要等到病入膏肓才去医治，要在无病的时候就谨慎预防；还应当常常想到别人对我的宠爱也有可能成为危及健康的疾病。唉！疾病危及健康，对那些导致疾病的事怎能不忍一忍呢？

【评析】

毛泽东同志曾说过："身体是革命的本钱。"人生存在社会中，健康始终是第一位的。只有拥有了健康本钱，才能创造出更美丽的人生。然而，怎样才能拥有一副好的身体呢？这当然就要求你必须懂得养生之道，不该吃的绝对要克制住。同时，你还要学会给自己进补，学会谨慎预防，只有这样才能收到抗病、强身、延年的功效。

以药养身，祛疾之本

曾国藩很懂得养生之道，他主张疏医远巫，提倡利用自身的抗病力，通过自我的调节战胜疾病。曾氏养生学牵扯到方方面面，主要论述了用药、进补、运动与静养相结合等知识。

从咸丰七年(1857)开始，曾国藩就被较为严重的失眠所困扰，尤其是到了晚年，失眠更为严重，这给曾国藩的健康带来了严重的影响。

调养功夫，全在眠食二字上。

对于失眠的原因，他认为是"心血久亏、血不养肝"，以致"即一无所思，已觉心慌肠空，如极饿思食之状"。总之，心血久亏，心理压力巨大是曾氏失眠的主要原因。

对于失眠的治法，他认为应"时时以平和二字相勖""须以养心和平之法医之"。对十药物，他并不一概拒绝。他也请医生，但他不主张用猛药，只用少量药物，他认为中药生地对治失眠有效，他还主张用药膳治失眠。

曾氏虽然疏医远巫，不常用药，但并不一味拒绝药物。他对服用补药的看法也是辩证的。曾氏的进补思想，可以分为以下两个方面：

第一，主张进补。

曾国藩是主张进补的。对于进补的方式，他比较提倡食补，因为食补运用范围广，副作用很小。而药补应用范围相对较窄，同时药补的副作用较大，力量相对较猛，因此曾氏对于药补是较慎重的。但他并不因噎废食，毕竟药补的力量比食补强，效果也较显著。因此曾国藩始终坚持食补、药补并举，对药补则更为慎重。

第二，药补须慎。

由于药物有利又有害的两重性，曾氏对进补药物一直十分慎重，也总结出一些经验。他认为“胡润帅晚年病象，未必非补药太过之咎耳”。同治五年(1866)十月六日他给澄弟的信中说：“如胡文忠公，李勇毅公希庵，以参茸燕菜做家常便饭，亦终无所补救。”他认识到服用补药太过反而有害，相反他对食补比较放心，认为益多而害少。

服用补药也有禁忌，比如生病期间不可进补，否则不仅无补于身体，而且会加重病情。咸丰十一年(1861)十月初四，他给澄弟的信中说：“今年自三月以来，因疮疾未服补药，精神尚能支撑。”

曾氏的进补思想与中国古代养生家的观点是一致的。《抱朴子·论仙》中说：“以药物养身，以术数延命。”对药物的养生作用是肯定的。

变之忍第二十八

【原文】

志不慑者，得于预备；胆易夺者，惊于猝至。

勇者能搏猛兽，遇蜂虿而却走；怒者能破和璧，闻釜破而失色。

桓温一来，坦之手板颠倒；爰有谢安，从容与之谈笑。

郭晞一动，孝德彷徨无措；亦有秀实，单骑入其部伍。

中书失印，裴度端坐；三军山呼，张泳下马。噫，可不忍欤！

【译文】

意志坚定，不因突发的事情而轻易动摇，是因为事前作了充分的准备工作；而那些胆量容易丧失的人，在突然来临的变故面前只能惊慌失措。

有勇之人因为事先有思想准备，所以能够和猛兽相斗，但遇到突然而至的蜂蝎时却逃跑；蔺相如有勇气让自己与和氏璧共存亡，却在听到锅被打破的时候吃惊不小。这说明充分的心理准备能使人勇气倍增，而意外的变故会使人手足无措，风度尽失。

传言西晋大司马桓温要杀王坦之、谢安，当桓温来朝见皇帝的时候，王坦之吓得汗流浃背，连上朝的手板也拿倒了；而谢安态度从容，言语机智，令桓温大为敬佩。

唐朝元帅郭子仪的儿子郭晞在邠州驻守时放纵士卒为暴，节度使白孝德敢怒不敢言，都虞侯段秀实捕捉了为恶士兵，单骑前往郭晞军营痛陈利害，最后郭晞请求谢罪改过。

唐代裴度听说官印丢失，安坐不动，照样喝酒，一会儿有人报告官印复得，裴度依旧端坐如故，因为他认为追查过紧印就有可能被毁，反之则有可能归还，裴度的胸怀、度量和冷静令人佩服；宋朝张泳阅兵时，军士大声起哄，三次高呼；张泳下马，也同样大声高呼三声，再骑马阅兵，起哄的军士被镇住了。啊！世事多变，只有做到事前准备充分，才能有足够的勇气和冷静的心态来应付。当意外变故来临时，怎能不忍一忍心中的胆怯和惊慌呢？

【评析】

通权达变是一种智慧，而且是一种非常高级的智慧，愚昧和鄙陋的人只能墨守成规，亦步亦趋地走在别人后面，永远不会在适当的时候掉转船头。见风转舵，其实是极不容易的，见风先要观风，辩风，无智者则对风向不可能准确预测并跟随；转舵则要及时、适时，力道要恰到好处，无谋者肯定不能驾轻就熟。风向随时都在改变，识时务者会随着风向的改变而通权达变地调整自己的航向。

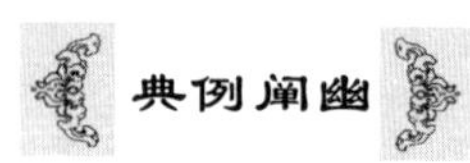

以不变应万变

唐玄宗在位时，姚崇和张说曾一起在玄宗手下做宰相。虽然天天同殿为官，日日协作理事，但两人也常为一些日常事务而闹过不少矛盾，结果隔阂日深。由于张说常斗不过姚崇，因此十分记恨，总想找机会报复。

不久，姚崇患了重病，估计将不久于人世。一天，他把儿子喊到床前，谆谆告诫说："张丞相与我素来不和，我死后，他很可能找茬整治你们。不过，有一种办法可以避凶。张说这人有个弱点，特别喜欢首饰、玩物之类的东西，我死后，你们把我所有的服饰和玩物都摆出来，张说来吊唁时让他选择。如果他对这些服饰和玩物不

感兴趣，你们则性命难保，必须赶快办完丧事找个地方躲避。如果他很留神这些东西，你们就要把它们记下来，并一一送到他的家里，他肯定很高兴。这时，你们趁机请他为我写碑文，他写好后马上记下来，并立即请人刻到事先准备好的碑石上，同时将张说为我写碑文的事报告皇上，并请皇上过目。张说考虑问题思维较缓慢，几天以后他就会后悔为我写了祭文。如果他要收回祭文，你们就告诉他皇上已经过目，并且已经刻到碑上。他若不信，你们就带他去看已经刻好的石碑。这样，他碍于面子，就不能再对你们不利了。”

姚崇死后，张说前来吊唁，当看到姚府陈列的首饰和玩物时，他果然兴趣倍增。姚崇的儿子看在眼里，便悄悄记下他对哪些物品格外留神。等张说走后，便派人将张说特别感兴趣的那些玩物送到他的府上，并且请他为姚崇写祭文。

张说果然很高兴，同意了写祭文，文中对姚崇的生平事迹记载得很详细，而且赞扬的笔墨也不少。但是过了几天，张说突然派人来取祭文稿本，说是文章还有些地方需要修改。姚崇的儿子见张说所为果然应验了父亲的话，便领着张说的使者去看刻在石碑上的祭文，并告诉他皇上已经过目。使者无可奈何，只好垂头丧气地回去向张说报告。张说听说后后悔莫及，捶胸顿足道：“死去的姚崇还能算计活着的张说，我至今才明白姚崇果真是比我智高一筹啊！”

可见，“穷则变，变则通”实乃千古之理。

侮之忍第二十九

【原文】

富侮贫，贵侮贱，强侮弱，恶侮善，壮侮老，勇侮懦，邪侮正，众侮寡，世之常情，人之通患。识盛衰之有时，则不敢行侮以贾怨；知彼我之不敌，则不敢抗侮而构难。

汤事葛，文王事昆夷，是谓忍侮于小。太王事匈奴，勾践事吴，是谓忍侮于大。忍侮于大者无忧，忍侮于小者不败。当屏气于侵杀，无动色于睚眦。噫，可不忍欤！

【译文】

富有者常欺负贫困者，高贵者常欺负低贱者，强壮者常欺负柔弱者，凶残者常欺负善良者，年轻者常欺负年老者，有勇者常欺负懦弱者，邪僻者常欺负正义者，势众者常欺负势弱者，这是世之常情，人之通病。然而也应该认识到，富贵贫贱、强

盛衰弱都是相对的，也是可以互相转换的。所以不要欺负别人以结怨，知道自己敌不过对方的时候，也不要顽强对抗对方的欺侮以惹祸。

商汤王不计较葛国的不恭，还送给其牛羊，并派人帮助耕种；周文王以自己高尚的道德来感化匈奴，使其停止侵略，这是他们忍侮于比自己弱小的对手。古公亶父礼遇入侵的匈奴，势力逐渐强盛；越王勾践忍侮作吴国的奴隶，卧薪尝胆终于灭掉了吴国，这是他们忍侮于比自己强大的对手。忍侮于比自己强大的对手时不会招来灾害；忍侮于比自己弱小的对手时不会失败。应该在面对侵杀的时候，屏住气息，不动怒；面对别人的冷眼的时候，不动声色，不生气。以德报德，是一个君子应该做的；以怨报德，是小人的行为；以怨报怨，是愚蠢之人的做法；以德报怨，是仁者的行为。唉！为了自己不结怨，为了国家不惹祸，面对欺侮，怎能不忍一忍呢？

【评析】

富贵贫贱、强盛衰弱都是相对的，也是可以互相转换的。人的一生就像月亮一样盈亏有常，若是不能估测自身实力、审时度势，受一点欺侮就勃然大怒，势必会招致祸害。所以，面对欺侮时，我们不要计较和反抗，而应压住怒火，在忍耐中寻求突破的时机。

为国忍侮，知耻后勇

吴王阖闾打败楚国，成了南方霸主。吴国跟附近的越国（都城在今浙江绍兴）素来不和。公元前496年，越国国王勾践即位。吴王趁越国刚刚遭到丧事，就发兵打越国。吴越两国在槜李发生一场大战。

吴王阖闾满以为可以打赢，没想到打了个败仗，自己又中箭受了重伤，再加上上了年纪，回到吴国，就咽了气。吴王阖闾死后，儿子夫差即位。阖闾临死时对夫差说：“不要忘记报越国的仇。”

夫差记住这个嘱咐,叫人经常提醒他。他经过宫门,手下的人就扯开了嗓子喊:“夫差!你忘了越王杀你父亲的仇吗?”夫差流着眼泪说:“不,不敢忘。”他叫伍子胥和另一个大臣伯嚭操练兵马,准备攻打越国。

过了两年,吴王夫差亲自率领大军去打越国。越国有两个很能干的大夫,一个叫文种,一个叫范蠡。范蠡对勾践说:“吴国练兵快三年了。这回决心报仇,来势凶猛。咱们不如守住城,不要跟他们作战。”

勾践不同意,两国的军队在太湖一带打上了。越军果然大败。越王勾践带了五千名残兵败将逃到会稽,被吴军围困起来。勾践弄得一点办法都没有了。他跟范蠡说:“懊悔没有听你的话,弄到这步田地。现在该怎么办?”

范蠡说:“咱们赶快去求和吧。”勾践派文种到吴王营里去求和。文种在夫差面前把勾践愿意投降的意思说了一遍。吴王夫差想同意,可是伍子胥坚决反对。文种回去后,打听到吴国的伯嚭是个贪财好色的小人,就把一批美女和珍宝,私下送给伯嚭,请伯嚭在夫差面前讲好话。

经过伯嚭在夫差面前一番劝说,吴王夫差不顾伍子胥的反对,答应了越国的求和,但是要勾践亲自到吴国去。文种回去向勾践报告了。勾践把国家大事托付给文种,自己带着夫人和范蠡到吴国去。

勾践到了吴国,夫差让他们夫妇俩住在阖闾的大坟旁边一间石屋里,叫勾践给他喂马。范蠡跟着做奴仆的工作。夫差每次坐车出去,勾践就给他拉马,这样过了两年,夫差认为勾践真心归顺了他,就放勾践回国。

勾践回到越国后,立志报仇雪耻。他唯恐眼前的安逸消磨了志气,在吃饭的地方挂上一个苦胆,每逢吃饭的时候,就先尝一尝苦味,还自己问:“你忘了会稽的耻辱吗?”他还把席子撤去,用柴草当做褥子。这就是后来人传诵的“卧薪尝胆”。

勾践决定要使越国富强起来,他亲自参加耕种,叫他的夫人自己织布,来鼓励生产。因为越国遭到亡国的灾难,人口大大减少,他订出奖励生育的制度。他叫文种管理国家大事,叫范蠡训练人马,自己虚心听从别人的意见,救济贫苦的百姓。全国的老百姓都巴不得多加一把劲,好叫这个受欺压的国家改变成为强国。越国很快强盛起来,最终打败了吴国。

谤之忍第三十

【原文】

谤生于雠，亦生于忌。求孔子于武叔之咳唾，则孔子非圣人；问孟轲于臧仓之齿颊，则孟子非仁义。

黄金，王吉之衣囊；明珠，马援之薏苡。以盗嫂污无兄之人，以笞舅诬娶孤女之士。

彼何人斯，面人心狗。荆棘满怀，毒蛇出口。投畀豹虎，豹虎不受。人祸天刑，彼将自取。我无愧怍，何慊之有。噫，可不忍欤！

【译文】

诽谤来自仇恨，也来自嫉妒。《论语》载，孙叔武叔诋毁孔子，如果向孙叔武叔询问孔子的为人，则孔子不是圣人；《孟子》载，臧仓说孟子坏话，使鲁平公和孟子不能相见，如果向臧仓询问孟子的言行，则孟子不行仁义。

西汉王吉祖孙三代都以清廉著称，每当搬家时只有一袋衣服，却有人传谣说他能造黄金；东汉马援征讨交趾时，带回了一车能强身健体的薏苡，但有人诬陷说他带回的是一车明珠。西汉直不疑本来连兄长都没有，却有人诽谤他与嫂子私通；东汉第五伦三次娶妻，娶的都是孤女，却有人中伤他殴打岳父。

这些无中生有、造谣诽谤的人，真是人面狗心。他们满肚子的阴谋诡计，满口恶言恶语，就算是把他们扔到豺狼虎豹那里，豺狼虎豹都不愿吃他们。这些人作恶多端，老天必定会惩罚他们，这都是他们咎由自取。孟子说，上不负天，下不负人，那么就会心底坦荡，有什么可遗憾的呢！啊！诽谤者自会受到上天的惩罚，人们怎么能不忍一忍诋毁别人之心呢？

【评析】

诽谤源自仇恨、源自嫉妒。在现实生活中，每天接触着形形色色的人，我们不是完人不可能与每个人交好，不经意间的一句话便可能引起对方的仇恨和嫉妒，这不是我们能够左右的事情。一个人生存环境或工作环境的优劣，不是个人能随意选择的。所以，对于许多东西，有时不必太刻意为之，要懂得忍耐克制。对于奸佞小人,你惹不起他们,刻意远离他们,不与他们为伍,如此也刻意让自己少一份被诽谤的可能。

典例阐幽

谤生于仇,亦生于忌

屈原生活的战国中后期,正是各国之间的兼并战争越来越激烈的时代。屈原意识到,楚国要想发展,只有积极在国内进行政治改革才有出路。可是,他的正确主张却遭到那些腐败守旧的贵族的强烈反对,他们嫉妒屈原的才能,明里暗里跟屈原作对。

有一次,楚怀王叫屈原起草一份重要法令。屈原刚写完草稿,上官大夫靳尚来了,就要抢过去看。屈原赶紧把草稿收起来,凛然说道:"这是个草稿,还没定下来,谁也不能看!"靳尚讨了个没趣,讪讪地走了。一到楚怀王那儿,他就陷害起屈原来了:"大王啊!您还蒙在鼓里呢!"楚怀王问:"怎么啦?"靳尚说:"大王不是总让屈原起草法令吗?他把这当成炫耀自己的资本呢!每次法令一公布,他就到处说:'哼,除了我,谁干得了!'""啊!他还说什么?"靳尚转动着一双金鱼眼说道:"他还说,大王昏庸残暴,目光短浅,大臣们都贪婪自私,愚蠢无能,朝廷大事没他就完了。"楚怀王听了信以为真,火冒三丈,从此就对屈原疏远了。

楚国连续两次被秦国打败,一直受秦国的欺负。秦昭襄王即位以后,对楚国采取又打又拉的政策。秦昭襄王很客气地给楚怀王写信,请他到武关(在陕西丹凤县东南)相会,举行和谈。楚怀王接到秦昭襄王的信,不去呢,怕得罪秦国;去呢,又怕出危险。他就跟大臣们商量。

屈原对楚怀王说:"秦国向来就像虎狼一样凶狠残暴,咱们受秦国的欺负不止一次了。大王千万别去,一去准上他们的圈套。"可是怀王的儿子公子子兰却一个劲儿劝楚怀王去,说:"咱们为了把秦国当做敌人,结果死了好多人,又丢了土地。如今秦国愿意跟咱们和好,怎么能推辞人家呢?"楚怀王听信了公子子兰的话,就上秦国去了。

果然不出屈原所料,楚怀王刚踏进秦国的武关,秦国就派兵截断了他的后路。然后;楚怀王被押送到秦国的都城咸阳。秦王逼着他割地,他不肯,秦王就把他软禁起来。到这时候,楚怀王才后悔没听屈原的忠告。过了一年多的囚禁生活后,楚怀王最后客死在秦国。

公元前278年，秦国大将白起带兵攻打楚国，占领了楚国的郢都；楚国到了朝不保夕的地步。屈原得到这个消息，伤心地哭了起来。他不愿看到楚国沦亡，不愿看到楚国的百姓受秦国的残害和欺压，于是在五月初五那天，他抱了块大石头，投进汨罗江滚滚的波涛中。

誉之忍第三十一

【原文】

好誉人者谀，好人誉者愚。夸燕石为瑾瑜，诧鱼目为骊珠。

尊桀为尧，誉跖为柳。爱憎夺其志，是非乱其口。

世有伯乐，能品题于良马；岂伊庸人，能定驽骥之价。

古之君子，闻过则喜。好面誉人，必好背毁。噫，可不忍欤！

【译文】

《孔丛子》载，子思回答公丘懿子时说："不遵礼义而一味地讨好奉承别人的人，是最谄媚的人；不明察是非而喜欢别人赞美自己，是最愚蠢的人。"《新序》上所载的宋国的傻子把普通的燕石当做美玉来夸赞，遭人耻笑；《庄子》载，河上公的儿子把鱼目当骊珠来赞美，成为笑柄。

尧是一代明君，史称其仁如天，其智如神；而桀是一代暴君，史称其贪婪暴虐，琼宫瑶台，殚竭民财。柳下惠，是一名谦谦君子，孟子称他为"圣之和者"，而盗跖是秦国大盗，小人之流。如果把桀夸赞成尧，把盗跖赞誉为柳下惠，这难道不是爱憎不分、善恶不明、颠倒是非了吗？

世有伯乐，然后有千里马。唯有伯乐，能辨别马的好坏，判定马的高下，岂能允许那些平庸之人随意去评价马之优劣？

古代圣人，听到别人指出自己的缺点和过失，就非常高兴。喜欢当面奉承别人的人，必定也喜欢在背后诋毁别人。啊！自己赞美别人，一定要分清是非；别人赞美自己，一定要格外小心。所以在赞誉面前怎能不忍一忍，再三思而行呢！

【评析】

"良药苦口利于病，忠言逆耳利于行。"赞美的话虽然很动听，却不如那些批评的话更有意义。过分的赞美是一种谄媚和奉承,自己称赞别人时一定要合乎事实和礼仪。当别人称赞自己时,也一定要小心辨别真假;人只有虚心地接受别人的意见和建议,才能使自己不断地走向完美。所以,当面对别人的恭维、阿谀时,你务必要保持清醒的头脑。

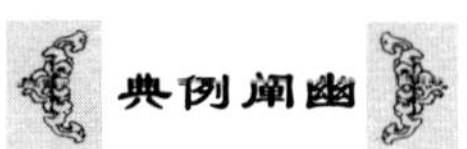

典例阐幽

忠言逆耳利于行

邹忌身高八尺多,形体容貌光艳美丽。一天早晨,邹忌穿戴好衣帽,照着镜子,对他的妻子说:"我同城北徐公比,谁漂亮?"他的妻子说:"您漂亮极了,徐公哪里比得上您呢?"城北的徐公,是齐国的美男子。邹忌不相信自己会比徐公漂亮,就又问他的妾:"我同徐公比,谁漂亮?"妾说:"徐公怎么能比得上您呢?"第二天,有客人从外面来,邹忌同他坐着闲聊,邹忌又问他:"我同徐公比,谁漂亮?"客人说:"徐公不如您漂亮。"又过了一天,徐公来了,邹忌仔细地看他,自己觉得不如徐公漂亮;再照镜子看看自己,更是觉得自己与徐公相差甚远。晚上躺着想这件事,说:"我的妻子认为我漂亮,是偏爱我;妾认为我漂亮,是害怕我;客人认为我漂亮,是想有求于我。"

于是邹忌上朝拜见齐威王,说:"我确实知道自己不如徐公漂亮。可是我妻子偏爱我,我的妾害怕我,我的客人有求于我,他们都认为我比徐公漂亮。如今齐国有方圆千里的疆土,一百二十座城池,宫中的妃子、近臣没有谁不偏爱您,朝中的大臣没有谁不害怕您,全国范围内的人没有谁不有求于您。由此看来,大王您受蒙蔽很深啦!"

齐威王说:"好!"就下了命令:"大小官吏百姓能够当面指责我的过错的,受上等奖赏;书面劝谏我的,受中等奖赏;能够在公共场所批评议论我的过失,并能传到我的耳朵里的,受下等奖赏。"命令刚下达,许多大臣都来进谏,宫门前庭院内人多得像集市一样。几个月以后,还不时地有人偶然来进谏;满一年以后,即使有人想进谏,也没有什么可说的了。

燕、赵、韩、魏等国听说了这件事,都到齐国来朝见齐王。这就是所谓在朝廷上战胜别国。

谄之忍第三十二

【原文】

上交不谄，知几其神。巧言令色，见谓不仁。

孙弘曲学，长孺面折，萧诚软美，九龄谢绝。

郭霸尝元忠之便液，之问奉五郎之溺器。朝夕挽公主车之履温，都堂拂宰相须之丁渭。书之简册，千古有愧。噫，可不忍欤！

【译文】

《易·系辞》中说："与比自己地位高的人交往不阿谀奉承，与比自己地位低的人交往也不盛气凌人。"这样的人就领会了与人交往的关键。《论语》曾说："那些会说漂亮话善于装扮自己的人，实际是放纵本能，丧失仁德的人。"

西汉辕固教导公孙弘，要用正直的道理来说话，不学歪门邪道来欺世盗名。西汉汲黯，字长孺，性情倨傲，很少讲情面，当面指责汉武帝的过失。唐代张九龄刚正不阿，因萧诚柔美善言，不再和萧诚交往。辕固的正学、汲黯和张九龄的正直，成为后世的榜样，真令那些谄媚者汗颜。

唐代郭弘霸探视生病的御史中丞魏元忠，用手指蘸魏的小便来放在口里尝，以判断病势轻重，但魏元忠相当厌恶他的谄媚；唐代宋之问极力巴结武则天的宠臣张易之，甚至在张易之大小便时，宋之问都给他端便器，但在张易之失势时遭贬谪。唐代赵履温脱下朝服当绳子，用脖子为安乐公主拉牛车，以此来讨好公主；宋代的丁渭在都堂上为宰相寇准擦拭胡须上的汤渍。以上几个人的谄媚之举，都被载入史册，遭受后世的耻笑和唾弃。唉！谄媚之人遭世人唾弃，怎能不忍住自己的谄媚之心而以此为戒呢！

【评析】

这个世界上阿谀小人确实有，他们见风转舵，见人说人话，见鬼说鬼话，很有一套让人听了以后感觉良好的本事。而大多数的人也是喜欢听赞美自己的话。殊不知，正是这些颂词赞歌，让人麻痹，陶醉其中，而不再奋进，尤其耐不得不同之声，听不得不同的意见，久而久之，则会意志涣散，听不进忠言。阿谀之声害人不浅,一定要引起自己的高度重视啊。

典例阐幽

投其所好,阿谀奉承

公元3世纪中叶前后,河南温县司马氏号称大族。从司马懿起,至其子司马师、司马昭相继专断曹魏国政。司马昭死后,其子司马炎承袭王位,终于完全控制了魏国朝政。咸熙二年(266),司马炎以接受禅位的形式,和平篡夺了魏国政权,正式称帝。司马炎改朝换代后将国号改为晋,建都洛阳,开始了西晋王朝在中国历史上半个多世纪的统治。

司马炎在位二十六年,死后谥号武帝,史称晋武帝。他登基践位之际,少不了要按照礼制行皇帝登位的典礼,其中一项就是在群臣拱围之下"探策卜世"。

举行仪式的这一天,司马炎和君臣上下都是一副虔诚的样子,在庄严、低沉的乐声中开始探策典礼。司马炎一心想着探取一个吉祥的竹签,揖拜天地,祭奠山岳,烦琐的仪式行完之后,司马炎将手伸入方壶探策而出。他急忙低头一看,策上一个"一"字跃入他的眼帘。如果把这个"一"字看做王业传世之数,那么司马家族的天下就是一世而尽。司马炎双眼瞪着这不吉祥的"一"字,心中老大不快,愠怒之色顿时布满龙颜。群臣一见卜出如此结果,都惊得呆若木鸡,不知讲什么是好。

黄钟、大吕之声余音宛在,缭绕着栋梁不去,大殿内静得让人难以忍受,这隆重的探策大仪真不好收场。这时,只见吏部郎中裴楷从班中站出,面对司马炎朗声奏道:"臣下听说,天能得一则天清,地能得一则地宁,侯王能得一则天下为正。"裴楷这一番话,是依据汉魏之际王弼的《老子注》第三十九章说的,原文是:"往昔得一者,天得一以清,地得一以宁,神得一以灵,五行得一以丰盈,天地间万物得一则能生,侯王得一则天下为王。"老庄学说在魏晋之际颇有影响,因此裴楷这番话有很大的权威性。

裴楷奏对中所说"侯王得一则天下为正",把司马炎认为不祥之兆的"一"改成大吉之兆的"一"。所谓"正"即是不邪,不邪则不倾,天下能正而不邪,就是天下稳固,这就意味着司马氏的江山可以传于万世而不倾。这在逻辑上是移花接木,也是裴楷聪明过人之处。经过他这一解释,司马炎愠怒的脸上渐渐露出喜悦。

"探策卜世"是一种近乎巫术的政治游戏,预卜所得的结论也必定是荒诞无稽的。司马炎探策得"一",经过机智的裴楷一番巧妙释对,虽然暂时转忧为喜,但终未能使司马氏的江山传之万世。从晋武帝司马炎到晋愍帝司马业,西晋历五十二

年，四世而亡，然裴楷巧对的敏智佳话却传至于今。

笑之忍第三十三

【原文】

乐然后笑，人乃不厌。笑不可测，腹中有剑。

虽一笑之至微，能召祸而遗患。齐妃嗤跛而郤克师兴，赵妾笑躄而平原客散。

蔡谟结怨于王导，以犊车之轻诋；子仪屏去左右，防鬼貌之卢杞。

人世碌碌，谁无可鄙。冯道兔园策，师德田舍子。噫，可不忍欤！

【译文】

因为快乐而发自内心的笑，此乃人之常情，谁也不会讨厌。然而唐代宰相卢杞的笑，就让人莫名其妙。他的言语如口中有蜜一样甜，内心却如藏了一把剑一样狠毒。

笑一笑虽然是一件很小的事，却能招致灾祸留下隐患。《左传》载，宣公十七年（前592），晋与齐会盟，齐国的后妃们嘲笑前来会盟的晋国使臣郤克的跛足，郤克大怒，兴师伐齐，齐国大败；《史记·平原君列传》载，平原君的美妾嘲笑跛脚的邻居，平原君答应邻居杀掉这个美妾，却迟迟未能实现承诺，导致其门下宾客逐渐减少。

东晋的王导害怕大老婆，急忙用牛车把小老婆送到别处安置，司徒蔡谟因此而笑谑他，王导大怒，两人便结下了怨仇；唐代郭子仪每次会见来访的宰相卢杞时都把所有的小妾丫环打发走，以防女人见了卢杞丑陋的相貌会发笑，从而得罪卢杞。

人生平庸，多是碌碌俗人，有谁会没有鄙俗之处呢？五代时的冯道担任要职，但外貌较为粗野质朴，因任赞和刘岳用《兔园册》来嘲笑他的农民出身而大怒，贬掉二人的官职；唐人娄师德为人性情敦厚，并没有因李昭德称他“庄稼汉”而发怒。

啊！一笑可以结怨，一笑亦可以泯仇。面对可笑之事或可笑之人时，我们是不是该忍一忍欲笑为快之心呢？

【评析】

笑一笑是一件很小的事，但不当的笑却能招致灾祸。在现实生活中，有许多人常以“嘲笑”他人为乐，戏称别人为“笨”、为“丑”，有些当然只属玩笑，但是总是让人觉得不妥，毕竟“尖酸刻薄”的嘲讽之言，会使听者不悦，严重的，正如灭门血案一般，招致杀身之祸。

妒之忍第三十四

【原文】

君子以公义胜私欲，故多爱；小人以私心蔽公道，故多害。多爱，则人之有技若己有之；多害，则人之有技媢疾以恶之。

士人入朝而见嫉，女子入宫而见妒。汉宫兴人彘之悲，唐殿有人猫之惧。

萧绎忌才而药刘遴，隋士忌能而刺颖达。僧虔以拙笔之字而获免，道衡以燕泥之诗而被杀。噫，可不忍欤！

【译文】

君子能以公理克服私欲，所以有博爱之心；小人放纵私欲不明天理，所以存害人之心。有博爱之心的人，看见别人有才能，就好像是自己有才能，对别人的美德总是真诚地爱慕；而小人则从一己私心出发，看见别人有才能就妒忌憎恶，看见别人有美德，就诋毁中伤，这种人比妖魔鬼怪更可怕！

西汉的邹阳因遭诬陷而入狱时曾感叹："士人不管贤明与否，只要入朝就会遭到妒忌；女人不管漂亮与否，只要入宫就会遭到妒忌。"汉代吕后妒忌汉高祖所宠幸的戚夫人，因此百般残害戚夫人，并称戚夫人为"人猪"；唐代李林甫口蜜腹剑，嫉贤妒能，残害俊杰，人称他"李猫""人猫"。

南朝梁的萧绎忌妒刘之遴的才能超过自己，派人送毒药将刘之遴毒死；隋朝的老儒们忌恨年轻的孔颖达学识超越他们，便暗中派刺客杀死孔颖达。南朝刘宋王僧虔因宋孝武帝想以书法闻名天下，便故意把字写很差，不敢露出自己的真迹，以求平安；隋朝薛道衡因文才出众而遭隋炀帝忌恨，被借故绞死。唉！妒忌之人如此毒辣，怎能不忍住自己的表现欲而隐藏自己的才干呢？

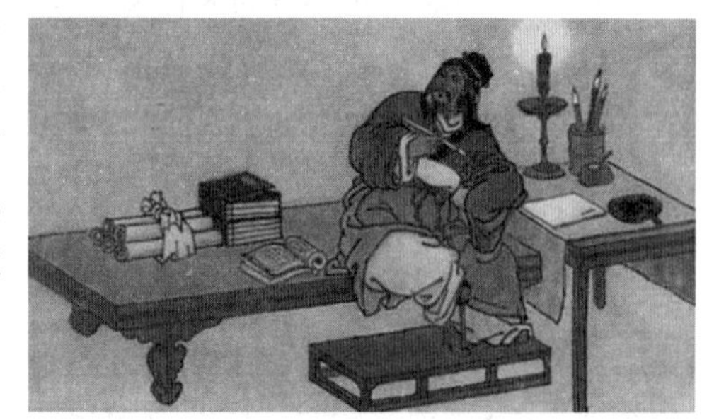

【评析】

古代圣贤认为君子能够根据天理行事,没有私欲私心,他们能广泛地关爱别人;而小人则是注重自己的私欲,将私心掩盖天理,所以他们常嫉妒和伤害别人。嫉妒之心人皆有之,嫉贤妒能是无能的表现,也是可悲的。社会上有许多人之所以避免不了失败的结局,就在于他们存心不良。其实,只要你正常发挥自己的才能,不怕别人妒忌,也不去妒忌他人,你就能把你的事情做得完完美美。

忽之忍第三十五

【原文】

勿谓小而弗戒,溃堤者蚁,螫人者虿。

勿谓微而不防,疽根一粟,裂肌腐肠。

患尝消于所慎,祸每生于所忽。与其赞赏于焦头烂额,孰若受谏于徙薪曲突。噫,可不忍欤!

【译文】

不要因为事情微小就没有戒心,不加提防。千丈之堤,常因蚁穴而溃坏;蜂蝎很小,却能使人中毒身亡。

不要因为细微之处就大大略过,不加警惕。疽初发时也不过一粒米那么不起眼,但是治迟了就会破裂肌肤,腐烂肠胃,丧失性命。

人谨慎的时候,祸患自然就会消失,但祸患往往是发生在人疏忽大意的时候。与其在发生大火之后奖赏救火者,忙得焦头烂额,不如当初听从别人弯曲烟囱、搬开柴草的建议。啊!小事能酿成大祸。未雨绸缪,防患于未然,才能将灾祸消灭在萌芽状态,怎能让自己疏忽大意呢?

【评析】

《关尹子》所说:“不要轻视小事,一个小缝隙就能导致沉船;不要轻视小东西,小虫子可使人中毒;不要轻视小人,小人可以危害到国家。”聪明的人不会忽视细微的小事,他们往往小心谨慎,懂得从小处着手,防患于未然。人们若能保持谨慎状态，祸患自然不会产生，灾祸往往就是发生在人们疏忽的时候。一个知识广博的人是绝对谨慎的。祸患在谨慎时往往会消失。所以，考虑得周到，谨慎小心就没错。

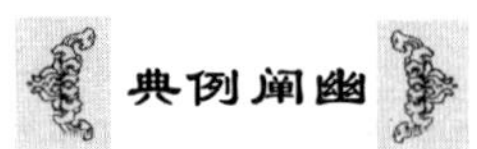

防患未然，谨慎行事

唐朝郭子仪爵封汾阳王，王府建在首都长安的亲仁里。汾阳王府自落成后每天都是府门大开，任凭人们自由进进出出，而郭子仪不允许其府中的人对此加以干涉。有一天，郭子仪帐下的一名将官调到外地任职，来王府辞行。他知道郭子仪府中百无禁忌，就一直走进了内宅。恰巧，他看见郭子仪的夫人和她的爱女梳妆打扮，而王爷郭子仪正在一旁侍奉她们，她们一会儿要王爷递毛巾，一会儿要他去端水，使唤王爷就好像奴仆一样。这位将官当时不敢讥笑郭子仪，回家后，他禁不住讲给他的家人听。于是一传十，十传百，没几天整个京城的人都把这件事当成笑话来谈论。郭子仪听了倒没有什么，他的几个儿子听了却觉得大丢王爷的面子，他们决定对父亲提出建议。

他们相约一起来找父亲，要他下令，像别的王府一样，关起大门，不让闲杂人等出入。郭子仪听了哈哈一笑，几个儿子哭着跪下来求他，一个儿子说："父王您功业显赫，普天下的人都尊敬您，可是您自己却不尊重自己，不管什么人，您都让他们随意进入内宅。孩儿们认为，即使商朝的贤相伊尹、汉朝的大将霍光也无法做到您这样。"

郭子仪听了这些话，收敛了笑容，对他的儿子们语重心长地说："我敞开府门，任人进出，不是为了追求浮名虚誉，而是为了自保，为了保全我们全家人的性命。"

儿子们感到十分惊讶，忙问其中的道理。

郭子仪叹了一口气，说道："你们光看到郭家显赫的声势，而没有看到这声势有进丧失的危险。我爵封汾阳王，往前走，再没有更大的富贵可求了。月盈而蚀，盛极而衰，这是必然的道理。所以，人们常说要急流勇退。可是眼下朝廷尚要用我，怎肯让我归隐；再说，即使归隐，也找不到一块能够容纳我郭府一千余口人的隐居地呀。可以说，我现在是进不得也退不得。在这种情况下，如果我们紧闭大门，不与外面来往，只要有一个人与我郭家结下仇怨，诬陷我们对朝廷怀有二心，就必然会有专门落井下石、陷害贤能的小人从中添油加醋，制造冤案。那时，我们郭家的九族老小都要死无葬身之地了。"

人们若能像郭子仪那样时刻保持谨慎的态度，祸患自然不会产生。所以，未雨

绸缪，防患于未然是很有必要的。

忤之忍第三十六

【原文】

驰马碎宝，醉烧金帛，裴不谴吏，羊不罪客。

司马行酒，曳遐坠地。推床脱帻，谢不瞋系。诉事呼如周，宗周不以讳。是何触触生，姓名俱改避？

盖小之事大多忤，贵之视贱多怒。古之君子，盛德弘度，人有不及，可以情恕。噫，可不忍欤！

【译文】

唐人裴行俭的下人私自骑皇上赏赐给裴行俭的宝马并摔坏了珍贵的马鞍，裴行俭并未责怪他；又有一次，裴行俭的手下军士在宴会上不慎摔碎了所展示的珍贵的玛瑙盘，裴行俭也没惩罚他；南朝梁人羊侃设宴，客人张孺才醉酒导致失火，损失不计其数，羊侃并没有怪罪于这位客人。裴行俭和羊侃对他人的过失如此的宽宏大量，确实难得。

晋人裴遐在周馥家下棋，周馥的司马劝酒，不慎把裴遐拉倒在地，裴遐慢慢爬起来，举止如故，表情安详，继续下棋；晋人谢安和蔡系因一个座位发生争执，被蔡系从座位上推了下去，把帽子和头巾都弄掉了，谢安慢慢站起来又回到座位上，并没有怪罪蔡系。北魏度支尚书宗如周曾作过如州官，有人上诉时呼其“如周官”，他并没有介意；而五代人石延郎因自己姓石而将石昂的姓改成了右，以避讳。是什么产生了触犯忌讳这一说法，而使人的姓名都要改换呢？

小人物在侍奉大人物的时候经常会不小心发生一些意外，高贵的人对待卑贱的人也常常会生气。如果大人物能为人宽宏大度一些，那么他就有君子之腹了。正如晋代卫蚧所说：“别人有没达到要求的地方，可以凭人情宽恕他。”唉！谁都会有犯错的时候，犯了错都希望别人能谅解。面对别人的过失，怎能不忍一忍自己的不满之心呢？

【评析】

有话叫做“得饶人处且饶人”，这话很有道理。当别人不小心做错了事，或违背了你的意愿，或是打乱了你的计划时，如果你不善加处理，不能忍受别人无心的过失，大发其火，只能是加剧对方的恐惧，事情越办越糟。要不然就是对方由此记恨在心，成为以后冲突的隐患。实际上，只要你胸怀宽广，不斤斤计较，在宽容他人的同时你就获得了理解和信任。

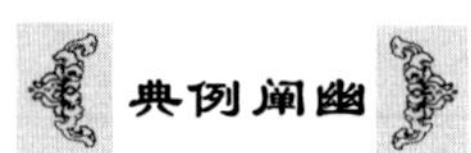

忍耐心中的不满，才能与人为善

春秋战国时期，有所谓的战国四公子，即齐国的孟尝君，赵国的平原君，魏国的信陵君和楚国的春申君。据记载，这四个人的门客有时多达三千人，只要有一技之长，即可投到门下，四公子对他们一视同仁，不分贵贱。他们以养士而著名，也因养士而在一定程度上保全了国家。在这一方面孟尝君容人、容才的度量就不是一般人能学得来的。孟尝君的一个门人与孟尝君的小妾私通。有人看不下去，就把这事告诉了孟尝君：“作为您的手下亲信，却背地里与您的小妾私通，这太不够义气了，请您把他杀掉。”孟尝君说：“看到相貌漂亮的就相互喜欢，是人之常情。这事先放在一边，不要说了。”

过了一年，孟尝君召见了那个与他小妾私通的人，对他说：“你在我这个地方已经很久了，大官没得到，小官你又不想干。卫国的君主与我是好朋友，我给你准备了车马、皮裘和衣帛，希望您带着这些礼物去卫国，与卫国国君交往吧。”结果，这个人到了卫国受到重用。

后来齐国、卫国的关系恶化，卫君很想联合天下诸侯一起进攻齐国。那个与孟尝君小妾私通的人对卫君说：“孟尝君不知道我是个没有出息的人，竟把我推荐给您。我听说齐、卫两国的先王，曾杀马宰羊，进行盟誓说：‘齐、卫两国的后代，不要相互攻打，如有相互攻打者，其命运就和牛羊一样。’如今您联合诸侯之兵进攻齐国，这是您违背了先王的盟约，并且欺骗了孟尝君啊。希望您放弃进攻齐国的打算。您如果听从我的劝告就罢了，如果不听我的劝告，像我这样没出息的人，也要用我的热血洒溅您的衣襟。”卫君在他的说服和威胁下，终于没有进攻齐国。

齐国人听说了这件事后说：“孟尝君可以说是善于处世、转祸为福的人了。”

孟尝君被逐出齐国以后又被“平反昭雪”，再次返回齐国任相，他的政敌都很

害怕,担心孟尝君会报复。孟尝君的好朋友,著名辩土谭拾子到齐国的边境上去迎接孟尝君。谭拾子直言不讳地对孟尝君说:“您对齐国的士大夫是不是有怨恨呢?”孟尝君也不加掩饰地说:“是的。”谭拾子又问:“是否把他们都杀掉您才满意呢?”孟尝君说:“是的。”谭拾子说:“事情总有其发展的必然结果,也总有其发生的原因,您明白吗?”孟尝君说:“我不明白,请先生指教。”

“人总有一死,这就是事物发展的必然规律;人在有钱有势时,别人就愿意去接近他,如果贫穷低贱,别人就会离开他,这是事物的本来规律。就让我举一例子吧,早市上人满为患,而夜市上却冷冷清清,这并不是因为人们喜欢早市,厌恶夜市,而是因为早市上有人们喜欢的东西,而夜市上则没有。人情冷暖,世态炎凉,本来如此,您还是别往心里去吧!”孟尝君听信了谭拾子的话,把他所怨恨的人全都从册子上删掉,从此不再提起此事。

仇之忍第三十七

【原文】

血气之初,寇仇之根。报冤复仇,自古有闻,不在其身,则在子孙。人生世间,慎勿构冤。小吏辱秀,中书憾潘。谁谓李陆,忠州结欢?

霸陵尉死于禁夜,庾都督夺于鹅炙。一时之忿,异日之祸。

张敞之杀絮舜徒,以五日京兆之忿;安国之释田甲,不念死灰可溺之恨。

莫惨乎深文以致辟,莫难乎以德而报怨。君子长者,宽大乐易,恩仇两忘,人己一致。无林甫夜徒之疑,有廉蔺交欢之喜。噫,可不忍欤!

【译文】

血气方刚的时候,容易与人结怨,因此要防止结下仇恨的根苗。自古以来就有大量的报仇雪恨的例子,即使冤仇没有发生在本人身上,那么在其子孙身上也会得到报应。所以人生在世,要谨慎行事,不要轻易与人结下冤仇。晋朝孙秀在当小吏的时候多次受到潘岳的侮辱打骂,后孙秀以潘岳追随南天司马允作乱为由状告潘岳,潘岳及其族人因此获罪。三国时吴国太常潘濬担心中书郎吕壹利用职权、罗织罪名陷害忠良的做法会给国家带来祸患,就在孙权面前陈说吕壹的罪行,吕壹终被孙权所杀。唐代李吉甫受陆贽所害,多次被贬,却在被贬忠州后化干戈为玉帛,和陆贽结为莫逆之交。

霸陵亭尉被杀,是因为西汉李广被贬为百姓后,有一次晚上回家走到霸陵亭,他阻止李广通行的缘故;晋代人庾悦被夺去兵权,是因为先前他曾在刘毅向他讨要鹅肉的时候欺负刘毅。霸陵亭尉和庾悦都是由于一时之愤与人结下冤仇,结果遭到了报复,酿成灾祸。

西汉张敞杀了絮舜,是由于絮舜挖苦他只当了五天的京兆尹,办案能力值得怀疑;西汉韩安国原谅了那个在狱中曾以“溺死灰”之言欺负辱骂他的田甲,显示了其宽阔的胸怀。

天下最惨的事莫过于无端罗织罪名而置人于死地,天下最难的事莫过于以德报怨不计前嫌。君子和品德高尚的长者,胸怀博大,为人宽厚,不计个人恩仇,待人如待己,人们亲近这样的人。唐代宰相李林甫嫉贤妒能,结下许多仇怨,所以他每天都戒备森严,改换住处,担心刺客杀他;而战国时的廉颇和蔺相如摒弃前嫌,终成刎颈之交。冤仇宜解不宜结,不与人结怨,生活便快乐而轻松。一旦与人结怨,也应该采取以德报怨的行为来化解仇怨。面对挑衅,怎能不忍一忍仇恨之心呢?

【评析】

有句话说:“多个朋友多条路,.多个敌人多堵墙。”个人的仇恨,常常能使一个人无法摆脱,陷入其中,不能自拔,非要报仇解恨才能了事。有时候仇恨不妨把个人的恩怨放在一边,也许这样忍受仇恨的方式显得软弱,但实际上它可以让人心胸开阔,去做应该做的事。

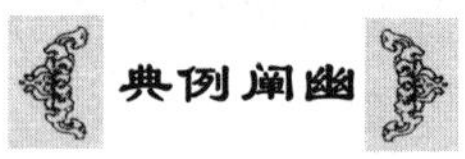

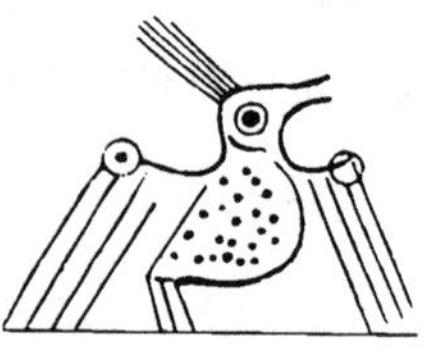

郭子仪“以德报怨”

唐朝大将军郭子仪,在平定“安史之乱”和抵御外族入侵中屡立奇功,却遭到了皇帝身边的红人、太监鱼朝恩的嫉恨。郭子仪率兵在外征战,鱼朝恩竟暗地里派人挖毁了郭子仪父亲的墓穴,抛骨扬灰。郭子仪领兵还朝,众人无不以为会掀起一场血雨腥风,不料皇帝忐忑不安地提及此事时,郭子仪伏地大哭,说:“臣将兵日久,不能禁阻军士们残人之墓,今日他人挖先人之墓,这是天谴,不是人患。”家仇

的烈焰竟被他宽容的泪水熄灭。

郭子仪手握兵权，在朝中日益得到皇帝的信任，鱼朝恩担心早晚会被郭子仪收拾，便想来个先下手为强，在家中摆下“鸿门宴”，然后请郭子仪赴宴。鱼朝恩的险恶用心连郭子仪的下属都看得一清二楚，他们极力劝阻郭子仪。郭子仪淡淡一笑，不以为然，只便装轻从，带上几个家僮从容赴宴。鱼朝恩见了惊讶不已，在得知实情后，阴毒无比的一代奸臣竟被感动得号啕大哭，从此以后再不以郭子仪为敌，反而处处维护他。

争之忍第三十八

【原文】

争权于朝，争利于市，争而不已，瞽不畏死。

财能得人，亦能害人。人曷不悟，至于丧身。权可以宠，亦可以辱。人胡不思，为世大僇？

达人远见，不与物争。视利犹粪土之污，视权犹鸿毛之轻。污则欲避，轻则易弃。避则无憾于人，弃则无累于己。噫，可不忍欤！

【译文】

争权的人在朝廷上争权，争利的人在市场上争利，争来争去永不罢休，犹如夺财之人逞强而不怕死。

钱财能够对人有利，就如仁义散财而得民心；钱财同样也能害人，就如不仁不义之人，为了聚财不择手段而丢命。人为什么还不觉悟，以至于为了争夺钱财而丧命呢？权势可以使人得宠，也可能使人受辱。人为什么不仔细思索一下，以至于为了权势而断送自己的性命呢！

豁达的人有远见卓识，不与别人争名夺利。他们把利看得如同粪土一样污浊，把权看得比鸿毛还轻。对于污浊的东西，自然会想方设法地避开它，对于轻贱的东西，也会很容易地抛开它。避开了利则可以使人无恨，抛开了权则可以使自己轻松。唉！名利能利于人亦能害于人，面对名利，怎能不忍住自己的占有之心呢？

【评析】

古人对于仇争是不赞成的。他们赞成和提倡的是相互之间的宽容和谅解，反对彼此无休无止地结怨、成仇、争斗，那样对个人无利，对他人也有害，对社会同样没有任何好处。仇恨越积越深，仇争不忍，则会以仇报仇，无休无止，这样对个人对事业都没有好处。要忍仇不争，做到以德报怨，确实需要宽广的胸怀。只要能认识道仇争的害处，相信大多数人都能尽量的化解矛盾，团结共事。

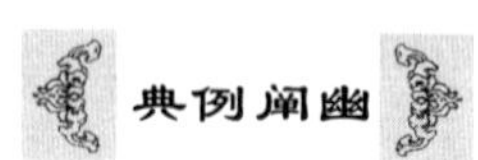

明争暗斗，损人损己

无论古今，与人结仇结怨，都只因为一点小事，就把别人的过错牢牢记在心中，这是不能忍仇的行为，这样做只能让人看到其心胸的狭隘，不足以共事罢了。

宋朝郭进任山西巡检时，有个军校到朝廷控告他，宋太祖召见了那个告状的人，审讯了一番，结果发现他在诬告郭进，就把他押送回山西，并交给郭进处置。有不少人劝郭进杀了那个人，郭进没有这样做。当时正值兆汉国入侵，郭进就对诬告他的人说："你居然敢到皇帝面前去诬告我，也说明你确实有点胆量。现在我既往不咎，赦免你的罪过，如果你能出其不意，消灭敌人，我将向朝廷保举你。如果你打败了，就自己去投河，别弄脏了我的剑。"那个诬告他的人深受感动，果然在战斗中奋不顾身，英勇杀敌，后来打了胜仗。郭进不记前仇，向朝廷推荐了他，使他得到提升。

容忍别人对自己所犯的过错，不记仇，别人必然以自己的一技之长来酬谢你。宽容自己的仇人，仇人会良心发现，必会找机会以死相报。那些专门去收集别人的过错，去寻找仇人的人，与郭进的不争仇相比，不是太愚蠢了吗？

三国时的曹操，很注意接班人的选择。长子曹丕虽为太子，但小儿子曹植更有才华，文名满天下，很受曹操器重。于是曹操产生了换太子的念头。

曹丕得知消息后十分恐慌，忙向他的贴身大臣贾诩讨教。贾诩说："愿您有德行和度量，像个寒士一样做事，兢兢业业，不要违背做儿子的礼数，这样就可以了。"曹丕深以为然。

一次曹操出征，曹植高声朗诵自己做的歌功颂德的文章来讨父亲欢心，并显示自己的才能。而曹丕却伏地而泣，跪拜不起，一句话也说不出。曹操问他什么原因，曹丕便哽咽着说："父王年事已高，还要挂帅亲征，作为儿子心里又担忧又难过，所以说不出话来。"

一言既出，满朝肃然，大臣们都为太子如此仁孝而感动。反观曹植，大家倒觉得他只晓得为自己扬名，未免华而不实，有悖人子孝道，作为一国之君恐怕难以胜任。结果还是“按既定方针办”，太子还是原来的太子。曹操死后，曹丕顺理成章地登上了魏国皇帝的宝座。

其实刚开始时，曹丕是极不甘心自己的太子之位被弟弟夺走的，他想拼死一争，却又明知自己的才华远在曹植之下，胜数极微，一时竟束手无策。但他毕竟是聪明人，经贾诩的点化，他去做一些更实际的事情。当然，最后这场兄弟夺嫡之争，以看似不争者取胜而告终。

欺之忍第三十九

【原文】

郁陶思君，象之欺舜。校人烹鱼，子产遽信。

赵高鹿马，延龄羡余。以愚其君，只以自愚。丹书之恶，斧钺之诛。

不忍丝发欺君。欺君，臣子之大罪。二子之言，千古明诲。

人固可欺，其如天何！暗室屋漏，鬼神森罗。作伪心劳，成少败多。

鸟雀至微，尚不可欺。机心一动，未弹而飞。人心叵测，对面九疑。欺罔逝陷，君子先知。波遁邪淫，情见乎辞。噫，可不忍欤！

【译文】

舜的弟弟象用土埋井，想活埋了舜，但未能得逞，便掩饰说，我万分想念你；《孟子》载：管池沼的人把子产吩咐放生的鱼煮熟吃掉却欺骗子产说鱼自行游走了，子产相信了那人的话。象和管池沼的人都实在欺人太甚了！

秦朝丞相赵高，指鹿为马，欺骗二世和世人；唐代裴延龄无中生有，欺骗德宗皇帝，说是在粪土中找到了十三万两银子，其他的东西价值一百多万。这些人愚弄他们的君主，只能是自欺欺人，没有好下场。赵高的“指鹿为马”成为欺骗的代名词，赵高的恶名也被载入史书；裴延龄无中生有更令人憎恶，其死后，举国上下互相庆贺。

赵宋人胡宿从不忍心在极细微的事情上欺骗君主；宋真宗朝的东宫谕德鲁宗道认为，欺君是臣子的大罪。胡宿和鲁宗道的话可以作为永久的教导，成为千古格言。

人固然可以被欺骗，但怎么能骗得了上天呢？即使在别人看不到的黑屋里或是房屋的角落里做亏心事，以为没有人会看见，但鬼神到处都有，神明是无所不知的。做欺骗他人的事情还得想法掩盖真相，这样会使人心力交瘁，而且谎言终会被拆穿，所以行骗的人失败的多成功的少。

鸟雀虽然微小，但也不可被欺骗。弩机刚一动，镗中的弹丸还未来得及发出，它就会飞走。人心不可估测，即使面对面你也会难辨真假，就像埋藏舜的九疑山，九个山峰几乎都一样，根本分不清舜究竟葬在何处。《论语》载，孔子曾说："可以让人远远地离开，却不可以陷害；可以欺骗，但不可以愚弄。"对此君子圣人总是先知先觉。孟子认为言为心声，言辞有不全面、过分、不合正道、躲躲闪闪的四种毛病，那么人就会有片面、失误、歪邪、理屈这四种行为，从语言的毛病就可以知道思想的失误。啊！谎言是无法长久的，欺人却欺不过天，如果有欺人之念，怎能不忍住呢

【评析】

古人说："诚信是金。"一个有诚信的人就等于有了一切，在现实生活中，诚信尤为重要。欺诈之徒，时间长了，人们认清了他的本来面目，就会鄙视他、蔑视他、远离他。因此，我们需要牢记：只有诚实无欺，才能在社会上更好的生存、立足。

隐忍欺人的念头，平等待人

梁国志是清朝乾隆年间人，他从小就聪明好学。可是他家里很穷，父亲想让他放弃学业，做些小生意来养家糊口。梁国志为此苦苦哀求父亲，让他再读几年书。街坊邻居见了，也觉得梁国志不读书太可惜了，就帮着说情，有的还愿意帮他出学费。父亲也盼着将来儿子能有些出息，于是就答应让他继续学习。

村子里的乡亲们都是忠厚老实的人，心肠很好；虽然都不富裕，还是经常帮助贫困的梁家。全村的人都盼望着梁国志将来能有出息，好给他们村子争争光。小国志知道，自己一定不能辜负乡亲们的期望，学习也就更加努力了。

公元1741年，年仅十七岁的梁国志就中了举人；二十四岁那年，他中了状元。梁国志在朝廷当了官以后，不忘家乡父老，经常用自己的俸银为乡亲们办事。无论在哪里当官，他都替老百姓着想，受到老百姓的好评。

梁国志不但学问高，人品好，而且还擅长书画，谁要是得到他的书画作品，都

当做宝贝收藏起来。他的儿子受他的感染，很小的时候就对书画产生了兴趣，吵着让梁国志教他画画儿。

一天，儿子又拿着画笔来找父亲，还弄得满脸都是墨汁。梁国志见了就想笑，帮儿子擦了擦脸，然后语重心长地对儿子说："学作画之前，要先学会做人，没有人格的人永远也不会成为优秀的书画家。"

儿子抬起幼稚的小脸，很疑惑地问爸爸："画画儿就画画儿呗，和做人有什么关系？"

梁国志说："一个真正的画家，是用心在画，而不是用笔在画。如果你是一个诚实、正直的君子，你的画也就会充满正气，让人一看就觉得充满灵气。"

儿子眨眨眼睛，好像还不是很懂，于是梁国志就讲了宋朝大奸臣秦桧的例子。他说："秦桧其实是个很有才华的人，他的书法相当好，可他是历史上有名的奸臣，品行十分恶劣。他死了以后，人们一听到他的名字就咬牙切齿地骂他，没有人愿意收藏他当时留下的书法作品，都认为留着他的字会带来灾难，他的作品不是被撕毁后扔到粪坑里就是让人用火烧掉。他的字现在留下的已经很少了，人们讨厌他的字其实是因为讨厌他这个人。"

儿子点点头，好像听明白了。梁国志又说："诚信是做人的第一步，不说谎话、讲信用的人，才会挺起胸脯光明磊落地做人。"

儿子听了，牢记父亲的教导，一生坚守诚信的品格，后来他真的成了当时很受人尊敬的著名画家。

淫之忍第四十

【原文】

淫乱之事，易播恶声。能忍难忍，谥之曰贞。

路同女宿，至明不乱；邻女夜奔，执烛待旦。

宫女出赐，如在帝右。面阁十宵，拱立至晓。

下惠之介，鲁男之洁。日磾彦回，臣子大节。百世之下，尚鉴风烈。噫，可不忍欤！

【译文】

淫乱，最容易动摇人的性情，也最容易传出坏名声。淫欲对于有着七情六欲的人类来说是最难以忍耐之事，能够忍耐得了淫欲的人，别人都敬佩地称他们为贞节之人。

柳下惠是古代公认的贞节之人，其坐怀不乱的故事到现在人们还津津乐道。有一次他出门回来晚了，只好睡在城门外，不久有个女子来同睡，柳下惠唯恐女子被寒冷的天气冻着，便让她坐在自己的怀中，用衣服盖着她，直到天亮，柳下惠没有一丝越轨的行为；鲁国颜叔子曾经遇到因大雨冲倒房屋而深夜投宿其家的邻居女子，颜叔子让那个女子睡，自己手持蜡烛，之后又烧屋上的茅草，以保持火光不灭，直到天亮，颜叔子都不生邪念。

西汉的金日磾，面对汉武帝赏赐给他的宫女，他能够做到就像在皇帝身边一样严肃；南朝刘宋时的褚渊相貌英俊，身形魁梧，被山阳公主安排在西上阁睡了十天，面对公主的诱惑，仍能做到恭敬地站着到天明，始终不动心。

柳下惠的忠直贞节世人敬佩，鲁国男子的洁身自好令人赞赏。金日磾不近所赐宫女，褚渊不从公主私欲，二人都不失大臣之操节。千百年来，他们的高风亮节确实是人之楷模。啊！淫欲最为难忍，但只有忍住淫欲，才能受人尊敬。面对情欲的诱惑，我们怎能不忍一忍淫乱之心呢？

【评析】

古代忠直贞节的人大有人在，洁身自好才能令人赞赏，他们的高风亮节确实是人之楷模。“美色”的作用可大可小，大到亡国，小到亡家。“美人计”是三十六计之一，在中国传统社会里，多少顶天立地的英雄在高官厚禄、荣华富贵面前忍住了，不为所动，但却难敌美人嫣然一笑，不知是美色的诱惑力大，还是这些男人的忍功没练到家，总之，在美色面前，这些人忍不住了。

惧之忍第四十一

【原文】

内省不疚，何忧何惧？见理既明，委心变故。

中水舟运，不谄河伯。霹雳破柱，读书自若。

何潜心于《太玄》，乃惊遽而投阁。故当死生患难之际，见平生之所学。噫，可不忍欤！

【译文】

自己反省自己的内心，如果没有感到有所愧疚，那么还有什么值得忧虑和恐惧呢？如果明白事理，那么当意外情况发生时也能应付自如、处之泰然了。

《说苑·修文篇》载，韩褐子渡洛河，不祭祀河伯，船在河中央摇晃起来，他也镇定自若，毫无惧色；晋代人夏侯玄，靠着柱子读书，忽然暴风雨来了，雷电劈破了他所靠的柱子，烧焦了他的衣服，但他神色不改，读书依旧。

西汉扬雄潜心创作《太玄》来模仿《易》，时人刘棻犯案，牵涉到扬雄，使者在他专心校书时来捉他，惊慌之中扬雄跳阁摔伤。所以只有在生死攸关的危急时刻，才能显示一个人的所学及其性情与雅量。啊！只要我们坚守道义和正确的信念，当意外变故发生时，又有什么可恐惧的呢！

【评析】

俗话说："身正不怕影子歪。"好好反省一下自己，如果没有恐惧的事情，那么我们还会忧虑和恐惧吗？在现实生活中，人们不可能永远一帆风顺，当危机的情况出现时，如果你犹豫不决，优柔寡断，不敢放手一搏，那么，你就只能眼睁睁地看着失败降临了。只有我们镇定自若，泰然处之，才会出现奇迹。

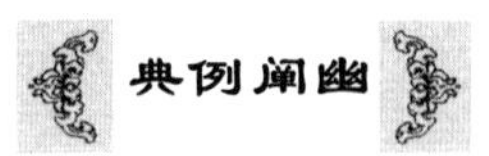

典例阐幽

置之死地而后生

有一年，秦国的三十万人马包围了赵国的巨鹿，赵王连夜向楚怀王求救。楚怀王派宋义为上将军，项羽为次将，带领二十万人马去救赵国。谁知宋义听说秦军势力强大，走到半路就停了下来，不再前进。宋义把兵带到安阳后，接连46天停滞不进。项羽忍不住，一再要求他赶紧渡江北上，赶到巨鹿，与被围赵军来个里应外合。但宋义另有所谋，想让秦、赵两军打得精疲力竭再进兵，这样便于取胜。他严令军中，不听调遣的人，不管是谁都要杀。军中没有粮食，士兵用蔬菜和杂豆煮了当饭吃，他也不管，只顾自己举行宴会，大吃大喝。

项羽忍无可忍，进营帐杀了宋义，并声称他勾结齐国反楚，楚王有密令杀他。将士们马上拥戴项羽代理上将军。项羽把杀宋义的事及原因报告了楚怀王，楚怀王只好正式任命他为上将军。

项羽杀宋义的事，震惊了楚国，并在各国有了威名。他随即派出两名将军，率2万军队渡河去救巨鹿。在获悉取得小胜并接到增援的请求后，他下令全军渡河救援赵军。项羽先派出一支部队，切断了秦军运粮的道路；他亲自率领主力过漳河，解救巨鹿。

楚军全部渡过漳河以后，项羽让士兵们饱饱地吃了一顿饭，每人再带三天干粮，然后传下命令：把渡河的船凿穿沉入河里，把做饭用的锅砸个粉碎，把附近的房屋放把火统统烧毁，这就叫破釜沉舟。项羽用这办法来表示他有进无退、一定要夺取胜利的决心。

楚军士兵见主帅的决心这么大，就谁也不打算再活着回去。在项羽亲自指挥下，他们以一当十，以十当百，拼死向秦军冲杀过去，经过连续九次冲锋，把秦军打得大败。秦军的几个主将，有的被杀，有的当了俘虏，有的投降。这一仗不但解了巨鹿之围，而且把秦军打得再也振作不起来，过两年，秦朝就灭亡了。

在这之前，来援助赵国的各路诸侯虽然有几路军队在巨鹿附近，但都不敢与秦军交锋。楚军的拼死决战并取得胜利，大大地提高了项羽的声威。

好之忍第四十二

【原文】

楚好细腰，宫人饿死。吴好剑客，民多疮痏。

好酒好财好琴好笛好马好鹅好锻好屐，凡此众好，各有一失。人唯好学，于己有益。

有失不戒，有益不劝，玩物丧志，人之通患。噫，可不忍欤！

【译文】

《战国策》载，楚王喜欢腰细之人，因此有许多宫女为了求得细腰而饿死；吴王喜欢剑客，所以老百姓身上便有了许多伤痕。

喜欢喝酒，喜欢钱财，喜欢弹琴，喜欢吹笛，喜欢马，喜欢鹅，喜欢打铁，喜欢木鞋，所有这些爱好，每一种都使人有所失。晋人毕卓因为嗜酒而误事，被免了官职；晋人祖药喜欢钱财，又怕别人看见，表情常有不满；晋人戴逵琴技高超，却因不为司马晞弹琴而惹怒司马晞；晋人桓伊爱好吹笛，其笛声使谢安泪流满襟；晋人王济喜欢马，曾重金购买赛马，修建赛马场，人称“马癖”；晋人王羲之喜欢鹅，用《黄庭经》与山阴道士的鹅交换；晋人嵇康喜欢打铁，怠慢了都督钟会，结果被杀；晋人阮孚喜欢木头鞋子，以至于客人来访时仍摆弄其鞋子，显示出他人品的低下。在所有的爱好中只有好学，才是对自己真正有益的。

心中明白嗜好会给自己带来过失，却不戒除掉；明明看到对自己有益的东西，却不去努力学习，结果玩物丧志，自甘堕落，这是人类的通病。唉！不良的嗜好会给人造成损失，人们怎能不戒除那些不良嗜好呢？

【评析】

人其实心中相当明白什么爱好对自己有利，什么爱好对自己无益，却总是戒不掉会给自身带来过失的嗜好，也不愿努力去学习对自己有益的东西，结果自毁前程。爱好本身并不是坏事，它能陶冶情操、娱乐身心，但倘若爱过了头，失去了分寸，甚至于执迷不悟，那就非常危险了。因为，人一旦沉醉于某物之中，就会走火入魔，这样只会自毁前程，给自己带来意想不到的灾难。

玩物丧志，自甘堕落

春秋时，卫国君主卫懿公在位九年，骄奢淫逸，贪于享乐，他最爱好的玩物是鹤。那鹤色洁形清，能鸣善舞，因而卫懿公格外喜爱。懿公好鹤，凡是献鹤的人都有重赏，因此百姓争相罗致优良品种，赶来进献懿公。一时间，从苑囿到宫廷，处处养鹤，不下几百只。

一次，卫懿公正想带着鹤出游，边关忽报“狄人侵边境”，懿公大惊，立刻全国招兵，准备备发放武器，抵御外侵。但老百姓不愿应征，都纷纷逃向村野，躲避起来。一时，懿公竟凑不成一支抗敌的队伍，只得命司徒去抓丁，终于，抓了一百余人。懿公问他们为何逃避应征，众人回答：“大王只需有一件东西，便可以抵抗狄人了，何必需要我们？”懿公奇怪地问：“什么东西？”众人回答：“鹤。”懿公说：“鹤能抵抗狄人吗？”众人说：“鹤既然不能参加战斗，就是没有用的东西！大王对老百姓刻薄，而对这些无用的东西花大力喂养，这就是我们不服气的地方！”

鹤本是一种珍禽，它形态高洁，鸣声清越，一直是福寿的象征，也为历代名人雅士所喜爱。卫懿公爱鹤，本不失为一高雅的行为，但作为一国之君，他爱鹤甚于爱民，是非不分，人物两忘，政务废弛，民众离心，最后竟导致亡国丧身。

晋人华卓，字茂世，为吏部郎。年轻时举止豪放，特别喜欢喝酒，曾说，得到美酒数百斛，就有了四季的美味。左手拿酒杯，右手抓蟹螯，漂在酒缸里，这一生也知足了。一天，邻居家酿的酒熟了，他晚上跑到酒瓮边偷酒喝，被酿酒人发现，捆了起来。邻居第二天一看，原来是华卓，于是放了他。他后来因喝酒而被撤职。这种生活中的爱好，看似平常，却能影响人一生的政治前途。

恶之忍第四十三

【原文】

凡能恶人,必为仁者。恶出于私,人将仇我。

孟孙恶我,乃真药石。不以为怨,而以为德。

南夷之窜,李平廖立;陨星讣闻,二子涕泣。

爱其人者,爱及屋上乌;憎其人者,憎其储胥。

鹰化为鸠,犹憎其眼。疾之已甚,害几不免。

仲弓之吊张让,林宗之慰左原,致恶人之感德,能灭祸于他年。噫,可不忍欤!

【译文】

《论语》载,孔子说:“只有仁义之人才能喜欢人,才能讨厌人。”以公平正义的心态厌恶别人的人,必定是仁义之人;从一己私心出发而厌恶别人的人,将会受到别人的仇视。

《左传》载,孟孙讨厌臧孙,但臧孙明白孟孙讨厌他,就像治病的良药。臧孙不将孟孙过去讨厌他一事视为怨恨,反而将之视为恩德。

三国丞相诸葛亮将李平和廖立贬到南夷,但诸葛亮去世的消息传到他们这里时,他们都痛哭流涕。

太公曾说:“喜欢一个人时,就会连他屋上的乌鸦也喜欢;憎恨一个人时,就会连他住的房子也憎恨。”

老鹰即使变成了斑鸠,但认识它的人,还是恨它的眼睛。孔子说:“憎恨别人如果过了度,那么就不免会伤害到自己。”

东汉陈寔在张让父亲去世时前去吊丧,成为唯一一个前去吊丧的名士,让张让感激不尽;东汉郭林宗劝慰教导左原,使得左原日后打消了刺杀别人的念头。陈寔慰问张让,林宗劝慰左原,使恶人对他们感恩戴德,消除了日后的灾祸。啊!用恰当的态度去对待自己所厌恶的人,就会避免不必要的灾祸。面对自己讨厌的人,人们怎能不忍一忍厌恶之心呢?

【评析】

只有仁义的人,才会用正确的态度去对待自己所厌恶的人,做事情能出于公德心去做事,这样便会避免祸患。所以,他们的喜好也都是合情合理的。一个人如果存有私心,他往往就会有偏见,他的喜好就会和人的本性有偏差,而这是君子所厌恶的。

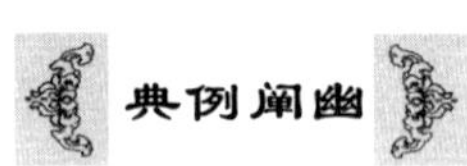

忍住作恶的欲望

北宋太宗时期,有个叫丁谓的进士,他精明机敏,文章绝伦,读书常常能过目不忘。当时寇准非常赏识他的才干,于是就在平章事李沆面前屡次举荐他,但李沆却一直不使用丁谓。后来寇准觉得很奇怪,就去问李沆:“丁谓是个人才,你为什么不给他一个机会呢?”

李沆有些不屑地说:“你看看丁谓的为人,能让他处于上位吗?”

寇准说:“像丁谓这样的人,你怎能老是让他居于下位呢?”

李沆说:“你以后后悔时,就会明白我说的道理。”

几年之后,到了宋真宗年间,寇准担任平章事(即宰相)。这时丁谓已是参知政事(相当于副宰相)。因为他知道是寇准的举荐使自己获得重用,因此他对寇准是毕恭毕敬。一天,中书省官吏在一起饮酒,寇准的胡须上沾了些汤汁,丁谓见状连忙站起,小心翼翼地替寇准擦掉。

寇准见丁谓如此阿谀奉承自己,感觉非常不好,就在众人面前嘲笑他说:“参政是国家重臣,竟然也会替长官擦拭胡须?”

当时丁谓当众下不了台,心中非常恼怒,从此便恨上了寇准。又过了几年,宋真宗赵恒因中风在后宫休养,于是朝廷的大事多由刘皇后来决定。寇准和平章事李迪对此深为忧虑。

一天,寇准上奏赵恒说:“愿陛下以宗庙社稷为重,把权力交付于皇太子,选正直的大臣辅佐,以竟大业。丁谓、钱惟演等人都是奸佞之徒,不可重用,要让这些人远离太子。”

赵恒听完,觉得寇准的话有道理,就答应了他的请求。

于是,寇准密令翰林学士杨亿起草请太子监国的奏章,并准备举荐杨亿辅佐太子。

但是,由于寇准那天酒醉失言,这些话被丁谓知道了。

过了几天,赵恒在朝中召见大臣,丁谓马上上奏说:"寇准主张太子监国,一旦陛下圣体康复,如何处置这种局面呢?"

李迪反驳他说:"太子入则监国,出则抚军,这是古已有之的制度,有什么不可以的呢?"丁谓一再在赵恒面前诬告寇准,赵恒病中糊里糊涂地忘了与寇准相约的事,竟将寇准罢了相,任命他为太子太傅。

寇准被罢相后,丁谓也不准周怀政接近赵恒了。周怀政感到危险临近,就准备尊奉赵恒为太上皇,立太子赵祯为皇帝,阻止刘皇后干政,杀死丁谓,仍迎寇准为相。但不幸的是,这件事走漏了风声,于是丁谓就与刘皇后商议,在赵恒面前诋毁寇准,并揭发周怀政。

赵恒听完大怒,下诏将周怀政处死,还想处置赵祯。

李迪上奏称:"陛下有几个儿子,还要这样做?"

赵恒一想也是,就不再追究太子。他罢免了寇准的太子太傅之职,并准备将他外放到一个小州。

后来,丁谓在起草皇帝诏约时私自篡改了赵恒的话,多加了一个"远"字,于是成了:"给他一个远小州",将寇准贬至相州任知州。

劳之忍第四十四

【原文】

有事服劳,弟子之职。我独贤劳,敢形辞色。《易》称劳谦,不伐终吉。颜无施劳,服膺勿失。

故黾勉从事,不敢告劳,周人之所以事君;惰农自安,不昏作劳,商盘所以训民。

疾驱九折,为子赣之忠臣;负米百里,为子路之养亲。噫,可不忍欤!

【译文】

《论语》载孔子说："有事，做儿子做徒弟的尽其勤劳就叫做孝。"孔子认为有事的时候，做儿子做徒弟的就应尽其勤劳，这是他们应尽的职责。如果只有自己一个人劳动，那么无论自己干得多么辛苦，也不敢有任何怨气表现出来。《易经》说勤劳和谦逊的君子，终究会得到好结果。《论语》载颜回说："希望不要因为有善德而矜持，有功劳而声张。"他自己就信奉中庸之道，只要遇见一件善事，他就会牢记在心上而不会遗忘。

《诗经·小雅·十月之交》中说："辛勤努力地做事，不敢倾诉我的辛劳。"这是周大夫所遵从的事君事父的准则；懒惰的农民只求安逸的生活，不愿意辛勤劳作，那么他就没有收获也不会获得安逸，这是《尚书·盘庚》中盘庚用来训诫老百姓的话。

西汉王子赣为及时赴任，快马加鞭通过了险要之地九折坡，因此他被赞誉为忠臣；子路为了奉养双亲，从百里之外背米回家，因此他被称颂为孝子。辛劳是一种职责，更是一种美德，面对劳作时，怎能去抱怨呢！

【评析】

勤劳是一种职责，也是一种美德，我们应该凡事要尽心尽力，而不要有所抱怨。世人往往赞叹、仰慕那些风云人物的成就，然而他们哪里想到成功光环背后的苦楚、艰难；他们哪里想到当自己安然入梦之时，快意于室外活动之刻，那些事业成功者却在挑灯夜战，闭门不出，辛勤不倦的劳动着！

典例阐幽

我独贤劳，敢形辞色

一个人应该把辛劳作为贤德之事，不应有什么怨气表现出来，即使是与别人发生冲突和纠纷之时，也应该如此。《易经》认为那些勤劳和谦逊的人，一定会得到好的结果。颜回说信奉的是中庸之道，只要见一善事，他必记在心上而不遗忘。

战国时梁国与楚国相邻。两国颇有敌意，在边境上各设界亭（哨所）。两边的亭卒在各自的地界里都种了西瓜。梁国的亭卒勤劳，锄草浇水，瓜秧长势很好；楚国的亭卒懒惰，不锄不浇，瓜秧又瘦又弱，目不忍睹。

人比人，气死人。楚亭的人觉得失了面子，在一天晚上，乘月黑风高，偷跑过去把梁亭的瓜秧全都拉断。梁亭的人第二天发现后，非常气愤，报告县令宋就，说我

们要以牙还牙，过去把他们的瓜秧扯断！

宋就说："楚亭的人这种行为当然不对。别人不对，我们再跟着学就更不对，那样未免太狭隘、太小气了。你们照我的吩咐去做，从今开始，每晚去给他们的瓜秧浇水，让他们的瓜秧也长得好。而且，这样做一定不要让他们知道。"

梁亭的人听后觉得有理，就照办了。

楚亭的人发现自己的瓜秧长势一天比一天好起来，仔细观察，发现每天早上地都被人浇过，而且是梁亭的人在夜里悄悄为他们浇的。

楚国的县令听到亭卒的报告后，感到十分惭愧又十分敬佩，于是上报楚王。楚王深感梁国人边邻的诚心，特备重礼送梁王以示歉意。结果这一对敌国成了友好邻邦。

苦之忍第四十五

【原文】

浆酒藿肉，肌丰体便。目厌粉黛，耳溺管弦。此乐何极？是有命焉。

生不得志，攻苦食淡；孤臣孽子，卧薪尝胆。

贫贱患难，人情最苦。子卿北海之上牧羝，重耳十九年之羁旅。呼吸生死，命如朝露。

饭牛至晏，襦不蔽骭；牛衣卧疾，泣与妻决。天将降大任于斯人，必先饿其体而乏其身。噫，可不忍欤！

【译文】

把酒当做水，把肉当作菜，这些人把自己养得丰盈富态，大腹便便。他们的眼睛看厌了涂脂抹粉的美女，耳朵听腻了歌舞管弦的声音。这难道就是快乐到了极限了吗？只恐怕，这是命运的安排吧。

人在不得志的时候，才能忍受得了粗茶淡饭的苦，刻苦攻读；只有失宠的臣子和庶出的儿子，才能像勾践那样卧薪尝胆。

贫穷低下，受苦受难，这是人世间最为痛苦的事情。西汉苏武被匈奴扣留，在荒无人烟的北海放羊，度过了十几年饮雪水、吃毡毛的非人一样的生活；春秋晋公子重耳受继母陷害，流亡在外十九年。他们的生死只存于呼吸之间，其生命就像朝露一样易逝。

卫国的宁戚穿着单衣短褂，喂牛一直喂到半夜，齐桓公赏识他，给他送来衣帽，并给他封了官；西汉的王章，曾在生病时连被子也没有，只好睡在牛衣中与妻子相对流泪，后来，王章官至京兆尹。这大概是上天要交给某个人重任的时候，就必定要先让他忍饥挨饿，受尽各种艰难困苦，以此来使他受到磨炼。唉！苦难是一笔享用不尽的精神财富，当处于苦难中时，怎么能不忍受逃避苦难之心呢！

【评析】

艰苦的生活对人是一种磨炼，是对意志品质的考验，也是培养自己远大理想和浩然正气的途径。其实，事业的成与败很大程度并不是由外部因素决定的，重要的还是你能否忍耐住艰苦，能否有屡遭摧残和打击都不改初衷的意志和决心。

历经磨难，苦尽甘来

匈奴自从给卫青、霍去病打败以后，他们口头上表示要跟汉朝和好，实际上还是随时想进犯中原。匈奴的单于一次次派使者来求和，可是汉朝的使者到匈奴去回访，有的却被他们扣留了。汉朝也扣留了一些匈奴使者。

公元前100年，汉武帝正想出兵打匈奴，匈奴派使者来求和了，还把汉朝的使者都放回来。匈奴政权新单于即位，汉武帝为了答复匈奴的善意表示，派中郎将苏武拿着旌节，带着副手张胜和随员常惠，率领一百多人，带了许多财物，出使匈奴。不料，就在苏武完成了出使任务，准备返回自己的国家时，匈奴上层发生了内乱，苏武一行受到牵连，被扣留下来，并被要求背叛汉朝，臣服于单于。

最初，单于派人向苏武游说，许以丰厚的俸禄和高官，苏武严词拒绝了。匈奴见劝说没有用，就决定用酷刑。当时正值严冬，天上下着鹅毛大雪。单于命人把苏武关入一个露天的大地窖，断绝提供食品和水，希望这样可以改变苏武的信念。时间一天天过去，苏武在地窖里受尽了折磨。渴了，他就吃一把雪，饿了，就嚼身上穿的羊皮袄。过了好几天，单于见濒临死亡的苏武仍然没有屈服的表示，只好把苏武放出来了。

单于知道无论软的，还是硬的，劝说苏武投降都没有希望，但越发敬重苏武的气节，不忍心杀苏武，又不想让他返回自己的国家，于是决定把苏武流放到西伯利亚的贝加尔湖一带，让他去牧羊。临行前，单于召见苏武说："既然你不投降，那我

就让你去放羊，什么时候公羊生了羊羔，我就让你回到中原去。”

苏武被流放到了人迹罕至的贝加尔湖边。在这里，单凭个人的能力是无论如何也逃不掉的。唯一与苏武做伴的，是那根代表汉朝的使节棒和一小群羊。匈奴不给口粮，他就掘野鼠洞里的草根充饥。苏武每天拿着这根使节棒放羊，心想总有一天能够拿着回到自己的国家。

苏武出使的时候，才四十岁。在匈奴受了十九年的折磨，胡须、头发全白了。回到长安的那天，长安的人民都出来迎接他。他们瞧见白胡须、白头发的苏武手里拿着光杆子的旌节，没有一个不受感动的，说他真是个有气节的大丈夫。

俭之忍第四十六

【原文】

以俭治身，则无忧；以俭治家，则无求。

人生用物，各有天限。夏涝太多，必有秋旱。

瓦鬲进煮粥，孔子以为厚；平仲祀先人，豚肩不掩豆。季公庚郎，二韭三韭。

脱粟布被，非敢为诈；蒸豆菜菹，勿以为讶。食钱一万，无乃太过。噫，可不忍欤！

【译文】

修身养性，以节俭为美德，就不会有忧虑；治理家业，以节俭为原则，就不会有过分的要求。

赵宋时司马光认为人们生活中所用的各种物品，都是有一定限度的。就如同夏天雨水过多的话，秋天就一定会干旱一样。

《说苑·反质篇》记载，鲁国有个很节俭的人，用瓦鬲盛粥给孔子吃，孔子将之视为贵重的馈赠；《史记》载，齐国贵族晏婴即使在祭祀先人的时候，猪肩都盖不住筐子；魏国人季尚，家常只吃腌韭菜和生韭菜，门客谓之“二韭一十八”；庾之澄，常吃腌韭菜、煮韭菜和生韭菜，友人戏称“三韭二十七”。

西汉公孙弘官至丞相，却只吃着刚脱壳而没有舂的粟饭，盖着布做的被子，一点都不敢做假；唐代卢怀慎一生俭朴不求资产，他只吃蒸豆和酸菜。对此，我们用不着感到惊讶。而晋代的何曾，每天在吃饭上就要花费一万钱，这实在是太过分了。唉！勤俭节约是修身治家之本，怎能不忍受俭朴的生活呢！

【评析】

人以节俭的品德来修身，就不会有什么忧虑，以节俭的品质来治家，则不会有过多的奢求。一个人，特别是当今社会的人，应该知道，积累财富不易，如果不能忍住奢侈，过于贪图享受，即使你家财万贯，也经不住这样的挥霍，早晚还是要破产的。其实，只要你能做到以节俭修身，你就不会有忧虑；以节俭治家，你就不用求助于别人。

舍弃奢华，勤俭治国

春秋时的晋国，自晋文公即位后，发愤图强，使得国家迅速兴盛起来，成为春秋时的一大强国，晋文公也成了一代霸主。可接下来，晋襄公、晋灵公却不思进取，只图享乐，晋国的霸主地位不知不觉地就被楚国代替了。

晋灵公即位不久，便大兴土木，修筑宫室楼台，以供自己和嫔妃们游玩。那一年，他竟挖空心思，想要建造一个九层的楼台。可以想象，如此宏大复杂的工程，要耗费多少人力、物力。可灵公不顾一切，征用了无数的民役，花费了巨额的公款，持续了几年，也没有能完工。全国上上下下，无不怨声载道，但都敢怒而不敢言，因为这位晋灵公明令宣布：“有哪个敢提批评意见，劝阻修造九层之台的，处死不赦！”

一天，大夫荀息求见。灵公料定他是来劝谏的，便拉开弓，搭上箭，只等荀息开口劝说，他就要射死荀息。谁知荀息进来后，像是没看见他这架势一样，非常轻松自然，笑嘻嘻地对灵公说：“我今天特地来表演一套绝技给您看，让您开开眼界，散散心。大王您感兴趣吗？”灵公一看有玩的，就来精神了，问：“什么绝技？别卖关子，快表演给我看看。”

荀息见灵公上钩了，便说：“我可以把十二个棋子一个个叠起来以后，再往上面加放九个鸡蛋。不信，请看。”说着，便真的玩起来。他一个一个地把十二个棋子叠好后，再往上加鸡蛋时，旁边的人都非常紧张地看着他，灵公禁不住大声说：“这太危险了！”荀息一听灵公这样说，便趁机进言，说：“大王，别少见多怪了，还有比

这更危险的呢！”

灵公觉得奇怪，因为对他来说，这样子已经是够刺激，还会有什么更惊险的绝技呢？便迫不及待地说：“是吗？快让我看看！”

这时，只听见荀息一字一句、非常沉痛地说：“九层之台，造了三年，还没有完工，男人不能在田里耕种，女人不能在家里纺织，都在这里搬木头、运石块。国库的金子也快花完了。兵士得不到给养，武器没有钱铸造，邻国正在计划乘机侵略我们，这样下去，国家很快就会灭亡。到那时，大王您将怎么办呢？这难道不比垒鸡蛋更危险吗？”

灵公一听，猛然醒悟，意识到了自己干了多么荒唐的事，犯了多么严重的错误，便立即下令，停止筑台。

贪之忍第四十七

【原文】

贪财曰饕，贪食曰餮。舜去四凶，此居其一。

统如打五鼓，谢令推不去。如此政声，实蓄众怒。

鱼弘作郡，号为四尽；重霸对棋，觅金三锭。

陈留章武，伤腰折股。贪人败类，秽我明主。

口称夷齐，心怀盗跖。产随官进，财与位积。游道闻魏人之劾，宁不有靦于面目。噫，可不忍欤！

【译文】

贪财叫饕，贪食叫餮。相传舜除掉了四个为害天下的恶人，饕餮就是其中之一。

晋代邓攸，为官清廉，百姓爱戴。因病离职时，老百姓拉着他的船不让他走，他只好借着夜色逃跑了。邓攸的清廉，的确让百姓感动。

南朝梁的鱼弘为官时，曾扬言要搜刮水中鱼鳖，山中獐鹿，田中米谷，村里人口，做到“四尽”；蜀人安重霸以邀人下棋为由，最终收受贿金三锭。

后魏的陈留李崇和章武王元融，因贪财而尽全力背赏赐的布，终因背得太多，李崇闪了腰，元融断了腿。他们这些贪得无厌的败类，因此而玷污了君主的名声。

北魏尚书郑述祖等人上书弹劾宋游道，说他口口声声要向伯夷和叔齐学习，实际上心肠像盗跖一样。他的家产随着官位的升高越来越大，钱财随着官位的升高越来越多。宋游道听了郑述祖等人弹劾他的这些话，脸上难道没有惭愧之情吗？啊！贪欲是人生的一大坏品德，人们怎能不忍住贪欲呢！

【评析】

贪欲是产生一切罪恶的根本，人一旦贪欲过重，就会心术不正，就会被贪欲所困，离开事物本来之理去行事，就会将事情做坏、做绝，大祸也就随之而来。所以，我们务必要忍住贪婪之心，修炼成一种视富贵荣华、金钱名利为身外之物的心理。

聚敛钱财，大难临头

和珅大概是中国历史上最大的贪污犯。他与一般贪污犯不同的是，他不仅受到皇帝的信任，掌握着财权，还掌握着相当的军权和人事权。由于其多年的经营，已经形成了一个很大的关系网。处理这样的人，必须慎重，而且必须具有决绝的手腕。稍有不慎，就会引来不测之祸。

嘉庆四年(1799)正月初二日，清高宗乾隆帝病逝，仁宗亲政。初四日，他命令和珅和户部尚书福长安昼夜守值殡殿，不得擅自出入，这样一来，就限制了和珅的自由，也就等于免去了和珅的军机大臣、九门提督之职。接着，他又下了一道谕旨，暗示由于内外文武大臣通同为弊，在剿办白莲教起义的过程中丧师辱国，有的大臣视朝廷法律如同儿戏，长此以往，国体何存？威信何在？且查历年兵部，国家坐耗巨饷，非养兵也，乃为权臣谋耳，希望各部院大臣要着实下力查办。此旨一下，给事中王念孙等人心领神会，明白皇帝要惩治和珅，立即纷纷上疏弹劾和珅。于是，清仁宗下令将和珅革职，逮捕入狱，并宣布他的二十大罪状。逮捕和珅，从他的家里搜出了大量钱财珠宝，其数量之多，令人瞠目结舌。

和珅在当政的短短二十五年里，就聚敛了相当于清朝几乎十五年的国库收入。

由于和珅罪行重大，仁宗起初要将和珅凌迟处死，但由于皇妹和孝公主再三涕泣求情，加之大臣董诰、刘墉等人的劝阻，最后决定赐令和珅狱中自尽，并将没收的和珅家产赐给宗室，故而民间流传着这样的谚语："和珅跌倒，嘉庆吃饱。"

躁之忍第四十八

【原文】

养气之学，戒乎躁急。刺卵掷地，逐蝇弃笔。录诗误字，啮臂流血。觇其平生，岂能容物。

西门佩韦，唯以自戒。彼美刘宽，翻羹不怪。

震为决躁，巽为躁卦。火盛东南，其性不耐。雷动风挠，如鼓炉。大盛则衰，不耐则败。一时之躁，噬脐之悔。噫，不可忍欤！

【译文】

欲培养自己的浩然之气，一定要戒除急躁的性格。晋人王述曾用筷子夹鸡蛋来吃，因夹不住而愤然将鸡蛋摔在地上，又用脚去踩蛋，因踩不住而愤然将之捡起放入口中嚼烂后吐在地上；三国时魏国的王思因一只苍蝇不停地在其笔端飞舞而扔掉笔，拔出宝剑来驱赶苍蝇。唐人皇甫湜因儿子抄诗错了一个字，一时又没找到用来惩罚儿子的棍棒，就将自己的手臂咬得鲜血直流。由此可以猜想得出，这三个人在生活中怎能做到宽容为怀呢？

战国时魏国人西门豹，自知性急，因此经常佩带皮鞭，用以自我警戒。东汉的刘宽，性情平和，被丫环用肉汤泼到朝服上，他都没有怪罪。

《易·说卦》中说："震，指东方，为雷为决躁。巽，指东南，为木为风，其终为躁卦。"巽的性质柔且刚，想有所为又不能成，此为偏躁，不能安于常情的卦象，叫不耐。巽是木，能生火，位置又在东南方，碰上雷风鼓动，就好比是通过风箱给炉里煽风，火越烧越旺，终致不可扑灭。任何事物在达到最盛的时候便开始衰落；如果不合常情，也必然会提前凋残。一时的急躁，换来的可能是无法挽救的悔恨。唉！急躁乃人性的一大弱点，它只能使事情欲速而不达，人们怎能不修身养性，戒除急躁之心呢！

【评析】

现实生活中，有不少人希望尽快致富，这种愿望是好的，但我们应该认识到事物发展是有一定规律的，不可能一口吃个胖子。有时候事与愿违，欲速则不达，无论干什么都要有耐心，有一个艰苦准备的过程，需要循序渐进，冷静分析，不为一时的急功近利所误导，要有一个长期奋斗目标，不拘泥于一时一事的利益得失，把眼光放远些。

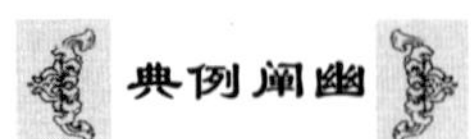

典例阐幽

忍住急躁才能避免欲速不达

公元 225 年，蜀汉丞相诸葛亮为了巩固后方，率领军队南征。正当大功告成准备撤兵的时候，南方彝族的首领孟获，纠集了被打败的散兵来袭击蜀军。

诸葛亮得知，孟获不但作战勇敢，意志坚强，而且待人忠厚，在彝族中极得人心，就是汉族中也有不少人钦佩他，因此决定把他争取过来。

孟获虽然勇敢，但不善于用兵。第一次上阵，见蜀兵败退下去，就以为蜀兵不敌自己，不顾一切地追上去，结果闯进埋伏圈被擒。孟获认定自己要被诸葛亮处死，因此对自己说，死也要死得像个好汉，不能丢人。不料诸葛亮亲自给他松绑，好言劝他归顺。孟获不服这次失败，傲慢地加以拒绝。诸葛亮也不勉强他，而是陪他观看已经布置过的军营。

孟获观看得很仔细，他发现军营里都是些老弱残兵，便直率地说："以前我不知道你们虚实，给你赢了一次，现在看了你们的军营，如果就是这样子，要赢你并不难！"

诸葛亮也不作解释，放孟获回去。他料定孟获今晚准来偷营，当即布置好埋伏。

孟获回去后，得意洋洋地对手下人说，蜀军都是些老弱残兵，军营的布置情况也已经看清楚，没有什么了不起的，今夜三更去劫营，定能逮住诸葛亮。

当天夜里，孟获挑选了五百名刀斧手，悄悄地摸进蜀军大营，什么阻挡也没有。孟获暗暗高兴，以为成功在即，不料蜀军伏兵四起，孟获又被擒住。

孟获接连被擒，再也不敢鲁莽行事了。他带领所有人马退到泸水南岸，只守不攻。蜀兵到了泸水，没有船不能过去，天气又热，困难重重。诸葛亮下令造了一些木筏子和竹筏子，一面派少量士兵假装渡河，但到了河心一碰到对岸射来的箭立即退回来，随后再去渡河；一面将大军分成两路，绕到上游和下游的狭窄处，渡过河去包围孟获据守的土城。后来，孟获又被擒住。

孟获被擒，但他仍然不服气。诸葛亮还是不杀他；款待他后又放他回去。一次又一次遭擒，一次又一次被放。到了第七次被擒，诸葛亮还要再放，孟获却不肯走了，他流着泪说："丞相对我孟获七擒七纵，可以说是仁至义尽，我打心眼里佩服，从今以后，我绝不再提反叛之事。"

就这样，孟获等终于顺服蜀汉，听从管辖。

虐之忍第四十九

【原文】

不教而杀，孔谓之虐。汉唐酷吏，史书其恶。

宁成乳虎，延年屠伯。终破南阳之家，不逃严母之责。

悬悬用刑，不如用恩；孳孳求奸，不如礼贤。

凡尔有官，师法循良。垂芳百世，召杜龚黄。噫，可不忍欤！

【译文】

不进行教育就将之杀掉，孔夫子称这种行为是"虐"。汉朝的郅都、张汤、杜周以及唐朝的来俊臣、索元礼，这些人都是酷吏，他们的种种暴行都被清清楚楚地记录在史书里，为后人所憎恨。

西汉的宁成，其凶暴程度如老虎一样，后来义纵成为南阳太守，查办宁成，抄了他的家；西汉的严延年，嗜血成性，人们称他为"屠伯"，他的母亲严厉地批评了他。一年多后，严延年便出事了。

一味实实在在地对人用刑，不如对人施与恩情；

一味认认真真地追查奸邪，不如礼遇贤明之人。

一个人一旦做了官，就应该遵循法度，效仿贤良。西汉的召信担任南阳太守时，躬耕农桑，户口倍增，视民如子，教化大行，禁止奢侈，提倡节俭，政绩卓著，百姓爱戴他，亲切地称其为“召父”；东汉的杜诗亦任南阳太守，在任期间政治清平，兴利除害，郡内百姓富足；西汉的龚遂曾任渤海太守，在任期间平息盗贼之乱，并劝民种桑织布，推广种植畜养，百姓家家有了积蓄；西汉的黄霸，曾任颍川太守，在任期间号召各级官吏养猪养鸡，救济鳏寡贫穷者，教化百姓为善防奸、勤务耕桑、节用殖财、种树畜养、严宽得体，深得民心。召杜龚黄四位爱护百姓，忠于职守，因此流芳百世。啊！只有爱心待人才能得人心，暴虐待人只能自取灭亡，人们怎能不忍耐施虐之心呢！

【评析】

暴虐待人只会自取灭亡，用仁心待人就会深得人心。现代社会中，尽管在法律的制约下，一个社会化的人对他人的暴虐行为相对减少了，但对其他生命形式的虐待行为仍然存在。所以，无论是做官还是从事其他什么行业，都不应该虐待别人，而应该以身作则，宽容待人。

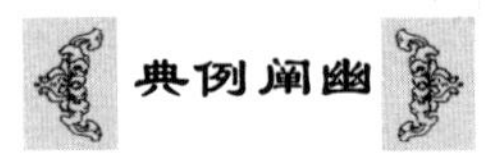

凶暴残忍，坑杀活埋

活埋又叫坑杀或生瘗，是历代统治者惯用的一种残忍地将人处死的方式。常见的有三种情形。其一是，古代战争中，一方对另一方的俘虏在特殊情况下要用活埋的办法处死他们。其二是，历代统治者在镇压敌对势力的反抗时，也常实行活埋。其三是，古代有些贵族在死后用妻妾殉葬，有的君主死后用妃嫔殉葬，多是将人活埋。

秦始皇在统一天下之后，志满意骄，凶暴残忍，酷法严刑。无休无止地征调赋税和夫役，修长城、建宫殿，使刚刚脱离战乱之苦的广大农民，又陷于疲于奔命的劳役之中。

秦始皇很喜欢六国华丽的宫殿，所以，每当灭掉一个国家，他都要让人将宫殿的样子画下来，然后照样仿造，就这样在咸阳建了很多的宫殿，仅咸阳的周围就建有宫殿二百七十多座，行宫在关外有四百多座，关内三百多座。在这些宫殿中，最大最有名的要属阿房宫。据记载，当时农民须上缴的赋税占总收成的三分

之二以上。

秦始皇的暴政导致民怨沸腾，为了防止老百姓反抗，秦始皇制定了严酷的刑法，这些刑法的实施，导致了人民的离心。秦始皇的暴政使百姓生活在水深火热之中，本来百姓渴望统一，结束无休止的战争，是想从此过上安宁的日子，但暴政却让他们失望至极。

秦始皇由于实行严酷的法律，引起了士人的不满，纷纷指责秦始皇。丞相李斯主张严厉惩治这些胆大妄为的士人，他给秦始皇写了一封奏疏，要求进行焚书。秦始皇同意了李斯的意见，下令全国进行焚书。这次焚书，除了少数史书之外，只留下了关于农业、卜筮和医药方面的书籍。这是对中国文化的一次清洗，和严酷的刑法一样是秦朝暴政的集中体现。

在秦统一天下之前，秦王嬴政对人才可以说是相当重视，但这是为了实现其至高无上的统一目标而暂时将其暴戾的一面掩藏。现在统一大业已经实现了，他暴戾的性格便不再掩藏，也没必要掩藏了。谁敢批评他，挑战他的权威，他就会毫无顾忌地严惩。当时很多人对秦始皇的暴政怨愤异常，对他不利的言论遍布天下。这更使秦始皇大为震怒，他派人到全国各地追查，最后抓到四百六十多人，秦始皇下令将他们全部押到骊山的山谷中，全部坑杀活埋。

骄之忍第五十

【原文】

金玉满堂，莫之能守。富贵而骄，自遗其咎。

诸侯骄人则失其国，大夫骄人则失其家。魏侯受田子方之教，不敢以富贵而自多。

盖恶终之衅，兆于骄夸；死亡之期，定于骄奢。先哲之言，如不听何！

昔贾思伯倾身礼士，客怪其谦。答以四字，衰至便骄。斯言有味。噫，可不忍欤！

【译文】

《老子·九章》中说："金银财宝堆满了屋子，没有谁能守得住。因为富贵就变得骄横奢侈，那么就会给自己埋下灾祸的隐患。"

魏文侯的师傅田子方教育魏文侯说，诸侯如果对人骄横就会失去他的封国，大夫如果对人骄傲就会失去他的领地，只有贫贱之人对人骄横什么也不会失去。魏文侯将师傅田子方的这番规劝教导谨记于心，不敢因为富贵而变得狂妄自大、骄横奢侈。

《尚书》中早已指出，如果导致了恶劣的后果，那么其先兆一定是骄傲自夸；《说苑·丛谈篇》中也提到，骄横并没有与死亡相约，但死亡必定会出现；唐太宗也说过，如果骄横奢侈，那么危亡马上就会到来。以上这些先哲们的话，人们怎能不听呢？

北魏贾思伯身为皇帝的老师，拥有极高的声望，却并不骄横，反而谦恭敬贤，有人奇怪他为何这么谦虚，他回答："衰至便骄。"他的这句话，被当时的人们认为是富含哲理的话。啊！谦虚使人进步，骄傲使人落后。为人处世怎能不忍住骄傲之心呢？

【评析】

人生在世，会有各种各样的险境，骄傲可能是最可怕的一种。骄傲是成功者的特种病，是英雄头脑中的恶性肿瘤，是天之骄子的致命克星。人越是成功，就越容易染上这种病，而一旦沾染，极少有不招致失败的。那些站在人生事业高峰上的人，千万要忍住骄傲的心啊！

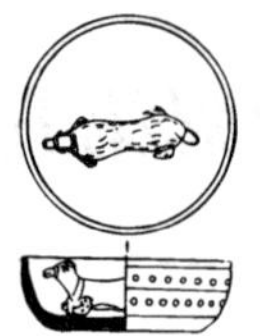

骄傲自满，自遗其咎

隋朝仁寿(601~604)年间，才学卓著的颜师古由尚书左丞李纲推荐，被任命为安养县尉。尚书左仆射杨素见颜师古其貌不扬，瘦小年轻，心存轻视，于是对他说："安养县政务繁重，百姓难治，你能胜任其职吗？"

颜师古傲气上来，开口道："我虽不才，却也未把安养小县放在心上，正所谓杀鸡不用牛刀，我胜任有余啊。"

杨素感到惊异，但也心有不快，他训诫颜师古说："为人最忌无所敬畏，骄傲自大，你纵有大才，也用不着盛气凌人。看你的个性，终不是有福之人啊。"

颜师古到任后，政务练达，处事精明，安养县被他治理得很好。他志满之余，忍不住常向人抱怨。

他的好友同情他，却也开导颜师古。颜师古不听好友良言，仍自高自大，渐渐

疏于政务。怨愤之下，他干了几件错事，被人举报而被免官。

颜师古返回长安，在家闲居，一时陷入困境。他整天自怨自艾，精神变得十分颓废。一日，他的一位好友探视他，见他如此消沉，眉头一皱，说："你有此一难，在我看来当是好事，你想听听其中原因吗？"

颜师古目光茫然，木然点头，他的好友接着说："你自恃有才，目空一切，放荡任性，如今丢官在家，应是神灵对你的告诫。若你能从中自察己失，痛改前非，日后当有大的作为。"

颜师古没有反驳，心中还是坚持己见。他四处托人复官，都没如愿，后因家中生活贫困，他只好以教授学生维持生计。

李渊起兵后，颜师古投奔了他，唐太宗即位后，颜师古被任命为中书侍郎。官位渐高，颜师古无忌无理的行为也多了起来，他瞧不起比他官位高的人，对没有才学的官位低的人常出口不逊。一时，许多人都厌恶他。

唐太宗李世民虽爱颜师古的大才，但也对他的缺点提出了中肯的批评，他曾语重心长地对颜师古说："任何人都有他的长处，你应该谦和待人，不该抓住别人的短处不放。"

颜师古口中言是，心中却不以为意，他私下对家人说："我看不惯那些蠢材的德行，难保心有怒气，实不能和他们做到谦让啊。遍观朝臣，又有谁在学问上超过我颜师古的呢？我鄙视他们，难道错了吗？"

颜师古骄纵日甚，对清规戒律从不放在眼里，一年之后，他终因犯了大错被唐太宗免除了官职。

矜之忍第五十一

【原文】

舜之命禹，汝雅不矜。说告高宗，戒以矜能。圣君贤相，以此相规。人有寸善，矜则失之。

问德政而对以偶然之语，问治状而答以王生之言。三帅论功，皆曰：臣何力之有焉。为臣若此，后世称贤。

文欲使屈宋衙官，字欲使羲之北面，若杜审言名为虚言。噫，可不忍欤！

【译文】

舜教导禹说：“你要做到文雅而不自高自大，这样天下就没有谁能够和你相争。”傅说也曾告诫高宗，要戒除喜欢夸耀自己的才能这个坏毛病。圣明的君主和贤能的辅相都是用这些有益的话来互相告诫劝勉，将之视为处世的原则。如果人仅仅有了一点点善行便自高自大，炫耀自己，那么仅有的那点善行也会立刻丧失。

东汉官员刘昆为官期间，治理有方，政绩卓著，皇上询问他政绩卓著的原因，他以“完全是偶然”来回答；西汉渤海太守龚遂治郡有方，皇帝问他治郡有什么好方法，他用属下王生教他的话回答说：“这是圣明君主德行的感召。”《左传》载，成公二年（前589），晋国曾应鲁国和卫国的请求，派郤克、士燮、栾书三位将军前去讨伐齐国，结果大获全胜，但这三位将军在论功时，却都说自己并没有什么功劳，都将功劳冠以他人。为人臣子，能够做到如此的谦虚礼让，不居功自傲、不骄不矜，后人都会称赞他们的贤能的。

而唐代的杜审言恃才放旷，自夸自大，他曾对别人说：“我的文章应该让屈原、宋玉做衙门的小官，我的字应该让王羲之甘拜下风。”如此夸耀吹嘘自己，后人会认为他是一个自夸自大、自吹自擂的人，因为屈原、宋玉的文章冠绝今古，而王羲之的书法则是天下无双。啊！世上有才能的人比比皆是，人应有自知之明，当自己取得一点小小的成就时，怎么能够大言不惭地夸耀自己呢？

【评析】

做人一定要脚踏实地走好每一步，切勿骄傲自满，自以为是。即使自己真的才华横溢，能力超群，也应谦虚谨慎。如果不能正确把握和运用自己的才能，总认为自己才华出众、高人一等，从而听不进别人的意见，看不到别人的长处，那样就难免孤立，最终导致在社会上难以立足。

恃才傲物，终酿祸端

街亭的地理位置很重要，它是通往汉中的咽喉，是西蜀军队后勤供应的必经之地；同时，街亭还是蜀国陇西地区的天然屏障。正因为如此，在三国时候的街亭之战中，蜀、魏双方都在极力争夺。

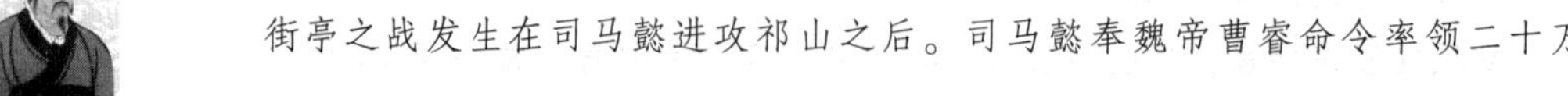

街亭之战发生在司马懿进攻祁山之后。司马懿奉魏帝曹睿命令率领二十万

大军直奔祁山而来。此时,诸葛亮正在祁山驻兵,听到魏军杀来,便召集将领商议战事。

诸葛亮知道司马懿也是工于心计之人,必定要夺占街亭这一要地,便决心挑选良将把守。就在他"谁能引兵担此重任"的话语一出,只见参军马谡从众将中闪露出来,说愿领兵前往。

诸葛亮定睛一看,见是马谡,心中便有些疑虑和犹豫,因为他早就听刘备在生前说过马谡此人骄矜自傲,不可重用。不过,尽管他心中这样想,嘴上还是说:"从表面上看,街亭虽然是个小地方,但它的地理位置很重要,关系到我军的安危利害。且街亭既没有城郭,又没有险要之处,因此不易把守,如一旦丢失,我军处境就困难了。"马谡见诸葛亮话中略带轻视,便不以为然地说:"我自小熟读各类兵书,区区一个街亭,我还能守不住吗?如果丞相觉得信不过我,我愿意在此立下军令状,如有什么闪失的话,我以全家的性命作为担保!"

诸葛亮这时渐渐地忘了刘备的叮嘱,又见马谡胸有成竹,便让他写下了军令状,拨给他二万五千精兵去把守街亭。为防不测,诸葛亮又派了王平和高翔辅助马谡,并再三交代要他们占领住街亭要道,以免魏军逾越。

来到街亭后,马谡和王平首先察看了地形。五路总口地处街亭要道,把守着街亭大门,王平认为在此驻扎比较好,但马谡一意孤行,执意要在路旁的小山上驻扎。理由是兵书上说居高临下可势如破竹,定会杀得魏军片甲不留。王平劝说不动马谡,无奈,只好到山的西边另择一处驻扎。

当司马懿来到街亭后,看到守护大将竟是马谡,且蜀军兵营驻扎在山上,他便仰天大笑说:"诸葛亮聪明一世,糊涂一时,怎么能用马谡这样的庸才呢,真是老天有眼啊!"他一面派大将张郃挡住王子对马谡的增援,一面又派兵将小山层层包围,断绝了山上的饮水,然后严阵以待。

蜀军将士此时看到满山遍野都是魏军,便开始惊慌起来,不几日,山上饮水全无,士兵更加惶恐。司马懿趁机放火烧山,蜀军一片大乱,马谡拼死杀出一条血路才得以逃脱。

街亭一失,魏军长驱直入,连诸葛亮也来不及后撤,被迫演了一场"空城计"。事后,诸葛亮按照军法,不得不很痛心地斩杀了马谡。

侈之忍第五十二

【原文】

天赋于人，名位利禄，莫不有数。人受于天，服食器用，岂宜过度。乐极而悲来，祸来而福去。

行酒斩美人，锦幛五十里，不闻百年之石氏；人乳为蒸豚，百婢捧食器，徒诧一时之武子。史传书之，非以为美，以警后人，戒此奢侈。

居则歌童舞女，出则摩辖结驷。酒池肉林，淫窟屠肆。三辰龙章之服，不雨而霤之第。

厮养傅翼之虎，皂隶人立之豕，僭似王侯，薰炙天地。

鬼神害盈，奴辈到财。巢覆卵破，悔何及哉！噫，可不忍欤！

【译文】

上天赋予人类的东西，诸如功名、权位、利禄等，都是有一定限度的。人类从上天那里接受的衣服、食品、器具等物品，又怎么能不加节制、用之无度呢？快乐达到了极限，悲伤就悄然而至；祸患来临，那么幸福就会悄然而逝。

晋人石崇，好用美女劝客饮酒，如果客人不饮酒，他就会杀掉劝酒的美女；石崇与王恺斗富，王恺作紫丝步障长达四十里，石崇就作锦步障五十里来与之相比。就算这样富有，也没有听说石崇家族延续百年，香火不断啊！晋人王济，风流奢侈，为了招待皇帝，用人奶来蒸猪，百余名丫环手捧食器在旁侍奉，但他也仅仅是让世人惊诧于一时罢了。他们的这些奢侈行为，都被详细地记载在史书上，不是用来赞美他们，而是用来警戒后人，让后世之人戒除奢侈之风。

晋人贾谧家中有顶级歌童舞女相伴，超过君主；楚王出游则结驷千乘，旌旗

蔽天。商纣王用酒作池,用肉作林,奢靡至极,百姓怨恨;唐朝王元宝以金银砌房,以铜钱饰路,其家被人称为"富窟厝肆"。更有甚者,虽无一官半职,但凭借富有的家境,穿着绣有日月星三辰以及山龙华虫的服装,住着没有雨水却装有漏雨装置的豪宅。

就连富人家中的奴才也如插上翅膀的虎狼一般凶狠,跟班也如人模人样站立起来的猪一样威武。这些富贵之人权势可比王侯,气势倾天下。

鬼神会惩罚那些拥有财富却挥霍无度的人,奴仆之流都会见财眼开。等到巢覆卵破的时候,家破人亡,那就后悔也来不及了。唉!骄奢过度,人神共愤,易遭祸患,怎能不忍一忍自己的奢侈之心呢?

【评析】

一个人一旦有了奢侈的恶习,他的贪欲也就会越来越大,那么灾难也就接踵而至了。所以,即使一个人处在高位,他也要忍住奢侈之心,不挥霍浪费,如此他才能将良好的现状保持得更长久。否则,他必遭天谴,得不到好的结果。

奢侈至极,必遭天谴

齐景公在位期间,特别喜欢修建亭台楼阁,以游玩观赏;喜欢穿戴华贵奇异的服饰,以图新奇和开心;喜欢通宵达旦地饮酒作乐,过着奢侈豪华的生活。晏婴做景公的相国时,则用俭朴的生活约束自己,以劝谏景公。景公多次给他封赏,都被他拒绝了。景公很尊重晏子,不忍心让他过平民一样艰苦清贫的生活。

有一回,景公趁晏子出使晋国不在家的机会,给他建了所新房子。谁知晏子一回来,就把新房子拆了,给邻居们建房,把因给他建房而迁走了的邻居们请回来。景公知道了,很生气,说:"你不愿打扰百姓、邻居,那么替你在宫内建一所住房行吗?我想和你朝夕相处。"

晏子一听,急了,说:"古人说,受宠信要能知道自我收敛。您这样做虽然是想亲近我,但我却会整天诚惶诚恐。我一个臣子,怎么能这样做呢?那只会使我与您疏远。"

景公无法强求,只好退一步说:"你的房子靠近闹市,低湿狭窄,整天吵吵闹闹,尘土飞扬,不能居住。给你换一个干燥高爽,安静一点的地方总可以吧?"

晏子也不接受,他连忙辞谢,说:"我的祖先就是世世代代住在这里的,我能继承这份遗产，就已经很满足了，而且这地方靠近街市，早晚出去都能买到我所要的东西，倒也方便，实在不敢再烦扰乡邻而另外再建房子。”

景公听了，笑着问：“靠近街市，那你一定知道东西的贵贱，生意的行情！”

“当然知道。百姓的喜怒哀怨，街市货物的走俏滞销，我都很熟悉。”

景公觉得有趣，随口问道：“你知道现在市场上什么东西贵？什么东西贱？”

那时，景公喜怒无常，滥施刑罚，常常把犯人的脚砍下来，因而市场上有专门卖假脚的。晏子心想趁机劝谏景公，便说：“据我所知，假脚的行情看涨，而鞋子却卖不出去了。”

景公马上收敛起笑容，脸色非常严肃，再不做声。这事对他触动很大，过不久，他便下令减轻刑罚。

晏子不仅劝告君主要忍奢侈行俭朴之风，而且还劝告君主应该减少刑罚，真正地为民办事。这是他的贤能之处，的确，奢侈浮华的生活，其危害是极大的，大到国家小至家庭，这不能不引起人们的注意。因为，奢侈之风一开，人们的思想就容易受到侵蚀，而且贪欲也就越来越大。

勇之忍第五十三

【原文】

暴虎冯河，圣门不许；临事而惧，夫子所与。

黝之与舍，二子养勇，不如孟子，其心不动。

故君子有勇而无义，为乱；小儿有勇而无义，为盗。圣人格言，百世诏诰。噫，可不忍欤！

【译文】

《论语》载，孔子告诫子路说，不用武器而徒手去打老虎，不用船只而徒步涉水过河，他不赞成这种有勇无谋的做法。他还说，遇到事情一定要小心谨慎地思考，不要轻举妄动，这样才能够把事情做好。

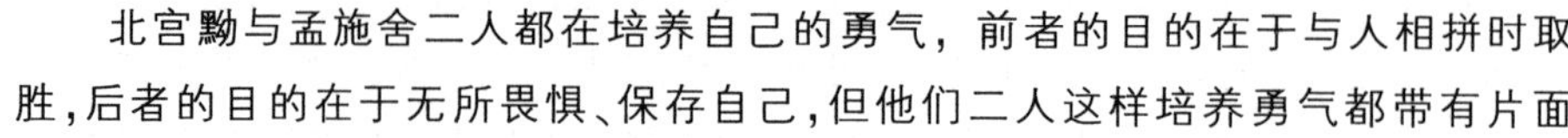

北宫黝与孟施舍二人都在培养自己的勇气，前者的目的在于与人相拼时取胜，后者的目的在于无所畏惧、保存自己，但他们二人这样培养勇气都带有片面

性。他们哪里能比得上孟子的尽心知性呢？孟子能够做到道明德立，合乎礼义，自然无畏怯之心了。

所以孔子说，君子有勇却丧失道义，便会为非作乱；小人有勇却没有道义，便会沦为盗贼。圣人的名言警句，后世百代都应将之作为座右铭牢记于心。啊！人世间需要的是义理之勇，而非血气之勇。人们怎能不忍耐鲁莽之心而逞一时的无谋之勇呢？

【评析】

一个人有胆量、有勇气这是好事，但这不能说明你一定能够摆脱困境。古人不赞成有勇无谋的行为，而是赞成有勇有谋。只有这样才能在竞争日益激烈的社会中立足。

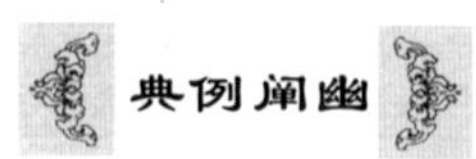

有勇无谋，自寻死路

假如你和对手产生了冲突，论力量，你是鸡蛋，而对方是石头，你怎么办？是像头脑简单的拼命三郎那样以卵击石，白白地送命呢，还是避其锋芒，等自己也变成石头，变成比对方更大的石头再有所图谋呢？泰山压顶，先忍一下又何妨？折断了就永远断了，而弯一下腰还有挺起的机会。

明太祖朱元璋在位时，有一位吏部科给事中，名叫王朴，曾因直谏，犯了龙颜而被罢官。不久，又被起用做御史，他马上评议当时的时政。在朝廷之上，多次与皇帝争辩是非，不肯屈服。一日，为一事与明太祖争辩得很厉害。太祖一时非常恼怒，命令杀了他。等临刑走到街上，太祖又把他召回来，问："你改变自己的主意了吗？"王朴回答说："陛下不认为我是无用之人，提拔我担任御史，奈何摧残污辱到这个地步？假如我没有罪，怎么能杀我？有罪何必又让我活下去？我今天只求速死！"朱元璋大怒，赶紧催促左右立即执行死刑。

不是说生性耿直不好，但王朴实在是太不开窍了，心中那种傲气犟劲一产生就消失不了，而且越来越旺，连皇帝给他机会都不要。这与他心高气傲、不懂处世策略有很大关系。尤其在一言九鼎的皇帝面前，以致毫无价值地送了自己的小命。

直之忍第五十四

【原文】

晋有伯宗，直言致害；虽有贤妻，不听其戒。

札爱叔向，临别相劝；君子好直，思免于难。

直哉史鱼，终身如矢。以尸谏君，虽死不死。夫子称之，闻者兴起。

时有污隆，直道不容。曲而如钩，乃得封侯。直而如弦，死于道边。枉道事人，隳名丧节；直道事人，身婴本铁。噫，可不忍欤！

【译文】

《左传》载，晋国大夫伯宗为人耿直，刚正不阿，直言不讳，其妻常常劝诫他说："直言易招致祸害。"他听不进，后遭人诬陷而被杀。

吴公子季札曾在离开晋国时，劝告好友晋国大夫叔向说："你为人处世十分正直，但是一定要考虑怎样才能避免灾祸的降临。"

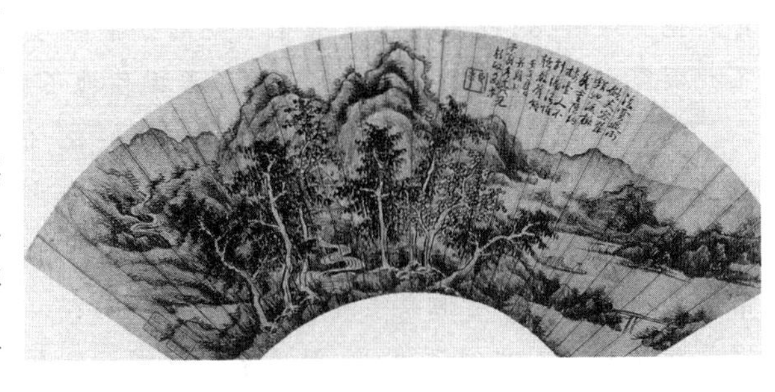

《论语》载，孔子感慨地说："史鱼真是正直啊，一生都像箭一样耿直。直到死了的时候，还要用尸体来继续向君主进谏，虽死犹生。"孔夫子给予了史鱼极高的评价，众人开始纷纷效仿史鱼的耿直行为。

道理有兴盛的时候，亦有亏损的时候，但正确的道理和正确的原则却很难被人们接受，总会遭到排斥。柳下惠三次被罢官的经历，使他清醒地认识到了这个道理。

东汉胡广、赵戒因为世故圆滑，弯曲如钩，最终被封了侯；而李固、杜乔因为刚正不阿，正直如弦，结果被人杀害。应验了当时京都盛行的童谣："正直如弦，死于道边；弯曲如钩，反而封侯。"

用违背道义、逢迎权势的态度来处世，最终会毁坏名气、丧失气节；而用正直之道来处世，也可能会受到剪去毛发，锁在铁器上的耻辱。啊！正直虽然是美好的品行，但为了更好地坚持正义和保存自己，必要的时候还是得忍耐住率直之行啊！

【评析】

为人正直、刚正不阿，是千百年来人们一直颂扬的美德。在现实生活中，有时候太过正直的人可能会遭受更多的打击和磨难。所以，正直固然可敬，但是有时为了保存和珍惜自己，还是要适当忍耐一下。

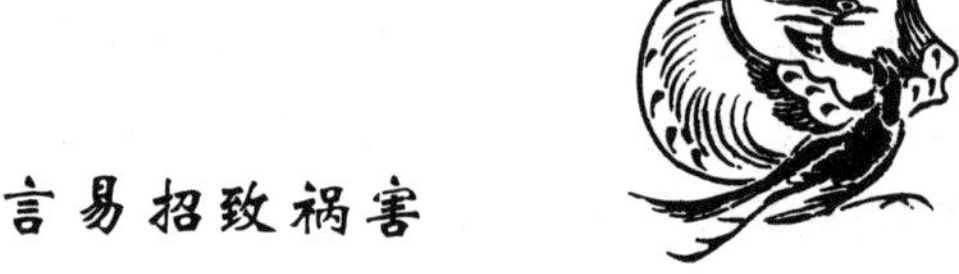

直言易招致祸害

西汉元帝时，元帝的老师萧望之正直无私，当时朝中权贵石显胡作非为，萧望之十分不满，一有机会就会对汉元帝说石显在外边办了很多坏事，让元帝惩罚他。石显送了很多东西给萧望之想拉拢他，可是都没有成功。萧望之一直和石显及其党羽坚持斗争，从没有妥协的时候。

元帝为了维护石显，就多次对萧望之说："群臣之中，只有你反对石显，是不是你对他有误解呢？我重用他是看中了他的办事能力，如果有什么小毛病，那么我也不想深究，毕竟人无完人嘛。你还是不要揪住他不放了。"

萧望之为此每次都和元帝有一番争论。一次，他激动之下，直接指责元帝包庇石显，纵容他违法作恶，他说："皇上如果不处处袒护他，石显就不会那猖狂了。现在他大权在握，群臣因为害怕他报复才不敢反对他，这样一来，大臣中连一个说真话的人也没有了。难道皇上还要怪我说实话吗？"

元帝听了心里很不高兴，但又拿这位刚正无私的老师没办法，只好说："别人不那么做，自有他们的道理，你为什么不学学他们呢？虽然你是我的老师，可毕竟我是君你是臣，这样对我说话，实不应该啊。"

萧望之劝汉元帝惩办石显的同时，石显和他的党羽也一心想除掉萧望之，他们多次联名诬告萧望之贪赃枉法。元帝了解萧望之的为人，他对石显说："萧望之一向清廉如水，这个我最清楚，你就不要陷害他了，你与他不和，就应当设法化解怨恨，而不是互相作对。如果你真有诚意，那么就去拜访他吧！"

石显明白元帝还不忍舍弃萧望之，只好硬着头皮来到萧望之府中，他挤出笑

脸说:“你是皇上的老师,皇上都敬你,何况我呢?我无心和你作对,皇上也让我们和好,你就高抬贵手吧!”

萧望之一脸严肃,不为所动,说:“你我不是个人恩怨,而是忠奸之争,绝没有和好的可能。我这个人天不怕地不怕,你就别抱幻想了。要想让我和你在朝廷上和和气气的,除非江河都倒流!”

石显一听,鼻子都气歪了,他见“和好”无望,就恨恨地离开了,从此发誓要把萧望之除掉。石显走后,萧望之的家人对萧望之说:“石显屈尊前来,一定出自皇上的授意,你当面斥责他,就是不给皇上面子,这样皇上也会不高兴的。你以一人之力和群奸对抗,实在太危险了,还是暂且忍耐一下为好。”

萧望之说:“自古忠奸不能相容,不铲除石显,我是不会罢手的。我是皇上的老师,皇上即使不支持我,也不会把我怎么样;你们不要为我的安危担心了。”

后来石显等人诬陷萧望之结党营私,这一次元帝非常愤怒,他下令把萧望之关入狱中。后来经过调查,发现根本没有这回事,完全是石显诬告的?元帝放了萧望之,但还是免除了他的官职。过了不久,元帝觉得自己做得可能有些过分了,有些后悔,就又恢复了萧望之的官职。但是对于诬告的石显等人却没有做出什么责罚,还对萧望之说:“我不忍伤害你,因为你是我的老师。你若能和百官和平相处,免去我的烦忧,那我是最高兴的。”

可是萧望之仍然坚持与石显势不两立。

石显等人见萧望之官复原职了,不禁又恨又妒,他们担心萧望之会报复自己,就以萧望之的儿子曾上书申冤为由,诬陷萧望之纵子犯上,犯了大不敬的重罪。

后来,元帝又命人把萧望之逮捕入狱。萧望之对元帝十分失望,他忍受不了两番入狱的侮辱,自杀而死。

急之忍第五十五

【原文】

事急之弦,制之于权。伤胸扪足,盗印追贼。诳梅止渴,扶背误敌。

判生死于呼吸,争胜负于顷刻。蝮蛇螫手,断腕宜疾。冠而救火,揖而拯溺,不知权变,可为太息。噫,可不忍欤!

【译文】

有时事情危急，犹如在弦之箭，这时就必须以权变来控制局面，以免发生危险。汉高祖刘邦曾被项羽用箭射中了胸部，为了稳定军心，刘邦摸脚，谎称是射中了自己的脚指头；为阻止叛贼朱泚、韩旻袭击奉天，司农段秀实伪造节度使姚令言的兵符，盖上司农印，从而阻止了韩旻军队的继续前行。三国时，曹操在士兵们无水而又干渴难耐时，用前方不远处有梅林的话来安抚士气，最终找到了水源；北魏都督李穆在战场上用鞭子抽打丞相宇文泰，以此来误导敌军，使得丞相宇文泰保住性命，日后大败敌军。

生死决定于呼吸之间，胜负决定于顷刻之际。被毒蛇毒蝎咬到了手，应马上砍掉手腕，以防毒液流遍全身。斯斯文文，整理好衣冠之后才去救火，是无法扑灭大火的；慢慢吞吞，放置好船楫才去救人，是无法拯救落水之人的。在紧急状态下不懂得改变思路，当机立断，真是令人叹息。啊！危急关头，急中生智，当机立断，才能化险为夷，怎能不忍住惊慌失措之心呢？

【评析】

危急情况发生时，由于人们大多没有心理准备，所以往往会表现出一定程度的吃惊、恐慌。面对危急，首先要沉着、镇定、果敢、自信，不为危难所吓倒，这样才能使其他人不因为你的紧张而更加恐慌和慌乱。其次，还应该看到危难已经临头，事态紧急，仅仅沉着还不够，忍耐住、控制住自己的吃惊和恐慌仅仅是第一步，真正的处理危机的方法是善于通权达变，随机应变。

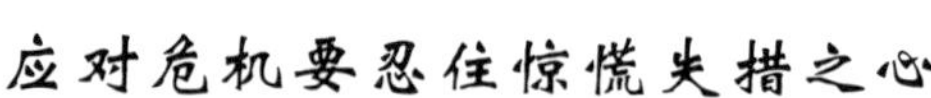

应对危机要忍住惊慌失措之心

三国时期，诸葛亮因错用马谡而失掉战略要地——街亭，魏将司马懿乘势引大军十五万向诸葛亮所在的西城蜂拥而来。当时，诸葛亮身边没有大将，只有一班文官，所带领的五千军队，也有一半运粮草去了，只剩两千五百名士兵在城里。众人听到司马懿带兵前来的消息都大惊失色。诸葛亮登城楼观望后，对众人说："大家不要惊慌，我略用计策，便可教司马懿退兵。"

于是，诸葛亮传令，把所有的旌旗都藏起来，士兵原地不动，如果有私自外出以及大声喧哗的，立即斩首。又叫士兵把四个城门打开，每个城门之上

派二十名士兵扮成百姓模样，洒水扫街。诸葛亮自己披上鹤氅，戴上高高的纶巾，领着两个小书童，带上一张琴，到城上望敌楼前凭栏坐下，燃起香，然后慢慢弹起琴来。

魏军先锋部队见状，不知虚实，急忙策马回报司马懿。司马懿听报随后来到城下，见此状，司马懿心中大疑。他对诸葛亮有很深的了解，认为素来谨慎行事的诸葛亮，从不弄险，今天见他如此安然，城中秩序井然，十五万大军压城犹如不见，其中必有埋伏。司马懿之子司马昭是员虎将，见要退兵，急忙劝阻司马懿说："诸葛亮手中可能无兵，不如让我带兵攻城，即可知虚实。"司马懿不准，十五万魏军全部退却。诸葛亮见魏军远去，遂拍掌大笑，结果尽在意料之中。城中兵士见千钧一发之险，顷刻间化作乌有，不由得惊喜交加。诸葛亮含笑对余悸未尽的兵士们说："司马懿素来知我谨慎，不曾轻易弄险，而今见我稳坐城头，安然饮酒抚琴，城门大开，百姓自若不慌，想必我定有奇兵伏于城中，所以不战而退了。此疑兵之计，是万不得已才用的，倘若随便用此计，一旦被敌人识破，必遭大败。"在众人的赞叹声过后，诸葛亮接着说："司马懿急切中退兵，必然选择小路，可速去通告关兴、张苞二位大将设伏。"

不出所料，司马懿正率军沿小路向北退却，行至武功山时，忽听得山后鼓炮齐鸣，杀声震天，只见冲出一队人马，将旗上写着张苞。司马懿以为这是诸葛亮早已埋伏好的蜀军，急令魏军不许恋战，拼死冲杀，以求生路。刚刚冲出不远，又是一声号炮，只见一队蜀军从左路向魏军冲来，一看将旗是关兴的兵马。司马懿大惊，更加确信这一切都是诸葛亮预先的计谋，一时间不知蜀军到底有多少兵马。魏军已成惊弓之鸟，丝毫不敢停留，丢掉粮草辎重，沿此路向山后溃逃。

司马懿哪里知道，蜀军的两路兵马总数不过五千，在此设伏，只是虚张声势，并未实战。这是诸葛亮利用司马懿疑心过重的心理，以几千蜀军，兵不血刃地吓退了司马懿的十五万大军。诸葛亮在危急关头，能够沉稳安然，因人而异，以兵不厌诈、虚张声势而退数十力大军，除足智多谋外，还因他有临危不乱的意志。

死之忍第五十六

【原文】

人谁不欲生，罔之生也，幸而免；自古皆有死，死得其所，道之善。

岩墙桎梏，皆非正命；体受归全，易箦得正。

召忽死纠，管仲不死，三衅三浴，民受其赐。

陈蔡之厄，回可敢死！仲由死卫，未安于义。

百金之子不骑衡，千金之子不垂堂。非恶死而然矣，盖亦戒夫轻生。噫，可不忍欤！

【译文】

哪个人不想活着？但活着却不遵天理，违背道义，那么也只能算侥幸地活着；人生自古谁无死？但死就要死得有价值，这样才符合正道，不留遗憾在人间。

顺应而知命的人懂得站立在危墙之下会被压死，因犯罪而被杀死都是毫无意义的死法，这些都是死于非命。父母给了我们生命和身体，那么就要完整地归还父母，我们没有理由去随意毁灭自己的生命，但是在道义面前，即使死亦无憾。《礼记·檀弓篇》记载，曾子临死之前，挣扎着换下了季孙送给他的席子，认为这样死去才合乎道义。

管仲和召忽曾一起保护公子纠出逃，日后公子纠被杀，召忽也随之而死。但管仲却没有随公子纠一起去死，而是受齐桓公三次洗澡三次熏香隆重迎接之礼，担任宰相，助齐桓公匡正天下，为民谋利。管仲的生存就是合乎道义的。

《论语》记载，孔子被围困于陈蔡时，颜渊后来才赶来，以“您在，我怎么敢死呢！”来回答孔子对他的责怪，意为若孔子遇难，他会义无反顾随之而去；孔子的另一个弟子仲由，因参与宫廷斗争而死在卫国，孔子认为他死得没有价值。

西汉文帝曾在游玩时欲冒险驰骋，被中郎将袁盎阻止，理由是：百金之家的子弟不会骑在车辕前方的衡木上，千金之家的子弟不会靠近厅堂的边缘，因此身为一国之君，更不能抱着侥幸心理去冒险。其实袁盎并非是怕死才这样劝诫汉文帝，而是不愿因一些轻率之举而做无谓的牺牲。啊！值得死时在所不惜，不值得死时切忌用自己的生命开玩笑。生命是宝贵的，人们怎能不忍住儿戏生命之心呢？

【评析】

有句话说："人固有一死，或重于泰山，或轻于鸿毛。"对于生死之忍，就是要明晰生的意义和死的目的。不能生无正理，死无正道，这样的生不足取，死也不足取。

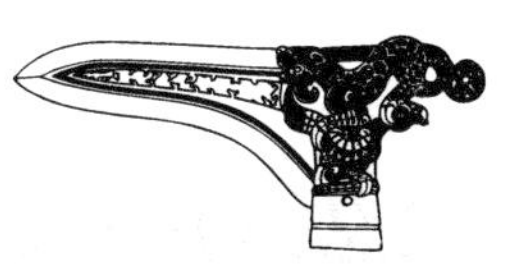

苟且偷生，世人所耻

刘禅的天下本是继承老子刘备的基业得来的。刘备以织席起家，以所谓的汉室宗亲为名号招揽了一群义士，更主要的是得了诸葛亮，从而与江东孙权、魏国曹操三分天下。最后，为报关羽之仇，怒而兴师，以致殒命白帝城。于是，把刘禅托付给了诸葛亮。

刘禅继位之时，蜀国已今非昔比，但有一点可以说明刘禅绝不是昏聩之君，那就是对诸葛亮言听计从。怎奈刘禅天生懦弱，又没有雄才大略，不是司马昭的对手，诸葛亮死后没多久，魏军兵临城下，刘禅便没了主意。于是，他选择了投降。

刘禅的投降，实是懦弱至极，众大臣的计策他一概不用，独选中了谯周之计——投降，面对臣子的死谏，不知悔悟。根据当时的情况和形势来看，蜀国照理还不至于覆亡，何也？后主刘禅虽然无能，但还不至于像桀、纣一样残暴；虽然屡战屡败，还不至于土崩瓦解；即使不能固守，但撤退还可以保存力量，再等机会。当时，蜀将罗宪还率领重兵守在白帝城，霍弋还有精兵镇守夜郎。加上蜀国地形险要，山水阻隔，步兵很难长驱直入，假如蜀国收集所有的船只，在坚守不出的同时积极招募士兵，向东吴请援，这样做的话，像姜维、廖化等几员大将必定会积极响应，吴国水陆二军也会迅速救援，鹿死谁手也很难说定。况且魏军远道而来大举进攻，想追击又缺乏船只，想常驻又怕军众疲惫而生不测。而且成败因时而定，形势也会不断变化，慢慢再召集旧部来攻曹魏，到那时，形势可能会急转直下，如此有利的形势，刘禅不会利用，被曹魏之军吓破了胆，实在是懦弱至极。

刘禅被俘，司马昭责问曰："上荒淫无道，废贤失政，理宜诛戮。"刘禅被吓得面如土色。其实，刘禅无能倒是确实，但总不至于如司马昭所说的荒淫无道，生逢乱世争天下，胜者王侯败者贼，这又有什么呢？刘禅在司马昭淫威下连屁都没敢放，忍气吞声，也枉为蜀汉天子，也真够能"忍"的！

司马昭可能是看透了刘禅的懦弱性格，倒也没杀他，还封其为安乐公，赐住宅，月给有度，赐绢万匹，僮婢百人。一日，刘禅亲自到司马昭府拜谢。司马昭设宴款待，先以魏乐舞戏于前，蜀官皆忿感，独刘禅有高兴之色，司马昭对贾充道："人之无情，乃至于此！虽使诸葛亮明在，亦不能辅之久全，何况姜维乎？"于是问刘禅："颇思蜀否？"刘禅曰："此间乐，不思蜀也！"这种人也真够能忍的，哪里还懂得世上还有"屈辱"二字呢？更别说思谋复国了。

生之忍第五十七

【原文】

所欲有甚于生，宁舍生而取义。

故陈容不愿与袁绍同日生，而愿与臧洪同日死。元显和不愿生为叛臣，而愿死为忠鬼。天下后世，称为烈士。读史至此，凛然生风。

苏武生还于大汉，李陵生没于沙漠，均为之生，而不得并记于麟阁。噫，可不忍欤！

【译文】

孟子认为，人们都愿意活着而讨厌死去，这是人之常情，但是如果所希望的东西超越了生存的本能时，与其损害道义地活着不如合乎道义地死去，因此，宁愿舍生而取义。

东汉陈容眼睁睁地看着袁绍违背道义杀害了忠臣臧洪，发出了宁与臧洪同日死，也不与袁绍同日生的感慨，于是被杀。北魏元显和因不愿活着当叛徒、宁愿死后做忠鬼的豪言，招致杀害。陈容、元显和等人如此忠烈，后世百代之人称他们为烈士。他们的言行被载入史册，

后世之人仍然能通过史书感受到他们的高风亮节、凛然正气。

西汉苏武，保持节操不屈服于匈奴，北海牧羊 19 年，终于回到汉朝；而李陵变节投敌，保全性命。二人均得以生还，但李陵却不能像苏武一样被供奉在麒麟阁上受人敬仰。啊！生命诚可贵，但在道义面前，人们又怎能苟且偷生呢？

【评析】

孟子说："活着，是我所希望的；道义，也是我所希望的。当两者不可以同时得到时，我就舍生取义。所抱志向超过生命，就不能苟且偷生。"喜欢生而厌恶死，这是人之常情。人有生就有死，切不可把生看得过重，也不可把死看得过重，有道之士，就能怡然自得的生存。生死皆能忍，就能舍生取义，也可存命保身，不留骂名。

舍生取义，不留骂名

东汉兴平二年(195)，吕布与曹操争夺兖州失败后，逃到下邳，依靠刘备，刘备盛情接纳了他，并将他安顿在沛城。不料，刘备在抵御袁术进攻的时候，吕布却在袁术的怂恿之下，袭取了刘备的下邳，自称徐州牧，反而把刘备赶到了小沛。

吕布与袁术为了各自的利益，几度联合，又多次反目对抗。东汉建安三年(198)，吕布与袁术再次联合在一起，进攻驻扎在沛城的刘备。刘备急忙派人向曹操求救。曹操派军前往救援，曹操救兵到达沛城，立足未稳，就被击败。吕布军队乘机攻破沛城。刘备不得已单骑出逃，投奔曹操。曹操闻知兵败，立即率大军征讨吕布，途中遇到刘备，合兵一起前往沛城。

吕布得到探报，知曹操大军已到，谋士陈宫说："我们应该出兵迎战，以逸待劳，定能取胜。"吕布见曹军声势夺人，就说："不如等曹操大军前来，我将他们都赶人泗水。"但是由于胆怯，吕布数战连败。曹军已进于下邳，他只好退入城中。这时曹操又写信劝降吕布，吕布想出城请降。陈宫劝道："曹操远道而来，很难持久作战，君若带兵到城外屯扎，我在城内坚守，内外配合，互相呼应，等到曹军粮尽，那时内外夹击，必破曹军无疑。"吕布决定依计而行。

两军相持日久，曹操想退军，谋士郭嘉劝他："吕布有勇无谋，屡战皆败，锐气尽丧，三军以将为主，主将无斗志，全军必定无奋勇作战之心。陈宫虽然多智谋，但预见迟缓，计谋未定，我军加紧急攻，其城可拔。"曹操采纳了此计。吕布登上白门城楼朝曹军士兵大喊："你们不要再围困我了，我明天向明公自首。"陈宫一把拉开他:“什么明公?是逆贼曹操。你若降他;犹羊入虎口,岂能保全?”于是吕布天天借酒解愁,动辄责打士兵。吕布的暴虐终于激起兵变,侯成等人捉住陈宫,高顺也投降了曹军。吕布听到消息,无奈也只能降曹。

吕布见到曹操大声地说:“从今以后,天下可定了。”曹操说:“为什么?”吕布回答:“明公最担心的就是我吕布,现在我已归降了,如果让我率领骑兵,您率领步兵,天下还不能定吗?”吕布欲求生,又向坐在一旁的刘备求情说:“如今你是座上客,我是投降的俘虏,皇叔就不能替我说句话?”曹操笑着说:“缚虎不得不紧些。”曹操有心收降吕布,问刘备如何。刘备说:“明公不会不知道丁原、董卓的下场吧?”曹操知道吕布先后拜丁、董二人为义父,后又杀了他们,于是点头称是,当即让士兵将吕布拉下去斩了。

满之忍第五十八

【原文】

伯益有满招损之规,仲虺有志自满之戒。夫以禹汤之盛德,犹惧满盈之害。

月盈则亏,器满则覆,一盈一亏,鬼神祸福。

昔刘敬宣不敢逾分,常惧福过灾生,实思避盈居损。三复斯言,守身之本。噫,可不忍欤!

【译文】

《尚书》载,伯益赞扬大禹时,有过“满招损”的规劝,意为自满会招致失败;仲虺在助汤灭夏时,有过“志自满,九族乃离”的告诫,意为骄傲自满会使最亲近的家人都离开你。大禹和商汤都是有高尚道德的贤明之人,但依然惧怕骄傲自满所带来的严重后果,时时警戒自己。

月亮到了最圆的时候,就会开始慢慢缺损;器具装满了东西,就会倾覆。盈亏祸福,是由鬼神的意志所主宰,而非人力所能控制。

晋人刘敬宣,不敢做出超越自己本分的行为,常常恐惧因福太多而招致灾祸,所以总想着如何才能避开富足殷实而处于不足之中。有人想与他一同求取富贵而被他婉言拒绝。人们如果能够经常想想伯益、仲虺、刘敬宣的话,常常玩味其中的

道理,那么就足以成为安身立命的根本了。唉!自满就会招致灾祸,人们怎能不忍住自己的自满之心呢?

【评析】

人的一生就像月亮一样盈亏有常,若是不能估测自身实力、审时度势,自满之徒到头来只会导致失败,谦虚之人才会得到益处。这是亘古不变的真理。历史上或生活中无数的例子一次又一次地向我们证明了:满招损,谦受益。踏着前人的足迹,我们要时刻保持谦虚,永不自满。

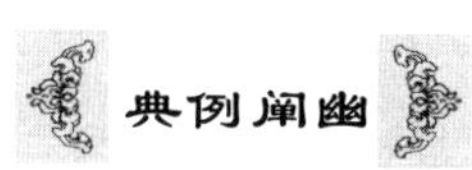

为人且忌自满

亘古至今,多少王侯将相在谦虚中崛起,在骄傲中败落。西楚霸王项羽,一度声势浩大,威震四方,后来弄得众叛亲离,四面楚歌,自刎乌江,源于骄傲;唐太宗李世民,善于吸取古人教训,励精图治,终得“贞观之治”,名垂千古,源于谦虚。综观历代开国帝王、盛世皇帝,无不谦虚谨慎;试看末代皇帝们,声色犬马之娱,可谓享受殆尽,而结局往往是惶恐终日,不知身死谁手。

醇亲王奕譞是咸丰帝的弟弟,他的福晋(即夫人)是慈禧太后的亲妹妹,因此,他既是慈禧太后的小叔子,又是慈禧太后的妹夫,是当时赫赫有名的七王爷。

醇亲王年轻时曾锐意于清廷内部权力的争斗,他在热河时就与慈禧太后联合在一起,秘密起草缮定准备发动政变,惩处肃顺等顾命八大臣的谕旨;回到北京随慈禧太后,六哥恭亲王奕䜣发动“辛酉政变”时,又带军队夜抵密云拿捕肃顺,为慈禧太后上台垂帘听政立下了汗马功劳。被授以都统、御前大臣、领侍卫内大臣。但不久他就看到清廷内部权力斗争的残酷无情,特别是比他功劳更大,地位更高的恭亲王奕䜣,曾因细故险遭罢斥之祸后,他的处世态度顿为大变,时时事事谦恭谨慎。他特意命人仿制了一个周代的欹器。这个欹器若只放一半水,则可保持平衡,若放满水,则会倾倒,使全部的水都流失掉,在欹器上刻有他亲笔写的铭词“谦受益,满招损”。

公元1874年同治帝病亡,无子嗣,慈禧太后召集王公大臣等宣布说,欲立奕譞之子载湉为帝。奕譞听到自己的儿子被选立为帝后,非但没有丝毫的兴奋,反而被惊吓得昏倒在地,被人搀扶而出。奕譞及其夫人(即慈禧之妹)都深知慈禧太后气量褊狭,待人凶狠无情,就是她的亲生儿子同治帝也经常遭慈禧的责骂虐待,儿子一旦为帝，如入虎穴，不但儿子时刻有忤旨杀身之祸，就连奕譞本人也难免为慈禧太后所疑忌。因为他的儿子做了皇帝，他本人就成了“皇帝本生父”了。本生父虽不同于太上皇，但如果将来他的儿子大权在握，就有可能将他尊为太上皇，这会损害慈禧太后的权力，而慈禧太后恰恰权力欲极炽，是万万不能容忍的。为了远避嫌疑，表明自己的心迹，奕譞一面言辞悲切地恳请罢免一切职务，表示要“苟尽余生”与权无争，一面秘密向慈禧太后呈递名为《豫杜妄论》的奏折。这一奏折说，将来很可能有人利用他是清光绪帝本生父的特殊地位，援引明朝皇帝“父以子贵”“追尊所亲”的例子，要求给他加些什么尊号，如若这样，就应将倡议之人视为“奸邪小人，立加屏斥”。

事有凑巧，光绪帝即位的第十五年，果然有一个官员上疏清廷，请求尊奕譞为“皇帝本生父”。慈禧太后见疏大怒，拿出奕譞所上的《豫杜妄论》奏折为武器，下谕痛斥这名官员以邪说竞进，此次风波很快平息下去。

快之忍第五十九

【原文】

自古快心之事，闻之者足以戒。秦皇快心于刑法，而扶苏婴矫制之害；汉武快心于征伐，而轮台有晚年之悔。

人生世间，每事欲快。快驰骋者，人马俱疲；快酒色者，膏肓不医；快言语者，驷不可追；快斗讼者，家破身危；快然诺者，多悔；快应对者，少思；快喜怒者，无量；快许可者，售欺。与其快性而蹈失，孰若徐思而慎微。噫，可不忍欤！

【译文】

从古至今，无数人都在追求能使自己快乐的事，但这些事又常导致不好的后果，因此，听到其不良后果后人们都会引以为戒。秦始皇快意于刑法，焚书坑儒，致使扶苏因修订法律制度而遇害；汉武帝快意于征伐，穷兵黩武，到了晚年才幡然悔悟，下诏否定了在边关屯兵的政策。

人生世间，总希望事情能够如自己所愿，使自己快意，但它给人们带来的却总是无法料想的后果。以骑在马上驰骋为乐事的，往往人马俱疲；以享用美酒和亲近

美色为乐事的，往往病入膏肓；以多说话为乐事的，往往言多必失；以打斗争吵为乐事的，往往家破身危；以许诺他人为乐事的，往往后悔不迭；以轻率回答为乐事的，往往缺乏思考；以大喜大悲变脸无常为乐事的，往往气量狭小；以轻易许诺别人为乐事的，往往涉嫌欺骗。与其为图一时之快而犯下错误，使自己陷入不利境地，还不如谨小慎微行事。唉！为求一时之快，而必须做好承担祸患的准备，确实不值。人们怎能不忍耐追求快意之心呢？

【评析】

每一个人都希望按照自己的心意去做自己快心快意的事情，可是，一味地追求痛快，带来的往往是不可料想的后果。所以，当面临令自己不愉快的事件时，一定要忍住那追求快意的心。

图一时之快，陷于不利境地

金朝时，海陵王篡夺王位，召张浩做户部尚书。张浩正直坚贞，出乎所有人的预料，他竟欣然领命。面对他人的非难，张浩显得若无其事，私下他却对自己的家人说：

"皇上残暴无道，稍有反抗者一律格杀，我之所以忍受耻辱，只为他日救国救难啊。如果我追求一时的痛快，拒绝皇上的任命，我一死是易，可这样做又能改变什么呢？这不是智者的做法。"

张浩操心国事，海陵王见他不怨不怪，十分满意，不久，张浩又被提升为参知政事、尚书右丞。

张浩总是小心侍奉海陵王，不时向他加以劝谏。每逢海陵王大怒之时，他又保持沉默，不进一言。有时，他甚至不顾众人非议，当面向海陵王说些谄媚的好话，只为了让海陵王一笑。

一些人认为张浩可耻，十分鄙视他，有的私下怪他说："你表面上以君子自居，可到了关键时候，却是小人的嘴脸，你的一世英名，为此丧尽，你不感到可惜吗？"

张浩一笑说："轻易得出的结论，终是不准确的，我们日后再说吧。"

张浩外表快乐，内心却十分痛苦，一次，他夜里哭醒，家人就劝他说："我们衣食不缺，看你这般难受，何不辞官求乐？"

张浩怅怅摇头道："躲避是懦夫所为，于己有利，却于国有害，我怎会干这等事呢？"

张浩事事用心，海陵王开始以他为心腹，封他为蜀王，晋升他为左丞相。海陵王还当面对张浩说："你为朕尽忠，朕记挂在心，你是不会被亏待的。"

海陵王想要讨伐宋朝，张浩加以劝阻说："天不灭宋，陛下何能灭之？不如养兵待机的好。"海陵王不听，问他说："宋室势危，正见天不佑之，何能失去这大好良机呢？"

张浩耐心道："赵构没有儿子，将来必立疏远的亲属，而这一定会产生内乱，到那时陛下不用兴兵，宋室也会臣服，陛下时下何必着急呢？再说伐宋耗我大金国力，胜败难定，哪样结果都有弊端。"

陵王点头称是，但仍受不住诱惑，整日部署南伐事宜。张浩几次进见，海陵王都加以拒绝，他派人传话给张浩说："并不是朕不接受你的劝谏，而是朕伐宋决心已定，不计代价。朕要名传后世，终要有所牺牲的。"

后来，海陵王在伐宋中兵变被杀，张浩马上向在辽阳继位的世宗完颜雍上表祝贺，他在表文中说："逆君已死，人心大快，臣忍隐多年，终可畅所欲言了。陛下宜整治天下，清除逆党，臣誓死尽力。"

世宗完颜雍十分赏识张浩的才能，更为他的智慧心动，他嘉勉张浩说："你是国家的元老，为国之大体，你虚与逆君周旋，不致国家有大的伤害，这都是你的功劳啊，朕要再次任用你担任丞相，望你不要辜负朕对你的希望。"

至此，时人才醒悟过来，对张浩的看法改变。

取之忍第六十

【原文】

取戒伤廉，有可不可。齐薛馈金，辞受在我。

胡奴之米不入修龄之甑釜，袁毅之丝不充巨源之机杼。计日之俸何惭，暮夜之金必拒。

幼廉不受徐乾金锭之赂，钟意不拜张恢赃物之赐。彦回却求官金饼之袖，张奂绝先零金鐻之遗。千古清名，照耀金匮。噫，可不忍欤！

【译文】

孟子认为，获取东西时，尽力避免有伤廉洁的事情发生，有时候可以取之，有时候则不可以取之。齐国、薛国都馈赠黄金给我，但是接受还是不接受在于我自己的判断，要根据当时的情况而定。因为薛国有兵难，需为之考虑设防之事，所以接

受薛国的五十金；而齐国无事送金，则别有用心，所以拒绝齐国的一百金。

晋人王修龄虽贫穷，但拒收陶胡奴送来的一船米；晋人巨源很节俭，陈郡袁毅贿赂给巨源的一百匹丝被束之高阁。东汉杨震的儿子按工作时间来接受俸禄，余下的交公，无所惭愧；杨震则更是不取不义之财，王密乘夜晚贿赂给杨震金子，被杨震严词拒绝。

北齐李幼廉对徐乾黄金百锭和二十名美女的贿赂予以拒绝，且依法判处徐乾死刑；钟离意拒绝接受皇帝所赏赐的查抄贪官之家所获的赃物。南宋人褚渊拒绝接受求官之人所送的黄金；东汉人张奂拒绝收取先零族酋长所赠的金器及马匹。这些清廉之士，流芳百世，名垂史册，被后人所敬仰。啊！取财之道，也有义与不义之分，面对不义之财，关键是要忍住自己的贪欲啊！

【评析】

人在利益的驱动下，往往做出傻事，很多聪明人都会因获取不义之财而犯错误，等到头脑清醒的时候，却一切都悔之晚矣。所以，赶快丢弃那贪婪的心吧，因为法网永远不会漏掉任何一条有罪之“鱼”。因此，当面对不义之财的诱惑时，一定不要伸出那索取的手！

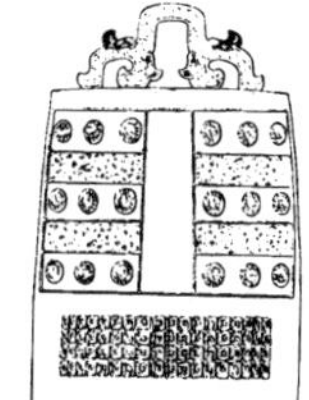

将欲取之，必先予之

《管子·牧民》中说：“政之所行，在顺民心；政之所废，在逆民心。……故知予之为取者，政之宝也。”古今中外也不乏其列。取要取之有道，取之有义。

明朝时，翰林院学士严讷，字敏卿，号养斋，官任吏部尚书，武英殿大学士。这一年他打算在城中建造一座新房，地基已经量好，只是有座民房夹在其间，显得十分不协调。民房的主人经营豆腐生意，所居住的是他祖上传下来的房子，很是珍惜。严家主持新居建筑工程的人和民房的主人商量，打算出钱买下那几间小民房，可民房的主人无论怎么说也不答应。家人回来向严讷说起此事，并且想请他出面来惩治民房的主人，严讷不以为然，只是让主持建筑新居的人先盖其他三面。这样工程如期开工了。开工以后，每天匠人食用大量的豆腐，严讷让家人到那几间民房的主人那里去购买，而且每次都付现钱，民房的主人因此每天繁忙得不得了，人手吃紧，他只好招人帮忙。这样不久，这家豆腐房招的工人越来越多，店主也赚了不少钱，制作豆腐的工具也增加了不少，原来的祖屋就显得格外狭小而拥挤。民房主人十分感激严讷对自己的扶助之德,主动把祖屋让给严家,而且严讷又购置了一所更大的住房,作为回报。房主几天之内就搬走了,而严宅也得以顺利造成。正是严讷深明"将欲取之,必先予之"的道理,才能这样把问题解决好。

与之忍第六十一

【原文】

富视所与,达视所举。不程其义之当否,而轻于赐予者,是损金帛于粪土;不择其人之贤不肖,而滥于许与者,是委华背衮于狐鼠。

《春秋》不与卫人以繁缨,戒假人以名器。孔子周公西之急,而以五秉之与责冉子。噫,可不忍欤!

【译文】

衡量一个人行为是否妥当,符合情理,就要在他富贵的时候,看他把东西送给什么样的人;在他为官的时候,看他向上举荐什么样的人。不考虑道义上应当不应当,就将东西随随便便胡乱给人,这就如同把金银布帛等物扔在粪土之中一样;不考核官员贤明不贤明,就将官员随随便便举荐上去,这就犹如把华贵的衣服穿在狐鼠之类的动物身上。

《春秋》记载,卫国赐给于奚繁缨和曲悬用来参加朝会,孔子因此而叹息,不能给人名与器;子华出使齐国,孔子周济子华之母,但冉子却私下周济其五秉粟米,数量甚多,受到孔子责备。唉!施与别人东西,也有当与不当之分,要防止没有原则的胡乱给予。人们怎能不忍住自己随便施与的行为呢!

【评析】

生在人世间,应该知道凡事都有法度的约束。如果你有能力去接济别人,而你也愿意给予别人帮助,这当然是件好事,但是你还要考虑到是否合情合理,只是一味地给予可能会伤了别人的自尊。相反,如果你需要得到别人的帮助,你也要考虑到别人的给予是否合乎法度,如果是违法的行为,即使给予的再多也不能接受。

不合法度，与亦不取

南宋人褚渊，字彦回，家在河南阳翟。少年时就有清廉的名声，做官一直做到吏部尚书。一次，有一人揣着一块金子向他求官做，想得到一个清闲的位置。他拿出金子对褚渊说："这件事情别人都不知道。"褚渊说："你本来就可以得到官做，为什么还要凭这个东西？你如果一定要给我，那我不得不向上禀告此事。"此人非常惭愧，将金子收好走了。后来褚渊说出了这件事，但没有说这个人的姓名，所以当时也就没有人知道这人是谁。褚渊拒贿有方，又不损人名气，实在是一个君子。他不仅不贪图金钱，不因为取小利而坏法度，更是一个为人正派的人。

清宣统年间，滕县南沙河北街有个王克供。他开了一个杂货门市，名叫"增益店"，他一生以善为本，常用赚来的钱财周济乡民。

有一年，从南方来了一位进京赶考的举子，病倒在街头路上。王克供知道后，把这位举子抬到家去，请郎中为他看病。一天两次煎汤熬药，三茶四水地伺候着。不几日，举子大病初愈，但仍不见笑脸。问他为什么愁眉不展，举子才说出了知心话。原来举子口袋内分文没有了，离京一千多里，考期马上就到，步行是赶不到京城的。王克供说："你别愁，我花钱雇马车送你到京城。"他凑足了钱，花钱雇了一辆上等的马车，临行吩咐赶车的人说："你要风雨无阻，日夜赶路，不误举子考期，回来赏你一口袋谷子。"

于是，赶车的打马上路，日夜不停地向北京进发，果真没误考期。

不久，举子金榜题名，经过皇帝和文官的面试后，派到山东任知府。他人马喧天出了京城，知府吩咐在滕县落轿，他要到南沙河会客。

在滕县落轿后，知府着便衣抄小路步行至南沙河，在增益店内与王克供见了面。一别个月有余，二人见面非常亲热，叙谈别后经过。这时，只听大街上有兵马穿过，王克供不知何故，忙出门探望，知府叫他把一盏黄灯笼挂在门框上。不大一会儿，各州各府各县官员到齐，克供这才知道他高中了，做了大官。

第二天，知县问王克供共收多少拜帖，王克供说有九州十府一百单八县，共递一百二十七道书。知府试探问共收礼多少，王克供说分文没取，知府说："你亏了我的好心了，我想此举可使你转眼成为百万富翁。你真是大厚道人。"王克供说："大人！不义之财小人不敢取。”

知府回到济南，送来两包茶叶。王克供正忙生意，哪顾得上去拆茶叶包？时过三月有余，才想起知府大人送的两包茶叶，忙叫儿子去取来，打开包儿一看，这哪里是茶叶，原来是两张省试举人的考卷。

乞之忍第六十二

【原文】

箪食豆羹，不得则死，乞人不屑，恶其蹴尔。

晚菘早韭，赤米白盐，取足而已，安贫养恬。

巧于钻刺，郭尖李锥，有道之士，耻而不为。

古之君子，有平生不肯道一乞字者；后之君子，诈贫匿富以乞为利者矣。故《陆鲁望之歌》曰：“人间所谓好男子，我见妇人留须眉。奴颜婢膝真乞丐，反以正直为狂痴。”噫，可不忍欤！

【译文】

孟子曾说过，一箪食，一豆羹，得之则生，不得则死。但是，如果是踢着将这些食物送给人，那么即使是乞丐也不屑于吃。

南朝宋人周颙隐居钟山，认为秋末的白菜，初春的韭菜，红米白盐，绿葵紫蓼，这些食物就可以满足日常的生活，不至于挨饿受苦了。能够做到安贫乐道，超脱名利，就可以使内心恬静如水，泰然处之，而不会去向别人乞讨了。

北魏郭景尚善于给当权者拍马屁，因此得到提拔，人称“郭尖”；北魏李世哲善于给当权者行贿，因此做了高官，人称“李锥”。有道德修养的人是不会像他们一样投机钻营、摇尾乞怜的，正直之士都以此为耻。

古代的君子，一生都坚持气节，从不向人乞讨，他们甚至连“乞”字都不肯说出口；而后来的所谓君子，以生活清贫为借口，隐匿财富，实际是奴颜婢膝地向人乞求更大的名利。所以，《陆鲁望之歌》这样唱道：“世上哪有什么好男子，他们只不过是些留着胡须的妇人。这种人奴颜婢膝向人乞讨，其实是真正的乞丐，可他们却反而指责正直的人是狂痴。”啊！向人乞求食物已令人不齿，更何况奴颜婢膝地向人乞求名利？在名利面前，千万要忍住乞求之心啊！

【评析】

君子爱财，取之有道，不能过分祈求别人的施舍。如果贪得无厌，无休止的祈求别人的给予，就将毁灭自己的一切高尚品德。作为国君，如果太贪求，那么灭亡的日子就不远了；作为一个官员，如果祈求不止，那么他的政治前途也将要丧失；作为一个商人，如果贪心十足，那么他在商战中很快就会败下阵来。人由于乞求不止，往往只见利而不见害，结果是利也没得到，害反而先来临了。所以为了更好地生存立足，怎么能够不忍住那乞求的心呢？

典例阐幽

忍住乞讨之心懂得自尊

乞求名利是众恶之本。人一旦乞求过分，就会方寸皆乱，计算谋虑一乱，欲望就更加多，贪欲多，心术就不正，就会被贪欲所困，离开事物本来之理去行事，就导致将事做坏、做绝，大祸也就临头了。

历代都有不少清官，他们深知个人乞求过多会毁掉一切，所以不贪图钱财，只真心为民办事，受到百姓的好评。

东汉时，有一个叫羊续的人到南阳郡做太守。

南阳是东汉开国皇帝光武帝刘秀的老家，这个地方北靠河南省的熊耳山，南临湖北省的汉水，土地平坦，气候温暖，水源充足，农业生产和工商经济都比较发达。由于生活安定富裕，这里郡、县等各级政府机构中请客送礼、讲排场、比吃喝之风颇盛。

羊续到任后，对这种不良风气十分不满。但是，他知道要纠正一郡之风，得先从郡衙和郡守做起。于是，他下定了决心。

一天，郡里的郡丞提着一条又大又鲜的鲤鱼来看望羊续。他向羊续解释说，这条鱼并不是花钱买来的，也不是向别人要来的，而是自己在休息的时候从白河里打捞上来的。接着他又向羊续介绍南阳的风土人情，极力夸赞白河鲤鱼的鲜美可口。他又表白说，这条鱼绝非送礼，而是出于同僚之情，让新到南阳的人尝尝鲜，增加对南阳的感情。羊续再三表示自己心领了，但是鱼不能收。那郡丞无论如何不肯再把鱼提回去，他说，要是太守一定不肯收，就是不愿意同他共事了。羊续感到盛情难却，只好把鱼收下。郡丞放下鱼，欢天喜地地告辞了。郡丞走了以后，羊续提起那条鱼想了一会儿，就让家里人用一条麻绳把鱼拴好，挂在自己的房檐下边。

过了几天，郡丞又来家里看望羊续，手里提着一条比上次更大的鲤鱼。羊续很不高兴，他对郡丞说："你在南阳郡是除了太守以外地位最高的长官了，你怎么好带头送礼给我呢？"郡丞听了，不以为然地摇了摇头，刚想再说几句什么，羊续已经让人从房檐下取下上次那条鱼，并对郡丞说："你看，上次的鱼还在这里，要不你就一块拿回去吧！"郡丞一看，上次那条鱼已经风干得硬邦邦了，一下子脸红到脖子根，很不好意思地离开了太守的家。从此，南阳府上下再也没有人敢给羊太守送礼了。

这件事情很快就传开了，南阳的百姓非常高兴，纷纷赞扬新来的太守。有人还给羊续起了一个"悬鱼太守"的雅号。

在上面的故事中，羊续因清正廉洁、防微杜渐而得到百姓的拥戴，其正误得失一见即明。但问题主要不在于是否懂得这个道理，而在于到了关键时刻能否把持住自己那颗乞求的心。

求之忍第六十三

【原文】

人有不足于我乎，求以有济无，其心休休。冯驩弹铗，三求三得。苟非长者，怒盈于色。维昔孟尝，倾心爱客，比饭弗憎，焚券弗责。欲效冯驩之过求，世无孟尝则羞；欲效孟尝之不吝，世无冯驩则倦。羞彼倦此，为义不尽。

偿债安得惠开，给丧谁是元振。噫，可不忍欤！

【译文】

人心总有感到不满足的时候，此时就应用道义加以约束，能取则取，不能取则放弃，并且将多余的东西拿来帮助那些缺少它的人，这样就可以心安理得了。孟尝

君有个宾客叫冯驩，曾经有三次分别向孟尝君讨要吃的鱼、乘的车、养家糊口的物品，孟尝君都一一满足。旁人都因冯驩不知满足的行为而讨厌他。只有孟尝君对他的这些行为并不生气，礼貌待客。后来，冯驩帮孟尝君收债，因见百姓生活贫苦而自作主张，烧毁债券，对此，孟尝君并没有生气。假如当今有谁去效仿冯驩那样过分的索求，可能就遇不到像孟尝君那样的人，只能是自讨无趣，招人讨厌；如果有谁想要效仿孟尝君的慷慨大度，也遇不到像冯驩那样的贤士了，只能是灰心丧气。因此，羞于乞求与懒得慷慨都不能做到仁至义尽。

南梁萧惠开把厩中的全部马匹赠给同僚刘希微，让他用来偿还债务；唐代郭元振把家中送来的四十万钱全部送给别人，让别人用来办丧事。普天之下哪里还能再找到像他们一样的人？啊！如今像萧惠开、郭元振、孟尝君这样的人少之又少，人们怎能不忍住自己的过分要求之心呢？

【评析】

别人没有我富足的时候，要拿多余的东西来帮助缺少的人，可以心安理得。贪求是一种十分奇特的心理，贪求者总是想满足自己各种各样的欲望，为此他们不惜触犯法律，伤天害理，其实这是非常危险的。粗略的看一下历史，我们就能看到许多因贪求心过重而招致祸患的事例，对此我们应该引起高度的重视，并收起那颗贪求不止的心。

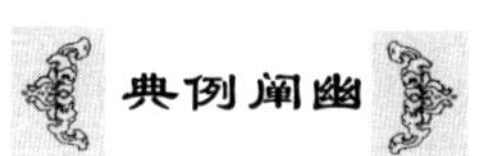

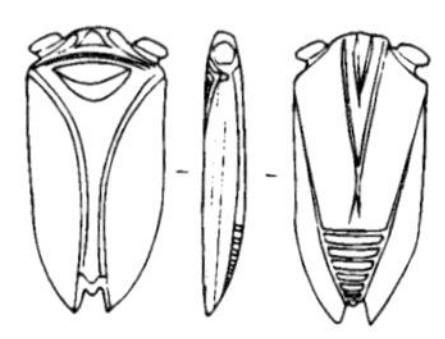

贪得无厌，招致祸患

春秋末年，晋国有一个当权的贵族叫智伯。他名叫智伯，其实一点都不聪明，相反，却是个蛮横不讲道理、贪得无厌的人。他自己本来有很大一块封地，还嫌不够，有一回，他平白无故地向魏宣子索要土地。

魏宣子也是晋国一个贵族，他很讨厌智伯的这种行为，不肯给他土地。他的一个臣子叫任章，很有心计。任章对宣子说："您最好给智伯土地。"

宣子不理解，问："我凭什么要白白地送给他土地呢？"

任章说："他无理求地，一定会引起邻国的恐惧，邻国都会讨厌他；他如此利欲熏心，一定会不知满足，到处伸手，这样便会引起整个天下的忧虑。您给了他土地，他就会更加骄横起来，以为别人都怕他，他也就更加轻视他的对手，而更肆无忌惮地骚扰别人。那么他的邻国就会因为害怕他、讨厌他而联合起来对付他，那他便不能这样长久下去了。”

任章说到这里，顿了一下，见宣子点头称是，似有所悟，便又接着说：“您不如给他一点土地，让他更骄横起来。再说，您现在不给他土地，他就会把您当做他的靶子，向您发动进攻。您还不如让天下人都与他为敌，使他成为众矢之的。”

宣子非常高兴，马上改变了主意，割让了一大块土地给智伯。

智伯尝到了不战而获的甜头，接下来，便伸手向赵国要土地。赵国不答应，他便派兵围困晋阳，把赵国包围了。这时，韩、魏联合，趁机从外面打进去，赵在里面接应，里应外合，内外夹攻，智伯便灭亡了，果然如任章所料。贪欲不忍，给自己带来的后果是很可怕的。

失之忍第六十四

【原文】

自古达人，何心得失。子文三已，下惠三黜，二子泰然，曾无愠色。

银杯羽化，米斛雀耗，二子淡然，付之一笑。

盖有得有失者，物之常理；患得患失者，目之为鄙。塞翁失马，祸兮福倚。得丧荣辱，奚足介意。噫，可不忍欤！

【译文】

自古以来，达人知命，他们心胸宽广，对于个人得失哪里还记挂在心上。春秋楚国令尹子文三次被任命为令尹之官，又三次被免去官职；鲁国大夫柳下惠也是三次被罢免官职，但是他们二人对于免职之事却都泰然处之，没有丝毫怒色。

唐代柳公权笑称被奴婢们偷走的银杯是成仙飞走了；南朝梁人张率笑对米被老鼠和鸟雀偷吃掉的回答。柳公权和张率二人对这些财物上的损失都淡然处之，一笑了之，并不追究。

有得必有失，有失必有得，这是人世间事物变化的永恒规律。如果一个人患得又患失，那么就可以鄙视他目光短浅，心胸狭窄。塞翁失马，虽然是祸，但是福却紧随其后。既然得与失、荣与辱、祸与福可以互相转化，那么又何必太介意它们呢？啊！失去了东西、遭受了耻辱，其实并不一定是坏事，何不忍耐这种损失呢？

【评析】

人们很容易一意孤行，但只有在能够获得更多更大的利益时才这样做。一旦明白这种做法不但不能有所得，反而有可能使自己遭受损失，人们也就自然而然地停止了这种做法。实际上，这就是人们在通晓得失厉害而自觉地忍受得的欲望和失的痛苦的结果。

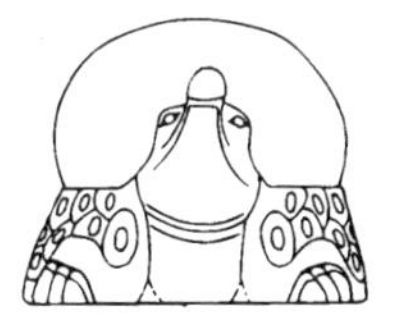

有“舍”才有“得”

春秋战国时期的宓子贱，名不齐，是孔子的弟子，鲁国人。有一次齐国进攻鲁国，战火迅速向鲁国单父地区推进，而此时宓子贱正在做单父宰。当时正值麦收季节，大片的麦子已经成熟了，不久就能够收割入库了，可是战争一来，这眼看到手的粮食就会让齐国抢走。当地一些父老向宓子贱提出建议，说：“麦子马上就熟了，应该赶在齐国军队到来之前，让咱们这里的老百姓去抢收，不管是谁种的，谁抢收了就归谁所有，肥水不流外人田。”另一个也认为：“是啊，这样把粮食打下来，可以增加我们鲁国的粮食，而齐国的军队也抢不走麦子做军粮，他们没有粮食，自然也坚持不了多久。”尽管乡中父老再三请求，宓子贱坚决不同意这种做法。过了一些日子，齐军一来，把单父地区的小麦一抢而空。

为了这件事，许多父老埋怨宓子贱，鲁国的大贵族季孙氏也非常愤怒，派使臣向宓子贱兴师问罪。宓子贱说：“今年没有麦子，明年我们可以再种。如果官府这次发布告令，让人们去抢收麦子，那些不种麦子的人则可能不劳而获，得到不少好处，单父的百姓也许能抢回来一些麦子，但是那些趁火打劫的人以后便会年年期盼敌国的入侵，民风也会变坏的呀！”

宓子贱自有他的得失观，他之所以拒绝父老的劝谏，让入侵鲁国的齐军抢走了麦子，是认为失掉的是有形的、有限的那一点点粮食，而让民众存有侥幸得财得利的心理才是无形的、无限的、长久的损失。得与失应该如何取舍，宓子贱作出了正确的选择。要忍一时的失，才能有长久的得，要能忍小失，才能有大的收获。

利害之忍第六十五

【原文】

利者人之所同嗜，害者人之所同畏。利为害影，岂不知避！贪小利而忘大害，犹痼疾之难治。鸩酒盈器，好酒者饮之而立死，知饮酒之快意，而不知毒人肠胃；遗金有主，爱金者攫之而被系，知攫金之苟得，而不知受辱于狱吏。

以羊诱虎，虎贪羊而落井；以饵投鱼，鱼贪饵而忘命。

虞公耽于垂棘而昧于假道之假，夫差豢于西施而忽于为沼之祸。

匕首伏于督亢，贪于地者始皇；毒刃藏于鱼腹，溺于味者吴王。噫，可不忍欤！

【译文】

利益，人们都喜欢，灾害，人们都畏惧。但是利益就是灾害的影子，利与害形影相随，相互转化，怎能不对利益加以回避呢？贪图一时的蝇头小利而忘却它会导致的大祸害，这种毛病就像痼疾一样难以治愈。毒酒注满了酒杯，嗜好饮酒的人饮用了这种毒酒立即就会死亡，他只知道贪图喝酒时的快意，却不知毒酒会伤及人的肠胃而置人于死地；丢失在路上的金子自有它的主人，爱钱的人看见后将金子据为己有，因此而被抓进监狱，他只知道不劳而获的爽快，却不知被抓进监狱后所受的耻辱。

用羊作诱饵来引诱老虎，老虎会因贪图得到羊而落入陷阱之中；用香饵来钓鱼，鱼就会因贪图香饵而不顾性命。

《左传》载，虞国国君沉溺于晋国所献的垂棘美玉，而没有识破晋国向其借道攻打虢国的阴谋；吴王夫差沉溺于与美女西施的纵情淫乐中，而没有想到自己亡国最终

是因为豢养西施。

《战国策》载，荆轲之所以能接近秦始皇，并用匕首刺杀他，那是因为秦始皇贪求督亢的土地，使荆轲有了可乘之机；吴王因贪吃美味佳肴，使专诸有机会将宝剑藏在鱼肚里，靠近吴王时将其杀死。啊！贪小利而忘大害，因小失大，太不值得了，面对小利益，人们怎能不忍住自己的贪婪之心呢？

【评析】

“没有永恒的敌人，也没有永恒的朋友，只有永恒的利益。”原本是冤家对头的两个人，为了共同的利益，才能够忍受住对对方的怨恨，暂且把所谓的利害冲突置与一旁，联合起来解决主要矛盾。其实，无论古时还是当今社会，当面临利与害的牵扯时，人们都是想趋利避害的，只不过追求名利、逃避灾害的方式不同罢了。愚蠢不知事理的人总是被眼前微小的利益所迷惑而忘记了其中可能隐藏的大灾祸，只见利而不见害。相反，聪明的人则会忍住不受眼前小利的诱惑，从而洞察到长远的利益。

权衡利害，联合抗曹

建安十三年（208）七月，曹操出兵十多万，南征荆州，企图一举消灭刘表和江东的孙权，统一天下。面对当时严峻的局势，刘备决定联吴抗曹，派诸葛亮会见孙权，共谋抗曹大计。诸葛亮与鲁肃、周瑜等对当前的形势作了精辟的分析，坚定了孙权抗曹决心。孙权不顾主降派张昭等反对，与刘备合军共约五万，溯江水而上，进驻夏口。

曹操乘胜取江陵后，又以刘表大将文聘为江夏太守，仍统本部兵，镇守汉川（今江汉平原）。益州牧刘璋也遣兵给曹操补军，开始向朝廷交纳贡赋。曹操更加骄傲轻敌，不听谋臣贾诩暂缓东下的劝告，送信恐吓孙权，声称要决战吴地。冬，亲统军顺长江水陆并进。

孙刘联军在夏口部署后，溯江迎击曹军，遇于赤壁。曹军步骑面对大江，失去威势，新改编及荆州新附水兵，战斗力差，又逢疾疫流行，以致初战失利，慌忙退向北岸，屯兵乌林（今湖北洪湖境），与联军隔江对峙。

曹操下令将战船相连，减弱了风浪颠簸，利于北方籍兵士上船，欲加紧演练，待机攻战。周瑜鉴于敌众已寡，久持不利，决意寻机速战。部将黄盖针对曹军“连环船”的弱点，建议火攻，得到赞许。黄盖立即遣人送伪降书给曹操，随后带船数十艘出发，前面十艘满载浸油的干柴草，以布遮掩，插上与曹操约定的旗号，并系轻快小艇于船后，顺东南风驶向乌林。接近对岸时，戒备松懈的曹军皆争相观看黄盖来降。此时，黄盖下令点燃柴草，各自换乘小艇退走。火船乘风闯入曹军船阵，顿时一片火海，迅速延及岸边营屯。联军乘势攻击，曹军伤亡惨重。曹操深知已不能挽回败局，下令烧余船，引军退走。

联军水陆并进，追击曹军。曹操引军离开江岸，取捷径往江陵，经华容道（今潜江南）遇泥泞，垫草过骑，得以脱逃。曹操留曹仁守江陵，满宠屯当阳，自还北方。

周瑜等与曹仁隔江对峙，并遣甘宁攻夷陵（今宜昌境）。曹仁分兵围甘宁。周瑜率军往救，大破曹军，后还军渡江屯北岸，继续与曹仁对峙。刘备自江陵回师夏口后，溯汉水欲迂回曹仁后方。曹仁自知再难相持，次年被迫撤退。

赤壁之战，曹操自负轻敌，指挥失误，加之水军不强，终致战败。孙权、刘备在强敌面前，冷静分析形势，结盟抗战，扬水战之长，巧用火攻，创造了中国军事史上以弱胜强的著名战例。

顽嚚之忍第六十六

【原文】

心不则德义之经曰顽，口不道忠信之言曰嚚。顽嚚不友，是为凶人，其名浑敦，晋物丑类，宜投四裔，以御魑魅。唐虞之时，其民淳，为此为戒；秦汉之下，其俗浇，习此不为怪。

盖凶人之性难以义制，其吠噬也，似犬而狾其抵触也，如牛而角。待之以恕则乱，论之以理则叛，示之以弱则侮，怀之以恩则玩。当以禽兽而视之，不与之斗智角力，待其自陷于刑戮，若烟灭而熸息。我则行老子守柔之道，持颜子不辍之德。噫，可不忍欤！

【译文】

心里不效法道德仁义的规矩称为顽固，口里不说忠节信义的话称为愚蠢。这种人不行仁义之事，和坏人为伍，大家都憎恨他们，视他们为“凶人”。如古代的浑

敦、穷奇、梼杌、饕餮四个顽嚚之徒，他们都是恶物丑类之流，就应该让他们这样的人去边远偏僻的地方，抵御那些妖魔鬼怪。唐虞时期，民风非常淳朴，所以《尚书》中记载这些顽嚚之徒的行为，是用来警示人们要以此为戒；而秦汉之后，民风日下，坏人坏事陡增，人们也就对此习以为常了。

大概这些生来就愚顽不化的人，是很难用仁义礼法来进行约束的，就好比疯狗咬人，犟牛撞人。以宽恕的态度对待他们，就会导致祸乱；给他们讲道理，反而会招致反叛；向他们示弱，他们会更加欺侮人；对他们施以恩惠，他们却不懂珍视。对于这样的顽嚚之人，只能将其视为畜生，不与他们一般见识，不与他们斗智斗力，等待他们自取灭亡，犹如烟消火灭一样。我们应该遵循老子的柔弱无为之道，学习颜子不斤斤计较的品德。唉！顽愚之人生性如此，他们最终只能是自取灭亡，何必与他们计较呢！

【评析】

孟子说："得天下有道：得其民，斯得天下矣；得其民有道：得其心，斯得民矣。"意思是说，得天下必先得民，得民必先得民心。顽嚚之徒往往用心险恶，总是信口雌黄，欺诈而狡猾。对于这样的人，我们千万不能大意，应尽早识破其庐山真面目，只有这样才不会受到他们的欺骗和玩弄。

典例阐幽

顽嚚之徒，欺诈狡猾

在西汉末年平帝当政时，王莽已掌握大权，并有篡位之图。当时汉平帝只有十几岁，还没有立皇后。王莽便想把自己的女儿配给平帝，当上皇后，以稳固自己的权势。

一天，他向太后建议说："皇帝即位已经三年了，还没有立皇后，现在是操办这件大事的时候了。"太后哪有不允之理。一时间，许多达官显贵争着把自己的女儿报到朝廷，王莽当然也不例外。然而王莽想到，报上来的女孩，有许多人比自己的女儿强，不耍花招，女儿未必能入选。于是他又去见太后，故作谦逊地说："我无功无德，我的女儿也才貌平常，不敢与其他女子同时并举。请下令不要让我的女儿入选吧。"太后没有看出王莽的用心，反而相信了他的"至诚"，马上下诏："安汉公（王莽的爵号）之女乃是我娘家女儿，不用入选了。"

王莽如果真是有意避让，把自己的女儿撤回来就行了，但经他鼓动太后一下令，反而突出了他的女儿，引起了朝野的同情。每天都有上千人要求选王莽之女为皇后。朝中大臣也给说情，他们说："安汉公德高望重，如今选立皇后，为什么单把安汉公的女儿排除在外？我们希望把安汉公之女立为皇后！"于是王莽又派人前去劝阻，结果是越劝阻说情的人越多。太后没有办法，只好同意王莽的女儿入选。

王莽抓住这个时机又假惺惺地说："应该从所有被征招来的女子中，挑选最适合的人立为皇后。"朝中大臣们力争说："立安汉公之女为皇后，是人心所向。请不要再选别的女子干扰立后这件大事。"王莽看到自己的女儿被立为皇后已成定局，才没有表示推辞。不久，王莽的女儿就当上了皇后。

不平之忍第六十七

【原文】

不平则鸣，物之常性。达人大观，与物不竞。

彼取以均石，与我以锱铢；彼自待以圣，视我以为愚。

同此一类人，厚彼而薄我。我直而彼曲，屈于乎高下。人所不能忍，争斗起大祸。我心常淡然，不怨亦不怒。彼强而我弱，强弱必有故；彼盛而我衰，盛衰自有数。

人众者胜天，天定则胜人。世态有炎燠，我心常自春。噫，可不忍欤！

【译文】

韩愈在《送孟东野序》中说："一般是事物处于不平的状态时就会发出响声。"这是事物的本性。人也是如此。因此，韩愈又说："凡是从人口里发出声音来，总是有不平事在心里吧！"但是人如果能达人知命，采取通达乐观的态度看待一切，就总能做到与世无争、处之泰然。

如果他获取的东西很多，而给我的东西很少；他以圣人自居，而把我看成是愚蠢之人，这些都是人间不平之事。

同样都是一类人，但他们往往不能同等相待，看重这一方却轻视另一方，厚此薄彼。本来是我有理，他无理，但是由于双方地位高下的缘故，只要他觉得我不对，我就会被认为是无理取闹之徒。遇到不平之事，简直无法忍受，但是如果因此而与人争斗，那么势必会酿成大祸。如果自己的内心总能保持淡然恬静的状态，那么就能无怨无怒，处之泰然了。其实，别人强于我，我们之间的强弱之分必定有其原因；别人盛于我，我们之间的盛衰之别必定有其定数。

人多可以战胜天意，而天的意志常常也可胜人。世态自有炎凉，反复无常，只要我心始终如春，便会温和平静。啊！人间不平之事太多了，不平容易起纷争，在感到不平的时候，为何不忍一忍呢？

【评析】

一心为公的人往往容易受到别人的妒忌，由此使自己陷入矛盾之中，受到不公正的待遇。这样的不平之遇要善于忍受，否则稍有不慎，就会受到小人的迫害和打击，自己反而会受到更大的伤害。

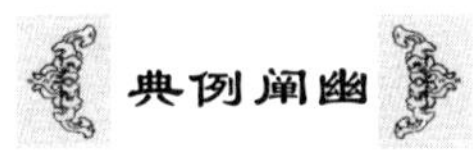

三起三落，处之泰然

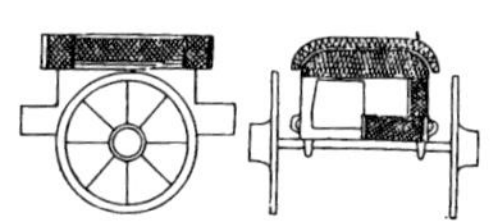

苏轼的仕途颇不太平，他经历坎坷，几次险遭杀身之祸。在他的一生中，似乎谁当权他就“反对”谁，他一生中岂止是“三起三落”，简直就是在流放与贬谪中度过的。他经历无数次的磨难，最终病逝于从海南岛北归的途中。

熙宁二年(1069)，苏轼服满还朝。他入朝为官之时，正是北宋开始出现政治危机的时候，繁荣的背后隐藏着危机，此时神宗即位，任用王安石支持变法。苏轼的许多师友，包括当初赏识他的恩师欧阳修在内，因在新法的施行上与新任宰相王安石政见不合，被迫离京。

苏轼因在返京的途中见到新法对普通老百姓的损害，很不同意宰相王安石的做法，认为新法不能便民，便上书反对。这样做的结果，便是像他的那些被迫离京的师友一样，不容于朝廷。于是苏轼自求外放。

元丰二年(1079)，苏轼到任湖州还不到三个月，就因为作诗讽刺新法，“文字毁谤君相”的罪名，被捕下狱，史称“乌台诗案”。

苏轼坐牢一百零三天，几濒临被砍头的境地。幸亏北宋在太祖赵匡胤年间即定下不杀士大夫的国策，苏轼才算躲过一劫。

出狱以后，苏轼被降职为黄州团练副使。这个职位相当低微，而此时苏轼经此一狱已变得心灰意懒，公余便带领家人开垦城东的一块坡地，种田帮补生计。

元丰七年(1084)，神宗驾崩。哲宗即位，高太后听政，新党势力倒台，司马光重新被启用为相。苏轼于是年以礼部郎中被召还朝。在朝半月，升起居舍人，不久，又升翰林学士知制。

俗话说："京官不好当。"当苏轼看到新兴势力拼命压制王安石集团的人物及尽废新法后，认为其与所谓"王党"不过一丘之貉，再次向皇帝提出谏议。

苏轼至此是既不能容于新党，又不能见谅于旧党，因而再度自求外调。他再次到阔别了十六年的杭州当太守。苏轼在杭州修了一项重大的水利工程，疏浚西湖，用挖出的泥在西湖旁边筑了一道堤坝，也就是著名的"苏堤"。

苏轼在杭州过得很惬意，自比唐代的白居易。但元祐六年(1091)，他又被召回朝。但不久又因为政见不合，外放颍州。元祐八年(1093)新党再度执政，再次被贬至惠州。后徽宗即位，调廉州安置、舒州团练副使、永州安置。元符三年(1100)大赦，复任朝奉郎，北归途中，卒于常州，谥号文忠。享年六十六岁。

不满之忍第六十八

【原文】

望仓庾而得升斗，愿卿相而得郎官，其志不满，形于辞气。

故亚夫之怏怏，子幼之呜呜，或以下狱，或以族诛。

渊明之赋归，扬雄之解嘲，排难释忿，其乐陶陶。

多得少得，自有定分。一阶一级，造物所靳。宜达而穷者，阴阳为之消长；当与而夺者，鬼神为之典掌。付得失于自然，庶神怡而心旷。噫，可不忍欤！

【译文】

希望得到整个粮仓那么多的谷物，结果只得到升斗之多；希望得到公卿宰相那样的高位，结果只得到县令郎官之类的官职。现实与期望相去甚远时，就会产生不满情绪，之后又会在言语和表情上有所表露。

西汉周亚夫在景帝请他吃饭时，因席上的大块肉没切开，又未放筷子而心有不满，致使他遭人诬告而入狱，呕血而死；西汉杨恽，被人诬告，免官为民，心怀不

满，致使他再次被人诬告而腰斩。

晋人陶渊明辞官回乡，作《归去来辞》；西汉扬雄为抒发不满，作《解嘲文》。二人作赋解嘲都是为了排遣心中的不满，发泄心中的愤怒，但他们采取的方式更为高明、隐蔽，所以他们才能做到其乐陶陶。

人生在世，得多得少，都是上天赋予的；官员的升降任免也是由造物主所主宰的。本该发达的反而受穷，本该给予的反而被剥夺，这些都是阴阳消长和鬼神掌管的结果。因此，只要能将个人得失置之度外，付之自然，就能够使自己心旷神怡了。啊！荣辱得失全在于天，心中有不满的时候，怎能不忍一忍呢？

【评析】

古人说："一忍百事成"。在生活中要学会忍，忍也是一种宽容。容忍别人的缺点，容忍别人的过失不斤斤计较，以和为贵，不失为一种做人之道。一个人在轻蔑和侮辱面前，如果能够忍得住，就能有所作为。忍需要宽广的胸怀和度量。人在逆境中，最需要的防身术是一个忍字，学会忍辱负重，学会在利益和荣辱面前克制自己的欲望，要藏而不露，不树敌才能在别人不知不觉中发展壮大自己，待时机成熟，你便可以马上脱颖而出。

忍住不满方得安逸生活

心怀不满要忍耐，不要随便发泄，尤其是当自己明显处于劣势的时候。

为人臣的，公然犯上，自然是惹恼了主人。周亚夫是西汉初年著名的大功臣。汉文帝临终前，对继任者刘启（汉景帝）说："国家若有什么紧急情况，周亚夫是一名真正可以统兵的大将。"

公元前 154 年，吴楚七国发动叛乱，西汉王朝面临着一次全面内战的危机。这时，开创江山的那一批谋臣猛将在世者都已老迈，汉景帝想起了文帝的临终遗言，起用了周亚夫。周亚夫采取了坚壁清野、以守为攻的策略，使得叛军人马疲顿、粮草不济，只好撤军。这时周亚夫以精兵穷追猛打，大败叛军。前后只用了三个月的时间，便将这一场大叛乱平息下来。班师之后，周亚夫被提升为太尉，又任以丞相之职。

有一次，景帝将周亚夫召进宫中，说是要赐食，可端上来的，却是大大的一块整肉，既没有切肉的匕首，又没有筷子。周亚夫明白皇帝是在戏弄他，他强压火气，向侍宴的内官要一双筷子。汉景帝嘲笑地说："是我不让他们预备筷子，你有什么不满意吗？"周亚夫还不得不对皇帝的赏赐表示感谢。景帝说："你去吧！"周亚夫大步离开朝堂，但他那愤怒的心情是可以从步态上看出来的。汉景帝一直目送着他离开朝堂，说道："看他那气呼呼的样子，他可不是我这个年轻的皇帝所能驾驭得了的大臣呀！"

后来，周亚夫的儿子为他买了五百副仿制的盔甲、盾牌，作为陪葬之用。周亚夫是一名将军，以仿制的武器为陪葬品，这本来是十分正常的事，可墙倒众人推，有人竟以此上书朝廷，告发他要谋反。最终周亚夫被逮捕入狱。

朝廷的审判官审问他道："你为什么要谋反？"

周亚夫回答："那些器具只是陪葬用的仿制品，怎么能说是谋反？"

审判官蛮不讲理，说："你即使不想活着谋反，也是想死后在地下谋反！"

多么荒唐！可罪名竟然这么定了下来。

周亚夫一气之下从此绝食，五天以后，吐血而亡。

可见，伴君如伴虎，在君主面前稍露出不满的情绪，都会招来祸害，或被投入监狱，如周亚夫。

听谗之忍第六十九

【原文】

自古害人莫甚于谗，谓伯夷溷，谓盗跖廉。贾谊吊湘，哀彼屈原，《离骚》《九歌》，千古悲酸。

亦有周《雅·十月之交》："无罪无辜，谗口嚣嚣。"

大夫伤于谗而赋《巧言》，寺人伤于谗而歌《巷伯》。父听之则孝子为逆，君听之则忠臣为贼，兄弟听之则墙阋，夫妻听之则反目，主人听之则平原之门无留客。噫，可不忍欤！

【译文】

自古以来，若要害人，没有比小人颠倒是非、无中生有的谗言更厉害的了。谗言把清廉高洁的伯夷说成是恶心的坏蛋，而把楚国大盗贼盗跖说成是清正廉洁的人。西汉贾谊受小人谗言陷害而被迫出京任官，经过湘水，悼念战国时楚国大夫屈原，并

以屈原自喻。当年屈原就是遭小人谗言陷害而被逐出宫，忧心烦乱之际，屈原写下了《离骚》《九歌》等作品，千百年来，人们读到这些作品就会感到悲苦辛酸。

《诗经·小雅·十月之交》中这样写道："无罪无辜，谗口嚣嚣。下民之孽，匪降自天。"说的是本来没有罪过却遭受谗言诽谤，这都是小人造成的罪孽，而不是上天的意志。这是周朝大夫写来讽刺周幽王的诗，此后历代君王均以此诗自醒。

周大夫为谗言所伤害，写了《巧言》来讥讽周幽王不辨是非、轻信谗言；寺人同样为谗言所伤害，写了《巷伯》来讽刺周幽王的昏庸。如果做父亲的人听信谗言，孝子就会被认为是逆子；如果君主听信谗言，忠臣就会被认为是奸臣；如果兄弟听信谗言，就会发生内讧；如果夫妻听信谗言，就会反目成仇、怒目以对；如果主人听信谗言，那么平原君的门客都会离他而去。啊！谗言处处都有，关键在于听谗言的人是明察秋毫，还是偏听偏信。谗言害人，我们怎能不忍住轻信之心呢？

【评析】

私进谗言以排除异己实在是一种不入流的手段。他们没有能力、没有胆量、没有资格和他们要陷害的对手做公开较量，便躲在暗处，偷听只言片语，当成宝贝拿到君主面前邀功领赏，希望以此获得恩宠。不要轻看这种小角色，他比当面锣、对面鼓的公开对手更难对付。你在明处，他在暗处，有时他甚至以好朋友的面目出现在你身边，使你防不胜防。

私进谗言，排除异己

仁宗嘉庆皇帝的师傅朱硅是一位学识渊博、正直能干的大臣。嘉庆当时还是一位很不起眼的皇子，他对他的老师极为敬重，师生二人时常往来和诗，感情颇为融洽。有一次，嘉庆给朱硅写了一首祝诗，诗中称颂了老师的人品才学，表达了对老师的尊重之情。和珅一向嫉妒朱硅，对朱硅的一举一动都比较留心，存心找他的毛病，以便有机会进行陷害。

后来，朱硅离开京城，出任两广总督。他到任后，执政清廉，卓有成效，赢得了较好的声誉。乾隆皇帝考察了朱硅的政绩，打算把他召回京中，授予他大学士之职。和珅听说乾隆皇帝的这个意思后，心里又气又妒，他早已觊觎大学士的职位，岂能甘心这个大权落在别人手中。和珅表面上不动声色，暗中却变着法儿说朱硅的坏话，他把当年嘉庆给朱硅写贺诗的旧事又翻了出来，添油加醋地渲染一番，说朱硅和皇子的关系不正常，教唆皇子写诗恭维他。

他这一席诬告的谎话使乾隆皇帝对朱硅心生厌恶，乾隆皇帝最憎恨怀有野心的人，他当即就要下旨逮捕朱硅，严加治罪。幸亏有大臣董浩从中劝谏，澄清当时写贺诗的事实真相，朱硅才免于下狱受刑，但从此朱硅的政治生涯也就被断送了。不久以后，朱硅被降调为安徽巡抚，并命其以后不得内召，永为外任。

无益之忍第七十

【原文】

不作无益害有益，不贵异物贱用物。此召公告君之言，万世而不可忽。
酣游废业，奇巧废功，蒲博废财，禽荒废农。凡此无益，实贻困穷。
隋珠和璧，蒟酱筇竹，寒不可衣，饥不可食。凡此异物，不如五谷。
空走桓玄之画舸，徒贮王涯之复壁。噫，可不忍欤！

【译文】

《尚书·旅獒》载，召公担心武王会玩物丧志，告诫他说："不要做无益的事来损害有益的事，这样才能获得成功；不要珍视新奇的东西而忽视老百姓的日常必需的用品，这样百姓的日用品才不会缺乏。"千百年后的今天，召公的这番话仍然意义深刻。

过分沉溺于游乐，就会荒废事业；喜欢奇巧，就会浪费很多功夫做许多无用的东西；喜欢赌博，就会浪费钱财；喜欢打猎，就会荒废农事。这些毫无益处的事，确实是导致穷困的根源啊。

无论是楚隋侯救蛇所获的宝珠，还是卞和献给楚王的和氏璧，或者是西汉唐蒙在南越见到的蒟酱，抑或是张骞在西域看到的筇竹杖，所有这些珍宝、特产，寒冷时

不能当做衣服穿来保暖，饥饿时不能当做食物吃来充饥。这些珍宝异物，哪里比得上最为普通的五谷实用呢？

晋朝桓玄，带兵打仗时还带着他的古玩书画，因此军士丧失斗志，桓玄大败被杀；唐代王涯高价收藏了大量书籍字画，在其被杀之后，这些东西被抛在路上遍地都是。桓玄和王涯的收藏于己于人都毫无益处，可以说是徒劳的收藏。啊！做那些没有益处的事情费时又伤财，面对无益之事，怎能不忍耐欲为之心呢？

【评析】

一个人不要去做无益的事来妨碍有益的事，这是千古训条。要取得成功，必须专注于自己的领域，用心去开拓事业。如果只是一味地做那些对事业无益的事，就会玩物丧志，如此这般再想做成一番事业就很困难了。

苛察之忍第七十一

【原文】

水太清则无鱼，人太察则无徒。瑾瑜匿瑕，川泽纳污。

其政察察，其民缺缺，老子此言，可以为效法。

苛政不亲，烦苦伤恩，虽出鄙语，薛宣上乘。

称柴而爨，数米而炊，擘肌折骨，如此用之，亲戚叛之。

古之君子，于有过中求无过，所以天下无怨恶；今之君子，于无过中求有过，使民手足无所措。噫，可不忍欤！

【译文】

水太清澈就不会有鱼，人太认真就不会有朋友。美玉里面也会含有瑕疵，大川大河也会容纳泥污，那么就要容忍他人的错误。

《老子》五十八章说：“治理国家的政策如果非常严厉苛刻，就会使百姓惶恐不安。”老子的这句话，成为后世君主的为政箴言。

西汉的薛宣在给汉成帝上书陈述当时政治的好坏时，曾经引用一句俗语：“政治太苛刻繁杂，统治者与被统治者之间就不和睦；太严厉琐碎，就会失去人民的拥护。”这虽然是西汉时期的一句俗语，但汉成帝很赞成这句话。

烧火之前要称柴，煮饭之前要数米，肉恨不得分成好几片，骨恨不得折成好几节，治理国家、待人接物等方面这样斤斤计较，势必会搞得众叛亲离。

古代的君子，对待别人的态度是在过错中尽力寻找不错的地方，所以天下没有怨恨；现代的君子，对待别人的态度是在没有错误的人身上刻意找缺点，所以天下人被搞得手足无措。啊！小错误并不伤害大的德行，只要不是原则性的错误，又何必过于认真地去追究呢？怎能不忍住自己的吹毛求疵之心呢？

【评析】

不计私怨，胸襟博大，是取信于人的一个重要资本。要想有一番作为，哪怕你本来并不具有心胸宽广的本性，亦应磨炼自己，养成一种博大胸襟，尤其要把握时机、选择好对象，树立起自己襟怀宽广的形象，这样才更有利于聚拢人才，为你所用，从而干出一番事业。

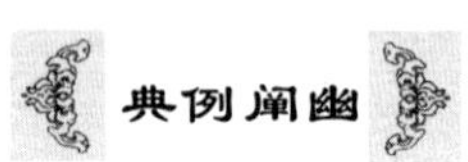

不计私怨，冰释前嫌

曹操三次南征张绣，第一次失败，第二次获胜，第三次互有胜负，基本上打了个平手。曹操未能消灭张绣，但张绣也没有足够的能力进攻许都，南边的局势暂时平稳下来。在这种情势下，曹操接受荀彧的建议，先东征吕布，平定了徐州，并打败了袁术。而在南征张绣过程中，张绣曾把曹操打得措手不及，将曹操的爱子曹昂、心腹战将典韦等都杀死了。

建安四年(199)，曹操与袁绍在官渡一线对峙。曹操忽然想到要把张绣弄到身边以对付袁绍，而这时袁绍为了对付曹操，也派使者来到穰城，约张绣出

兵进攻许都,同时给贾诩写了一封亲笔信联络感情。当时袁绍势力强大,张绣打算答应袁绍。这期间,多亏了贾诩,当时贾诩出人意料地当着众人对袁绍的使者说:"你回去告诉袁本初,他们兄弟之间尚且不能相容,怎么能容得下天下国士呢!"

兄弟不能相容,指袁绍、袁术反目为仇、互相攻伐的事。贾诩冷不丁这么一说,毫无思想准备的张绣不由得大惊失色,脱口而出:

"您怎么这样说呢?"但贾诩胸有成竹,话已说出,使者只得动身回冀州复命去了。事后,张绣私下惶恐不安地问贾诩:"您这样处理,我们今后怎么办呢?"

贾诩的回答又出乎张绣意料:"不如投靠曹公。"

张绣为难地说:"袁强曹弱,我们又同曹操结下了冤仇,去投靠他怎么行呢?"

贾诩不慌不忙说出一番理由:"将军所说的恰好就是我们应当投靠曹公的原因。第一,曹公奉天子以号令天下,名正言顺。第二,袁绍强盛,我们以不多的一点兵力去归附他,他不会重视;曹公比较弱小,得到我们这支兵力,肯定会感到很高兴。第三,凡有志于建立霸王之业的人,肯定不会斤斤计较个人的恩怨,目的是要以此向天下人表明他胸怀的博大,这件事请将军不必再疑虑。"

张绣见贾诩说得入情入理,便在这年十一月,率部投归曹操。曹操果然十分高兴,为之设宴款待,并立即任命张绣为扬武将军。曹操对贾诩自然也是亲热异常,拉着贾诩的手说:"使我取信于天下的,就是您啊!"意思是说,他同张绣争战多次,并曾被张绣打得大败,儿子、侄儿及爱将典韦都死在张绣手下,但现在张绣却对他这样信任,率兵前来投归,我曹操也要信用张绣,既往不咎,为天下人做出一个不计私怨、宽宏大量的榜样。

曹操不会忘记给他提供了这个机会的贾诩,因此他对贾诩所表示的不仅是欢迎,更多的是感激。他给予贾诩的封赏,开始就上表举荐贾诩为执金吾,封都亭侯,而后封为参司空军事。从此,贾诩同荀彧、荀攸、郭嘉等人一起,成为曹操身边的重要谋士。

张绣内心十分感激曹操对他的信任,后来每次作战都异常英勇。官渡之战,被提升为破羌将军。在南皮参加击破袁谭的战斗后,封邑被增加到二千户。曹操对张绣的信用也是始终如一的,给予张绣的封赏总是超过其他将领。

建安十二年(207),张绣跟随曹操北征乌桓,死于途中。

屠杀之忍第七十二

【原文】

物之具形色，能饮食者，均有识知，其生也乐，其死也悲。

鸟俯而啄，仰而四顾，一弹飞来，应手而仆。

牛舐其犊，爱深母子，牵就庖厨，觳觫畏死。

蓬莱谢恩之雀，白玉四环汉川。报德之蛇，明珠一寸。勿谓羽鳞之微，生不知恩，死不知怨。

仁人君子，折旋蚁封，彼虽五微，惜命一同。

伤猿，细故也，而部伍被黜于桓温；放麑，违命也，而西巴见赏于孟孙。

胡为朝割而暮烹，重口腹而轻物命？礼有无故不杀之戒，轲书有闻声不忍食之警。噫，可不忍欤！

【译文】

任何生物，只要具有形体颜色，而且能吃能喝，那么它们就具有知觉，有灵性，它们同人类一样，活着就很欢快，死了也很悲伤。

《战国策》载，庄辛对楚襄王说："小鸟低下头来啄白米，抬起头来四处环视，自以为与人无争，平安无事，却有一弹忽然飞来，小鸟便应声仆地，这只欢乐的小鸟就这样无故地被射杀了。"

老牛用舌头舔着它的小牛，情深意切，犹如人类的母子之情，但是如果有人把牛牵去屠宰，它会浑身颤抖，害怕被杀。

后汉杨宝，因怜悯一只奄奄一息的黄雀，所以将黄雀救活，被救的黄雀日后回来向杨宝谢恩，送给他四只白玉环，保佑他子孙四代为官。楚国隋侯，救了一条受伤的蛇，蛇后来送给隋侯一颗直径一寸的宝珠以示报答。不要以为这些飞禽走兽微不足道，不通人性，活着不知道报恩，死了不知道怨恨。

晋人王湛是具有仁爱之心的君子，就连骑马时遇到蚂蚁堆也要绕着弯子躲开，蚂蚁虽然微不足道，但它们的生命也同样值得珍惜啊！

晋人桓温的一名部将伤害小猿猴，致使母猿猴伤心致死，这名部将因此受到

了桓温的惩罚;秦西巴将猎到的小鹿送还母鹿身边,违犯了孟孙的命令,但他却因此受到了孟孙的赏识,当了孟孙儿子的老师。

为什么人们要早晨屠宰而晚上就烹调,这么看重自己的口腹之欲而轻视动物的生命呢?《礼记》中有在无正当理由的情况下不能随便杀生的戒律,《孟子》中有听到动物的哀叫声就不忍心吃动物的警语。圣人的这些劝诫让我们警醒啊!啊!在小生物们脆弱的生命面前,我们怎么能容忍屠杀生命的行为呢?

【评析】

《孟子》中说:“君子对于禽兽,愿意看到他们生存,不愿意看到他们死亡,听到他们的哀叫之声就不忍吃其肉,这就是君子远离厨房的原因。”君子在面对小生物脆弱的生命时,都能忍住夺取屠宰之心,而有些人为人处世却野蛮残暴,就连自己的“盟友”都不放过。这样的人又怎么会有好下场呢?善待别人就是善待自己,从待人的态度中可以看出一个人的品德,也可以看出他的命运。

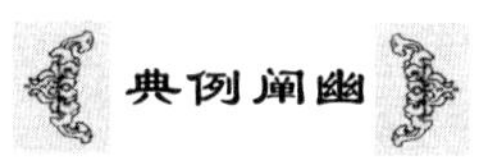

凶狠狡诈,大开杀戒

在历史上,曹操被称为“奸雄”,已是不争的事实。最能体现曹操“奸雄”性格的,当属屠杀吕伯奢一家八口之事。

曹操三十四岁时,当上了典军校尉。这一年,京城洛阳爆发了一场大动乱。

公元 189 年四月,汉灵帝刘宏在南宫嘉德殿病逝。天下大乱,董卓趁乱率大军进入京城,依仗武力,废了汉少帝,立陈留王刘协为汉献帝,自封为丞相,独揽朝中大权。

董卓是有名的狂徒,他控制洛阳后,纵兵劫掠,任意屠杀百姓、欺掠妇女。董卓初到洛阳时,步骑兵不过三千人,兵力单薄。当时曹操仍在洛阳,掌握着一部分兵权。董卓为了扩大自己的势力,竭力拉拢曹操,任命他为骁骑校尉,但曹操见董卓骄横跋扈,野蛮残忍,料定他不久后一定会失败,不愿与他合作,于是就想逃走。为了免遭毒手,曹操趁夜改装换名,带着几个亲兵,沿小路逃出了洛阳。

第二天早晨,董卓听说曹操逃走了,又气又急,立即派兵追捕,同时发出通缉令,布告附近各州县。

曹操逃出洛阳后,隐姓埋名,沿小路向家乡方向急赶,途中经过成皋(河南省荥阳汜水镇),便到他父亲的好友吕伯奢家宿夜。那一天,碰巧吕伯奢家中无酒,吕伯奢亲自出去买酒以待曹操，吕伯奢的五个儿子出来殷勤招待。曹操是从洛阳逃出来的，一路上提心吊胆，生怕被人暗害，所以，吕家兄弟的热情让他怀疑是别有用心。在屋内休息时，他忽然听到后院传来“沙沙”的磨刀声，还有人在小声说话：“把它捆起来杀了怎么样？”

曹操疑心大起，立即拔出剑，冲出房门，见人就杀，不由分说地把吕家人全杀了。等他稍微冷静些时，发觉吕家兄弟原来是准备杀猪招待他的，曹操这才知道杀错了人，心里很懊悔。但错误已成事实，也没办法了，曹操纵身上马，继续赶路。

路上，曹操正好遇上了买酒回家的吕伯奢，吕伯奢见曹操不吃饭就要走，觉得内心过意不去，哪里肯依。曹操杀了吕家人，心里本来还有些懊悔，一见吕伯奢，心想麻烦了，这若是传出去岂不是要误我大事？索性一不做二不休，一起杀了以除后患。

于是，曹操再次拔出剑，不由分说地把吕伯奢也杀了。杀了吕伯奢，曹操仰天长叹，“也罢！宁可我负天下人，不要叫天下人负我”。

祸福之忍第七十三

【原文】

祸兮福倚，福兮祸伏，鸦鸣鹊噪，易警愚俗。

白犊之怪，兆为盲目，征戍不及，月受官粟。

荧惑守心，亦孔之丑，宋公三言，反以为寿。

城雀生乌，桑谷生朝，谓祥匪祥，谓妖匪妖。

故君子闻喜不喜，见怪不怪，不崇淫祀不虚费，不信巫觋之狂勘。信巫觋者愚，崇淫祀者败。噫，可不忍欤！

【译文】

人们如果遭受灾祸而能够吸取教训，那么灾祸就会成为过去，幸福随之而来；人们如果在幸福之中骄奢淫逸，那么幸福就会离开，灾祸随之而来。因为祸福是互相包容、互相转换的。乌鸦或者喜鹊鸣叫，预示着不同的兆头，容易对愚俗之辈起到一定的警戒作用。

宋国一户人家的黑牛生下一只白牛，预兆着眼睛会瞎，虽然父子俩眼睛先后变瞎，但他们因此都免于从军打仗，而且还享受到官府的救济。

宋景公时，荧惑缠住心星，预示着将有大祸降临于宋国。但是宋景公并没有将此次灾祸移加给丞相、百姓、年成，他所说的三句有仁爱之心的话感动了上苍，景公不但没有遭遇灾祸，反而延长了21年的寿命。

商王帝辛的时候，雀在城边生了一只乌鸦，这是吉祥的兆头，但帝辛因此而不再管理国家，致使国家灭亡；商朝武丁的时候，本应长在野外的桑和谷都在宫廷里长了出来，这是凶险的兆头，但武丁因此而精心治理国家，使得商朝又兴旺起来。

因此，君子要闻喜不喜，见怪不怪，不因灾祸将至而恐惧，不因幸福将至而欢喜，不花费钱财在不该祭祀的时候进行祭祀，不相信男女神巫的一派胡言。相信神巫的人是愚蠢的，崇奉淫祀的人注定会失败。啊！事在人为，又何苦听信神巫之言？面对灾祸和幸福，人们一定要沉得住气啊！

【评析】

"福兮祸之所倚，祸兮福之所伏。"其大意是，祸是造成福的前提，而福又含有祸的因素。也就是说，好事和坏事是可以互相转化的。当遇到灾祸事时，如果人们能够吸取教训，改正错误，就能让灾祸成为过去而让幸福降临；相反，如果人们在幸福之中骄傲放纵，幸福就会离去，而灾祸就会降临。

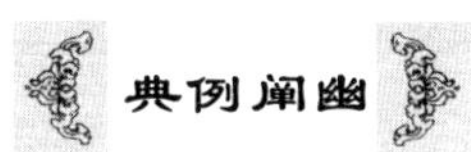

王羲之隐忍而活命

初夏的一个早晨，王敦起床不久，钱凤急如星火地走进王府大门，直奔客厅而来，王敦得报后立即到客厅与他见面。二人关起门来，谈起了"谋反"的机密。

钱凤用极为神秘的口气，小声地对王敦说着。钱凤带给王敦的似乎是一个不祥的消息，王敦听着听着，眉头也渐渐地皱了起来。王敦突然神情激动地站了起来，手一挥，正要开口说话，突然停了下来：原来他透过窗子，看到对面房间里垂着的帐子动了一动，这使他想起侄儿王羲之还在床上睡觉。

王羲之这年才十一二岁，平时最受王敦器重。王敦把王羲之看做是维持王氏家族地位的"荣誉"标志之一，是王家下一代人中的佼佼者。这一次，王羲之已连续几天吃住在王敦家中了，他的卧室恰好紧挨着客厅。当钱凤到来时，因为双方都很紧张，王敦便把王羲之在屋里睡觉的事忘得一干二净。直到王敦站起身来，看到帐子动了一下，才想起来。于是，王敦大惊失色。

策划起兵、夺位，是一件冒天下之大不韪的事，一旦走漏风声，策划者的身家性命将难保，王敦和钱凤对此是十分清楚的。经王敦一提醒，钱凤怂恿王敦去杀王羲之。

半晌，王敦没有吭声。

"大将军，要成大事，不敢作敢为不行。当断不断，反受其乱啊！"钱凤焦急地催促王敦下手。听了钱凤的话，王敦心一横，脚一跺，说："对，不能儿女情长。"接着转头向着王羲之睡觉的那个房间点点头，"羲之呀，你就莫怪我这做伯伯的无情无义了！"王敦说着"飕"的一声，拔出了宝剑，提剑直奔王羲之睡觉的床前。

王敦进屋后撩起帐子，正待挥剑砍下去时，却突然停了下来。原来王羲之这时发着微微的鼾声，睡得正香甜哩，头歪在一边，胸脯随着均匀的呼吸一起一伏，王敦掀起帐子，王羲之也毫无反应。王敦爱怜地望着侄儿，庆幸自己的密谋并没有被侄儿听去，于是，打消了杀侄儿的念头。王敦收回宝剑把它插入鞘中。

多危险啊，王羲之差一点就成了伯父王敦的刀下鬼了。实际上，打钱凤进门时起，王羲之就已醒来，无意中偷听到了伯父与钱凤的谈话。很快，王羲之意识到了自己的处境非常危险。

当王敦提剑向他走来之时，王羲之紧张的心几乎堵住了嗓子眼，他尽力使自己平静下来，两眼闭着，神态自若，完全像睡着一样，一点破绽也没有露出来。王敦因此才没有下手。王羲之以自己的机警，避免了一场无妄之灾，保住了自己的小命。

苟禄之忍第七十四

【原文】

窃位苟禄，君子所耻，相持而动，可仕则仕。墨子不会朝歌之邑，志士不饮盗泉之水。

折圭儋爵，将荣其身，鸟犹择木，而况于人。

逢萌挂冠于东都，陶亮解印于彭泽，权皋诈死于禄山之荐，费怡漆身于公孙之迫。

携持琬琰，易一羊皮，枉尺直寻，颜厚忸怩。噫，可不忍欤！

【译文】

窃取自己不能胜任的高位，贪图自己不该得到的俸禄，君子以之为耻。根据自己的能力大小，结合周围的环境而行动，能做官了才去做官。墨子听到城邑的名字叫“朝歌”，马上掉转车头；孔子听到泉的名字叫“盗泉”，即使口渴也坚决不喝。

手里捧着人家分送的美玉，享受着人家赐予的爵位，这当然很荣耀，但鸟尚且择木而栖，何况是人，怎能为了贪图少许俸禄而失去做人的原则呢？

西汉人逢萌无法忍受王莽的暴行，辞去官职，脱下帽子挂在城门，一去不归；晋人陶渊明不愿为五斗米的俸禄而向无德无识的人弯腰屈膝，辞官归隐；唐人权皋不愿做叛臣安禄山的幕僚，以诈死的方式逃跑了；西汉人费怡用漆涂满全身，装疯卖傻，不肯做官。以上四君子都是为了保持自己的人格清白而抛弃俸禄，辞去官职的。

手里拿着珍贵的美玉，却想要别人手里的羊皮，这是抛弃守身之大节，而去追逐细小之利益。有人为了荣华富贵，不顾廉耻，其实他们内心也会感到羞愧的。啊！人格远比名利重要，不要为了名利而放弃自己的人格啊！

【评析】

从古至今，许多人都在为身居高位而苦苦挣扎，其实这是很要不得的，这不但会耗费人有限的精力，而且还有可能将人送进欲望的深渊而无法自拔。面对同样的情形，君子就不过分热衷追求功名利禄，而是以身告诫世人。实际上，再高贵的地位,再多的金钱也只是过眼云烟。要把功名利禄看得淡一些,这才是生存处世的良策。

典例阐幽

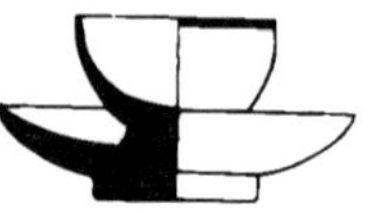

无官不能活,有官万事足

国学大师钱穆先生在研究了中国历史后指出,中国古代最无耻的时代是五代。确实,五代是一个纷乱的时代,在这乱哄哄的时候,各色人等都容易显示其本色。五代时期,出了一个臭名昭著的儿皇帝石敬瑭,而我们要看的是历事五代而不倒的官场不倒翁冯道。

冯道,字可道,瀛洲景城(今河北省交河县东北)人,生于唐僖宗中和二年(882)。他的家庭,可能是一个能够自给自足的小康之家,据记载,"(冯道)早先一边耕种土地,一边读书学习,并不忙于操持生活家业。冯道自幼性格淳厚,爱好学习,善于写文章,不以穿破衣服、吃粗劣的饭食为耻。"他的祖先也不是名门贵族,据查,连一个县令以上的先人也找不出来。可见,冯道在这样的家庭出身条件下,想跻身官场,其难度是可想而知的。

冯道所处的时代是中国历史上改朝换代最频繁的时期,他一生所事四朝(唐、晋、汉、周)加上契丹、十帝(唐庄宗、明宗、闵帝、末帝,晋高祖、出帝,汉高祖、隐帝,周太祖、世宗,辽太宗耶律德光)合计不过三十一年,平均每朝(含契丹)仅六年余,每帝仅三年余,最长的唐明宗和晋高祖也只有八年。而且这四个朝代都是靠阴谋与武力夺取政权的,契丹又是趁乱入侵的;除了个别皇帝还像个样,其余都有各种劣迹暴政,晋高祖石敬瑭更是靠出卖领土、引狼入室才当上儿皇帝的卖国贼。即使按照儒家的标准,这些帝王大多也够得上是"乱臣贼子"或昏君暴君。

冯道死于后周显德元年(954),一生度过了七十三个年头。冯道是封建官场的不倒翁,也是一个"长乐老"。中国人说"知足者常乐",冯道是有官就长乐;中国人说"无官一身轻,有子万事足",冯道是无官不能活,有官万事足。冯道的一生,就是一部"做官学",他本人就是一位官场常胜将军,是一部活的教材。

躁进之忍第七十五

【原文】

仕进之路，如阶有级，攀援躐等，何必躁急。

远大之器，退然养恬，诏或辞，再命犹待三。趋热者，以不能忍寒；媚灶者，以不能忍馋；逾墙者，以不能忍淫；穿窬者，以不能忍贪。

爵乃天爵，禄乃天禄，可久则久，可速则速。

辇载金帛，奔走形势。食玉炊桂，因鬼见帝。虚梦南柯，于事何济！噫，可不忍欤！

【译文】

做官从仕的路，犹如上台阶，须得一步一步往上走。如果互相援引，跨越台阶，那就显得有些急躁了。

胸怀远大、器量高雅的人，往往退居山林，静心培养自己恬淡自若、与世无争的心境。晋武帝几次下诏要李密做官，李密都以家有老母需养老送终为由来推辞。人们奔向温暖之地，是因为不能忍受寒冷；人们纷纷供奉灶神，是因为不能忍受灶神的谗言而忍饥挨饿；男女越墙相会，是因为不能忍受男女间情欲的诱惑；盗贼翻墙入室行窃，是因为忍不住自己的贪欲。

无论是爵位还是俸禄，都是上天授予的，官能做下去就做下去，需要离开时就离开，不要犹豫不决，有所留恋。

当初苏秦用车载着金银珠宝，为合纵抗秦而到处奔波。他等了三天才见到要见的楚王，还抱怨：食贵于玉，薪贵于桂，谒者难见如鬼，王难见如天神。他一心想着荣华富贵，但太急躁，到头来是南柯一梦，一无所有。唉！任何事都不能急躁。人们怎么能不忍住自己的急躁之心呢？

【评析】

现实生活中，有不少人希望尽快致富，这种愿望是好的，但我们应该认识到事物发展是有一定规律的，不可能一口吃个胖子。有时候事与愿违，欲速则不达，这其实就是躁进不忍所带来的问题。躁进之忍有这样几个层次：一是要认识事物发展的客观规律。二是工欲善其事,必先利其器。无论干什么都要有耐心。三是不轻视一点一滴的积累,应该注重发展过程中的每一次努力,不能过于急躁,不为一时的急功近利所误导,要有一个长期奋斗目标,不拘泥于一时一事的利益得失,把眼光放远些。

轻敌躁进,自取灭亡

公元前342年,魏国军队攻打韩国。韩国向齐国求救,齐国派田忌、田婴为将,孙膑为军师,领兵救韩。孙膑重演"围魏救赵"的故伎,不去解韩国之围,只指挥齐军直接攻打魏国。魏将庞涓得知消息,急忙从韩国撤军回国。

这时齐军已经越过齐境西进。孙膑对田忌说:"他们三晋的军队向来剽悍勇武而轻视齐国,齐国有怯弱之名,善于打仗的人就要因势利导。兵法上说,急行军一百里去争利会损失上将;急行军五十里去争利只有一半人能赶到。我军进入魏境后,第一天要造十万人吃饭用的灶,第二天减为五万,第三天减为两万。"

庞涓赶回魏国后,就去察看齐军扎过营的地方,发现齐军的营地占地面积很大。他叫人数了数做饭的炉灶,足够十万人吃饭用,庞涓心里暗自惊奇。

第二天,庞涓带领大军追到齐军第二次扎营的地方,数了数炉灶数目,已减少一半,只能供五万人用了。

第三天,魏军追到齐军第三次扎营的地方,再仔细数数齐军的炉灶,仅够两万人用了。庞涓见此情况,冷笑两声,对周围的将士说:,"齐军都是一些贪生怕死的家伙,十万大军到魏国,才三天工夫,逃跑了一大半了。"

于是他脱离大军主力,只率领轻装精锐的部队,昼夜兼程地追击齐军,一直追到马陵。这时夕阳西沉,天已擦黑。马陵道狭窄难进,路旁堆了不少障碍物。庞涓恨死孙膑,恨不得一步赶上齐军,就命令魏军踏着月色,继续前进。不久,前面有兵士报告说:"道路全给木头堵死了。"

庞涓驰马上前,抬头一看,道路两旁的树木全被砍光,中间只孤零零地立着一棵大树。树的一面树皮被刮去,露出一方白色树干,上面隐隐约约显出几个大字。因天色昏黑,辨认不清。

庞涓命人点起火把,照照上面所写的字。火光中,几个大字赫然生辉,令庞涓心惊肉跳:"庞涓死于此树下。"知道中计的庞涓,撤退的命令还未出口,四方杀声陡然响起，如飞蝗疾雨的箭矢，直往火把处倾泻而来！魏军大乱，彼此不能相救援。心胸狭窄、意气骄横的庞涓，自知大势已去，不愿做同学的俘虏，只好拔剑自杀。临死前他愤恨地说："居然让孙膑这小子成了名！"齐军乘胜发起攻击，全歼魏军，俘虏了魏太子申回国。

特立之忍第七十六

【原文】

特立独立，士之大节，虽无文王，犹兴豪杰。

不挠不屈，不仰不俯，壁立万仞，中流砥柱。

炙手权门，吾恐炭于朝而冰于昏；借援公侯，吾恐喜则亲而怒则仇。

傅燮不从赵延殷勤之喻，韩棱不随窦宪万岁之呼。袁淑不附于刘湛，僧虔不屈于细夫。王昕不就移床之役，李绘不供麋角之需。

穷通有时，得失有命。依人则邪，守道则正。修己而天不与者命，守道而人不知者性。

宁为松柏，勿为女萝，女萝失所托而萎茶，松柏傲霜雪而嵯峨。噫，可不忍欤！

【译文】

《礼记》认为，士人的节操主要表现在追求人格上的与众不同、独立自主。只要是真正的英雄豪杰，即使不处于周文王的时代，他们也能奋发向上。

士人的特立独行，在于他们不屈不挠追求理想的精神，在于他们不卑不亢的做人处世原则，他们就像万丈绝壁那样雄伟高大，就像激流中的石柱一样毫不动摇。

仰仗权势而显赫的人，早晨还具有炙手可热的势力，但到晚上失势时却冷如冰霜；巴结讨好公侯的人，公侯高兴之时他们则亲如朋友，生气时则视如仇敌。这些人没有骨气，唯有奴颜婢膝。

东汉傅燮曾立下战功，可是当赵延暗示他向权贵献殷勤以求封万户侯时，傅燮断然拒绝；东汉外戚窦宪攻打匈奴有功，被封大将军，权倾一时，有人欲对窦宪称万岁，被时任尚书令的韩棱严正地制止了。南朝宋袁淑拒绝依附于表兄刘湛；南朝宋王僧虔坚决不向中书舍人阮细夫献金，因而被免官。北魏王昕不愿做上级的仆役，拒绝为上级移床；北齐人李绘拒绝了权贵崔谋向他索要麋角的过分要求。以上这些人为了捍卫自己的人格，绝不卑躬屈膝，讨好权贵。

困窘和显达，这是际遇造成的，获得和失去，也自有其规律。依附别人就容易走上邪路，坚守道德规范方能保持正直。自己在各方面努力完善自己，却没有受到上天的眷顾，这是命运；坚守道德规范却得不到别人的理解，这是人的本性不同造成的。

宁愿做一棵松柏，也不做女萝。女萝靠攀缘他物才能上升，一旦丧失了所依附的东西，女萝就无法再站立起来，而松柏却能够傲然挺立于霜雪中，像高山那样伟岸。唉！在权贵面前，一定要忍耐自己的高攀权贵之心，坚守独立的人格啊！

【评析】

在当今社会，许多人都说正直的人很难生存，因为你不趋附权势、不迁就于人，你就很难立足。但事实果真是这样吗？也许投机钻营的小人，很可能得意一时，但他绝对无法得意一世。社会需要正直的人，也只有正直的人，才能最终获得非凡的成就。

隐忍攀附之心，保持高尚人格

杨万里是南宋吉州人。高宗年间，他考中进士，先后任赣州司户、永州零陵县丞等职。当时，同平章事张浚被贬到永州，闭门谢客。杨万里素来仰慕张浚的为人，于是就三次前去拜访，但都没有见到张浚。后来，杨万里就给张浚写了一封信，这样，张浚才接见了他。张浚勉励杨万里要“正心诚意”，因此杨万里给自己的书室题名为“诚斋”，后来人们就称他为诚斋先生。

宋孝宗赵昚即位后，张浚被重新起用。没过多久，他被任命为右仆射、同平章事兼枢密使，于是他就极力推荐杨万里任临安教授。由于当时正赶上父亲去世，杨

万里就没有赴任。

服丧期满以后，杨万里任隆兴府奉新县知县。在任期间，他禁止胥吏贪赃，甚得民心。没过多久，右仆射同平章事陈俊卿和虞允文非常赏识杨万里的才能，就推荐他做了国子博士。

第二年，侍讲张拭因反对任命外戚张说而被贬官到袁州，当时杨万里主持公道，抗疏挽留。虽然张拭最终还是被贬，但杨万里的言行受到了众人的赞许。后来，杨万里先后任过将作少监、漳州知州等职。在他任提举广东常平盐茶的时候，曾带领军队平定南粤盗匪，被孝宗称赞为“仁者之勇”，并提升他为提点刑狱。

杨万里曾因地震而上书，向孝宗提出许多治国方略，还向右丞相王淮推荐名士朱熹、袁枢等十六位人才。宋高宗赵构去世后，杨万里力争张浚应当配享庙祀，触怒赵昚，被贬斥出任筠州知州。

宋光宗赵惇即位后，杨万里又被召回朝中，任秘书监。第二年，杨万里奉旨出使金朝。他北渡淮河时，看到沦陷的国土和愁苦的百姓，他抚今追昔，百感交集，深深感慨这亡国之痛。于是他情不自禁，写下大量抒发悲愤情怀的诗篇。

后来杨万里还做过几任地方官，终因政见与权臣不同，请求还乡。到了宁宗年间，韩侂胄依仗韩皇后的权势，渐渐爬上高位，大肆网罗党羽，开始在朝中专权。有一年，他建了一座南园，以答应让杨万里入朝做官为报酬，请杨万里为他这座园子作记。但杨万里为人正直，一向鄙弃韩侂胄的为人，说道：“官位可弃，记不可作。”韩侂胄听后大怒，只好改让别人执笔作记。

杨万里拒绝入朝做官的年代，恰是韩侂胄主政期间，他先后闲居在家达十五年之久。他见韩侂胄专权日甚，忧心忡忡，怏怏成疾。后来家人见到他病成那个样子还忧虑朝政，就把关于朝政时事方面的东西藏起来不让他看。

公元1205年的一天，一位本家侄子忽然赶回家中，说起韩侂胄轻易北伐、挑起兵端之事。杨万里一听，失声痛哭，立刻让人拿来纸笔，奋笔疾书道：“韩侂胄奸臣，专权无上，动兵残民，谋危社稷。吾头颅如许，报国无路，唯有孤愤！”接着他又写了一条幅，上面大书十四字与妻子诀别，写完以后，笔落在地下，怀着满腔悲愤死去了。

勇退之忍第七十七

【原文】

功成而身退，为天之道；知进而不知退，为乾之亢。验寒暑之候于火中，悟羝羊之悔于大壮。

天人一机，进退一理，当退不退，灾害并至。祖帐东都，二疏可喜，兔死狗烹，何嗟及矣。噫，可不忍欤！

【译文】

功成名就后就抽身引退，这符合自然规律；只知道前进而不知道退守，那么就会像《易经·乾卦》中所记的那样，盛极而衰。自然界中，寒尽暑来，暑尽寒来，交替轮回，永不停滞；那么人也如此，达到鼎盛的时期，也就预示着马上要走向衰落。如果没有意识到这一点，就会使自己处于进退两难的境地，就像羊角卡在篱笆上一样，进不得，退不得。

自然界的变化和人事的变化，都是一个道理，进退盛衰的规律，也是同样的道理。该引退的时候却不及时引退，灾难和祸害就会同时降临。西汉人疏广、疏受就在功成名就之时，毅然请求辞官，回乡安度晚年。大臣和朋友们为他们送行，引退之后二人享尽天年，成为一时佳话。但西汉的韩信，辅助汉高祖平定天下，视为三杰，但他功成却不知及时引退，结果落得个兔死狗烹的结局，真是令人惋惜啊！唉！功成名就之时就要抽身引退，怎能不忍住对名利的留恋之心呢！

【评析】

月满则亏，水满则溢。权势于人也往往如此。正直聪明的人，往往懂得适时而退的道理。“飞鸟尽，良弓藏；狡兔死，走狗烹。”凡事极容易盛极而衰，所以在达到某一个顶点时，就要注意适时收敛，否则等到祸患到来再想抽身离去，显然是不可能了。其实，不只政界，奉劝其他领域的杰出人士们，也应该审时度势，懂得适可而止、以退为进的道理。

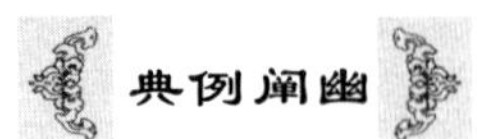

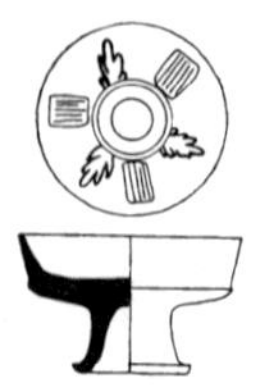

功成身退才能善始善终

公元前496年，吴王阖闾派兵攻打越国，但被越国击败，阖闾也伤重身亡，阖闾让伍子胥选后继之人，伍子胥独爱夫差，便选其为王。此后，勾践闻吴国要建一水军，不顾范蠡等人的反对，出兵要灭此水军，结果被夫差奇兵包围，大败，大将军也战死沙场，夫差要捉拿勾践，范蠡出策，假装投降，留得青山在，不愁没柴烧。夫差也不听老臣伍子胥的劝告，留下了勾践等人，三年，饱受侮辱，终被放回越国，

范蠡回国后，与文种等为勾践制定了结好齐、晋、楚，表面卑事吴国，暗中积蓄力量的兴越方略。经“十年生聚”“十年教训”，越国迅速强盛，吴国则实力削弱。周敬王四十二年（前478），范蠡、文种建议越王勾践乘隙攻吴。越军以两翼佯动、中央突破、连续进攻的战法，大败吴军。就这样，越国吞并了吴国。

为了庆祝胜利，越王勾践下令在国都内设置高台，大摆宴席，宴请各位有功之臣。酒宴之中，众人难免得意忘形，到处是行酒猜令，整个高台是一片欢声笑语，好不热闹。只是越王勾践显得有些沉默少语，端着酒杯好久不喝一口，像有什么心事。

灭吴首席功臣范蠡十分敏感地捕捉到了越王的反常心态表现。他知道，作为一国之君所必有的猜疑之心又完全占有了越王的心胸。他现在考虑的已经不是什么共享欢乐，而是怎样确保自己的江山不更姓易名了。想到这里，范蠡不由地感叹道：“这说明大王不想把灭吴强国之功归于众人的努力，不想与大家共享欢乐。如若不及时引退，恐怕凶多吉少。”

第二天清早，范蠡便到宫中向越王勾践辞行。越王勾践坚决不同意，他用毫无商量余地的口气说道：“我将与您平分越国，共同治理。如果您不答应的话，我就要杀了您的全家。”

范蠡心知越王勾践的真实意图所在，他无所顾忌地坚持要离越王而去。他说：“大王自然可以下令施行您的命令，可臣下仍然要按照自己的意愿去做。”

第二天一大早，越王勾践见范蠡没有上朝，便立即命人到范蠡家中去请。谁知已经晚了，范蠡已于昨天晚上携带着家眷和金银细软远走他乡了。

范蠡深知“大名之下难久居”“久受尊名不祥”，所以明智地选择了功成身退，“自与其私徒属乘舟浮海以行，终不反”。范蠡曾遣人致书文种，谓：“飞鸟尽，良弓

藏;狡兔死,走狗烹。越王为人长颈鸟喙,可与共患难,不可与共乐,子何不去?”文种未能听从,不久果被勾践赐剑自杀。传说范蠡改名陶朱公,后以经商致富。

挫折之忍第七十八

【原文】

不受触者,怒不顾人;不受抑者,忿不顾身。一毫之挫,若挞于市;发上冲冠,岂非壮士。

不以害人则必自害,不如忍耐徐观胜败。名誉自屈辱中彰,德量自隐忍中大。黥布负气,拟为汉将,待以踞洗则几欲自杀,优以供帐则大喜过望。功名未见其终,当日已窥其量。噫,可不忍欤!

【译文】

不能忍受别人冒犯自己的人,一旦发起怒来就不会顾及别人;不能忍受别人压抑自己的人,一旦愤怒起来也不会顾及自身。北宫黝受了一点打击,就好像在大庭广众之下被人鞭打了一样,一定要进行报复;蔺相如得知自己被秦国欺骗后,气得怒发冲冠。他们这样是不能成为真正的壮士的。

自己受了挫折就发怒,往往并不能伤害到别人,受害的其实是自己,不如在遇到挫折时先忍耐一下心中的怒气,慢慢观察事情的变化发展,以寻求有利时机。名誉可以从屈辱中得到彰显,德量可以从隐忍中培养光大。西汉人黥布投靠汉王,因见汉王边洗脚边召见自己而气愤至极,几欲自杀,后又见自己的住处待遇非常优厚而大喜过望。虽然人们还不能见到他建立的功业,但从他这一怒一喜之间,就能看出这个人的气量如何。唉!在受到冒犯或挫折时,人们怎能不忍耐自己啊!

【评析】

挫折是黎明前的黑暗,抱怨、愤怒都没有用。面对挫折、打击,应沉着应付,不能被困难压倒。当然,在奋斗的过程中,压力与挫折并存,天使的前身是魔鬼,只有奋起与命运决斗,才能真正把握自己的将来。

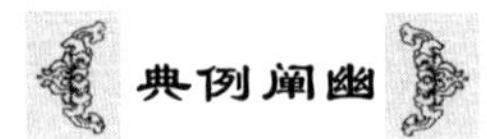

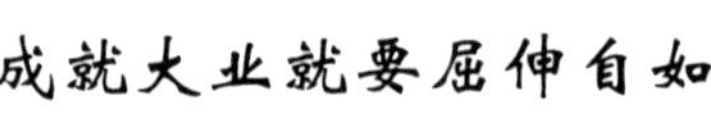

成就大业就要屈伸自如

天汉二年(前99),正当司马迁全身心地撰写史记之时,却遇上了飞来横祸,这就是李陵事件。这年夏天,武帝派自己宠妃李夫人的哥哥、贰师将军李广利领兵讨伐匈奴,另派李广的孙子、别将李陵随从李广利押运辎重。李广带领步卒五千人出居延关,孤军深入浚稽山,与单于遭遇。匈奴以八万骑兵围攻李陵。经过八昼夜的战斗,李陵部斩杀了一万多匈奴兵,但由于他得不到主力部队的后援,结果弹尽粮绝,不幸被俘。

李陵兵败的消息传到长安后,武帝本希望他能战死,后听说他却投了降,愤怒万分,满朝文武官员察言观色,趋炎附势,几天前还纷纷称赞李陵的英勇,现在却附和汉武帝,指责李陵的罪过。汉武帝询问太史令司马迁的看法,司马迁一方面安慰武帝,对汉武帝说:"李陵只率领五千步兵,深入匈奴,孤军奋战,杀伤了许多敌人,立下了赫赫功劳。在救兵不至、弹尽粮绝、走投无路的情况下,仍然奋勇杀敌。就是古代名将也不过如此。李陵自己虽陷于失败之中,而他杀伤匈奴之多,也足以显赫于天下了。他之所以不死,而是投降了匈奴,一定是想寻找适当的机会再报答汉室。"

司马迁的意思似乎是贰师将军李广利没有尽到他的责任。他的直言触怒了汉武帝,汉武帝认为他是在为李陵辩护,贬低劳师远征、战败而归的汉武帝李夫人的哥哥李广利,于是下令将司马迁打入大牢。

司马迁被关进监狱以后,案子落到了当时名声很臭的酷吏杜周手中,杜周严刑审讯司马迁,司马迁忍受了各种肉体和精神上的残酷折磨。面对酷吏,他始终不屈服,也不认罪。司马迁在狱中反复不停地问自己"这是我的罪吗?这是我的罪吗?我一个做臣子的,就不能发表点意见?"不久,有传闻说李陵曾带匈奴兵攻打汉朝。汉武帝信以为真,便草率地处死了李陵的母亲、妻子和儿子。司马迁也因此事被判了死刑。

据汉朝的刑法,死刑有两种减免办法:一是拿五十万钱赎罪,二是受"腐刑"。司马迁官小家贫,当然拿不出这么多钱赎罪。腐刑既残酷地摧残人体和精神,也极大地侮辱人格。司马迁当然不愿意忍受这样的刑罚,悲痛欲绝的他甚至想到了自杀。可后来他想到,人总有一死,但"死或重于泰山,或轻于鸿毛",死的轻重意义是

不同的。司马迁顿时觉得自己浑身充满了力气，他毅然选择了腐刑。面对最残酷的刑罚，司马迁痛苦到了极点，但他此时没有怨恨，也没有害怕。他只有一个信念，那就是一定要活下去，一定要把《史记》写完，“是以肠一日而九回，居则忽忽若有所亡，出则不知所往。每念斯耻，汗未尝不发背沾衣也。”正因为还没有完成《史记》，他才忍辱负重地活了下来。

出狱后，他做了中书令，中书令就是为皇帝掌管文书、起草诏令的官。他之所以接受这个卑微的职务，也仍是为了不离开他所需要的皇家图书馆里的图书资料，为了继续完成他的伟大著作。就这样，他又忍辱发愤地度过了八年。终于完成了《史记》这部历史巨著。

不遇之忍第七十九

【原文】

子虚一赋，相如遽显；阙书一下，顿荣主偃。王生布衣，教龚遂而曳祖汉庭；马周白身，代常何而垂身唐殿。

人生未遇，如求谷于石田；及其当遇，如取果于家园。岂非得失有命，富贵在天？

卞和三献，不售；颜驷三朝，不遇。何贾谊之抑郁，竟知终于《鹏赋》。噫，可不忍欤！

【译文】

西汉司马相如只因写了一篇《子虚赋》而受到汉武帝的赏识，顿时声名大振；西汉主父偃怀才不遇，后给汉武帝写了一封信，汉武帝与他相见恨晚，委任他为郎中，他顿时荣耀百倍。西汉王生，因指点龚遂应对皇帝的询问得当而受到皇帝的赞赏，并获得官位；唐代马周，因代常何写奏章，提出20多条建议而受到皇帝的青睐，荣任中书令。

一个人在机遇没有来临的时候,就好像在石头上求取谷物,难如登天;而等到机遇降临身边,就好像在自家果园里采摘果实,易如反掌。这难道不是得失由命运安排,富贵在于天意吗?

楚人卞和三次向楚王献上美玉,都没有献出去;西汉人颜驷历经三代皇帝都未被重用。西汉贾谊,颇有才能,但遭小人嫉妒,抑郁不得志,因此作《鹏鸟赋》以明心志。啊!成功与失败有时只是机遇之差,当你怀才不遇时,怎能不耐心等待机会呢!

【评析】

人生在世,怀才不遇是很常见的事情。一是由于自己的才华没有被发现,所以也就不可能被重任,二是虽然胸怀大志,满腹文武韬略,但是生不逢时,也很难成大事。但是,真正有大志的人,即使是平生不得志,也会坚守自己的操守,等待着那微乎其微的时机出现。其实,做任何事情都需要时机,而且只要我们做一个有思想准备的人,就迟早能等到时机的垂青,只是我们有时不愿做长久的等待而已。因为等待时机的来临需要面临无限的孤独和寂寞。

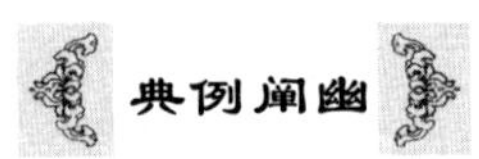

坚守操守,等待时机

有的人一生都在追求功名,可能都没有发迹的机会;但是有的人仿佛天生就是幸运儿,似乎不费吹灰之力就能有良好的机遇。对于那些成功的人来说,他们在等待机遇的同时,其实也是在给自己创造机遇。

楚人卞和得一美玉,多次进献,却都没有献出去,反而使自己受到多次伤害。西汉颜驷历经三代皇帝都未受到重用,问其原因,则答:“文帝喜欢任用文人,而我喜欢习武;景帝喜欢任用貌美的人,而我长得丑;你您喜欢任用年轻人,而我年纪又大了。所以,经历三代都未有升迁的机会。”可见机遇对于取得成功影响何其大啊!西汉的贾谊,才华过人,却遭到小人的嫉妒,终生郁郁不得志,唯有借写鸟抒怀,作《鹏鸟赋》来表明心志。

战国时,安陵君是楚王的宠臣。有一天,江乙对安陵君说:“您没有一点土地,宫中又没有骨肉至亲,然而身居高位,接受优厚的俸禄,国人见了您无不整衣而拜,无人不愿接受您的指令为您效劳。这是为什么呢?”

安陵君说:“这不过是大王过高地抬举我罢了。不然哪能这样!”

江乙便指出:“用钱财相交的,钱财一旦用尽,交情也就断绝;靠美色结合的,色衰则情移。因此狐媚的女子不等卧席磨破就遭遗弃;得宠的臣子不等车子坐坏已被驱逐。如今您掌握楚国大权,却没有办法和大王深交,我暗自替您着急,觉得您处于危险之中。

安陵君一听,恍如大梦初醒,恭恭敬敬地拜请江乙:

“既然这样,请先生指点迷津。”

“希望您一定要找个机会对大王叙说您的忠心,必能长久保住权位。”

安陵君说:“我谨依先生之见。”

但是过了三年,安陵君依然没对楚王提起这句话。江乙为此又去见安陵君:“我对您说的那些话,至今您也不去说,既然您不用我的计谋,我就不敢再见您的面了。”

言罢就要告辞。安陵君急忙挽留,说:“我怎敢忘却先生教诲,只是一时还没有合适的机会。”

又过了几个月,时机终于来临了。这时候楚王到云梦去打猎,安陵君向楚王表明了自己的忠心,终于保住了权位。

才技之忍第八十

【原文】

露才扬己,器卑识乏。盆括有才,终以见杀。

学有余者,虽盈若亏;内不足者,急于人知。

不扣不鸣者,黄钟大吕;嚣嚣聒耳者,陶盆瓦釜。

韫藏待价者,千金不售;叫炫市巷者,一钱可贸。大辩若讷,大巧若拙。辽豕贻羞,黔驴易蹶。噫,可不忍欤!

【译文】

过于显露自己的才华来宣扬自己,表现出自己器量狭小、见识浅薄的一面。《孟子》载,盆成括就是因为爱搞小聪明而无君子的大智慧,恃才放旷,胡作非为,终于招致杀身之祸。

真正学富五车、知识渊博的人，虽然满腹经纶，但很谦虚，给人一副学问不足的样子；而一些学问肤浅、没有才学的人，却总是自吹自擂，表现自己，生怕别人不知道他有学问。

天下最有内涵和修养的人，就像黄钟大吕一样，不撞击是不会发出声响的；而那些没有学问和学问肤浅的人总是叽叽喳喳地表现自己，就像瓦盆铁锅发出的声响，喧嚣嘈杂，令人生厌。

真正有价值的美玉往往是深藏不露的，即使出重金也不会轻易出售；而那些沿街兜售的物品，用很少的钱就可以买得到。最善于辩说的人，往往表现得笨嘴拙舌；最有才干的人，往往表现得非常笨拙。辽东白色的猪崽在河东并不算稀奇，因此而贻笑后人；贵州驴子的技艺也仅仅是踢而已，由于露出了全部本领，最终丧命于老虎口中。唉！喜欢炫耀才华、卖弄技巧，也会被耻笑甚至引来杀身之祸。即使有才，人们怎能不忍住自己的炫耀之心呢？

【评析】

恃才，是指一个人骄傲专横，傲慢无礼，自尊自大，好自夸，自以为是。这样的人在现在现实生活中还是经常能遇到的，具有恃才之心的人，大多自以为能力很强，很了不起，做事比别人强，看不起他人。由于骄傲，则往往听不进别人的意见。由于自大，则做事专横，轻视有才能的人，看不到别人的长处。所以，有才华的人一定要学会韬光养晦，以求自保。

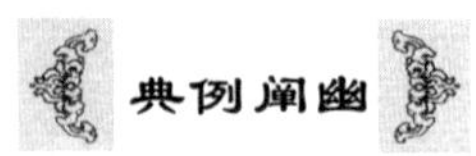

恃才傲物生事端

杨修是太尉杨彪之子，博学能文，机智过人，任曹操丞相府的主簿。他出身名门，又精通诗文不免喜好斗智逞才。

曹操修造一所花园，竣工以后，他去视察，在门上写了一个“活”字。大家都不明白是什么意思。杨修说：“‘门’里添‘活’字。就是‘阔’，丞相嫌花园门太宽了。”于是把门改窄一些。

又一次，有人送来一盒酥。曹操在盒上写了“一合酥”三个字，放在案头。杨修竟拿勺匙，同大家分着吃了。曹操问为什么这样分吃，杨修答道：“盒子上明明写着‘一人一口酥’，我们怎么能够违反丞相的命令呢？”曹操听了，呵呵大笑，但心里对他这种诡辩有些讨厌。

曹操怕遭暗杀,常常吩咐左右侍从:“我经常在梦中杀人。我睡着时,你们莫靠近我。”有一次,他午睡时,被子落在地下,一个近侍忙拾起给他盖上,他跳起来一剑杀了那个近侍,又上床去睡。半晌,曹操起床后,假装惊问:“什么人杀了我的近侍?”左右如实回答。他放声痛哭,命人厚葬。

大家都以为曹操真的是在做梦时杀人,杨修却在下葬时指着那个冤死鬼叹气道:“丞相并没有做梦,你才在梦里头哩!”曹操知道了,更加忌讳。

曹操想考验曹丕、曹植的才干,下令他们都各自出城门;暗中却命人吩咐门吏不准放行。曹丕先到,门吏阻挡,他只得退回。

曹植问杨修怎么办,杨修说:“君奉王命出城,如果有人阻挡,就可以抗王命为由杀了他!”

曹植到了城门,门吏上前阻拦。曹植叱责道:“我奉了魏王之命出城门,谁敢阻挡?”便拔剑杀了门吏。

曹操认为曹植果断,有才干,想立他为世子。但亲近曹丕的人告诉曹操:“这都是杨修所教的!”曹操非常恼怒,有被愚弄的感觉。从此,他不喜欢曹植,更恨杨修。

曹操与蜀军在褒、斜一界作战,因马超坚守,久攻不下,曹操收兵于斜谷界口驻扎。他很想退兵,正在犹豫不决时,庖官送来鸡汤。他一边喝着,部将夏侯惇请问夜间巡逻口令。曹操看着碗里的鸡骨头,随口说:“鸡肋!鸡肋!”

聪明过人的杨修,便回去叫随行军士各人收拾行装,准备回去。夏侯惇便问原因,杨修解释道:“鸡肋这玩意儿,吃它没肉,扔了又可惜。现在我军前进不能取胜,后退怕人耻笑,滞留此地无用,不如早点回去。我想明天魏王一定班师,所以早做准备,免得临时慌乱。”曹操睡不着,到各营巡察,见大家都在准备行装,便问夏侯惇,夏侯惇如实回禀:“杨主簿已先知道大王想回去的心意。”

曹操把杨修叫来询问,杨以鸡肋之意答对。曹操无名火三千丈,说道:“你怎么敢造谣扰乱军心!”喝令刀斧手推出斩首。

杨修死时才三十四岁。杨修被杀,果真是由于犯了军法吗?显然不是。他违反的是为人不可锋芒毕露这条做人法则。

小节之忍第八十一

【原文】

顾大体者，不区区于小节；顾大事者，不屑屑于细故。视大圭者，不察察于微玷；得大木者，不快快于末蠹。以玷弃圭，则天下无全玉，以蠹废材，是天下无全木。苟变干城之将，岂以二卵而见麾；陈平而奇之智，不以盗嫂而见疑。

智伯发愤于庖亡一炙，其身之亡而弗思；邯郸子瞋目于园失一桃，其国之失而不知。

争刀锥之末而致讼者，市人之小器；委四万斤金而不问者，万乘之大志。故相马失之瘦，必不得千里之骥；取士失之贫，则不得百里奚之智。噫，可不忍欤！

【译文】

凡是顾大局识大体，要成就功业的人，是不会计较区区小事的；凡是要办大事情的人，是不会追究琐碎小事的。欣赏美玉的人，绝不计较白玉上微小的瑕疵；得到大木头的人，绝不因为木材的尾梢有一点被虫蛀而不高兴。如果仅仅因为美玉上的小瑕疵就放弃整块美玉，那么天下就没有纯净的美玉了；如果仅仅因为木材上的小蠹蚀就丢掉整根木材，那么天下就没有完好的木材了。春秋时的苟变是保卫国家的良将，不能因为其在收租时吃了百姓两个鸡蛋就废除不用；西汉时的陈平有着出奇制胜的智谋，不能因为谣传其和嫂子私通而不重用他。

《刘子·观量篇》载，智伯能立刻发现厨房里的人拿走了一筐肉，而对自己将惨遭杀身之祸一无所知；邯郸子能马上觉察果园里丢失了一个桃子，而对自己国家快要灭亡却毫无察觉。这都是心里只注意小事而把大事忘记了。

为像刀锥尖端一样细枝末节的小事而争执不休，甚至打官司，这是一般百姓

的小器量；刘邦给陈平四万斤黄金，却从不过问金子的使用情况，这才是成大事之人应有的气度。所以伯乐相马，如果因马瘦而不取，就得不到千里马；选取人才，如果因其贫贱而被忽略，就得不到像百里奚那样的人才。啊！金无足赤，人无完人，对于小小的瑕疵或缺点，人们又何必太计较呢！

【评析】

俗话说，金无足赤，人无完人。十全十美的人，世上是没有的。古今中外成大事者，能够在选用人才时，知道用人的长处，容忍人才的缺点。这不仅是一种智慧，更是一种胸怀。每个人都有自己的个性，都可能在某些方面与别人不同。人与人相处常常就会有大大小小的矛盾，当我们面对这些矛盾时，不可以为“狭路相逢勇者胜”，因为胜的同时，一份友情也就消失了。

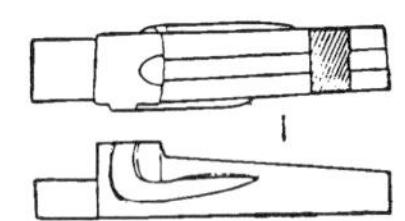

顾大局，识大体

唐贞观八年(634)，吐谷浑可汗伏允年老昏悖，在权臣天柱王的唆使下，多次兴兵侵入河西走廊，截断由长安通往西域的丝绸之路。吐谷浑还多次故意挑起事端，拘留唐朝的使臣；唐太宗十余次遣使交涉，伏允都置之不理，并口出狂言。

吐谷浑的使者来到长安，李世民亲自接见，苦口言利弊，晓以祸福，希望能够改善关系，重开丝绸之路。吐谷浑的使者表面应允而去，实际上伏允并无悔改之心，依旧不断地骚扰边境。唐太宗对这种阳奉阴违的做法实在是忍无可忍，决心重新打通通往河西走廊的路线。他先派左骁卫大将军段志玄为西海道行军总管，率众出征，虽获几次小胜，但是无损吐谷浑丝毫，伏允更加猖狂。唐军一来，他就率部驱马携帐而走；大军一退，他又卷土重来。

唐太宗决心大举进攻吐谷浑，派老将李靖为帅出征。

贞观九年(635)，以李靖为西海道行军大总管，任城王李道宗、兵部尚书侯君集为副帅。唐军到达鄯州，伏允一见唐军大批人马开进，遂引军西逃，试图以险恶的地形，多变的气候为有利条件，使距大后方路途遥远、运粮困难的唐军大败而归。李靖依据这种情况制定了“连续作战，速战速决”的方针。大军到达库山后，立刻分兵千余骑绕过库山，从背后袭击伏允。伏允腹背受敌，仓皇而逃。

为阻止唐军的追击，伏允下令焚烧粮草和草原，退向沙碛。唐军追了过来，却不见一敌，只见满目焦土，赤地千里。无草缺粮的唐军陷入困境，有人主退，有人请战。副帅侯君集认为:“前时,段志玄前脚刚到鄯州,敌军后脚已到城下,现在吐谷浑如鼠逃鸟散,取之不难,现在不追,将来一旦敌人有了喘息之机,悔之不及。”于是下令兵分南北两路,深入敌境夹击逃敌。

李靖率一部北进,势如破竹,一败吐谷浑于曼头山,再败敌军于牛心堆。侯君集率南军穿越两千里的无人区,直追到乌海(今青海省兴海县西南),才见到吐谷浑的营帐,唐军当即端营杀人,伏允仓皇遁逃而去。唐军紧追不放,连战连捷,吐谷浑大多将领非死即降,伏允走投无路,窜入沙漠之中。靖率军穷追猛打,将士们唇焦舌干,只好刺出马血,吮吸解渴,终于在一天傍晚,追上了正准备安营扎寨的伏允。唐军将士奋勇杀敌,斩杀千余,缴获牲畜二十余万头。伏允儿子慕容顺被迫率众投降。伏允吓得魂不附体,率亲信数十骑向沙漠深处逃去,不几日,部众散尽,伏允自杀。

伏允凶顽不化,不识大体,不仅造成了一场规模宏大的战争,使自己的势力全部瓦解,而且也葬送了自己的生命。

随时之忍第八十二

【原文】

为可为于可为之时,则从;为不可为于不可为之时,则凶。故言行之危逊,视世道之污隆。

老聃过西戎而夷语,夏禹入裸国而解裳。墨子谓乐器为无益而不好,往见荆王而衣锦吹笙。

苟执方而不变,是不达于时宜。贸章甫于椎髻之蛮,炫绚履于跣足之夷,衫絺冰雪,挟纩炎曦,人以至愚而谥之。噫,可不忍欤!

【译文】

在可以做的情况下做可以做的事,就会顺利和成功;在不可以做的情况下做不可以做的事,就会失败或有危险。所以一个人的言行举止是高洁还是谦卑,要看政治清明与否。如果政治清明,就应该严格自己的一言一行,遵守仁义道德;如果政治不清明,又要保持高尚的情操,那么就要以说话谦恭有礼来避开祸端。

人要尽量和世道相投合。老聃到西戎国就仿效那里的语言说话,夏禹到裸国

就把自己的衣裤脱光。墨子主张节俭,批评音乐,认为乐器没有什么益处,但去访问荆王时,他却穿着锦衣,吹起了笙。这不是违背了他的本意,而是顺从了荆王的爱好。

如果固执己见而不知变通,那么他就是不了解时宜的人。到闽越之地去卖衣帽,到赤脚行走的地区去卖鞋子,在天寒地冻的时候穿着汗衫,在烈日炎炎的时候穿着棉衣,人们都认为这是最愚蠢的而嘲笑这些行为。啊!要懂得入乡随俗、善于变通,人们怎么能不忍住自己的固执之心呢?

【评析】

做任何事情都不能因循守旧,要善于推陈出新。只有熟悉灵活多变的处事原则,在具体的环境中,才能做到灵活自如,也才能取得预期的胜利。在可以做的情况下做可以做的事,就会顺利;在不能做的情况下做不能做的事,就有危险。所以士人言行是进取还是退忍,要看世道是不是清明。

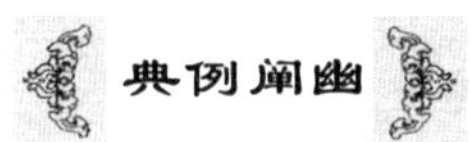

随机应变

公元616年,李渊被诏封为太原留守,北边的突厥用数万兵马多次冲击太原城池。更可恶的是,在突厥的支持和庇护下,一些人纷纷起兵闹事,李渊防不胜防,随时都有被隋炀帝借口失职而杀头的危险。

在当时的人们看来,李渊当时是内外交困,必然会奋起反击,与突厥决一死战。不料李渊竟派遣谋士刘文静为特使,向突厥屈节称臣,并愿把金银珠宝统统送给始毕可汗!

李渊为什么这么做呢?原来李渊根据天下大势,已决定起兵反隋。要起兵成大气候,太原虽是一个军事重镇,但不是理想的发家基地,必须西入关中,方能号令天下。西入关中,太原又是李唐大军万万不可丢失的根据地。那么用什么办法才能保住太原,顺利西进呢?

当时李渊手下兵将不过三四万人马,即使全部留驻太原,应付突厥的随时出没,同时又要追剿有突厥撑腰的四周盗寇,已是捉襟见肘。而现在要进伐关中,显然不能留下重兵把守。唯一的办法是采取让步政策,让突厥"坐受宝货"。所以李渊不惜俯首称臣。

李渊的退步策略获得了大丰收。始毕可汗果然与李渊修好。后来,李渊派李世民出马,不费多大力气便收复了太原。

而且,由于李渊甘于让步,还得到了突厥的不少资助。始毕可汗一路上送给李渊不少马匹及士兵,李渊又乘机购来许多马匹,这不仅为李渊拥有一支战斗力极强的骑兵奠定了基础,而且因为汉人素惧突厥兵英勇善战,李渊军中有突厥骑兵,自然凭空增加了声势。

背义之忍第八十三

【原文】

古之义士,虽死不避。栾布哭彭,郭亮丧孝。

王修葬谭,操嘉其义。晦送杨凭,擢为御史。此其用心,纯乎天理。

后之薄俗奔走利欲,利在友则卖友,利在国则卖国。回视古人,有何面目?赵岐之遇孙嵩,张俭之逢李笃,非亲非旧,情同骨肉,坚守大义,甘婴重戮。噫,可不忍欤!

【译文】

古代的义士,即使面临死亡也毫无惧色,不会躲避。西汉人栾布祭祀有恩于己的彭越,东汉李固的弟子郭亮哭悼李固,二位都是这样的义士,不畏强权和死亡。

东汉时的王修因受过袁绍之子袁谭的恩惠,在袁谭被曹操杀死之后,向曹操请求埋葬袁谭,曹操欣赏他的忠义之气。唐代的徐晦因受过杨凭的提拔之恩,在杨凭被贬谪时,仗义送别杨凭,被提升为御史。二人都是知恩图报的人,他们的仗义用心合乎天理,因此都得到了好的结局。

后来世风恶化,人们都把礼义之俗看得很淡,为了利益和私欲而奔忙,朋友那儿有利可图就出卖朋友,国家那儿有利可图就出卖国

家。回头看看古代的那些义士，这些只为谋取私利的人有什么脸面存活于世上？东汉赵岐因躲避宦官唐衡的迫害而隐姓埋名、四方逃难，后被孙嵩收留；东汉张俭因躲避中常侍侯览的迫害而逃亡在外，李笃冒着生命危险把张俭送到了塞外。孙嵩和赵岐，李笃和张俭，他们非亲非故，却能情同手足，坚守正义，冒着毁掉自己家庭的危险来收留、容纳对方！啊！知恩图报、行侠仗义是每个有道德的君子所应具备的品格，人们怎能容忍自己心中有背信弃义的念头呢！

【评析】

道义对个人及整个社会来说，都是至关重要的。要想成就丰功伟业，光有超凡的智慧还远远不够，还必须要信守道义。如果总是背信弃义，就无法获得别人的拥护和认可，这样想成事简直是天方夜谭。所以说面对利益的诱惑时，还是忍住背信弃义的心吧！

事君之忍第八十四

【原文】

子路问事君于孔子，孔子教以勿欺而犯。唐有魏征，汉有汲黯。

长君之恶其罪小，逢君之恶其罪大。张禹靦有于帝师之称，李勣何颜于废后之对？

俯拾怒掷之奏札，力救就戮之绯裈。忠不避死，主耳忘身。一心可以事百君，百心不可以事一君。若景公之有晏子，乃是为社稷之臣。噫，可不忍欤！

【译文】

《论语》载，子路向孔子询问怎样侍奉君主，孔子告诉子路说：“不要欺骗君主，还要敢于直言相谏。”唐代的魏徵和汉代的汲黯，都是这样敢于直言进谏的典范。

孟子说过，辅助君王的大臣，在君主有过失时不能劝谏反而还顺从他，这种不忠之罪还算小；如果君主过失尚未形成，却怂恿并引导其酿成，这种不忠就是罪大恶极了。西汉的张禹身为汉宣帝的老师，却助长皇帝的过失，因此他有愧于皇帝老师的称呼；唐代的李勣怂恿唐高宗李治废掉现任皇后，改立武则天为皇后，因此他有何脸面去见被废的皇后？

宋人赵普俯身拾起被宋太祖愤怒掷到地上的奏折，极力向宋太祖推荐人才；隋朝赵绰誓死相救因穿红裤去朝见皇上而将被处决的辛亶，捍卫法律的尊严。赵普和赵绰二人就真正做到了侍奉君主，尽忠就不怕杀头，为了君主，不惜牺牲自己。齐相晏婴认为：一心可以侍奉好几代君主，三心二意却难以侍奉一位君主。如果能像齐景公拥有晏婴这样的忠臣一样，那么就可以说是有社稷之臣了。啊！侍奉君主最主要的是忠诚，怎么能容忍事君而存有二心呢！

【评析】

服侍君主时，就要忠肝义胆，而不要巧言令色，作谄媚之态。这样，才能辅佐君主成就大业，也才符合事君之道。对于如何侍奉君主这个问题，各人有各人的观点，一个时代也有一个时代的理解。天下的人，有好也有坏，任用好人则天下太平，任用坏人则国家衰败。在公卿大臣之间，感情有喜爱也有憎恶，憎恶的人只见到可恨之处，喜爱的人只看到可爱之处。爱和恨之间，应当谨慎小心地对待。如果爱一个人又知道他的缺陷，恨一个人又知道他的优点，除去邪恶时不犹豫，任用贤人时不猜忌，国家就能兴旺了。

直言进谏，死而后已

玄武门之变后，有人向秦王李世民告发，东宫有个官员，名叫魏徵，曾经参加过李密和窦建德的起义军，李密和窦建德失败之后，魏征到了长安，在太子建成手下干过事，还曾经劝说建成杀害秦王。

秦王听了，立刻派人把魏徵找来。

魏徵见了秦王，秦王板起脸问他说："你为什么在我们兄弟中挑拨离间？"

左右的大臣听秦王这样发问，以为是要算魏徵的老账，都替魏徵捏了一把汗。但是魏徵却神态自若，不慌不忙地回答说："可惜那时候太子没听我的话。要不然，也不会发生这样的事了。"

秦王听了，觉得魏徵说话直爽，很有胆识，不但没责怪魏徵，反而和颜悦色地说："这已经是过去的事，就不用再提了。"

唐太宗即位以后，把魏徵提拔为谏议大夫，还选用了一批建成、元吉手下的人做官。原来秦王府的官员都不服气，背后嘀咕说："我们跟着皇上多少年。现在皇上封官拜爵，反而让东宫、齐王府的人先沾了光，这算什么规矩？"

宰相房玄龄把这番话告诉了唐太宗。唐太宗笑着说:“朝廷设置官员,为的是治理国家,应该选拔贤才,怎么能拿关系来做选人的标准呢。如果新来的人有才能,老的没有才能,就不能排斥新的,任用老的啊!”

大家听了,才没有话说。

有一天,唐太宗读完隋炀帝的文集,跟左右大臣说:“我看隋炀帝这个人,学问渊博,也懂得尧、舜好,桀、纣不好,为什么干出事来这么荒唐?”

魏徵接口说:“一个皇帝光靠聪明渊博不行,还应该虚心倾听臣子的意见。隋炀帝自以为才高,骄傲自信,说的是尧舜的话,干的是桀纣的事,到后来糊里糊涂,就自取灭亡了。”唐太宗听了,感触很深,叹了口气说:“唉,过去的教训,就是我们的老师啊!”

唐太宗看到他的统治巩固下来,心里高兴。他觉得大臣们劝告他的话很有帮助,就向他们说:“治国好比治病,病虽然好了,还得好好休养,不能放松。现在中原安定,四方归服,自古以来,很少有这样的日子。但是我还得十分谨慎,只怕不能保持长久。所以我要多听听你们的谏言才好。”

魏徵说:“陛下能够在安定的环境里想到危急的日子,太叫人高兴了。”

以后,魏徵提的意见越来越多。他看到太宗有不对的地方,就当面力争。有时候,唐太宗听得不是滋味,沉下了脸,魏徵还是照样说下去,叫唐太宗下不了台阶。

公元43年,那位直言敢谏的魏徵病死了。唐太宗很难过,他流着眼泪说:“一个人用铜做镜子,可以照见衣帽是不是穿戴得端正;用历史做镜子,可以看到国家兴亡的原因;用人做镜子,可以发现自己做得对不对。魏徵一死,我就少了一面好镜子了。”

事师之忍第八十五

【原文】

父生师教,然后成人。事师之道,同乎事亲。

德公进粥林宗,三呵而不敢怒;定夫立侍伊川,雪深而不敢去。

膏粱子弟,闾阎小儿,或恃父兄世禄之贵,或恃家有百金之资,厉声作色,辄谩

其师。弟子之傲如此，其家之败可期。故张勐以走教蔡京之子，此乃忠爱而报之。噫，可不忍欤！

【译文】

父母养育自己，老师教育自己，这样才能成长为一个有用的人才。侍奉老师的道理就如同侍奉自己的父母一样，要恭敬顺从。

汉代陈国德公魏昭为其师郭林宗熬粥，三次受到郭林宗的斥责，但他却始终和颜悦色，未曾恼怒；宋代游定夫和杨中立一起拜见程颐，因程颐在闭目养神而恭敬地侍立在程颐身旁等待，即使外面的雪已经很深了，他们也不曾离开。

官宦人家的子弟，富商大贾的后代，有的倚仗父辈或兄辈享受着朝廷俸禄，有的自恃家财万贯，就对老师说话语气严厉，面带怒色，动辄就谩骂诋毁老师。做弟子时就如此傲慢无礼，那么他家的破败衰落也就指日可待了。宋代张角用学走路作比喻来教导蔡京的孩子要学习本领才能应付变故，这才是真正以忠诚和爱心来报答主人啊。啊！老师犹如再生父母，事师如事亲，怎么能容忍对老师有不恭敬的行为呢？

【评析】

侍奉老师的原则，要像侍奉亲人那样。世间没有天生的英才，一个人只有经过父母、老师的教导，才有可能成为有用之人。如果从小就凭借家庭地位，对老师不尊重或者恶语相加，那么这样的人注定不会有好下场。所以说，只有侍奉老师如同侍奉自己父母的人，才会终有所成。

恭敬老师方能立身

事师是中华民族的一项传统美德。东汉学者班固《白虎通义·王者不臣》中曾说，旧时君主对教师是不以臣下之礼相待的，即其接待的规格比对一般的臣子还要高，这也是强调教师的地位之尊。在中国封建社会乃至近代社会民间长期存在的所谓“天地君亲师”，也是把教师和“天、地、君、亲”放到一起来尊敬甚至膜拜的。

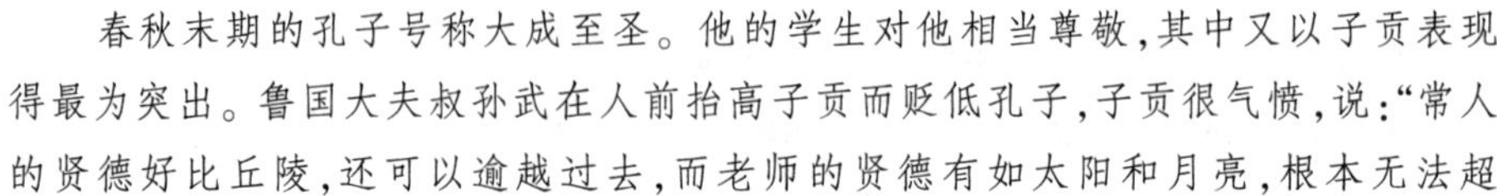

春秋末期的孔子号称大成至圣。他的学生对他相当尊敬，其中又以子贡表现得最为突出。鲁国大夫叔孙武在人前抬高子贡而贬低孔子，子贡很气愤，说：“常人的贤德好比丘陵，还可以逾越过去，而老师的贤德有如太阳和月亮，根本无法超

越。”孔子去世后，众弟子含哀，其中不少人都在孔子墓旁结庐守墓，守了三年才离去，而子贡则守了六年才离开。

孔子去世后，弟子们和一些鲁国人在孔子坟墓附近居住，约有百余家，形成后来的所谓“孔里”。此外，弟子们又纷纷植树纪念他们的老师。日子久了，这些树木成了后来的所谓“孔林”。孔子去世后三年，弟子们将孔子的旧居改为孔庙，将孔子生前所用的衣、冠、书陈列于堂中，四时祭祀。这就是“孔庙”。这“三孔”的形成，就是中国历史上最早的一段事师佳话。

东汉明帝刘庄对老师非常尊敬。他还是太子时，就对他的经学老师桓荣很敬重。每当老师讲课，他必然正襟危坐，专心听讲。老师有时提问他，他定要站起来回答。当他学成时，便立刻写了一封诚挚的感谢信给老师，表示绝不忘记老师的教诲。他即皇位之后，敬师之情依旧不减。有一次，他外出经过桓荣的家，便立即毕恭毕敬地进入桓家厅堂，请老师高座上位，而自己则规规矩矩坐在下位，敬请老师再一次给他讲经。后来桓荣去世，明帝闻讯后，非常伤心，当即到桓家吊唁，并指示有关人员为桓荣安排墓地。老师出殡那天，明帝脱去龙袍，穿上丧服，走在送葬人群的最前列。

同寅之忍第八十六

【原文】

同官为僚，《春秋》所敬；同寅协恭，《虞书》所命。生各天涯，仕为同列，如兄如弟，议论参决。

国尔忘家，公尔忘私，心无贪竞，两无猜疑。言有可否，事有是非，少不如意，矛盾相持。

幕中之辨人，以为叛；台中之评人，以为顺。昌黎此箴，足以劝诫。噫，可不忍欤！

【译文】

在官府中一起为官的同事称“僚”，这是《春秋》中所定义的；同僚之间应互相合作、互相尊敬，这是《虞书》所要求的。同僚虽然来自四面八方，但既然同朝做官，就应该情同手足,共同参政议政。

为了国家而忘了自己的小家,为了公事而忘了自己的私利,心里没有贪念,互相之间不你争我夺,这样才不会有猜疑、陷害。言论有轻重之别,事情有是非之分,如果不互相体谅的话,那么稍有不合,就会产生矛盾而针锋相对了。

韩愈(字昌黎)在《五箴》中说:"在官府中当众评说谁好谁坏,人们会认为你居心不良;在闲谈时评说别人,人们反而认为你有倾慕之心。"韩昌黎的这番箴言,足以劝诫那些不分场合随便说话的人了。啊!同僚要齐心协力侍奉君主,对待同僚,一定要互相忍耐包容啊!

【评析】

俗话说:"一个巴掌拍不响。"的确,在当今社会,一个人的成功必然要同身边的人发生关联,单打独斗是不可能将事情做得圆满的。言论有轻重,事情也有对错之分,如果同事之间不加注意,不互相体谅的话,就会产生矛盾。

同僚共事,相互帮扶

在社会关系中,除了亲人、朋友之外,同僚之间的关系也十分重要。同僚,这里指的是在一块儿工作的人,它既包括长期在一个部门共事的人,也包括由于某一件事而短时期在一块儿合作的人。它包括在一定职位共同进行管理或进行负责的官员,也指在一般基层岗位上彼此配合、相互联系的人。也正是由于在一段时间内,或一定的空间内彼此之间为某一共同的目标而努力,因而双方之间不能不在一定程度上发生种种联系,也不可避免地会形成某些利害冲突和矛盾。很显然,在这种矛盾和冲突之中,如果两虎相争,必有一伤。而从实质上看,又常常是两败俱伤,对双方都没有好处。因此,明智的人、懂得人生的人,或者说真正会合作或共事的人们,常常在同僚之间采取一种相互帮扶的合

作态度，从而获得一个比较轻松、和谐的合作与共事环境，以便使自己能够更好地实现自己的追求。相反，不愿帮扶的人则是处处针锋相对，寸土不让，其结果往往是丢得更多，输得更惨。因此，掌握同僚关系中的相互忍让和帮扶，对于自己，对于工作都是大有裨益的。

在《吕氏童蒙训》上有这样的话："侍奉君王应该像侍奉父母一样，对待同僚应该像对待兄弟一样，同僚之间应该像一家人一样。"又说："同僚之间亲密无间的友谊，其中本来就有兄弟般的情义。"可见古人对于同僚之间的关系看得很重，甚而等同于兄弟之情。所以，我们也应该珍惜与他人在一起共事所建立起来的友谊。作为同僚，就应该是有困难互相帮助，在工作中遇到问题，大家共同解决，千万不能见不得别人比自己好，嫉妒他人，甚至贬低、攻击他人，这是不能团结他人，心胸狭隘的表现。古人很重视同僚之间的友谊，他们常常互相提醒、告诫。

为士之忍第八十七

【原文】

峨冠博带而为士，当自拔于凡庸；喜怒笑嚬之易动，人已窥其浅中。故临大节而不可夺者，必无偏躁之气；见小利而易售者，生之斗筲之器。

礼义以养其量，学问以充其智。不戚戚于贫贱，不汲汲于富贵。庶可以立天下之大功，成天下之大事。噫，可不忍欤！

【译文】

士大夫们头上戴着高高的帽子，佩着宽大的带子，自然就显示出超凡脱俗的气质，超越一般人的仪表；但是如果轻易地就嬉笑怒骂，别人就非常容易了解他的为人。如果士大夫在生死存亡的紧要关头还能保持其气节和志向，自然就没有褊狭浮躁的毛病；如果见了蝇头小利就动摇气节、出卖人格，那他就是器量狭小之人，这种人终究不会成功。

士大夫应用礼义来培养自己宽宏的器量，用学问来提高自己的聪明才智。不因贫贱而忧伤烦恼，不因富贵而沾沾自喜。做到这些就可以立天下之大功，成天下之大事了。啊！士大夫应该是一位品格高尚、坚守气节的君子，要成为士大夫这样的贤人，怎能不忍耐浮躁之心呢！

【评析】

发牢骚本是名士的固有品格,当然适时地发一发牢骚也未尝不可,但是要把握一个度。如果动辄大放厥词,牢骚满腹,这就很危险了。如果见到小利益就出卖自己的人格,自然是气量狭小、目光短浅之人,注定不会成功。所以,当想发牢骚时,多想一想后果,可能会忍过去的。

为农之忍第八十八

【原文】

终岁勤勤,仰事俯畜,服田力穑,不避寒燠。

水旱者,造化之不良,良农不因是而辍耕;稼穑者,勤劳之所有,厥子乃不知于父母。

农之家一,而食粟之家六,苟惰农不昏于作劳,则家不给,而人不足。噫,可不忍欤!

【译文】

农民整年辛勤劳作,赡养自己的父母,供养自己的妻子、孩子,饲养牲畜,为了秋天有所收获,他们不避寒暑,在田里努力耕种。

无论是水涝还是干旱,都是大自然气候不正常造成的,勤劳的农民不会因此而停止耕种;农民勤劳种地,收获粮食,而他们的子孙却不了解父母的艰辛。

种庄稼的只有农民一类人,而吃粮食的却有士、农、工、商、释、道六类人。假如农民为了追求安逸而变得懒惰,早晚都不想耕田种地,那么就会没有收获,这样既不能供给家中的费用,也不能供养其他几类人了。唉!民以食为天,农民的责任如此重大,作为农民,怎么能容忍自己的懒惰呢!

【评析】

俗话说:“国以土为本,民以食为天。”的确,如果农民没有土地耕种,那么就不会有粮食产生,就没有食物可吃。这是不是说只要有土地,就什么都解决了呢?其实,也不尽然。如果农民偷懒,只图享受,不辛勤地在田园里耕种,到了秋天就没有足够的粮食可以收获。这样一定不会给家里带来花销,也不能供给别人。所以说,在播种的季节辛勤的播种,到了收获的季节才能有更好的收获。

为工之忍第八十九

【原文】

不善于斫，血指汗颜。巧匠傍观，缩手袖间。

行年七十，老而斫轮，得心应手，虽子不传。

百工居肆以成其事，犹君子学以致其道。学不精则窘于才，工不精则失于巧。

国有尚方之作礼，有冬官之考阶，身宠而家温，贵技高而心小。噫，可不忍欤！

【译文】

不善于使用斧子砍木头的人，砍破了手指还弄得汗流满面。而能工巧匠却袖手旁观，这样岂不是白白浪费了自己高超的手艺？

轮扁七十岁了，还能继续砍制车轮，他对这项工作心得体会颇深，快慢掌握得恰到好处，但是这门技艺别人是无法通过简单的学习就能掌握的，即使是他的儿子也无法继承他的技艺。

各行各业的工匠唯有住在店铺里才能学成技艺，完成他们的任务，这就如同君子只有通过学习才能明白道理一样。君子的知识学得不精通就会缺乏才能，工匠的技艺练得不纯熟就会缺乏巧思。

国家有尚方这样的官署专门掌管制造皇帝所用器物，有冬官这样的官员专门掌管考核工匠，有的工匠蒙受皇帝的恩宠而居高位，家庭温暖并有丰厚的给养，可谓丰衣足食，这主要是因为他们有高超的技术而且为人处世小心谨慎。啊！要使自己的技术得心应手，巧夺天工，就要专心致志地学习，怎能容忍自己三心二意呢！

【评析】

俗话说："没有金刚钻，别揽瓷器活。"可能世人都存在着侥幸心理，总是认为自己可能会把某事做成，但是自己有多少分量，自己应该很清楚啊。如果工艺不精又忍不住丰厚报酬的诱惑，那么由此而带来的祸患也就只有自己来承担了。

没有金刚钻，别揽瓷器活

齐景公请鲁国工匠为他做鞋。工匠为了讨得景公的欢心，就把鞋子做得十分奢华。鞋带是用黄金制成的，上面镶着白银，用珠宝相连缀，鞋孔是用好的玉石制成，鞋长一尺，十分美观。

农历十月天，景公穿着这双鞋上朝。晏子入朝，景公想起身相迎，因为鞋太重，他只能抬起脚，却迈不动步子，他问晏子："天气是不是很冷呢？"晏子说："大王怎么会问起天气的冷暖呢？在古代的时候，圣人做衣服，讲究冬天穿着轻便而暖和，夏天穿着轻便而凉爽，现在您的这双鞋，寒天里穿上会感到很冷，重量也超过一般人的承受能力，不符合生活的常理，工匠做得太奢华了。所以说这位鲁国的工匠不懂得冷热之节和轻重之量，破坏了人的正常习惯，这是他的第一条罪状；他使君主让诸侯讥笑，这是他的第二条罪状；浪费财物而没有实效，致使百姓怨恨大王，这是他的第三条罪状。请大王下令拘捕他，并把他交官吏量刑处置。"景公听了他的这一番话，觉得十分有道理，但他有些怜悯那个工匠，就向晏子求情，放了那个人。晏子却不同意，说："对于做了好事的人应当重赏，对花了气力干坏事的人要处罚。"景公听了知道自己无法改变晏子的主意，不说话了。

晏子走出朝堂，下令把鲁国的工匠抓起来，派人押送出国境，不准他再来齐国。

为商之忍第九十

【原文】

商者，贩商，又曰商量。商贩则懋迁有无，商量则计较短长。

用之缓急，价有低昂，不为折阅不市者。荀子谓之良贾，不与人争买卖之价者；《国策》谓之良商，何必鬻良而杂苦，效鲁人之晨饮其羊。

古之善为货殖者，取人之所舍，缓人之所急，雍容待时，赢利十倍。陶朱氏积

金，贩脂卖脯之鼎食，是皆大耐于计筹，不规小利于旦夕。噫，可不忍欤！

【译文】

商人，就是贩商，又叫做商量。商贩贸易货物，使老百姓互通有无，商量也计较短长，因物价而发生争执。

物品的使用有缓有急，物品的价格有高有低，商人不会因为商品的价格低会亏本就不做生意。荀子认为，真正精明的商人是不与顾客讨价还价的，而是善于抓住时机。《战国策》中认为，真正好的商人又何必在好的商品中掺杂劣质品来欺骗别人？他们是不会效仿鲁国人早上给羊喝水，以增加羊的重量这种做法的。

古代善于经商的人，买来大家不急需的东西，而卖掉大家正急需的东西，他们从容不迫、待时静观，就会谋取更大的利润。越国大夫陶朱公范蠡积累了很多财富，贩卖膏脂的人最终成为富商，贩卖肉脯的人最终成为鼎食之家，他们的成功都是耐心筹划、苦心经营的结果，而不为一朝一夕的小利斤斤计较。唉！做生意也要善于忍耐，等待时机，面对蝇头小利，人们怎能不忍耐追逐之心呢！

【评析】

自以为很聪明的商人，往往会赔得一塌糊涂，这是没有头脑和不懂经商之术的生意人。而真正的生意人，则能够根据市场行情的变化，在最合适的时候将货物卖出。当然，其中的利润一定会是可观的。

隐忍小利方能得到丰厚回报

古代商人白圭，在经商做生意方面的确有自己的一套，就连司马迁都称其为天下善于经商的人的始祖。

魏文侯时，李悝为相，鼓励农业生产，务尽地力，魏国形成开荒种地的热潮。

白圭是个身强力壮的人，却充耳不闻，仍然待在家里。

邻里都劝他：趁着国家政策好，你身体强，多开几亩荒地，留给后人，也可保丰衣足食。他只是一笑，说："我自有获利的好办法。"

不久，大家都在积极开荒种地时，白圭却开了一个店铺，租了好多间空房，就是不做一件买卖。人们笑他："哪有你这样做买卖的？"白圭仍是一笑置之。

秋天，农业获得大丰收。老百姓都愁粮食无处放，国库又只能收一部分，粮价贱得前所未有。白圭这才打出收粮的招牌，比市价还高五成，多余的粮食都被收购了，百姓都夸他做了件大好事。另一些粮商则骂他是傻子，看着白圭收了那么多粮食，都希望白圭的粮食卖不掉，一下子垮下来。

第二年，出现了几十年不遇的大灾年，春秋两季的收成都坏得很，粮价一下上涨了几十倍。奸商们都看准了是发大财的好机会。这时，白圭开始卖粮了，标价又大大低于市价，人们都纷纷到他这里来买粮。不到一个月，白圭收购的几百万石粮食全卖了出去。

收购价是一石一两银子，卖出价是一石十两银子，这一进一出，白圭就赚了几千万，一下子成了巨富。

那些早先劝他去开荒种地的人都说，白圭真是一块不耕而大获的料子啊！白圭有了雄厚的资本，坐着高车四处经商，每到一地，不到几天，价格贵贱全在胸中。然后，下手买卖，从无亏本的事。

一次到某地，此地盛产生漆，恰好当年又是大丰收，漆户都愁漆卖不出去。白圭在甲地时，探听到漆价极贵，以此地的价格运到甲地，至少有几十倍的赚头，于是又大肆收购。没几天，就收购了几十车的生漆。他把收购好的生漆运到甲地，一下子又赚了好多好多的银子。

《史记》夸他能洞察市场，善观行情变化，能取人所弃，与人所取，由此而获巨利。

白圭自己常说："我们经商，如同治国，要像伊尹、姜子牙那样；如同打仗，要有孙武、吴起的本领；如同变法，要像商鞅那样。所以，如果智慧不识权变，勇敢达不到当机立断，仁爱做不到给予，强大不能坚守，这样的话是学不到我的本事的。"

父子之忍第九十一

【原文】

父子之性，出于秉彝。孟子有言，贵善则离，贼恩之大，莫甚相夷。

焚廪掩井，瞽太不慈。大孝如舜，齐慄夔夔。

尹信后妻，欲杀伯奇，有口不辩，甘逐放之。

洒米数百斛而空其船，施才数千万而罄其库，以郗超、全琮不禀之专，二父胡为不怒？

我见叔世，父子为仇，证罪攘羊，德色借櫌。

父而不父，子而不子，有何面目，戴天履地？噫，可不忍欤！

【译文】

父亲慈爱、儿子孝顺，此乃人的天性，也符合伦理道德规范。孟子曾说："贵善则离。"父子之间为求好而相互责备，儿子因此可能会忘记父母之恩，所以说没有什么可以比父子之间互相责备更加伤害人的了。

舜的父亲瞽瞍在舜上屋顶修谷仓时，放火焚烧谷仓，舜去淘井时，用土填井，他的所作所为实在是太不仁慈了。但舜在历山负罪隐居时，倍加谦恭地孝敬父亲，侍候父亲，最后终于感化了父亲。

周代尹吉甫听信后妻的谗言，要加害于伯奇，违背了为父之道，伯奇并没有因此为自己辩解，甘愿被逐出家门，只是写了一首诗来抒发自己的苦闷。

三国时的全琮将父亲让他在集市上出售的几千斛好米，无偿地散给贫苦的人，空船而归，其父并未责怪他；晋代的郗超一天之中将自家仓库中所存财物全部无偿地送给了亲朋故友，其父并未惩罚他。对此二人不禀告父亲而自作主张的专断行为，他们的父亲为什么不发怒呢？因为他们的父亲理解自己的儿子。

我听说在衰乱的年代，父亲偷了羊，儿子就去作证；贫穷人家的子弟分家以后，把农具借给父亲用，就认为自己有恩于父亲。这两种行为都违背了天理，伤害了人伦，他们根本不懂得为人子的道理。

如果做父亲的不尽到做父亲的责任，做儿子的不尽到做儿子的义务，那么他们还有什么面目在天地之间存活呢！唉！父子本是一体，父子之间怎能不互相忍让，各守其道呢！

【评析】

孟子曾说，父子之间相互责备，就可能使儿子忘记父母之恩。父教子，本出自爱心，教育没有达到目的，就会发怒，发怒就会伤害儿子，儿子反过来责备父亲，这样就伤害了父亲。但是，如果父子相处时发生了矛盾，这时就要从道义出发，来寻求解决的办法。所以说，只有父子之间相互谅解，达成共识，才能使家庭和睦，万事兴旺。

母在一子寒，母去三子单

闵子骞是周朝人。幼时丧母，父亲娶某姓女为继室。闵子骞素性纯孝，对待继母像对待生母一样孝顺。后来继母接连生了两个儿子，于是对闵子骞开始憎恶起来。总是在丈夫面前说子骞的坏话，挑拨闵子骞与父亲的关系。

冬天到了，天气十分寒冷。继母为两个亲生儿子做的棉衣，内面铺的是十分暖和的棉花；而给闵子骞做的棉衣，内面铺的是一点也不暖和的芦花。芦花是水中生长的芦草，到处飞扬的那个轻飘飘的花，哪里能御寒呢？所以，闵子骞穿着觉得冷得很，好像没有穿衣一样。而这位继母反而向丈夫说："子骞不是冷，他穿的棉衣也是厚厚的。是太娇养了，故意称冷。"

一天，父亲要外出，闵子骞为父亲驾驶车马，一阵阵凛冽的寒风吹来，闵子骞冷得战栗不已，手冻得拿不稳马的缰绳，将缰绳掉到了地上，马将车子差点儿拉下了悬崖。父亲大怒，气得扬起马鞭，将闵子骞猛打。闵子骞的棉衣被打破了，内面的芦花飞了出来。父亲这才明白了一切。立即回家责骂后妻，要将狠毒的女人赶出家门，将这个心恶女人休掉。后妻像木头一样，呆呆地立着，羞愧得无话可说。闵子骞跪在父亲面前，哭着劝父亲说："母在一子寒，母去三子单，请不要赶走母亲。"

"母在一子寒，母去三子单"，这话说得多么诚恳感人啊！闵子骞的意思是说："后母在，仅我一个人是前娘的儿子，也只是我一人穿芦花的棉衣，因此，也仅仅是我一人寒冷。而你将后母赶走了，你再娶一位后母，那么便有三个前娘生的儿子了。假如第二位后母生了亲生儿子，为我们三个前娘生的儿子做芦花衣，那不是我们穿着芦花衣服的人，有三个人了吗？"

闵子骞说的“母在一子寒，母去三子单”流传于中国的民间。听了的人，人人为之感动，都说闵子骞是个孝子。他的那位后母当时也被闵子骞的这两句话感动，也知悔改。从此，把闵子骞当做亲生儿子一样看待。

兄弟之忍第九十二

【原文】

兄友弟恭，人之大伦。虽有小忿，不废懿亲。

舜之待象，心无宿怨；庄段弗协，用心交战。

许武割产，为弟成名；薛包分财，荒败自营。

阿奴火攻，伯仁笑受；酗酒杀牛，兄不听嫂。

世降俗薄，交相为恶，不念同乳，阋墙难作。噫，可不忍欤！

【译文】

哥哥对弟弟关爱，弟弟对哥哥谦恭，这是人世间重要的伦常礼数。兄弟之间即使产生小小的不满或矛盾，也不能因此而忘却美好的手足之情。

舜的弟弟象曾多次想谋害舜，但舜对待象只有关爱，没有怨恨；庄公与段叔虽是一母同胞，却不能和睦相处，总是处心积虑地争斗。

东汉许武分割家产，将最好的田地、奴婢、房子都留给自己，是为了帮助弟弟获得谦让的好名声而成名；东汉薛包在兄弟分家时，把荒地和破烂的东西都留给自己，把好的东西都分给弟弟，还经常救济弟弟。许武、薛包如此关爱自己的弟弟，确实是后世学习的榜样。

晋代周颉的弟弟阿奴耍酒疯，举起燃烧的蜡烛扔向周颉，周颉笑着承受弟弟的行为；

为；隋朝牛弘的弟弟酗酒后用箭杀死了牛弘驾车用的牛，牛弘不听妻子的唠叨，原谅了弟弟。周颢、牛弘作为兄长，对待弟弟的过错宽宏大量，成为后世楷模。

如今世风日下，人心不古，兄弟之间为了各自的利益而争斗不止，互相为恶，不顾同胞手足之情，一家之中内讧不断，实在令人痛心。唉！同胞兄弟，情如手足，怎能不互相忍让呢！

【评析】

历史上，兄弟之间为了争权夺势而骨肉相残的例子简直不胜枚举，这些人在相互残杀的时候丝毫没有念及半点手足之情，实在是令人心痛啊！其实，中国一直在强调传统伦理道德的重要性。同胞间的情义体现为互敬互爱，相互扶持，恭谨谦慎，和睦共处，荣辱与共，尤其是有外侮来临时，则更应齐心协力，团结一致，这样才能家庭昌盛，事业兴旺。

兄弟相残祸在不能隐忍

公元618年，隋炀帝被杀之后，李渊逼隋恭帝禅位，建立唐朝，改元武德，是为唐高祖，便以世子建成为太子，而以世民为秦王。太子建成性情松缓惰慢，喜欢饮酒，贪恋女色，爱打猎；高祖第四子、齐王李元吉，常有过错；二人均不受高祖宠爱。世民功勋名望日增，高祖常常有意让他取代建成为太子，建成心中不安，于是与元吉共同谋划，并答应元吉在自己即位以后，立他为皇太弟，所以元吉倒向大哥建成，为建成尽死效力，他们各自交结建立自己的党羽，组成太子党，一起排挤世民。秦王世民一方也不甘示弱，随着世民在外屡立战功，威望日高，高祖先后封他为司徒（三公之一）、尚书令（相当于宰相）、中书令（亦相当于宰相），乃至无可再封时，便创造了史无前例的天策上将之职授予他，位在诸王之上，在朝中的地位仅次于高祖和太子建成，且拥有众多支持者；秦王府内人才济济，与秦王的支持者们一起形成了秦王党，与太子党相抗衡。

武德九年（626）六月四日，李世民向李渊告发了李建成和李元吉的阴谋，李渊决定次日询问二人。李建成获知阴谋败露，决定先入皇宫，逼李渊表态。在宫城北门玄武门执行禁卫总领常何本是太子亲信，却被李世民策反。六月四日，秦王亲自带一百多人埋伏在玄武门内。李建成和李元吉一同入朝，待走到临湖殿，发觉不对头，急忙拔马往回跑。李世民带领伏兵从后面喊杀而来。李元吉情急之下向李世民

连射三箭,无一射中。李世民一箭就射死李建成,尉迟恭也射死李元吉。东宫的部将得到消息前来报仇,和秦王的部队在玄武门外发生激烈战斗,尉迟敬德将二人的头割下示众,李建成的兵马才不得已散去。之后,李世民跪见父亲,将事情经过上奏。三天后,李世民被立为皇太子,诏曰:“自今军国庶事,无大小悉委太子处决,然后闻奏”。两个月后,李渊退位,李世民登基。

夫妇之忍第九十三

【原文】

正家之道,始于夫妇。上承祭祀,下养父母。唯夫义而妇顺,乃起家而裕厚。《诗》有仳离之戒,《易》有反目之悔。

鹿车共挽,桓氏不恃富而凌鲍宣;卖薪行歌,朱氏乃耻贫而弃买臣。

茂弘忍于曹夫人之妒,夷甫忍于郭夫人之悍。不谓两相之贤,有此二妻之叹。噫,可不忍欤!

【译文】

治家的正道,始于夫妇的相处之道。夫妇应该对上祭祀祖先,对下孝敬父母。一家之中,丈夫仁义,妻子顺从,各自遵守各自之道,这样家道才可以兴旺发达。《诗经》中有被丈夫抛弃的妇女的哀叹,《易经》中有夫妻反目为仇的警戒。

西汉时桓少君与清贫的丈夫鲍宣一起挽着木车探亲访友,修行妇道,不因为自己家道富裕而轻视丈夫;西汉朱买臣以砍柴为生,常常边担柴边读书,边走边唱,其妻认为她难以享受到富贵,就弃买臣而去。桓少君恪守妇道,受到邻里称赞;而朱氏却因朱买臣后来富贵,羞愧难当而自杀身亡。

晋代王茂弘忍受妻子曹氏的暴躁,暗中救护自己的婢妾;晋代王夷甫容忍妻子郭氏的仗势欺人和凶悍无理。我们且不论二位丈夫如何贤明,只说这二位夫人有失妇道的行为就已经令人扼腕叹息了。唉!夫妇之间本应相敬如宾,同进共退,怎么能不互相忍让呢!

【评析】

夫妇是家庭组建的单位,夫妇虽不像父母子女、兄弟姐妹那样骨肉情深,却是一生不可分离的生活伴侣。夫妇之间,只有苦乐与共,休戚相关,才能成为好的夫妇,也才有真正的幸福,家道才可以兴旺发达。

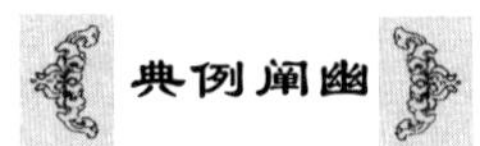

夫忍以义,妇忍以德

商朝末年,有个足智多谋的人物,姓姜名尚,字子牙,人称姜太公。他辅佐周文王、周武王攻灭商朝,建立周朝,立了大功。后来封在齐,是春秋时齐国的始祖。

姜太公曾在商朝当过官,因为不满纣王的残暴统治,弃官而走,隐居在陕西渭水河边一个比较偏僻的地方。为了取得周族的领袖姬昌的重用,他经常在小河边用不挂鱼饵的直钩,装模作样地钓鱼。姜太公整天钓鱼,家里的生计发生了问题,他的妻子马氏嫌他穷,没有出息,不愿再和他共同生活,要离开他。姜太公一再劝说她别这样做,并说有朝一日他定会得到富贵。但马氏认为他在说空话骗她,无论如何不相信。姜太公无可奈何,只好让她离去。

后来,姜太公终于取得周文王的信任和重用,又帮助周武王联合各诸侯攻灭商朝,建立西周王朝。马氏见他又富贵又有地位,懊悔当初离开了他。便找到姜太公请求与他恢复夫妻关系。

姜太公已看透了马氏的为人,不想和她恢复夫妻关系,便把一壶水倒在地上,叫马氏把水收起来。马氏赶紧趴在地上去取水,但只能收到一些泥浆。于是姜太公冷冷地对她说:“你已离我而去,就不能再合在一块儿。这好比倒在地上的水,难以再收回来了!”

苍翠茂盛的烂柯山下,住着一位读书人朱买臣和他的妻子崔氏。朱买臣为人老实厚道,每日苦读诗书,但运气不佳,科举考试屡屡受挫。他家境贫寒,无以为生,只得到烂柯山上砍柴度日。

多年以来,崔氏跟着丈夫过着清苦的生活,渐渐地她有些不耐烦了,脾气越来越坏,她从心里看不起丈夫那副穷酸的样子,说话尖酸刻薄。朱买臣有口难言,只得默默忍耐。

一日,天寒地冻,大雪纷飞,朱买臣饥肠辘辘,被崔氏逼到山上砍柴。他以为多砍些柴草卖掉,买回米面,妻子就会高兴起来。谁知崔氏另有打算:她让媒婆为自己物色了新的丈夫——家道殷实的张木匠。朱买臣一进家门,崔氏就提出要他写下休书。朱买臣痛苦地请求妻子再忍耐一时,等他考中得官,日子就会好起来。崔

氏却坚定地表示,即使朱买臣将来做了高官,自己沦为乞丐,也不会去求他。朱买臣见她全然不顾多年的夫妻之情,只好写下了休书。

不久,朱买臣考中进士,做了太守。崔氏得知心慌意乱,她想木匠怎能跟太守相比?太守夫人享的是荣华富贵呀!她决定去找朱买臣,不要现任的丈夫了。崔氏蓬头垢面,赤着双足,跑到朱买臣面前,苦苦哀求他允许自己回到朱家。骑在高头大马上的朱买臣若有所思,让人端来一盆清水泼在马前,告诉崔氏,若能将泼在地上的水收回盆中,他就答应她回来。崔氏闻言,知道缘分已尽。她羞愧难当,自杀身亡。

宾主之忍第九十四

【原文】

为主为宾,无骄无谄;以礼始终,相孚肝胆。

小夫量浅,挟财傲客,箪食豆羹,即见颜色。

毛遂为下客,坐于十九人之末,而不知为耻;鹏举为贱官,馆于马坊,教诸奴子而不以为愧。广阳岂识其文章,平原不拟其成事。

孙丞相延宾,而开东阁;郑司家爱客,而戒留门。

醉烧列舰,而无怒于羊侃;收债焚券,而无恨于田文。杨政之劝马武,赵壹之哭羊陟。居今之世,此未有闻。噫,可不忍欤!

【译文】

无论是做主人还是做宾客,既不要妄自尊大,也不要曲意逢迎,而要自始至终以礼相待,互相信任,肝胆相照。

气量狭窄的人,恃财仗势,傲待客人,仅仅赠与门客一碗饭和一壶汤这样的小东西,就流露出傲慢无礼的脸色,自认为自己施与宾客莫大的恩惠。

战国时毛遂是平原君的门客,微不足道,排在 19 人之后,但他并不以为耻辱,随平原君出使楚国并用智谋说服了楚国前来救赵国;北魏温鹏举是广阳王宇文深的最下等的食客,在广阳王的马坊中教书,但他并没有感到惭愧,写了《侯山祠碑文》,受到重视并被举荐为官。如果温鹏举不写那篇碑文,广阳王怎能知道他是一个才子呢;如果平原君不用毛遂,毛遂就不会脱颖而出,平原君也就无法完成拯救赵国的使命了。

西汉公孙丞相为了招举贤良之才，专门修了一幢客馆，开辟了东阁房；西汉郑庄爱惜人才，告诫门人有客人来投奔都要挽留。公孙丞相和郑庄都能做到礼贤下士，广纳人才，因此成为一代名臣。

南朝梁人张儒才酒后不慎失火烧了羊侃船只七十多艘，财物无数，而羊侃非但不责怪他，反而安慰他；战国冯驩为孟尝君田文到薛地收债，却把债券烧了，孟尝君并不怨恨冯驩，反而感谢他为自己买回了仁义。东汉杨政严厉责骂马武不招纳人才，并以恶言相威胁，而马武不仅接受了这番忠告，还与杨政交了朋友；东汉赵壹因久不得志，而去河南尹羊陟处哭闹，羊陟很赏识他并极力举荐他，一时赵壹名震京师。这些宾主之间以礼相待、互见忠诚的事情，如今是很难听到了。唉！宾主之间要以礼相待，人们怎能不遵守宾主之道，互相忍让呢！

【评析】

做主人不要傲慢，做宾客的不要谄媚，宾要敬主，主也要敬宾，宾有宾的礼仪，主有主的职责，双方都要按照自己的规范行事。有时候主对宾不周，宾要忍；有时候宾对主不敬，主也要忍，这样才能够搞好宾主之间的关系。

毛遂平原君恪守宾主之道

秦国大军攻打赵都邯郸，赵国虽然竭力抵抗，但因为在长平遭到惨败后，力量不足。赵孝成王要平原君赵胜想办法向楚国求救。平原君是赵国的相国，又是赵王的叔叔。他决心亲自到楚国去跟楚王谈判联合抗秦的事。平原君打算带二十名文武全才的人跟他一起去楚国。他手下有三千个门客，可是真要找文武双全的人才，却并不容易。挑来挑去，只挑中十九个人，其余都看不中了。他正在着急的时候，有个坐在末位的门客站了起来，自我推荐说："我能不能来凑个数呢？"

平原君有点惊异，说："您叫什么名字？到我门下来有多少日子了？"

那个门客说："我叫毛遂，到这儿已经三年了。"

平原君摇摇头，说："有才能的人活在世上，就像一把锥子放在口袋里，它的尖儿很快就冒出来了。可是您来到这儿三年，我没有听说您有什么才能啊。"

毛遂说："这是因为我到今天才叫您看到这把锥子。要是您早点把它放在袋里，它早就戳出来了，难道光露出个尖儿就算了吗？"

旁边十九个门客认为毛遂在说大话，都带着轻蔑的眼光笑他。可平原君倒赏

识毛遂的胆量和口才，就决定让毛遂凑上二十人的数，当天辞别赵王，上楚国去了。平原君跟楚考烈王在朝堂上谈判合纵抗秦的事。毛遂和其他十九个门客都在台阶下等着。从早晨谈起，一直谈到中午，平原君为了说服楚王，把嘴唇皮都说干了，可是楚王说什么也不同意出兵抗秦。台阶下的门客等得实在不耐烦，可是谁也不知道该怎么办。

有人想起毛遂在赵国说的一番豪言壮语，就悄悄地对他说："毛先生，看你的啦！"毛遂不慌不忙，拿着宝剑，大步跨上台阶，远远地大声叫起来："出兵的事，非利即害，非害即利，简单而又明白，为何议而不决？"楚王非常恼火，问平原君："此人是谁？"平原君答道："此人名叫毛遂，乃是我的门客！"楚王喝道："赶快下去！我和你主人说话，你来干吗？"毛遂见楚王发怒，不但不退下，反而又走上几个台阶。他手按宝剑，说："如今十步之内，大王性命在我手中！"楚王见毛遂那么勇敢，没有再呵斥他，就听毛遂讲话。毛遂就把出兵援赵有利楚国的道理，作了非常精辟的分析。毛遂的一番话，说得楚王心悦诚服，答应马上出兵。

不几天，楚、魏等国联合出兵援赵。秦军撤退了。平原君回赵后，见了赵王，平原君说："我这一回出使楚国，多亏了毛遂先生。他那三寸不兰之舌，使得咱们赵国重过九鼎大吕。他真比百万雄兵还要强啊！"

没过三天，毛遂的名字在赵都邯郸便家喻户晓了。现在这句成语常用来比喻一个有才能的人勇于向别人推荐自己。

奴婢之忍第九十五

【原文】

人有十等，以贱事贵，耕樵为奴，织爨为婢。父母所生，皆有血气，谴督太苛，小人怨詈。

陶公善遇，以嘱其子。阳城不瞋易酒自醉之奴，文烈不谴籴米逃奔之婢。二公之性难齐，元亮之风可继。噫，可不忍欤！

【译文】

古人认为，人有贵贱，分为十等，卑贱的人应该侍奉高贵的人。耕田砍柴的人叫做奴，织布烧饭的人叫做婢。奴婢同样也是父母所生，都是有血气，有七情六欲的人,如果对待他们过于苛刻和严厉,那么就会引起他们的怨恨和咒骂。

东晋陶潜,善待奴婢,曾经写信嘱咐儿子,要他好好对待他的家奴。唐朝阳城并没有责怪将米换成酒后喝得醉醺醺的奴仆,北魏房文烈并没有责怪借买米之机外逃好几天的婢女。阳城和房文烈的忍性和度量是常人难以匹敌的,但陶潜的敦厚之风还是可以学习继承的。唉!奴婢虽然身份卑微,但同样是父母所生,是活生生的人,对于他们的过失怎能苛刻责骂呢!

【评析】

古人认为,人分为十等,低贱的人应该侍奉高贵的人。男仆人叫奴,女仆人叫婢。地位尊贵的人有自己的尊严,地位低下的人同样也有自己的尊严。地位低下者没有权,没有势,没有钱财,剩下的也只有尊严了。所以,地位低下者是很在意这最后的尊严的。假如,你有钱有势,但是你也要记住给那些地位低下者保留那么一点自尊。当然,尊重别人的做法很多:不过分责备他人,不损害他人的自尊心,是最重要的一点。

典例阐幽

待人处事,不分尊卑

东晋陶潜,字元亮,浔阳人。他在彭泽当县令时,没有将家属都带到城中,而是将自己的一个做苦力的仆人送回家,给儿子们帮忙。同时,他又写了一封信,说:"你们的日常费用很难自给,所以派一个仆人帮助你们打柴担水,他也是人家的孩子,你们应当好好待他。"

唐朝阳城,字亢宗,定州北平人,唐德宗时为谏议大夫。一天,他家中没有了粮食,派人去取米,仆人却将米换成酒喝掉了,醉倒在路上。阳城见他久去不回,便与弟弟一起出去迎接,这时见仆人酒醉睡在路上,还没有醒,于是将他背回来。仆人酒醒以后,责怪自己。阳城对他说:"天气太冷,饮一点酒,有什么可自责的呢?"这

样以自己的心设身处地为一个仆人着想的主人，仆人怎么能不尊重他呢？人是有感情的，你对他好，他自然心存感激，你对他尊重，他也会回报你，更敬重你。

北魏房文烈，性情温和，从不发怒。他任吏部侍郎时，有一段时间，阴雨连绵，家中断了口粮。房文烈派奴婢出去买米，奴婢却乘机逃走了，过了三四天才回来。房文烈对她说："全家都没有吃的了，你跑到哪里去了呢？"竟没有打她。

其实，陶渊明的教养可以学习，而阳城、房文烈两位性情与度量却是难以企及的。他们深知只有尊敬他人，才会为他人所尊敬的道理，并能够忍耐住自己作为主人对下人不屑一顾、趾高气扬的态度。

交友之忍第九十六

【原文】

古交如真金百炼而后不改其色，今交如暴流盈涸而不保朝夕。

管鲍之知，穷达不移；范张之谊，生死不弃。

淡全甘坏，先哲所戒；势贿谈量，易燠易凉。盖君子之交，慎终如始；小人之效，其名为市。

郈子迎谷臣之妻子至于分宅，到溉视西华之兄弟胡心不恻。指天誓不相负，反眼若不相识。噫，可不忍欤！

【译文】

古人交友就像真金百炼一样，无论经历多少考验都不改变其本色；今人交友就像夏季暴雨后的小水沟，早上还是满的，到晚上可能就干涸了，其交情是不会长久的。

春秋时的管仲与鲍叔牙，相知如一，无论贫穷还是通达，二人之间的友情都不曾改变；东汉时的范式与张劭，在太学游学时结下了深厚的友谊，无论是生是死，双方都没有抛弃彼此的友谊。

君子之交淡如水，却能长久，小人之交甜如蜜，却易毁坏，这是先哲告诫我们的。南朝刘峻曾将交友分为五种类型：因权势而结交，因贿赂而结交，因谈论相宜而结交，因贫穷而结交，因度量而结交，这样结交的朋友忽冷忽热，不会长久。所以，真正的君子交友，双方自始至终都保持谨慎谦恭，友谊始终不变。而小人交朋友就像在市场上做生意一样，生意做完了，他们的友谊也随之结束了。

春秋鲁国郈成子在好友谷臣被杀后，将谷臣的妻子儿女接到鲁国，并腾出房子让他们居住，供养他们；南朝到溉在好友任昉死后，对任昉正处于穷困境地的儿子们没有一点关怀之情。韩愈也著文讥讽那些势利之交，说这些人在朋友得势的时候，就对天发誓，决不相负，朋友一旦失势，他们便反目成仇，看见朋友就如同路上的陌生人一样。唉！君子之交淡如水，人们怎能容忍自己与势利小人结为朋友呢！

【评析】

人要在群体中生活，自然离不开交友。交友是人生处世的必然，也是人生进取的必需。“千金易得，知己难求“，朋友之间贵在知心。朋友之间应是君子之交淡如水，重情重义，这样才能彼此切磋、规劝、勉励，否则小人之交甘若醴，这样的朋友也不会长久。

千金易得，知己难求

有些人看上去平平常常，甚至还给人“窝囊”、不中用的弱者感觉，但这样的人并不可小看。有时候，越是这样的人，越是在胸中隐藏着高远的志向抱负，而他这种表面“无能”，正是他心高气不傲、富有忍耐力和成大事策略的表现。这种人往往能高能低、能上能下，具有一般人所没有的远见卓识和深厚城府。

刘备一生有“三低”的行动，它们奠定了他事业的基础。一低是桃园结义，与他在桃园结拜的人，一个是酒贩屠户张飞，另一个是在逃的杀人犯，因正在被通缉而流窜江湖的关羽。而刘备曾被皇上认为皇叔，却肯与他们结为异姓兄弟，这样一来，两条浩瀚的大河向他奔涌而来，一条是五虎上将张翼德，另一条是儒将武圣关云长。刘备的事业，从这两条河开始汇成汪洋大海。

二低是三顾茅庐。为一个未出茅庐的后生诸葛亮，刘备竟前后三次登门求见。不说身份名位，只论年龄，刘备差不多可以称得上长辈，长辈喝了两碗晚辈精心调剂的闭门羹，连关羽和张飞都在咬牙切齿。他却毫无怨言，一点都不觉得丢了脸面，这又一低，得到了一张宏伟的建国蓝图，一个千古名相。

三低是礼遇张松。益州别驾张松，本来是想卖主求荣，把西川献给曹操，曹操自从破了马超之后，志得意满，数日不见张松，见面就要问罪，差点将其处死。而刘

备派赵云、关云长迎候于境外，自己亲迎于境内，宴饮三日，泪别长亭，甚至要为他牵马相送。张松深受感动，终于把原本打算送给曹操的西川地图献给了刘备。这再一低，不费吹灰之力得到西川。

在这个故事中，刘备胸怀大志，却平易近人礼贤下士，慢慢成就了自己的事业。与之相反，曹操心高气傲，目中无人，白白丢掉了富饶的天府之国，并且还因此耽误了统一中国的大计。单从这一点上看，刘备是真英雄，虽然他没有所谓的气势架子；而曹操则一副狂徒之态，傲气冲天，耀武扬威。他因此吃了大亏，其实一点都不冤。

年少之忍第九十七

【原文】

人之少年，譬如阳春，莺花明媚，不过九旬，夏热秋凄，如环斯循。人寿几何，自轻身命；贪酒好色，博弈驰骋；狎侮老成，党邪疾正；弃掷诗书，教之不听。玄鬓易白，红颜早衰，老之将至，时不再来。不学无术，悔何及哉！噫，可不忍欤！

【译文】

人生中少年和壮年时期，就像春天一样阳光明媚，但春光易逝、好景不长，莺花明媚的时光也不过三个月便过去了，接着便是炎热的夏季，随之是万物凋零的秋季，之后就是冰天雪地的冬季，四季如此循环往复。人的寿命又能有多长呢，怎么能自己轻视自己的生命，沉溺于酒色、赌博下棋、游玩等事情上来消磨美好的时光，侮辱怠慢老年人，与坏人拉党结派，与好人结怨记仇，不读圣人之书，别人的教导也听不进去。黑发很快就变白了，红颜很快就衰老了，老年马上就会到来，过去的美好时光一去不复返。自己既无知识也无技能，碌碌无为，一事无成，到时后悔哪里来得及呢！唉！青春美好但易逝，少壮不努力，老大徒伤悲，青少年的时候，怎能不忍住自己虚掷光阴的放纵之心呢！

【评析】

人的寿命又有多少呢？青春易老，年华易逝。人的一生其实是很短暂的，如果抓不住就会后悔莫及。对此，年轻人应该忍住自己轻狂的样子，不贪图生活享受，珍惜青春，珍惜时间，努力向前，只有这样，才能终有所成。

典例阐幽

少年英雄甘罗忍而有智

自古英雄出少年。为了国家、民族的利益，应当是“地无南北，人无老幼”。只要是有能力的人就应该出来担负起自己的责任。十二岁的甘罗，不以年纪小而自怯，相反，运用智慧解决了不少国家政治、外交中的难题。

文信侯吕不韦想攻打赵国以扩张他在河间的封地，他派刚成君蔡泽在燕国做大臣，经过三年努力，燕太子丹入秦为质。文信侯又请秦人张唐到燕国做相国，以联合燕国攻伐赵国、扩大他在河间的封地。张唐推辞说：“到燕国去必须取道于赵国，由于过去伐赵结下仇怨，赵国正悬赏百里之地抓我。”文信侯很不高兴地令他退下。少庶子甘罗问：“君侯为什么这般不高兴呢？”文信侯说：“我让刚成君蔡泽到燕国做了几年工作，使太子丹入朝为质，一切就绪了，现在我亲自请张唐到燕国为相，他竟推辞不去！”甘罗说：“我有办法让他去。”文信侯厉声斥到：“走开！我亲自出马他尚且无动于衷，你还能有什么办法！”甘罗辩解说：“古时项七岁时即为孔子师，我今年已十二岁了，君侯为何不让我去试一试，为何不由分说便呵斥于我呢！”

于是甘罗拜谒张唐，问他：“阁下认为您的功勋比武安君如何？张唐说：“武安君战功赫赫，攻城略地，不可胜数，我张唐不如他。”甘罗问：“阁下果真自知功不及武安君吗？”张唐答道：“是的。”甘罗又问：“阁下您看，当年执掌秦政的应侯范雎与今日文信侯相比，哪一个权势更大？”张唐说：“应该不如文信侯。”甘罗问：“阁下确认这一点吗？”张唐说：“是的。”甘罗说：“当年应侯想攻打赵国，可武安君阻拦他，结果应侯在离咸阳七里处绞死武安君。现在文信侯亲自请您去燕国任相，阁下却左右不肯，我不知道阁下身死何地啊！”张唐沉吟道：“那就麻烦您跟文信侯说我张唐乐意接受这一使命。”于是他让人准备车马盘缠，择日起程。甘罗又去跟文信侯说：“请君侯替我备五辆车子，让我先去赵国替张唐打通关节。”

于是甘罗去见赵王，赵王亲自到郊外迎接他。甘罗问道：“大王听说太子丹入秦为质的事吗？”赵王说：“也听到了风声。”甘罗分析道：“太子丹到秦国，燕国就不敢背叛秦；张唐在燕，秦国也不会欺辱燕国。秦、燕相亲，就是为了伐赵，赵国就危险了。秦、燕相好，别无他故，只是为了攻伐赵国，扩张河间地盘而已。为大王计，若能送给我五座城邑去拓展河间之地，就能使秦国遣还太子丹，并且联合赵国一道攻打燕国。”赵王当即割让五座城邑，秦国也打发太子丹归燕。赵国攻打燕国，得上谷三十六县，分给秦国十分之一的土地。

将帅之忍第九十八

【原文】

阃外之事，将军主之，专制轻敌，亦不敢违。卫青不斩裨将而归之天子，亚夫不出轻战而深沟高垒。军中不以为弱，公论亦称其美。

延寿陈汤，兴师矫制，手斩郅支，威振万里，功赏未行，下狱几死。

自古为将，贵于持重；两军对阵，戒于轻动。故司马懿忍于妇帻之遗，而犹有死诸葛之恐；孟明视忍于崤陵之败，而终致穆公之三用。噫，可不忍欤！

【译文】

朝廷之外的事情，由将帅做主，但如果君主独断专行，傲慢轻敌，将帅也不敢违抗命令。西汉汉武帝时的大将军卫青，从不越权擅做主张，对于失职的副将也交给天子去处理。西汉汉景帝时的太尉周亚夫，不轻易出战，而以深沟高垒坚守，疲饿叛军，然后出精兵追击，大败叛军。人们并不认为卫青和周亚夫是懦弱胆小，而是纷纷称赞他们的用兵之道。

西汉甘延寿和陈汤，曾伪称奉皇上之命，率兵攻打匈奴，杀掉郅支单于，威名震动内外，但他们还没有来得及享受皇上的赏赐，就被打入监狱，后客死他乡。

古往今来，当将帅的人，最可贵的是稳重；敌我双方交战，胜负未见分晓的时候，最可怕的就是轻举妄动。三国时魏国大将军司马懿忍受了诸葛亮赠给他一套妇人所穿衣服的侮辱，更有死了的诸葛亮吓退了活着的司马懿之说；战国时秦国大帅孟明视忍受了郩陵之败的耻辱，励精图治，终于打败晋国，没有辜负秦穆公对他的厚望。作为将军，危急之际要能够保持稳重，失败之时要能够忍受耻辱，怎能不忍受失败和挑战呢！

【评析】

危急之际保持稳重，失败之际忍受耻辱，这都是将帅应有的品质和转败为胜的关键。作为新时期的将帅，商业界的骄子，注定还要与各种阴险和狡猾的人接触，经常面临着钩心斗角的现象，这是时代的特征，也是胜利者必经的途径。

名将卫青贵而不骄

卫青是汉武帝时期的名将。卫青因姐姐卫皇后受宠于汉武帝，被任命为大将军，封长平侯，率大军攻打匈奴。

右将军苏建在与匈奴作战中全军覆没，单身逃回，按军律当斩。

卫青问长史、议郎等属官："苏建应当如何处置？"

议郎周霸说："大将军出兵以来，从未斩过一名偏将小校，如今苏建弃军逃回，正可斩苏建的头，来立大将军之威。"

卫青说："我因是皇上的亲戚而带兵出塞，并不怕立不起军法的威严，你劝说我杀人立威，却失掉了做臣子的本分，我的权限虽可以斩杀大将，然而我把专杀大将的权力还给皇上，让皇上来决定是否诛杀，来显示我虽在境外，受皇上尊宠，却不敢专权杀将，这不是更好吗？"属官们都钦佩地说："大将军高见，属下等万万不及。"

卫青便派人把苏建押回长安，汉武帝怜惜其才，并未杀他，让他出钱赎罪，而对卫青的处置大为满意。

苏建后来又跟随卫青出塞攻打匈奴，他劝卫青说："大将军的地位是至尊至重了，可是天下的贤士名人却没人夸赞传扬您的威名，古时的名将都向朝廷推荐贤良才能之士，自己的名声也传遍四海，希望大将军能学习古时名将的做法。"

卫青摇头说："你只知其一，不知其二。自从武安侯田蚡、魏其侯窦婴各自招揽宾客，结成朋党，以颂扬自己的名声，皇上常常恨得咬牙切齿。亲近贤士名人、进用贤良、贬黜不肖，这都是皇上的权柄，我做臣子的，只知道遵守国法，履行自己的职责而已。”

汉武帝宠爱卫青特甚，讽令群臣见到卫青都要行跪拜礼，以显示大将军的尊贵。

群臣都不敢抗旨，见到卫青无不匍匐礼拜，只有主爵都尉汲黯见到卫青，依然行平揖礼，有人好意劝汲黯：“对大将军行跪拜礼乃是皇上的意思，您这样做不怕皇上恼怒吗？”

汲黯昂然道：“跪拜大将军的多了，多我一个不多，少我一个不少。难道说大将军有一个平礼相交的朋友就不尊贵了吗？”

卫青听说后，非常高兴，登门拜访汲黯，谦虚地说：“久仰大人威名，一直没有机会和大人结交，今幸大人看得起，请把我当成您的朋友吧。”

汲黯见他态度诚恳，不以富贵骄人，便破例地交了这个朋友，卫青以后凡有疑难问题，都虚心向汲黯请教。

宰相之忍第九十九

【原文】

昔人有言，能鼻吸三斗醇醋，乃可以为宰相。盖任大用者存乎才，为大臣者存乎量。丙吉不罪于醉污车茵，安世不诘于郎溺殿上。

周公忍召公之不悦，仁杰受师德之包容。彦博不以弹灯笼锦而衔唐介，王旦不以罪倒用印而仇寇公。廊庙倚为镇重，身命可以令终。噫，可不忍欤！

【译文】

五代后周的范质曾说，如果谁能用鼻子吸三斗醇醋，那么这个人就可以当宰相了。大概能担当重任的人靠的是其出众的才华，而做大臣的人靠的是其超人的器量。西汉的丙吉并没有责怪因醉酒而吐脏其车垫的车夫，西汉的张安世并没有责问因醉酒而尿在殿堂上的郎官。丙吉的大度和张安世的雅量确实难能可贵。

周公能容忍召公对他的不满，劝说召公与他一起辅佐成王，唐朝娄师德能举荐狄仁杰并包容狄仁杰对自己的轻视。宋朝文彦博不因唐介以他造金灯笼为由弹劾他而记恨唐介，宋朝王旦不因寇准所在的枢密院开除自己所在的中书省中倒用印者而仇恨寇准。以上这些人都是宽宏大量、以大局为重的人，最终都受到朝廷的重用，自身都得到好的结局。啊！宰相的肚里能撑船，要担任宰相，怎能不培养自己的忍性和气量呢！

【评析】

俗话说："宰相肚里能撑船，将军额角能跑马。"的确，面对生活中太多的纠纷、冲突，不能不懂得忍耐、克制，不能不学会理解、宽容。实际上，宽容不仅是一种美德，也是一种交际准则。在很多时候，我们看到的或听到的不一定是全面的，有时是极为偏颇的，在这种情况下，如果不宽以待人，则很容易因不了解情况而言语刻薄，造成误会，使彼此间的情义遭到破坏。

布衣宰相范纯仁的器量

范尧夫，即范纯仁，范文正公仲淹次子，也是一代名相，《宋史》为其立传，"自为布衣至宰相，廉俭如一，所得奉赐，皆以广义庄"。

范尧夫任宰相期间，诸事办得都让皇帝满意，众朝臣无一指责他的过失。他在为人方面更是游刃有余，从来不树任何政敌，总以中庸之道维系人际关系。

他被免去宰相之职后，大臣程颐有一次来见他。两人交谈多时，范尧夫便若有所思地说起当宰相的事来，神情口吻像是很怀念当宰相时的风光。

程颐责怪他道："您任宰相时，有许多地方做得不是很好，难道您现在不觉得惭愧吗？"范尧夫"哦"了一声，似有不信之意。

程颐便说："在您任宰相的第二年，苏州一带有乱民暴动，抢掠官府粮仓，有人告诉了您。您应当在皇上面前据理直言才对，可您当时什么也没说，这是为什么呢？由于您的闭口不言，致使许多无辜的人遭到了惩罚，这是您的罪过啊！"

范尧夫连忙道歉，显出愧疚的神情，说道："是啊！当初真应该说一句话啊！这是我做宰相不爱民的过错，您批评得对！"

程颐又说道："您做宰相的第三年，吴中地区发生洪涝灾害，百姓们以草根树皮充饥，像这样的大事，地方官已报了很多次，您却置之不问，还是皇上提出要您去办理赈灾事宜，您才采取行动。您身为堂堂一朝宰相，居其位食其禄而不谋其事，太不应该了。"范尧夫哑然，又连连称自己的不是。

程颐又说了许多话，然后告辞走了。事后他经常在别人面前提起范尧夫的过

失，说他并非当宰相的料。有人把这些告诉范尧夫，范尧夫只是笑着，不作任何辩解。有一天，皇帝召见程颐问他几个问题。

程颐是一代大儒，所以皇帝经常向他请教。

皇帝听了程颐一席治国安邦之策，说："你大有当年范相国的风范啊！"

程颐不以为然地说："范尧夫曾向皇帝进荐过许多忠言良策吗？"

皇帝用手指着一个小箱子说："那些都是他进言的小札子啊！"

程颐似信非信地打开观看，见他当初指责的那两件事，范尧夫早已说过了，只是由于某种原因施行得不够好罢了。程颐红着脸，第二天便上门给范尧夫道歉。

范尧夫却宽和地笑道："不知者无罪，您不必这样啊！"

好学之忍第一百

【原文】

立身百行，以学为基。古之学者，一忍自持。凿壁偷光，聚萤作囊，忍贫读书，车胤匡衡。

耕助画佣，牛衣夜织，忍苦向学，倪宽刘寔。

以锥刺股者，苏秦之忍痛；系狱受经者，黄霸之忍辱。

宁越忍劳于十五年之昼夜，仲淹忍饥于一盆之粟粥。

及乎学成于身，而达乎天子之庭。鸣玉曳祖，为公为卿。为前圣继绝学，为斯世开太平。

功名垂于竹帛，姓字著于丹青。噫，可不忍欤！

【译文】

人们不论从事何种职业以安身立命，都要以学业为基础。古时候的读书人，都要忍受一切困苦，严格要求并约束自己。晋朝车胤为学习用纱袋装进几十只萤火虫，借萤火虫的光亮来学习；西汉匡衡为学习把邻居的墙壁凿穿，借助洞中透过来的光亮读书。他们都是忍贫读书、立身好学的好典范。

西汉倪宽，为了挣钱读书曾给别人煮饭干活，利用休息时间读书，后来官至御史大夫；晋朝刘寔，为了挣钱读书而卖牛衣，一边放牛一边读书，曾任吏部侍郎。他

们都勤奋好学，终成大器。

《战国策》载，战国时的苏秦，感到昏昏欲睡时就用锥子刺自己的大腿，忍痛读书；西汉时的黄霸，得罪皇帝被打入监狱后，还拜师读经，学习不止。

战国时宁越忍受了15年的昼夜辛劳，刻苦学习，终于成了周威王的老师；范仲淹忍受每天只吃一盆粥的饥饿，节省时间来读书，终成一代名臣。

等到学业有成的时候，就可以成为朝廷大员，进到天子的朝堂之上。佩玉鸣响，绶带飘扬，做公卿之类的高官。他们因此就可以继承先贤的学问，为开创今世的太平贡献才智。

他们的功名被载入史册，他们的名字被刻于功臣榜，流传百世。啊！人们为了这一切，难道不该忍受求学过程中的困难，去努力学习吗？

【评析】

民间谚语说："活到老，学到老"。这是有道理的。因为人的一生是短暂的，要学习的东西也是无穷无尽的，而且学习会让人诗书气华，否则，只有漂亮的外表，不勤奋好学，没有深刻的内涵，就会流于庸俗。

典例阐幽

勤奋好学，立志成才

唐朝时著名诗人白居易刚学会说话，望子成龙的父亲白季庚，于公务余暇，亲自教子读书识字。心灵性慧的白居易，在父亲的督导之下，进步飞快，五六岁时已经谙熟声韵，九岁时，写诗用韵，信手拈来即是。

白居易并不因为天分高而减少后天的努力，他少年时代学习很刻苦，即使因为躲避战祸而贫病交加，也仍然矢志不移地攻读不懈。"葛衣秋未换，书卷病仍看"，便是白居易读书生活的真实写照。

正是这样的刻苦勤奋,才使白居易在诗坛上占有一席之地。他不以自己少年的聪明为资本,小小年纪就知道忍耐清苦而勤奋好学。

华佗是东汉末期医学家。从他能记事时起,家乡水、旱、虫、疫等灾害连年不断,乡民死亡无数。华佗十分伤心,立志学医以济世救人。

华佗打听到有一位治化道人医术高明,就不远千里去拜师学艺。治化道人答应把他暂时收下,先做几年杂活再说。

于是,华佗被派去护理病人,每天烧水、洗尿盆、扫地。其他师兄弟喜欢偷懒,抱怨工作辛苦,可华佗一声不吭。他耐心地侍候病人,并且仔细对病人的病情变化进行观察研究,日子一久,他也明白了好多病的起因以及治疗的方法。

三年后,治化道人见华佗如此勤奋好学,知道他是一个可造之材,就正式收他为徒。华佗遵从师父的教诲,白天同师父一道出诊,夜里读药书常常读到天亮,毫不懈怠。

日子一天天过去,转眼又是三年。一天深夜,华佗正准备休息时,一个道童慌慌张张跑来叫他:“不好了,师父得了重病!”

华佗赶忙跑到师父卧室,只见师父脸色蜡黄,口吐白沫,师兄弟们全都手足无措。华佗上前摸摸师父额头,又把把脉,舒一口气说:“没事,师父过一会儿就好了!”

大家听了十分生气:“师父病得这么厉害,怎么说没病?”华佗不慌不忙地告诉大家:“我是依望、闻、切来推断的,不会错的!”

这时,治化道人忽然一下子坐了起来,笑哈哈地说:“徒儿们,我是在装病试探大家的本领呢!看来华佗可以出师了!”